小秦岭矿区重大工程地质问题研究与实践

王现国　李　扬　刘海风　裴向军　主编

黄河水利出版社
·郑州·

内 容 提 要

本书是对小秦岭罗山金矿前期地质勘察成果、矿山开采以来所取得的地质成果资料进行了全面系统的总结。对巷道围岩进行现场勘察、声波探测、变形监测以及大量的岩石室内外试验进行再分析、再研究、再提升，深入分析研究巷道围岩的物理力学性质、岩体结构类型、结构面组合特征、围岩级别、松动圈范围、变形情况及破坏模式等，结合工程实际提出了合理、经济的矿山巷道支护措施，并针对不同典型的围岩结构，基于 RMR 围岩分级法拟定出了一套适合于施工人员现场判别围岩级别的快速评价方法；利用 FLAC3D 软件对 4 种典型结构巷道围岩进行支护前后的塑性区范围、位移及应力随开挖过程变化情况进行了数值模拟；利用 UDEC 对巷道 4 种典型结构破坏模式进行数值模拟分析，有效地解决了矿山巷道围岩失稳破坏的实际工程地质问题，为复杂地质条件下矿山开采巷道的设计、施工提供了可借鉴的经验。

本书主要供从事一线矿山工程地质专业技术人员和矿山企业、有关院校相关专业的师生、矿山工程设计人员阅读参考。

图书在版编目(CIP)数据

小秦岭矿区重大工程地质问题研究与实践/王现国等主编. —郑州：黄河水利出版社，2022. 9
ISBN 978-7-5509-3401-6

Ⅰ. ①小…　Ⅱ. ①王…　Ⅲ. ①秦岭-矿山地质-工程地质-研究　Ⅳ. ①P64

中国版本图书馆 CIP 数据核字(2022)第 174032 号

组稿编辑：王路平　电话：0371-66022212　E-mail：hhslwlp@ 126. com
　　　　　田丽萍　　　　66025553　　　　912810592@ qq. com

出 版 社：黄河水利出版社　　网址：www. yrcp. com
地址：河南省郑州市顺河路黄委会综合楼 14 层　　邮政编码：450003
发行单位：黄河水利出版社
发行部电话：0371-66026940、66020550、66028024、66022620(传真)
E-mail：hhslcbs@ 126. com
承印单位：河南新华印刷集团有限公司
开本：787 mm×1 092 mm　1/16
印张：18
字数：420 千字
版次：2022 年 9 月第 1 版　　印次：2022 年 9 月第 1 次印刷

定价：200. 00 元

《小秦岭矿区重大工程地质问题研究与实践》

编纂委员会

序

小秦岭金矿田位于豫陕交界的河南省灵宝市、陕西省潼关县一带，矿区面积 1 049 km^2，该区金矿开采历史悠久，山上老窿(矿硐)密布，如秦岭金矿金硐岔东蹄子沟石刻记载“景泰二年六月二十日，凿硐三百余眼”，景泰二年为1451年。小秦岭金矿属含金石英脉型金矿床，具有规模大、脉数多、地质条件复杂等特点，是我国第二大岩金基地。矿山巷道围岩破坏是危害工程及人员安全的突出问题之一，影响巷道稳定性的因素众多，如围岩岩体质量、地质构造、节理的组合形式及地下水等，在特定的条件下，主控因素的选择具有迥异性。故科学地选择影响围岩变形的主控因素，是分析和计算围岩稳定性的基础。

灵宝市罗山金矿位于小秦岭地区，设计年采矿能力在15万t以上。矿山自开采以来，取得了良好的经济效益。经核查，矿区保有金矿石资源储量132.39万t，品位3.7 g/t，金金属量4 898 kg。罗山金矿所处的地质环境、岩体结构及力学性状条件较为复杂。在矿区巷道施工过程中，实际揭露出来的围岩级别与地质勘察设计中确定的围岩级别经常有较大差别，由于现有的开挖掌子面地质信息采集方法的局限性，再加上现场工程师认识及经验的差别，致使已探明的矿产资源在开采过程中遇到许多技术问题，对采矿企业造成极大的经济损失。为了提高罗山金矿的开发利用水平和资源利用效率，促进矿产资源的合理开发和保护，工程地质工作者为了服务于矿山工程建设，高效解决工程实践中遇到的重点科技难题，对巷道围岩进行现场工程地质勘察、声波探测、变形监测以及大量的岩石室内外试验资料进行再分析、再研究、再提升。巷道围岩分级是正确进行巷道设计与施工的基础，一个合理的、符合地下工程实际情况的围岩分级，对于改善地下结构设计、降低工程造价、多快好省地修建巷道有着十分重要的意义。

为了评价罗山金矿巷道围岩稳定性，通过巷道围岩物理力学试验、声波测试及变形监测等多种手段综合研究坑道稳定性。通过开展碎裂石英剪切试验、岩石单轴压缩变形试验、岩石劈裂试验、岩石剪切试验等大量的岩石室内外试验，取得开采区域代表性岩土体合理的物理力学参数，为后续稳定性评价提供了必要的数据。本次试验采用RSM-SY5声波仪，利用水作为耦合介质，在现场测试时人工注水，在钻孔内每隔0.2 m测读一次。测孔布置在掌子面附近，离掌子面2 m左右布孔，测试掌子面附近围岩的松动圈及其完整性。同时监测掌子面开挖所引起的巷道拱顶位移变化及巷道周位移收敛变化情况，监测内容包括拱顶下沉量、收敛变化累积量。采用TS02全站仪非接触量测的优点是量测过程简便、可靠，受现场施工干扰小，优于采用收敛计和水准仪常规接触量测的操作过程，减少了挂尺或立尺等因素引起的误差，为深入分析巷道围岩的物理力学性质、岩体结构类型、结构面组合特征、围岩级别、松动圈范围、变形情况及破坏模式等奠定了基础。

该研究根据罗山矿区现有的地质资料及现场的详细勘察成果，采用《工程岩体分级标准》(GB/T 50218)及 RMR 法对罗山矿区巷道围岩进行分级评价，提出了一套适合于施工人员现场判别围岩级别的快速评价方法，该方法对判断巷道围岩的稳定性较为合理可靠。同时对巷道围岩的物理力学性质、岩体结构类型、结构面组合特征、围岩级别、松动圈范围、变形情况及破坏模式等进行了详细的研究，结合工程实际提出了合理、经济的矿山巷道支护措施，并针对不同典型的围岩结构，利用 FLAC3D、UDEC 软件对巷道围岩(支护前后)进行了支护前后的塑性区范围、位移及应力随开挖过程变化情况进行了数值模拟分析及稳定性评价，有效地解决了矿山巷道围岩失稳破坏的实际工程问题，为巷道安全、快速、经济施工提供了依据。

罗山金矿的相关科研工作为复杂地质条件下矿山开采巷道的设计、施工提供了可借鉴的经验。基于 RMR 围岩分级法提出了一套适合于施工人员现场判别围岩级别的快速评价方法，丰富了矿山工程地质科技成果，为指导小秦岭矿区或类似地区的金矿合理开发利用和保护提供了专业理论指导和应用技术依据。该研究成果的推广应用还为实现资源可持续开发利用的国家战略目标，做出了矿山工程地质领域的新贡献。

是以为序，以表祝贺！

全国工程勘察设计大师 [signature]

2022 年 9 月

前　言

矿山巷道围岩破坏是危害工程及人员安全的突出问题之一，然而，影响巷道稳定性的因素众多，如围岩岩体质量、地质构造、节理的组合形式以及地下水等，在特定的条件下，主控因素的选择具有迥异性，科学地选择影响围岩变形的主控因素，是分析和计算围岩稳定性的基础。

灵宝市罗山金矿位于小秦岭地区，设计年采矿能力在 15 万 t 以上，为一中型矿山。矿山自开采以来，取得了良好的经济效益。经核查，矿区保有金矿石资源储量 132.39 万 t，品位 3.7 g/t，金金属量 4 898 kg。罗山金矿所处的地质环境、岩体结构及力学性状条件较为复杂。在矿区巷道施工过程中，实际揭露出来的围岩级别与地质勘察设计中确定的围岩级别经常有较大差别，由于现有的开挖掌子面地质信息采集方法的局限性，再加上现场工程师认识及经验的差别，致使已探明的矿产资源在开采过程中遇到许多技术问题，对采矿企业造成极大的经济损失。为了提高罗山金矿的开发利用水平和资源利用效率，促进矿产资源的合理开发和保护，开展了“小秦岭罗山金矿工程地质勘察与综合评价”项目。该项目完成发明专利 2 项，解决了矿山巷道围岩失稳破坏的实际工程问题，为巷道安全、快速、经济施工提供了依据。

本书是在“小秦岭罗山金矿工程地质勘察与综合评价”成果的基础上，对巷道围岩进行现场勘察、声波探测、变形监测以及大量的岩石室内外试验进行再分析、再研究、再提升，深入分析研究巷道围岩的物理力学性质、岩体结构类型、结构面组合特征、围岩级别、松动圈范围、变形情况及破坏模式等，结合工程实际提出了合理、经济的矿山巷道支护措施，并针对 4 种典型的围岩结构，通过数值模拟的手段对巷道围岩（支护前后）进行了稳定性评价，有效地解决了矿山巷道围岩失稳破坏的实际工程问题。本书的研究成果为复杂地质条件下矿山开采巷道的设计、施工提供了可借鉴的经验。

（1）利用巷道围岩物理力学性质、声波测试及变形监测等多种手段综合研究坑道稳定性。

（2）基于 RMR 围岩分级法拟定出了一套适合于施工人员现场判别围岩级别的快速评价方法。

（3）利用 FLAC3D 软件对 4 种典型结构巷道围岩进行支护前后的塑性区范围、位移及应力随开挖过程变化情况进行了数值模拟分析。

（4）利用 UDEC 对巷道 4 种典型结构破坏模式进行数值模拟分析评价。

本书在编写过程中，得到了河南省自然资源厅、河南省地质矿产勘查开发局、灵宝市自然资源与规划局、河南省灵宝金源矿业有限责任公司、河南省地质工程勘察院有限公司等单位的领导和专家的指导，他们的真知灼见使编者获益和启发很多，对矿区工程地质勘察和巷道施工有了更新和更深刻的认识。书中所参阅文献的作者，为本书编写提供了宝贵的理论、方法和案例支撑，在此一并表示诚挚的感谢！

由于编写时间仓促、编者水平有限，书中不足之处在所难免，敬请广大读者批评指正。

编　者

2022 年 3 月

目 录

第 1 章　综　述

1.1　研究背景

灵宝市罗山金矿隶属河南省灵宝金源矿业股份有限公司,年设计采矿能力在 15 万 t 以上,为一中型矿山。矿山自开采以来,取得了良好的经济效益。2007 年 7 月罗山金矿经河南省国土资源科学研究院核查,矿区现保有金矿石资源储量 132.39 万 t,品位 3.7 g/t,金属量 4 898 kg。但是,由于矿井涌水量较大,岩体破碎,致使已探明的矿产资源在开采过程中遇到许多技术问题。为了提高罗山金矿的开发利用水平和资源利用效率,促进矿产资源的合理开发和保护,特此委托成都理工大学对罗山矿区的巷道围岩稳定性及矿区地质灾害进行调查研究,对罗山矿区巷道稳定性进行合理的评价并提出科学的治理措施建议。

1.2　研究意义

矿山巷道围岩破坏是危害工程及人员安全的突出问题之一,然而,影响巷道稳定性的因素众多,如围岩岩体质量、地质构造、节理的组合形式及地下水等,在特定的条件下,主控因素的选择具有迥异性。故科学地选择影响围岩变形的主控因素,是分析和计算围岩稳定性的基础。

罗山金矿所处的地质环境、岩体结构及力学性状条件较为复杂。在矿区巷道施工过程中,实际揭露出来的围岩级别与地质勘察设计中确定的围岩级别经常有较大差别,由于现有的开挖掌子面地质信息采集方法的局限性,再加上现场工程师认识及经验的差别,造成施工过程中巷道围岩稳定性评价错误,引起工程塌方事故,造成人员伤亡,对采矿企业造成极大的经济损失。为此,对罗山金矿施工阶段巷道围岩稳定性进行综合评价及防治对策开展研究具有十分重要的意义。

本书在收集分析已有资料的基础上,对巷道围岩进行现场勘察、声波探测、变形监测及大量的岩石室内外试验,深入分析巷道围岩的物理力学性质、岩体结构类型、结构面组合特征、围岩级别、松动圈范围、变形情况及破坏模式等,结合实际提出了合理、经济的支护措施,并针对 4 种典型的围岩结构,通过数值模拟的手段对巷道围岩(支护前、后)进行了稳定性分析,并对地表地质灾害(滑坡、崩塌、泥石流等)进行现场勘察,对其稳定性及危险性进行了分析、评价。有效地解决了矿山巷道围岩失稳破坏的实际工程问题。

1.3 研究内容

本书主要研究内容如下：

(1)专项工程地质测量。

实地测绘勘查巷道及附近地层的岩性，岩体完整程度、岩体坚硬程度、岩体裂隙发育程度等工程地质情况，以及岩石的力学强度、坑道揭露地下水情况等，查明开采坑道的工程地质条件，确定坑道围岩分级所需要的定性及定量指标。

(2)岩体声波探测。

探测巷道掌子面前方及周围岩体、岩石的弹性波速度，从而了解巷道附近的破碎带及裂隙发育程度；同时可对岩体进行完整性及风化程度分类并提供围岩相关的动力学参数，从而为巷道围岩级别划分提供定量指标，为工程治理中确定围岩塑性区范围，设计合理支护参数等提供可靠的物性参数。

(3)围岩变形监测。

在不同围岩级别地段，或特殊地层地段，布置坑道围岩典型断面，开展坑道围岩断面收敛和拱顶下沉量监测，研究坑道围岩的变形情况及预测坑道围岩的变化趋势。

(4)罗山矿区巷道围岩稳定性评价。

开展巷道围岩稳定性评价方法研究，建立围岩稳定性评价指标及其获取方法，依据上述巷道围岩地质调查和相关试验，对现阶段开挖的巷道掌子面及其后方巷道围岩稳定性进行评价，揭示掌子面围岩结构面组合特征及变形破坏模式。

(5)罗山矿区巷道围岩稳定性及防治对策。

通过研究，确定不同围岩级别塑性区的分布范围，提出相关支护参数，并对其支护结构力学特征进行分析，对于特殊地层地段，提出相关施工对策，确保巷道安全、快速、经济施工。

(6)罗山矿区地质灾害稳定性分析及危险性评价。

通过对研究区地质灾害(滑坡、崩塌、泥石流等)的现场调查，对地质灾害的稳定性进行分析，同时对其危险性进行评价。

1.4 以往工作进度

工作区以往地质工作研究程度较高，主要工作成果如下：

(1)1956~1958年，河南省地质矿产勘查开发局秦岭区测大队完成了1:20万洛南幅区域地质调查报告；该报告对区域地层岩性、地质构造进行了较为详细的论述。

(2)1985年4月，河南省地质矿产厅第二水文地质队完成了《河南省灵宝、陕县黄土地区农田供水水文地质勘察报告》；该报告对灵宝、陕县北部黄土丘陵区、河流冲积平原区的地下水开发利用现状进行了调查，对该区域的地下水资源量、可开采量进行了计算。

(3)1995年6月，河南省地质矿产厅第一地质调查队完成了《河南省灵宝市大湖矿区金矿深部勘探地质报告》。该报告主要工作区范围为大湖矿区，主要成果：查明了区域地下水的补给、径流和排泄条件及对矿区地下水的补给关系；查明了矿区含水层的岩性、厚度、分布范围、埋藏条件，含水层的富水性，隔水层的岩性及分布；查明了 F5、F36 等构造破碎带的规模、性质、富水性，各构造带间的水力联系和对矿坑充水的影响；对矿床涌水量进行了预测和评价。该报告为本次工作提供了较为详细的矿区地质、水文地质方面的资料。

(4)1997 年 12 月，河南省灵宝市地质矿产局完成了《灵宝市地质矿产研究报告》，报告对灵宝市区域地质条件进行了较为详细的论述。

(5)2001 年 10 月，河南省郑州地质工程勘察院完成了《河南省灵宝市地质灾害调查与区划报告》，该报告对灵宝市地形地貌、地层岩性、地质构造进行了较为详细的论述，对灵宝市河流水系及其汇水面积进行了较为详细的调查，对灵宝市地下水类型进行了划分，并对其补、径、排特征进行了描述。

(6)2008 年 6 月河南省地质矿产勘查开发局第二水文地质工程地质队、灵宝金源矿业股份有限公司完成《河南省灵宝市罗山金矿区矿床水文地质调查评价报告》，该报告查清了矿区内的水文地质条件，分析了矿床的充水条件及充水水源特征，预测了矿区下部中段在开采过程中的矿坑涌水量，减少或避免突水对矿山生产造成的危害，为河南省灵宝市罗山金矿区的进一步开发利用提供水文地质依据。

(7)2010 年 10 月，河南省地质矿产勘查开发局第一地质调查队完成《河南省灵宝市大湖金矿资源潜力调查报告》，该报告初步查明了区内地层、构造、岩浆岩、围岩蚀变及深部矿化等特征。划分了成矿期次与成矿阶段，确定了成矿时代，揭示了成矿流体类型、成矿物理化学条件、成矿流体和成矿物质可能的来源，探讨了矿床成因，总结了成矿规律和找矿标志。通过开采技术条件分析，论述了矿床水文地质条件、工程地质条件、环境地质条件。

第2章 研究区自然地理和地质概况

2.1 矿山概况

2.1.1 矿山简介

罗山金矿区于1982年筹建，2001年改制后隶属灵宝金源矿业股份有限公司。目前，罗山金矿区已形成固定资产3 373.6万元。除采矿、选厂、尾矿库、废石场、炸药库、配电房、机修间等工程外，罗山金矿区矿部还建设有三层办公楼1幢，三层双职工宿舍楼1幢，还有仓库、职工食堂等配套设施，总建筑面积达17 992 m^2。生产、生活设施基本完善。

罗山金矿区面积3.368 3 km^2，范围为 X：3 814 856～3 816 366，Y：37 464 037～37 466 340。

2007年7月，罗山金矿区经河南省国土资源科学院核查，区内现保有金矿资源储量132.39万t。现有金矿体6个，分布标高为505～-35 m。金矿体主要赋存于石英脉内。其走向近东西，倾向北，倾角30°左右；其埋藏深度由南向北渐深，北部为隐伏矿体。

2.1.2 交通位置

罗山金矿区位于河南省灵宝市阳平镇境内，东距陇海铁路灵宝站33 km。矿区至灵宝市有柏油路面公路相通，灵宝市向西至西安，向东至洛阳，有高速铁路、铁路、公路及高速公路相通，交通极为便利，矿区交通位置见图2-1。

本次工作区主要为矿区范围，南北长1 504 m，即 X：3 814 856～3 816 360，东西宽2 303 m，即 Y：37 464 037～37 466 340，面积约3.4 km^2。

2.1.3 气象水文

2.1.3.1 气象

工作区属温带大陆性气候，四季分明，降水量、蒸发量、气温等气象要素年际、年内变化明显。据灵宝市气象站气象资料统计：多年平均降水量745.8 mm，年最大降水量984.7 mm（1958年），年最小降水量为318.7 mm（1997年），年际最大变化量666.0 mm。年内降水量多集中在7～9三个月，占全年降水量的50.8%，并多暴雨（见图2-2）。最大1 h降水量93.2 mm（1960年7月22日），最大24 h降水量110.2 mm（1960年7月22日），最大一次降水量为194.9 mm（1982年7月28日至1982年8月4日）；而12月至次年3月，4个月降水量仅占11.5%，甚至出现过几个月不下雨的现象。多年平均蒸发量1 616.4 mm，年最大蒸发量1 972.2 mm，年最小蒸发量1 221.0 mm，月内最大蒸发量327 mm，多年平均绝对湿度1.7 mbar（1 mbar=100 Pa，全书同），相对湿度65%。多年平

图 2-1　矿区交通位置

均气温 13. 6 ℃,1 月最冷,平均气温-1. 0 ℃;7 月最热,平均气温 26. 1 ℃。历年最高气温 42. 7 ℃,最低气温-16. 2 ℃。无霜期年平均 215 d,最短无霜期 199 d。

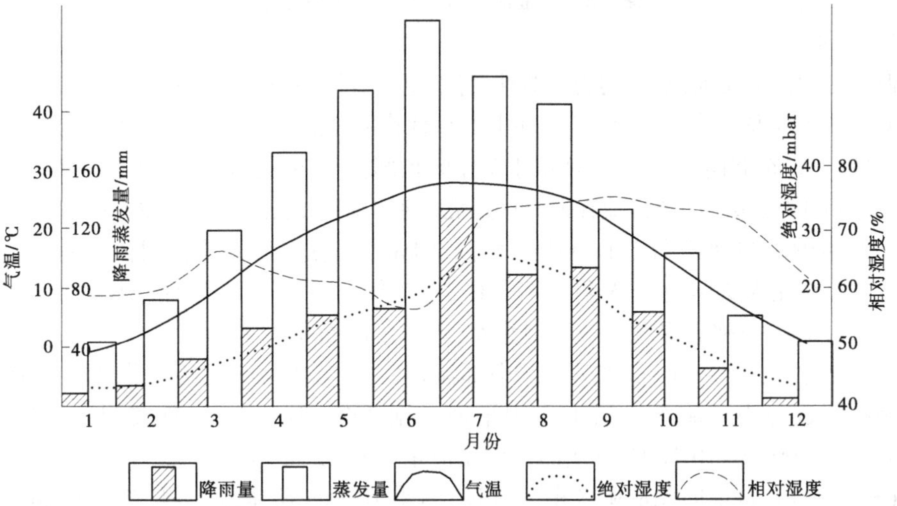

图 2-2　灵宝市多年平均气象要素变化图

据矿区附近桑园雨量站多年观测成果,年降水量为 359. 0 ~ 988. 2 mm,平均 572. 5 mm。雨季一般集中在 7~9 三个月,约占全年降水量的 56%。日最大降水量 84. 9 mm。年蒸发量 1 379. 2~1 890. 1 mm。最高气温 42. 7 ℃,最低气温-16. 2 ℃。冻结深度 0. 32 m。

综合以上资料分析,调查区内丰水年降水量 879 ~ 911 mm,枯水年降水量 359 ~ 454 mm,多年平均降水量 572. 5 mm,调查区不在灵宝市三个暴雨中心内(见图 2-3)。

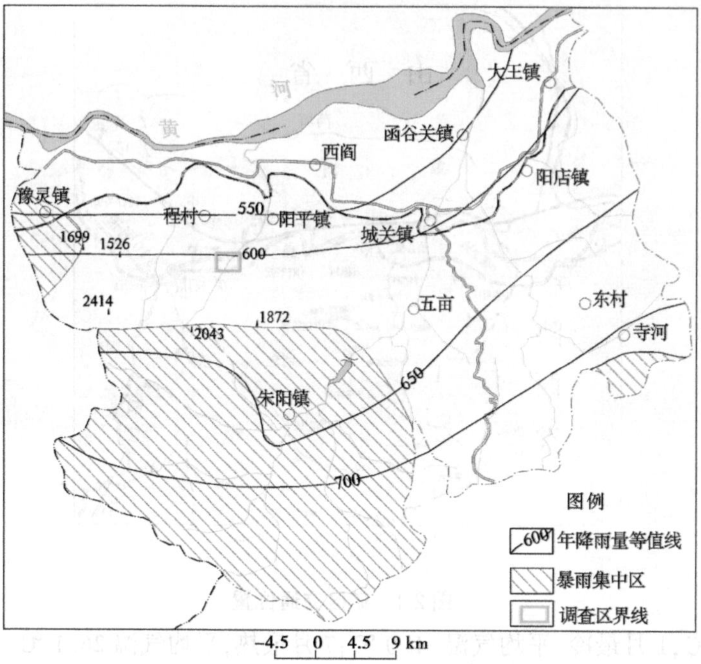

图 2-3　灵宝市降雨量和暴雨集中区分布

2.1.3.2　**水文**

调查区河流属黄河流域,均为季节性河流,主要有柳园峪、大湖峪、小湖峪、观音峪等(见图 2-4)。大湖峪从工作区中央流过,基本上呈西南-东北向展布;柳园峪位于工作区西侧,基本上呈西南-东北向展布;小湖峪位于工作区东部,为近南北向展布;观音峪位于工作区东侧,为近南北向展布。四条河流在调查区东北部汇入阳平河,经阳平河注入黄河。

(1)柳园峪:自西南向东北从矿区西侧 2 km 处流过,为季节性河流,最大洪水流量 10.4 m^3/s,在北嘴头附近汇入阳平河。据 2007 年 8 月 19 日实测柳园峪流量为 0.014 m^3/s。柳园峪内山神庙附近有一小型水库,水库水面面积约 2 000 m^2。

(2)大湖峪:自西南向东北从矿区中部流过,为季节性河流,最大洪水流量 15 m^3/s,在芋园村附近与小湖峪汇合后汇入阳平河。据 2007 年 6 月 10 日实测大湖峪流量为 0.056 m^3/s,2007 年 10 月 10 日实测大湖峪流量为 0.22 m^3/s。

(3)小湖峪:自南向北从矿区东部流过,为季节性河流,最大洪水流量 14 m^3/s,在芋园村附近与大湖峪汇合后汇入阳平河。据 2007 年 6 月 10 日实测小湖峪流量为 0.002 8 m^3/s,2007 年 10 月 10 日实测小湖峪流量为 0.056 m^3/s。

(4)观音峪:自南向北从矿区东侧 2 km 处流过,为季节性河流,最大洪水流量 10 m^3/s,在白草坪东北 1 km 处汇入阳平河。据 2007 年 6 月 10 日实测观音峪流量为 0.001 1 m^3/s,2007 年 10 月 10 日实测观音峪流量为 0.028 m^3/s。

2.1.4　矿山开采历史及现状

罗山金矿区于 1982 年筹建后,对该矿床进行初期开发,至 1997 年已形成了 15 万 t/a

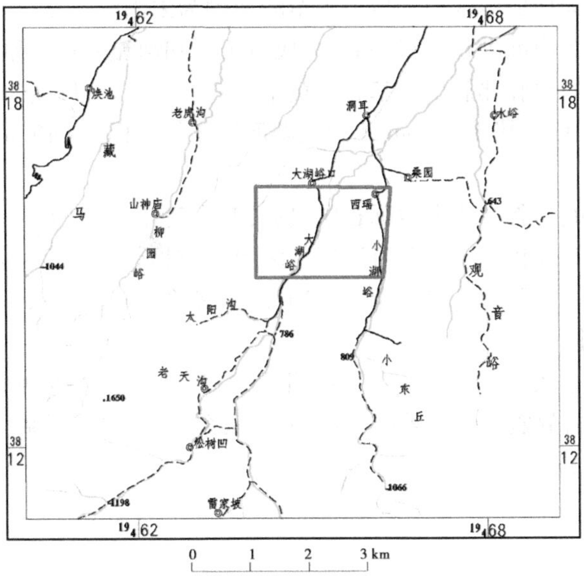

图例　水库　河流　大路　小路　矿区范围

图 2-4　区域水系图

采选规模的矿山,取得了较好的经济效益。目前,罗山金矿区采矿生产能力在 15 万 t/a 以上,选矿生产能力为 500 t/d,其主产品为合质金及金精粉。采矿方法主要为空场法,在部分地段试验无底柱分段崩落法。主要开采 19#矿体,其中 475 m 标高以上已基本采完,475 m 标高以下正在开采中,所采出的矿石主要通过斜井运出。矿区设计最低开采标高为 0 m,目前 400 m 标高巷道正在开拓中。

目前,西斜井下部各中段的涌水均汇入 540 m 标高泵站,该泵站内有 2 台高压水泵,每台泵出水量约 140 m^3/h,540 m 标高泵站的水通过高压水泵抽出矿坑,经管道引向矿部作为部分生活用水。北斜井各中段的涌水均汇入 390 m 标高泵站,该泵站内有 3 台高压水泵,每台泵出水量约 260 m^3/h,390 m 标高泵站的水通过高压水泵抽出矿坑,经管道引向附近村庄作为生活用水。

2.2　研究区地质环境条件

2.2.1　区域地质特征

小秦岭金矿田位于华北地台南缘小秦岭断隆。隶属秦岭东西向复杂构造带的北亚带。其东部新华夏系太行山隆起带南端沿朱阳盆地两侧断裂与纬向构造带既复合又联合;西部祁吕贺山字型构造的东翼前弧又复合于上述构造带之上;南东受伏牛—大别系牵制。区域地层古老,变质程度深,构造变动强烈,岩浆活动频繁。以金为主的矿产蕴藏丰富。

2.2.1.1　**地形地貌**

小秦岭由南北两条走向近东西的区域性断裂所围限,中部隆起为断块山。山势陡峻,切割深,高差大,属侵蚀构造类型。海拔高程 650~2 400 m。山脉主脊沿华山、老鸦岔、娘娘山一线呈近东西向构成本区分水岭。小秦岭两侧为朱阳断陷盆地、灵宝断陷盆地，盆地内的主要地貌形态为山前洪积倾斜平原，分成黄土塬和河流冲积平原。

矿区位于小秦岭山脉北麓山前基岩与黄土层的交接带上，属浅切割中低山区，地势南高北低，南部最高山峰海拔 1 100 m，北侧大湖河河床最低标高 640 m，矿区内树木杂草丛生，植被发育。

矿区内的大湖峪沟谷主要由砂砾石层组成，其厚度不一，砾石大小不等，成分以石英岩、伟晶岩为主，磨圆度较好。大湖河沿沟谷两岸斜坡地带可见两级河流阶地，由不对称的砂砾石层组成。Ⅰ级阶地高出河床 10~20 m，Ⅱ级阶地高出河床 50~70 m。

2.2.1.2 地层岩性

区域内地层分布从老到新有晚太古界，下元古界观音堂组、焕池峪组，中元古界熊耳群、官道口群，上元古界震旦系罗圈组，古生界寒武系，中生界侏罗系、白垩系，新生界新近系、第四系(见图 2-5)。

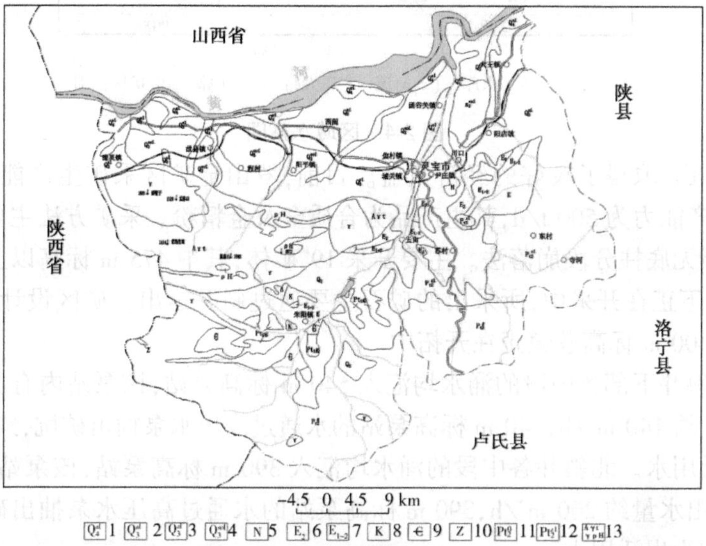

1—全新统冲积层；2—上更新统冲积层；3—上更新统洪积层；4—上更新统风积层；5—粉砂岩及泥岩相间；
6—泥岩及泥灰岩相间；7—砾岩及泥岩相间；8—白垩系灰岩、白云岩；9—寒武系石英砂岩；
10—震旦系罗圈组；11—中元古界官道口群；12—中元古界熊耳群；13—太古界。

图 2-5 区域地质略图

1. 晚太古界(Ar_2)

该地层分布在豫陕交界的小秦岭地区，总厚度 3 818 m，岩性以斜长角闪岩、黑云更长片麻岩、黑云角闪斜长片麻岩、片麻状斜长花岗岩、花岗闪长岩、片麻状黑云二长花岗岩、片麻状角闪花岗岩、片麻状似斑状二长岩为代表。受多期次构造影响，构造裂隙发育，地表风化程度弱至中等。

2. 中元古界(Pt_2)

1) 中元古界官道口群(Pt_2g)

中元古界官道口群主要分布在朱阳、五亩、苏村等地，总厚度 1 784~4 083 m。主要由滨海—浅海相沉积地层组成。从下到上共分为 4 个部分：下部为一套灰白色中厚层状石英砂岩，其中夹有粉砂岩、页岩及变凝灰岩，底部多有一层砾岩，厚度 250～1 150 m；中部为一套浅灰色及灰白色白云质灰岩、矽质灰岩，中厚层状，其中夹有矽质条带和矽质团块，厚 400～800 m；上部为一套浅灰色半结晶矽质条带灰岩夹钙质页岩，厚 300～700 m；顶部为一套杂色板状页岩夹泥灰岩及结核，厚 150 m。

2）中元古界熊耳群(Pt_2xl)

中元古界熊耳群主要分布在五亩、苏村、川口、阳店一带。熊耳群不整合于褶皱基底太古界之上，为一套火山岩系，总厚度约 5 029 m，从下到上共分为五个层序：第一层序主要为安山岩，其次为玄武岩；第二层序主要为流纹岩，其次为安山岩；第三层序主要为安山岩，其次为玄武岩；第四层序为棕红色、紫红色石英斑岩夹紫红色泥板岩；第五层序为流纹岩、石英斑岩、粗面岩等。

3. 上元古界震旦系(Z_1)

上元古界震旦系主要分布于朱阳晋家河一带。该组底部为泥钙质胶结的砾岩或砂砾岩不整合覆于杜关组之上。其上部为粉砂质绢云板岩、长石石英砂岩及粉砂岩等。厚 228～252 m。

4. 古生界寒武系($\in_1$)

在朱阳以南有零星出露，地层不全，总厚度 1 000～2 000 m。底部为一层角砾岩，与下伏地层呈不整合接触。主要岩石为白色石英砂岩、砂质灰岩夹板岩，杂色页岩，粉砂岩。另外，靠下部夹有一层 0. 8 m 左右的磷砾岩（朱阳阎家驮磷矿）。

5. 中生界(m_2)

白垩系（K）出露于山前及盆地边缘，分布于朱阳镇—灵宝—阳店一线以南，为一套红色岩系，总厚度约 580 m。岩性为紫红色粉砂质隐晶灰岩、含砂灰质白云岩、粉砂质黏土岩夹灰色砂砾岩及岩屑砂岩。

6. 新生界

1）新近系（N）

新近系分布在五亩、朱阳、苏村、川口等部分地区，共厚千余米。下部为厚层块砾岩及泥岩相间；中部为泥岩及泥灰岩相间，其中夹有薄层煤；上部为粉砂岩及泥岩相间。

2）第四系（Q）

境内第四系出露较齐全。

下更新统(Q_1)：厚度约 120 m，仅见于大王镇梨园村南北一带，为灰绿色黏土夹泥质砂岩、泥灰岩，属热带河湖相沉积。

中更新统(Q_2)：厚度 30～50 m，主要分布于山间盆地和黄河断陷带中，在黄河断凹两端为杂色含砾质黏土与砂卵石夹漂砾石层，为冰碛层及冰水层，厚度 5～8 m。洪积层零星分布于山间水系、山间盆地及断陷带中，为含漂石卵石夹层，含砂砾、黏土。中更新统风积黄土，分布面积广，厚度大。仅在冲沟陡壁处出露，厚度各处不等，一般大于 50 m，最厚达 200 m，为灰黄色、棕黄色亚黏土，富含 Ca 核及蜗牛化石，间夹几层至二十余层古土壤，古土壤厚度一般为 0. 3～0. 5 m。黄土垂直节理和大孔隙比较发育。

上更新统(Q_3)：厚度为 30～100 m，分布于黄河岸边，与中更新统为角度不整合接触关系。冲积层具有二元结构,上部为灰黄色砂质黏土,下部为中细粒砂层。在支流阶地,上为砂质黏土,下为砂砾层,厚度为 13~18 m;洪积层分布于小秦岭山前,构成山前洪积扇群。灵宝市城东为砂质黏土,厚度大于 25 m。故县一带为卵石层夹砾砂质黏土,厚度为 35~57 m;风积层广布于黄土塬及河流三级阶地,为浅黄色黄土,中部或底部夹 1~4 层古土壤。厚度为 30~60 m,最厚达 90 m。

全新统(Q_4):厚度为 30~45 m,分布于黄河及其支流一级阶地和现代河床漫滩中。冲积层上部为黄色砂质黏土,下部为中细砂。支流阶地岩性较粗,下部为砂砾石层,上部为砂质黏土。厚度为 6~15 m。冲积层以亚砂土及砂砾石层为主,厚度为 2~50 m。

2.2.1.3　区域地质构造

小秦岭位于华北地台南缘,属华熊台隆,小秦岭断隆。在它的北部和南部,分别以太要、小河两条基底大断裂与黄河、朱阳断陷盆地分界。在古老的基底褶皱之上,分布着多期次的断裂,形成了本区断层和褶皱相叠加的构造格局(见图 2-6)。小秦岭复式背斜是控制本区地层及褶皱构造分布的基础,叠加其上的断裂对金等矿产的分布有明显的控制作用。

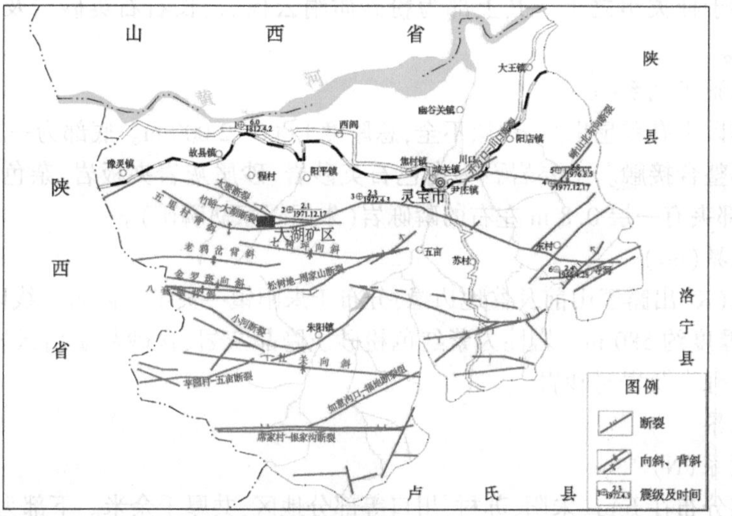

图 2-6　区域构造

1. 褶皱

小秦岭基本褶皱形态为一复式背斜,它西起陕西提峪,东至河南娘娘山,长约 100 km,宽 10~20 km,由老鸦岔背斜和次级七树坪向斜、五里村背斜、大核桃岔向向斜等组成。

老鸦岔背斜:位于提峪—老鸦岔—娘娘山一线呈近东西向延伸长 35 km,南北宽 2~5 km,主背斜轴线方向东部为 240°,中部为 280°~285°,西部为 270°,在老鸦岔一带隆起最高,向西于太峪口一带倾伏,向东至娘娘山一带呈指伏倾伏。核部为太华群中段(Arb)地层,两翼为太华群上段(Arc)地层所组成。两翼地层有较好的对称性,但倾角北翼缓(25°~45°),南翼陡(50°~80°),北翼倾向 325°~310°,南翼倾向 183°~213°。小秦岭主要金矿分布于该背斜轴部及其附近。

七树坪向斜:位于枣香峪。七树坪—大湖峪黑子峪一带,呈东西向展布,长约 37 km,

宽 2~4 km,在黑子峪口仰起,向西越过阌峪花岗岩体延入陕西境内。该向斜核部出露太华群上段(Arc)地层,翼部为太华群中段(Arb)地层。北翼倾向 185°~210°,倾角 25°~52°;南翼倾向 10°~30°,倾角 10°~85°,轴面倾向西段为 166°~192°,东段为 30°,倾角 72°~80°。该向斜与金渠沟、桐沟、雷家坡一带矿脉分布有关。

五里村背斜:位于枣香峪五里村—大湖安家窑一带,呈北西西—南东东向展布。长大于 20 km,宽 0.5~1.5 km,核部出露太华群下段(Ara)地层,两翼为太华群中段(Arb)地层。北翼倾向 356°~10°,倾角 33°~72°;南翼倾向 170°~208°,倾角 48°~60°,轴线走向 278°~328°,倾角 81°~89°,该背斜两翼被断裂破坏,使核部层位断落。

2. 断裂

小秦岭金矿田的韧性剪切构造十分发育,可分为边缘围限韧性剪切断裂带和断块内矿田断裂两类。

1)边缘围限韧性剪切断裂带

边缘围限韧性剪切断裂带是指南北围限矿田的基底深大断裂,其南侧为小河韧性剪切断裂带,北侧为太要韧性剪切断裂带。

(1)太要韧性剪切断裂带。

西起陕西太要,东经泉家峪,大湖峪,至武家山一带没入第四系,呈近东西向波状展布,全长大于 75 km。北盘为长四系河湖相堆积,南翼为太华群,倾向北,倾角 35°~80°,据物探资料,断距达 2 000 m 以上,断裂带宽一般为 50~200 m,最宽可达 500 m。断裂带具多期活动性质,可明显划分出三个期次:早期以韧性变形为主,发育糜棱岩;中期以韧性~脆性变形为主,发育糜棱岩-千糜岩;晚期以脆性变形为主,发育碎裂岩。各种岩脉侵入频繁,岩石普遍具硅化,绿泥化,绢云母化等热液脉蚀变现象。

(2)小河韧性剪切断裂带。

东起灵宝周家山,向西经小河,白花峪延入陕西崇凝镇以西。全长大于 100 km,断裂带宽 50~500 m,最宽 800~1 000 m。呈东西向舒缓波状展布,北盘以太华群为主,南盘为蓟县和白垩系~新生代盆地沉积。断裂带走向以王家哨为界,以西呈东西向(260°~300°)展布,倾向南至南西(170°~210°)倾角 55°~85°;以东呈北东向(40°~60°)展布,倾向南东(130°~150°),倾角(45°~65°)。断裂破碎蚀变带宽度数十米至数百米。据物探资料,下切深度 2.5 km,第四系垂直运动 200 m。带内挤压、破碎、构造透镜体、角砾岩、劈理等现象十分发育,牵引扭曲、揉皱、冲断现象亦多处可见,各种岩脉侵入频繁,岩石普遍具绢云母化、绿泥石化、碳酸盐化、(赤)褐铁矿化等热液蚀变现象。该断裂是以挤压为主,多期活动叠加的产物。

2)断块内矿田断裂

断块内矿田断裂指分布于小河韧性剪切断裂带与太要韧性剪切断裂带上之间,矿田内的各种断裂,规模上明显小于围限断裂。以其产出特征,可分为东西—北西西向,北西—北北西向,北东向,北北东—近南北向四组。

(1)东西—北西西向断裂组。

该组断裂成带状分布,是本区主要的控矿构造。按其倾向不同,可分为南倾和北倾两个亚组。南倾断裂主要分布在老鸦岔背斜及其南部,断面具中等倾斜,倾角 45°左右,断裂带切割背斜轴线及地层。北倾断裂主要分布在五里村背斜北部,断面缓倾斜,倾角小于45°,多具层间滑动。南倾断裂和北倾断裂规模较大,走向延长几千米至十几千米,构造带宽度数米至数十米,对本区金矿床有极其重要的控制意义,是大中型金矿的主要储矿构造。发育在南部的少数北倾断裂和发育在北部的少数南倾断裂,规模较小,但沿走向,倾向延伸较远,是中小型金矿的储矿构造。

该组断裂以压性为主,经历了压~张~压扭多期活动,形成了以糜棱岩为特征的破裂结构面,沿走向和倾向均具波状起伏变化。

(2)北西—北北西向断裂组。

该组断裂面近直立,多具压扭性特征,局部具有张扭性。沿走向长达几百米至数千米。断裂带内多被辉绿岩和花岗斑岩脉充填。具金矿化的菜碟沟断裂,倾向南西,倾角67°~90°,沿走向长6 km,有含金石英脉及黄铁绢英岩化糜棱岩分布,局部地段含金矿体。

(3)北东向断裂组。

断面较陡,倾角45°~60°,走向长度一般数百米,带内糜棱岩和碎裂岩发育,有辉绿岩脉填充,一般含矿性差。在矿田东端周家山,形成小型金矿床。

(4)北北东—近南北向断裂组。

该断裂组规模一般较小,多为糜棱岩带,少数为后期各种脉岩充填,倾向各异,具张性,压扭性,部分有含金石英脉分布。

3. 区域节理构造特征

本区有北西西、北东东、南北、北西、北东、北北东及北北西向多组节理,前两组反映了区域性反“S”及次一级构造特征,南北向显示张裂活动特征,其余各组节理组成了不同期次的共轭裂面,具压及压扭性特征,与区域上不同期次的构造体系相配套。

在小秦岭构造格局中,早期主要形成了区域性褶皱构造。随后多期次活动相叠加,才形成现在的以东西向为主要控矿构造的构造格局。已探明的大多数金矿床(脉)均受此组构造控制,控矿断裂是断块在区域性南北向挤压应力作用下产生破碎形变的产物。

2.2.1.4 新构造运动及地震

研究区处于西安—怀柔地震带汾渭强震带灵宝极震区。根据《中国地震烈度区划图》,矿区地震烈度为Ⅶ度。区内北东向的温塘—朱阳活动断裂带与近东西向区域性大断裂在灵宝盆地交会。在交会区内新构造运动强烈,有发生中强地震的背景,历史上曾经发生过多次破坏性地震。本区及邻区波及区的破坏性地震见表2-1。

表2-1 本区及邻区波及区的破坏性地震

序号	发震时间	发震地点	震级
1	1556年	华县	8.0
2	1812年4月2日	阌乡	5.0
3	1815年10月	平陆	6.8
4	1820年10月	陕县	5.0
5	1827年3月	平陆	5.3
6	1829年8月18日	阌乡	5.0
7	1847年3月	渑池	5.0

2.2.2　矿区地质特征

矿区位于小秦岭断隆北侧，五里村背斜北翼的山前地带。区内出露地层单一，区域变质、混合岩化作用强烈，断裂构造发育，岩浆活动频繁。

2.2.2.1　地层岩性

区内出露地层为太华群闾家峪组（太华群中段）及第四系。闾家峪组自南而北，由下而上依次分布，区内不见顶底界，出露部分仅相当于此组的中上部，实测厚度 1 705.8 m。第四系黄土及残坡积主要分布于矿区北部的沟谷中，覆盖了矿区总面积的 70%左右。据钻探工程揭露由南而北，黄土由薄变厚，最大厚度可达 246 m。

太华群闾家峪组总体产状与区域上相一致，走向近东西，多在 260°～280°，局部略有变化，倾向北北西—北北东，南倾较少，倾角西部较缓，多在 20°～40°，东部有所变陡，多在 30°～50°。岩石呈层状或似层状产出，岩性组合主要为混合片麻岩、黑云斜长片麻岩，其次为条带状混合岩、斜长角闪片麻岩、斜长角闪岩，局部可见到黑云母蛭石岩。

混合岩类是本区的主要岩石。其中以重熔交代成因的混合花岗岩分布最广，约占矿区基岩出露面积的 80%，主要分布在矿区南部和中部，西部呈岛状出露于第四系中，中部多沿 F5 韧性剪切带顶、底板出露，岩石呈似层状。混合片麻岩居矿区基岩出露面积第二位，主要分布于矿区中部，东部仅有零星出露。地层走向 260°～280°，倾向北，倾角 39°～67°，变化较大，与混合花岗岩界限不清，多呈渐变过渡关系。岩石成层性较好，眼球状构造发育，条带状混合岩零星分布于矿区中部及东部地区，以条带状混合岩为主，条纹、条痕状混合岩仅在槽探中呈串珠状出现，三者之间无明显界限，脉体与基体的演变呈过渡关系。

片麻岩类是本区另一大类岩石，以黑云斜长片麻岩为主，斜长角闪片麻岩次之，斜长角闪岩仅在局部出露，该类岩石是区域变质作用的产物。黑云斜长片麻岩主要分布于矿区东部，占矿区基岩面积的第三位。地层走向 250°～280°，局部在 230°左右，倾向北北西—北北东，在 12 线和 16 线间，局部层位发生倒转，向南西倾斜。倾角 8 线以东较缓，多在 25°左右，8 线以西，在 26°～60°。岩石多见长英质脉体穿插，呈层状产出，层厚由数厘米至数米，多与混合岩构成互层，相间出现，局部呈不规则状残留体分布于混合花岗岩中，岩石具不同程度混合岩化。斜长角闪岩仅在探槽中有所出露，呈不规则状分布于混合岩中，局部残留体出现。

第四系主要分布于矿区北部的沟谷中，覆盖了矿区总面积的 70%左右。据钻孔揭露，由南而北第四系由薄变厚，最大厚度可达 150 m。岩性主要为粉质黏土、块石夹粉质黏土、卵砾石层夹粉质黏土，杂色，疏松～密实，块石、卵砾石粒径一般为 10～20 cm，最大粒径超过 1 m，在河谷附近块石、卵砾石含量为 50%～80%。

综上所述，本区地层及岩石有以下特征：

(1)本区地层以太华群闾家峪组为主，岩性主要为混合岩类。

(2)岩石普遍经历了不同程度的混合岩化作用。混合岩化作用主要发生在区域变质作用的后期，其方式以重熔交代作用为主，注入交代次之。

(3)矿区地层由东向西，混合岩化程度由低到高，主要表现在岩石分布上，从东～中～西部，岩性变化相应为以黑云斜长片麻岩为主—混合片麻岩为主—混合花岗岩为主。特征不同，反映了形成时热动力作用的差异。

(4)随着混合岩化作用程度由弱到强，岩石结构变化明显，由粒状结构—交代结构—缝合结构—蠕英结构—花岗变晶结构及鳞片花岗变晶结构。

(5)随着混合岩化程度的由弱到强，岩石构造相应由平行构造—条带状构造—条纹状构造—条痕状构造—眼球状构造—块状构造。

(6)随着混合岩化程度的由弱到强，交代作用也由弱到强。岩石脉体由少到多，最终将基体全部代替。

2.2.2.2 岩浆岩

本区岩浆岩活动频繁，具有多期次、多成因特点。广泛分布的晚太古代基性喷出熔岩、中酸性熔岩、火山碎屑岩及中酸性侵入岩。元古代、古生代和中生代岩浆岩活动表现为基—中—酸性岩浆侵入，以燕山期花岗岩浆活动最为强烈，与本区金矿成矿关系密切。按生成年代共划分为七期，即嵩阳期、熊耳期、晚晋宁期、加里东期、印支期、早燕山期及晚燕山期。区内出露岩浆岩主要为花岗岩，次为辉长辉绿岩、伟晶岩、石英脉、花岗斑岩和云煌岩等。

1. 花岗伟晶岩

矿区分布广泛，多呈脉状、树枝状、不规则状分布，规模大小不等，出露面积数平方米到数十平方米。

岩石呈灰白色、浅肉红色，花岗变晶结构，伟晶结构(矿物粒径 5~20 mm，镜下可见交代结构)，块状构造。主要矿物：微斜长石 15%~60%，更长石 10%~45%，石英 30%~40%，次要矿物绢云母、钠黝帘石、绿泥石等。更长石具强烈的钠黝帘石化和绢云母化。

岩石的形成与区域变质、混合岩化关系密切。多处可见与混合岩接触界限不清，并常夹有混合岩的残留体。同位素年龄为 1 553 百万~1 380 百万年，形成时代早，常被后期辉绿岩脉穿插或切穿(见图 2-7)。

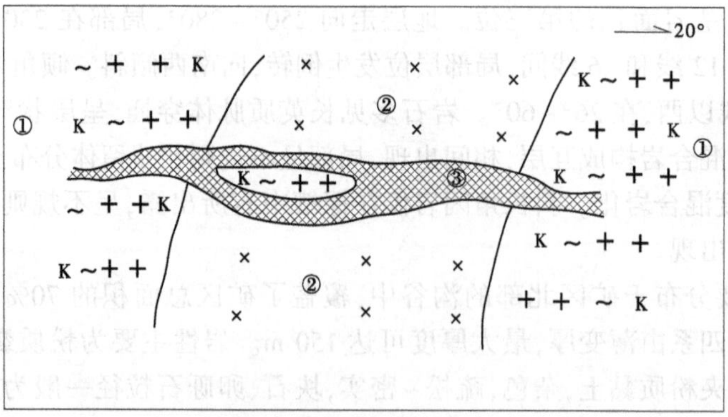

注：①—钾长花岗伟晶岩；②—辉绿岩；③—含金石英脉。

图 2-7 辉绿岩穿插钾长花岗伟晶岩关系

2. 基性岩脉

区内基性岩脉发育，规模大小不等，产出严格受断裂控制。主要为辉绿岩、辉绿玢岩。

1) 辉绿岩

辉绿岩是区内最发育的岩脉，走向长度大于 20 m 者就达 50 多条。大者沿走向长

1 100 m，宽 30 m，呈岩墙状产出；小者沿走向长 10 m 左右，宽 0.5～1 m；一般沿走向长 300～500 m，宽 2～4 m，呈脉状产出。按其产出方向，可分为近东西、北西、北东向三组，以北西向最发育，近东西向次之。它们互相穿插，呈网状分布。

近东西向岩脉：区内有 9 条，分布在里沟山、王排沟一带。规模较大，沿走向长度一般为 500 m，个别为 100 m 左右，宽 2～50 m，一般为 10 m 左右。走向 260°～280°，倾向北西至北北东，南倾很少。倾角一般为 58°～87°，个别达 90°。走向上略呈舒缓波状。该脉岩的形成分为早晚二期，早期被北西向辉绿岩脉和花岗斑岩脉穿插。晚期又切割了北西向辉绿岩和花岗斑岩。在辉绿岩交切部位，早期被挤压具有片理化现象。

北西向岩脉：区内最发育，共计 29 条。走向 330°～345°，倾向北东，极少数倾向南东，倾角 65°～85°。主要分布在矿区中部及东部。地表出露较少，多为钻探工程揭露，规模较大，沿走向长 1 100 m，宽 2～6 m。可见该组岩脉穿插切割了近东西向岩脉。在走向上常与辉绿玢岩呈过渡关系，局部具较强的片理化和糜棱岩化。

北东向岩脉：区内不甚发育，有 3 条，分布在 4～12 线间，地表未见出露，为钻孔揭露。岩脉走向 35°～50°，倾向北西，倾角 70°左右。未见与其他方向岩脉的穿插关系。

岩石呈深灰色、暗绿色，辉绿结构，块状构造。主要矿物岩性斜长石，含量 40%，辉石含量 45%，次为石英含量 10%，微量矿物为磷灰石和磁铁矿。岩石蚀变强烈，斜长石多已钠黝帘石化，辉石全部被绿泥石和黑云母替代。受后期构造作用影响，具糜棱岩化及片理化，菱形节理及“X”节理发育。岩石风化后常呈锯齿状断面，追踪现象明显。

据区域资料，岩石同位素年龄为 182 百万～147.9 百万年，形成时代为燕山早期。

2）辉绿玢岩

区内不甚发育，共有 3 条，分布在王排沟和瓦子沟。按产出方向分为北西向和近东西向两组。产状与近东西向和北西向辉绿岩基本一致，长度最大 1 100 m，宽 4～6 m，在走向上常呈渐变过渡关系。

岩石呈深灰色至暗灰色、斑状结构，块状构造。斑晶为基性斜长石，约占 30%，斑晶大小不等，一般为 3 mm×5 mm，呈浑圆状或不规则状。基质为隐晶质，由基性斜长石、辉石组成，局部可见少量石英。受后期挤压，斑晶呈压扁拉长、定向排列现象。岩石蚀变强烈，斜长石强烈钠黝帘石化，辉石被绿帘石、黑云母所替代。

3. 酸性岩脉

1）黑云母花岗斑岩

区内比较发育，有 7 条，分布在里沟山到狼窝梁一带。规模大者长度可达千米，小者仅有百余米，宽 3～6 m，走向北西 330°～350°，倾向北东，倾角 32°～80°，多在 50°～70°。多处可见被晚期近东西向辉绿岩脉穿插，局部可见后期控矿断裂将其错断。因受构造作用影响，岩石具强糜棱岩化。脉体与围岩边界多呈锯齿状、犬牙状，追踪现象明显。区内未见到该脉岩与辉绿岩的穿插关系，故先后顺序不明。

岩石呈灰色、斑状结构、块状构造。斑晶成分为更长石，含量 15%，基质为微斜长石，含量 30%，更长石含量 13%，石英含量 25%，黑云母含量 7%，微量矿物有磁铁矿、磷灰石、榍石。斑晶多呈不规则状，粒径 4 mm 左右。更长石具强钠黑黝帘石化和绢云母化，基质强绿泥石化。

2）长英岩

矿区内出露少，零星可见，呈脉状或不规则团块状产出。岩石呈灰白色、浅肉红色，粗~巨粒结构（粒径5~20 mm），块状构造。矿物成分主要为石英含量50%~65%，次为斜长石含量35%~50%，微量矿物为黄铁矿，次生矿物有褐铁矿和黏土等。斜长石呈半自形粒状，石英则多呈它形晶。该岩石为钾长混合花岗岩的分异产物。

3）石英脉及含金石英脉

该脉在区内发育，主要分布在矿区中部F1、F5、F35、F7、F8构造带中，其产出严格受构造带控制。按脉体的含金性，可分为石英脉、含金石英脉两类，它们属于同一成矿作用不同阶段的产物。石英脉规模大，走向延伸远，石英纯度高，为乳白色，油脂光泽，多为自形晶-半自形晶，硫化物含量少，多金属矿化和褐铁矿化不明显；含金石英脉，规模小，石英多为烟灰色，灰白色，玻璃光泽，多为半自形-它形晶，硫化物含量较高，黄铁矿多呈细脉状或浸染状分布，其明显的多金属矿化和褐铁矿化。

含金石英脉多呈脉状，透镜状和不规则状分布于含矿构造带中，脉体产状多与构造带一致，亦有斜切构造带者。脉体规模大小不等，沿走向长一般为数米至数十米，最长可达72 m，一般厚0.3~1 m，最厚2 m左右，多呈单脉产出。

含金石英脉呈灰白色，它形似粒状变晶结构，局部隐晶质结构，块状构造。矿物成分主要为石英99%，微量矿物为绢云母。金属矿物以黄铁矿为主，次为黄铜矿、方铅矿、闪锌矿、辉钼矿等。含金量不均一，一般1~10 g/t，最高282.41 g/t。围岩蚀变为硅化、黄铁绢英岩化、黄铁矿化、绢云母化。

区内多处可见含金石英脉切穿辉绿岩及花岗斑岩，含金石英脉形成晚于辉绿岩。应属燕山晚期的产物。

矿区除上述主要脉岩外，尚有花岗岩、正长花岗岩、花岗细晶岩等零星分布。

综上所述，区内岩浆岩活动有以下特点：

（1）据同位素年龄和各类脉岩的穿插关系，它们生成的先后顺序为：花岗伟晶岩—早期近东西向辉绿（玢）岩—北西向辉绿（玢）岩、花岗斑岩、北东向辉绿（玢）岩—晚期近东西向辉绿玢岩—长英岩脉—石英脉—含金石英脉。

（2）岩浆活动以中生代燕山早期最强烈，表现形式为基岩岩脉的侵入。

2.2.2.3 矿区地质构造

矿区褶皱形态简单。成矿前断裂发育，不同方向、不同规模、不同性质、不同期次的构造形迹，构成了区内复杂的相互联系的构造格局（见图2-8）。成矿后断裂活动也较强，但多沿矿体轴面运动，其位移较小。

1.褶皱

矿区位于五里村—安家窑背斜北翼，距背斜轴800 m，地层总体走向270°~290°，倾向北，倾角南部缓北部陡，南部向北过渡为35°~45°，在小湖峪沟F5与F6之间，可见一小型背斜构造，背斜轴线长55 m，轴面北倾，两翼地层走向285°，倾角北缓南陡，北翼倾角5°~11°，南翼倾角20°~25°，两翼地层主要由花岗岩、片麻岩、黑云斜长片麻岩组成。小背斜的展布严格受F5与F6控制，属于大构造带旁侧的次级褶曲，褶曲形变时代应为太古代末期。

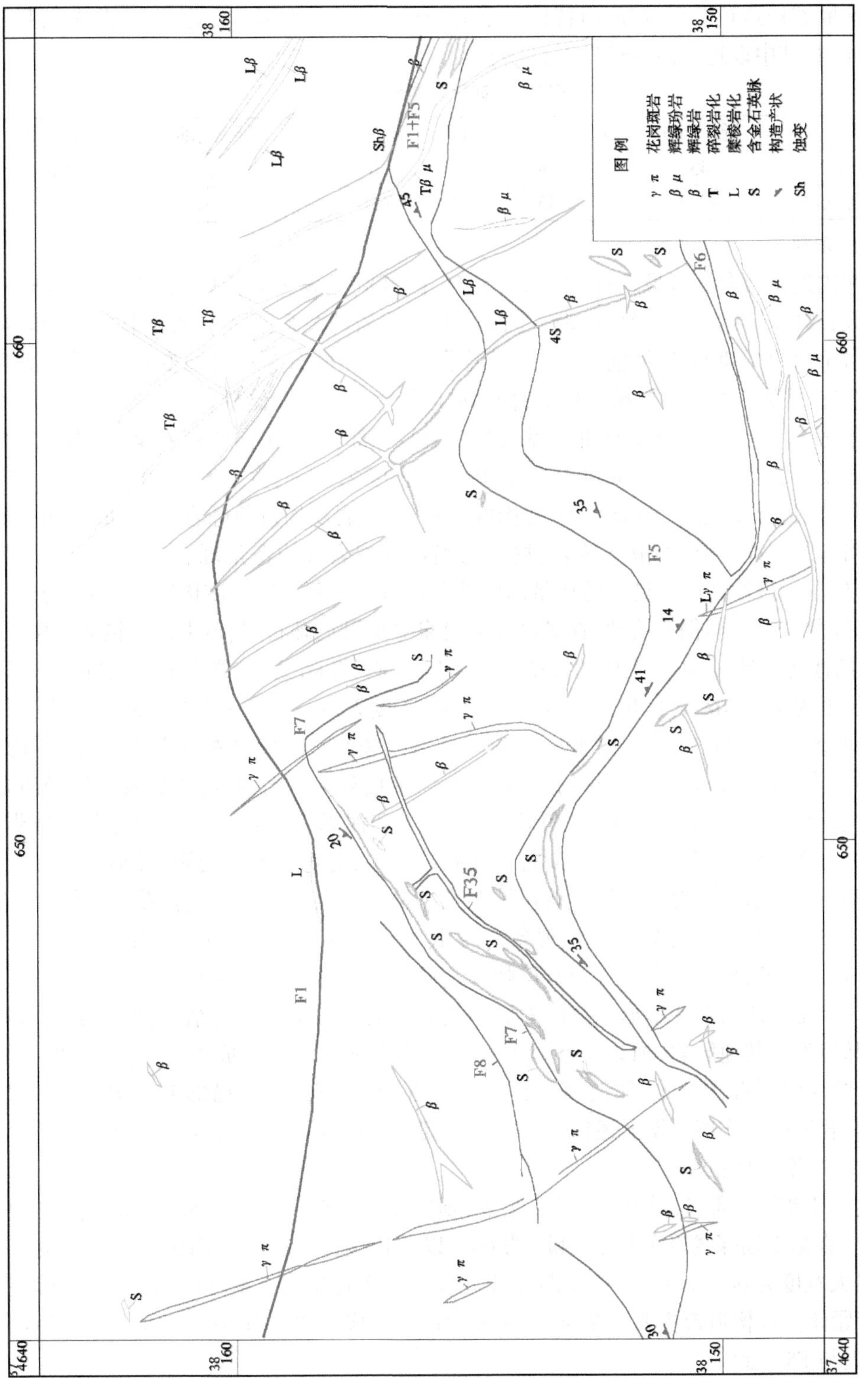

图 2-8　罗山金矿区构造纲要图

2. 断裂

矿区断裂构造较发育，按产出特征可划分为近东西向、北西—北北西向、北东向和近南北向 4 组，其中以近东西向最发育，见表 2-2。

表 2-2 矿区断裂统计

组别	近东西向	北西—北北西向	北东向	近南北向	合计
数量	43	41	6	1	91
所占百分比/%	47.3	45.1	6.6	1.0	100

1）近东西向

矿区内近东西向断裂最发育，以 F1、F5、F6、F7、F8（见表 2-3）为代表，其中：F1、F5、F6 规模较大，属区域性韧性剪切构造带。按其与成矿成岩的关系，可分为控矿构造和控岩构造。F1、F5、F6、F7 和 F8 皆属前者，为一组近乎平行展布的含金构造蚀变岩带，其余为控岩断裂。F5 是矿区的最主要赋矿构造，控制矿区绝大部分工业储量。

F1 韧性剪切带：分布于矿区北部基岩与黄土接触部位，自东向西横贯全区，为一区域性韧性剪切带，出露长度 30 km 以上，矿区内出露长度 2.6 km，宽度大于 20 m。总体走向 280°左右，倾北向，倾角 37°～45°。主要由糜棱岩、碎裂岩及构造角砾岩组成，成矿前主要为压性引起的韧性变形，形成糜棱岩，局部为脆性碎裂岩及构造角砾岩。成矿期具压扭性，成矿后显示扭性特征。韧性剪切带内断续分布有含金石英脉。该构造在第 12 勘探线以东与 F5 复合。近期仍有活动，在矿区及东肖泉等地可见砾石层、黄土层被错断现象。

F5 韧性剪切带：是矿区主要的控矿构造。位于 F1 和 F6 之间，自东向西贯穿矿区，区域出露长度为 7～8 km，矿区出露长度为 2.2 km，宽度为 20～150 m，最宽 160 m。构造带总体走向 255°，平均倾向 34°，沿走向和倾向显示舒缓波状。带内先后充填有辉绿（玢）岩、花岗斑岩、长英岩脉及含金石英脉等岩脉。该带具多期活动特点，岩脉及围岩经历多次韧—脆性变形，继而形成碎裂岩、角砾岩、糜棱岩和泥砾岩等互为一体的复杂构造带。带内次级构造发育、含金石英脉破碎、有二次胶结现象、剪切面形态规则、擦痕到处可见，主断面两侧牵引褶曲发育。该韧性剪切带在第 2 勘探线以西与 F6 复合，第 14 勘探线以东又与 F1 复合，具明显的分枝复合现象。F5 韧性剪切带中，广泛发育一组张性断裂构造，具有较大规模，控制着多数含金石英脉和金矿体的产出，是矿体的主要赋存场所。该组断裂成因是早期韧性变形形成糜棱岩后构造继续活动发生逆冲的结果，切错了区内除含石英脉以外的其他脉岩，所以其活动时代为燕山至燕山晚期。成矿后，此构造再次复活，产生断层泥砾岩，沿矿体顶、底板广泛分布。含金石英脉破碎，局部形成构造角砾岩，对矿体有轻度破坏作用。据上述特征，认为 F5 韧性剪切带性质：在成矿前以压性为主，局部引张，成矿期为压扭性。

F6：位于矿区南部，F5 韧性剪切带底盘，横穿矿区，走向 95°～275°，断裂北倾，倾角 30°～55°，在第 2 勘探线以东倾角较陡，约 60°，以西较缓，约 35°。区内出露宽一般为 4～10 m，最大宽度为 60 m。在第 2～3 勘探线间复合于 F5，在第 3 勘探线以西地面逐渐变窄，趋于紧闭。该构造带主要由糜棱岩、构造角砾岩组成。构造面清晰，擦痕发育，其性质和发展史与 F5 一致。

表 2-3　罗山金矿区断裂构造特征

断层编号	断裂规模		断裂产状		断裂性质	断裂特征综合描述
	长度	宽度	走向	倾角		
F1	30 km 以上	20 m	110°~290°	37°~45°	张~压 扭~扭	该断裂规模宏大，延伸远，自东至西在天地沟、石山沟、水泉沟、三眼泉、东肖泉等地均可见及。该断层以三角面、糜棱岩、碎裂岩、角砾岩、扭劈理、近水平微斜擦痕发育为特征
F5	7~8 km	20~150 m	125°~310°	32°~35°	张~压 扭~扭	该断裂规模大，沿倾向延伸远，且波状起伏，顺断裂带填充有辉长辉绿岩、辉绿岩、二长花岗伟晶岩、辉绿玢岩、钾长花岗岩、长英岩、含金石英脉，且上述岩脉遭受片理化、碎裂化、糜棱岩化。附近裂隙较发育，裂隙内有石英脉充填，具孔隙，为导水通道
F6	15 km 以上	10~60 m	95°~275°	30°~55°	张~压 扭~扭	该断裂与 F5 近似平行延展，沿倾向上依然波状起伏，断裂生成与 F5 大同小异，顺断裂带填充花岗斑岩，且含金石英脉规模小，多为透镜状、串珠状不连续的透镜体
F21	250 m	0.5~1 m	0°~180°	6°~15°	—	该断裂为 F6 上盘分支断裂，平面上与 F6 近乎直交，剖面上呈“人”字形会交，断裂带内可见糜棱岩及含金石英脉，走向、倾向均呈微波状起伏，断裂规模小，延伸不大
F3	700 m 左右	0.3~2 m	113°~295°	50°~60°	张~压 扭~扭	该断裂规模不大，延伸受 F5 所限。早期被辉长辉绿岩、辉绿岩填充，中期被花岗伟晶岩脉充填，且受扭压力作用呈构造透镜体展布，晚期压裂面发育，为一重接复合断裂
F2	120 m	3.5 m	145°~325°	35°~45°	扭~张扭	出露于大石山沟东崖，结构面波状起伏，构造断裂内可见糜棱岩，边部有 28 cm 厚的碎裂岩、角砾岩，中部可见一条长 40 m 的含金石英脉，该构造斜切 F1 成矿前期压扭性结构面
F4	150 m	0.5 m	25°~210°	40°	—	出露于小石山沟脑，该断裂内可见亮白色具柱状结构石英脉，石英脉两盘见灰白色糜棱岩，石英脉具微弱褐铁矿化
F7	800 m	3~5 m	130°~315°	50°~71°	压扭性	出露于冯家沟，断续出露，影响宽度不大，岩石表现为片理化、轻微糜棱岩化，结构面呈波状起伏，局部构造面内见细小花岗岩出露。勘探线 1~4 线导水
F8	250 m	0.5 m	125°~305°	65°~80°	压性	构造内以糜棱岩为主，结构面紧闭并呈波状起伏
F9	50 m	0.3 m	150°~340°	50°~65°	扭性	出露于冯家沟半沟，断续延展，岩石表现为片理化、糜棱岩化

F7:位于矿区西部,F8以南。在第4勘探线附近与F5断层带交会,在第0~11勘探线间靠近F1底盘,在第11~19勘探线间靠近S35上盘,区内长800 m,宽3~5 m,总体走向250°,倾向340°,勘探线3线以东为10°。倾角西缓东陡,勘探线3线以东为41°,以西为50°。沿走向和倾向均呈舒缓波状,两侧牵引褶曲发育。

F8:位于矿区西部,F1以北,在第11勘探线附近与F7平行重叠,向西逐渐散开,走向长250 m,宽0.5 m,总体走向250°,倾向北北西,倾角为65°~80°。断裂带由糜棱岩、构造角砾岩组成。构造带性质为压。

F35韧性剪切带:位于第3勘探线以西,F5和F7之间,控制着S35石英脉的产出。剪切带长900 m左右,地表宽10~50 m,走向北东东(70°~80°),倾向北北西,倾角33°。S35石英脉为早期石英脉,规模巨大,厚度10~20 m。从纵、横剖面分析,在第4勘探线附近与F5交会复合,在第7勘探线以西紧趋靠近F5,与F5为不同期次的产物。

除上述构造带外,其他构造规模小,走向长几十米至数百米,多被辉绿岩、辉绿玢岩充填,可见较强的糜棱岩化。

2)北西—北北西向

该组断裂比较发育,总体走向320°~350°,倾向多为北东—北东东,少许为南西。倾角65°~85°,走向长几十米至1 100 m不等,宽一般为1~5 m。断裂带多被辉绿岩、辉绿玢岩、花岗斑岩充填,受后期构造影响,岩脉具不同程度的片理化及糜棱岩化。断面平直,形态规则,擦痕处处可见,追踪现象明显,辉绿岩中菱形格子构造和“X”节理十分发育。

该组断裂为具多期活动特征的压~压扭性断裂。

3)北东向

区内有6条,分布在矿区中部和东部,规模较小,走向长40~250 m,宽2 m左右。其中3条为辉绿岩脉充填,另外3条为含金石英脉充填。走向35°~50°,倾向北西,倾角70°左右,含金石英脉倾角40°左右。辉绿岩脉具糜棱岩化、硅化等蚀变。本组与北西—北北东向断裂呈共轭分布,其性质为压~压扭性。

4)近南北向

区内仅见1条,分布在小湖沟口东坡狼洞一带,构造性质为张性。地表露头零星,多为工程揭露,沿走向长100 m,宽2~3 m,走向12°,倾向南东东,倾角45°左右。

3.矿区构造裂隙发育特征

矿区构造可分为近东西向、北东向、北西向及近南北向4组。据调查统计,矿区地表裂隙也可分为东西向、北东向、北西向及近南北向4组,其中东西向和北东向2组较为发育。

据巷道调查,北东向、北西向及近南北向3组断裂被辉绿岩脉充填,断层附近的构造裂隙不发育,裂隙多数呈闭合状态;东西向断裂F5附近的构造裂隙较发育,且大部分为张裂隙,其内部有石英脉充填,具孔隙,是地下水的良好通道。

F5断裂构造带附近的裂隙发育有以下特征:裂隙走向与F5断裂构造走向一致,均为近东西向。在F5断层北部的裂隙,倾向0°~355°,倾角15°~38°,裂隙宽0.1~0.3 m,充填物为石英脉,在石英脉内及石英脉与围岩的接触带有空隙,裂隙具良好的导水性。F5断层南部的裂隙,倾向南东约170°左右或倾向358°左右,倾角10°左右,裂隙宽0.1~0.3

m,裂隙内充填石英脉,在石英脉内及接触带均有空隙,裂隙具良好的导水性。在 400 m 盲斜井调查时有水从裂隙内的石英脉内涌出,涌水量 55 m^3/h 左右。

2.2.2.4　围岩蚀变

由于区内岩石长期经受区域变质作用,混合岩化作用和较晚构造热液期的热液交代蚀变作用,使区内原岩接受了不同程度的改造,形成了与原岩面貌各异的各类蚀变岩石,按与金矿成矿作用的关系可将其划分为区域围岩蚀变和成矿围岩蚀变两大类。

1. 区域围岩蚀变

该类蚀变岩石主要是在区域变质和混合岩化作用过程中,不同原岩或含水矿物脱水分解形成的再生热水溶液参与下形成。区内主要蚀变类型有黑云母化、辉石化、磁铁矿化、绿泥石化、钠黝帘石化、绿帘石化、蛭石化、绢云母化、钾石化、高岭土化等。此类蚀变分布面积广,一般发生在金矿成矿期前,与金矿化关系不大。

2. 成矿围岩蚀变

由于原岩特征及成矿热液性质、期次、强度和作用方式等不同,其形成蚀变类型不同,种类较多。成矿围岩主要蚀变类型有硅化、绢云母化、碳酸盐化、黄铁绢英岩化、磁铁矿化、黄铜矿化、方铅矿化等硫化物多金属矿化。矿区以硅化、黄铁矿化、黄铁绢英岩化最为多见,与金矿成矿关系最密切。成矿热液受近东西向构造控制,蚀变矿石多沿构造带及其两侧围岩呈线(面)状分布,与围岩呈渐变过渡关系。

2.3　矿区水文地质条件

2.3.1　矿区含水层特征

2.3.1.1　矿区含水层

(1)第四系松散岩类孔隙含水层:主要分布于 ZK214~ZK1202 孔一线以北,厚 8.5~77.10 m,上覆厚 30~97 m 的黄土层,下部砂砾石层由大小不等、磨圆度较差的碎裂混合岩、石英岩及粗砂组成。大部分砂砾石间被泥质充填,砂砾石层间夹 0.5~4.0 m 厚的含砾粉质黏土层。砂砾石层呈层状或透镜状分布。

(2)基岩裂隙含水层:矿区出露地层以太华群变质岩、斜长角闪片麻岩、黑云角闪斜长片麻岩,斜长角闪岩为主,次为岩浆岩。岩石结构致密,裂隙不发育,但在断裂带 F1、F5、F6 附近裂隙较发育。其富水性受构造发育程度控制,极不均一。

2.3.1.2　构造带含水特征

矿区内主要断裂构造带为 F5、F35、F7 及 F1,均含承压构造裂隙水。主要工业矿体赋存于 F5 断裂构造带中,F5 断裂构造带既含矿又含水,是矿坑直接充水的主要含水构造带,F35 构造带含水性中等,与 F5 断裂构造带的水力联系较密切。F1 断裂构造带及 F7 断裂构造带含水性弱,与主要控矿构造带 F5 有微弱的越补关系。

1. F5 断裂构造带

F5 断裂带是区域性断裂,在矿区内出露长度为 2.2 km,宽 20~150 m,最宽可达 160 m。总体走向近东西,北倾,倾角 32°~35°。由糜棱岩、碎裂岩、碎裂花岗岩、石英脉等组成,并有辉绿岩脉及花岗岩脉穿插。此构造带经多期活动,沿走向和倾向上均呈舒缓波状,具压扭性特征。

F5 断裂带内含水岩石主要为石英脉、碎裂花岗伟晶岩及碎裂花岗岩等,含水层厚 38.96~146.90 m,平均厚 72.92 m。

据河南省灵宝市大湖矿区金矿深部勘探地质报告,第 8 勘探线以西富水性较强,钻孔单位涌水量 0.200~2.695 L/(s·m)。其富水性不均一,强富水带位于第 5-0A 勘探线间构造带转弯膨大部位,其间充填了 10~30 m 宽的碎裂石英脉,钻孔单位涌水量 0.892~2.695 L/(s·m),最大可达 3.268 L/(s·m)。强富水带平面上呈北东向,最低标高 250 m。XJ1-YD610 坑道掘进到强富水带后,流量高达 61.08 L/(s·m)。穿过强富水带后水量逐渐减小。

强富水带导水性强,静储量大,但补给量不充足,随着排水时间的延长,上部降落漏斗范围内静储量被疏干,水位及流量均呈下降趋势。目前,强富水带内 410 m 标高以上已疏干。

强富水带两侧富水性中等,据河南省灵宝市大湖矿区金矿深部勘探地质报告,钻孔单位涌水量 0.2~0.231 L/(s·m)。两者没有明显的界限,具有统一水位。强富水带和富水带的水质均为:$HCO_3 \cdot SO_4$-Ca 型水。水温 19~23 ℃,pH 为 7.3~7.8,呈弱碱性。

在第 8 勘探线以东 F5 断裂破碎带富水性弱,据河南省灵宝市大湖矿区金矿深部勘探地质报告,XJ2-YD540 坑道排水量 9.93~21.12 L/(s·m),水温 16 ℃,水质类型为 $HCO_3 \cdot SO_4$-Ca 型。

2. F35 断裂构造带

F35 位于 F1 与 F5 之间,在第 11-1A 勘探线间出露,长 900 m,宽 10~50 m,走向 70°~80°,倾向北西,倾角 33°,力学性质为压扭性。

含水层厚 10.15~84.89 m,平均 35.48 m,含水岩石主要为石英脉及碎裂花岗岩,其中石英脉含水强,厚 3.04~17.15 m,受构造应力作用破碎呈 2~5 cm 碎块状,局部为砂砾状。

F35 构造带导水性较强,导水系数为 42.67 m^2/d,但补给来源有限。民采斜井 MXJ652 最大涌水量达 55.56 L/s,长期排水,静储量消耗,水量随排水时间延续而减小,102 d 之后基本稳定在 30 L/s 左右。钻孔单位涌水量为 0.36 L/(s·m),属中等富水断裂构造带。水温 17 ℃,水质类型为 $HCO_3 \cdot SO_4$-Ca 型。

3. F7 断裂构造带

F7 位于矿区西部,长 800 m,宽 3~5 m,总体走向 130°~315°,倾向北西,倾角 50°~71°,力学性质为压扭性。

含水层厚 30.37~103.32 m,平均 42.27 m,主要含水岩石为碎裂岩。钻孔单位涌水量 0.032 L/(s·m),含水性弱,循环条件差。水位标高 672.08~679.6 m,水温 19.5 ℃,水质类型为 $SO_4 \cdot HCO_3$-Ca 型。

据巷道调查,在第 4 勘探线附近 F7 与 F5 交会处,富水性强。

4. F1 断裂构造带

F1 位于矿区北部基岩与黄土塬接壤处,为控制地貌形态的区域性断裂。力学性质先压后张，上盘陷落，断距达千米以上，下盘出露宽度 20 m，总体走向 280°，北倾，倾角 37°~45°。

含水层厚度 30.86~74.03 m，平均厚度 44.76 m，主要含水岩石为碎裂岩、碎裂糜棱岩。零星分布有 0.38~1.67 m 厚的石英脉，在走向与倾向上均不连续。富水性弱，钻孔单位涌水量 0.09~0.135 L/(s·m)，导水系数 8.69 m^3/d。水位标高 644.15~654.14 m，水温 16 ℃，水质类型为 $HCO_3 \cdot SO_4$-Ca 型。

据坑道观察与钻孔编录，F1 构造带顶部有一较稳定的强风化层。坑道中的构造带上部即主要含水层石英脉的顶部又有一层大于 10 m 宽的高岭土化、绿泥石化糜棱岩，质软具塑性，与第四系之间形成稳定隔水层。

5. 断裂构造带的控水因素

本区断裂经历了多期活动，属压扭性断裂。在断裂带的转弯处和产状由陡变缓处形成应力引张区，裂隙发育，使其同一断裂的富水性不均一。断裂带的强富水带便位于应力引张区形成的较大的拉张空间部位。这一空间是地下水运移和储存的良好场所。在 F5 强富水带两侧因拉张空间小，富水性较差。

6. 断裂构造带的水力联系

据调查，F7 构造破碎带、F35 构造破碎带与 F5 构造破碎带存在着互补关系。在第 4 勘探线附近 F7 与 F5 交会在一起，在第 0 勘探线附近 F35 与 F5 交会在一起。在西部 F5 构造带中抽水，F1、F7 观测孔水位也有不同程度的下降，证明他们之间存在着微弱的越补关系。但两构造带均富水性较弱，不是矿坑充水的主要来源。北东向裂隙密集带本身与 F5 构造带交切，其地下水已成为 F5 含水构造带的一部分。

断裂构造带为区内主要含水层，由 F1、F5、F6 等组成。

F1 断裂构造带：呈北西西—南东东向展布，倾向北东，倾角 37°~45°，断裂带规模大，长达百余千米，宽数十米至百余米，为基岩出露和第四系分布界线。断裂带内碎裂岩、糜棱岩发育，浅部上盘几乎全部被剥蚀，下盘影响带一侧充水，上覆巨厚的第四系为相对隔水层。该断裂构造带在 330 m 标高有揭露，上盘为第四系砾石层且土层致密，下盘为片麻岩，裂隙不发育，无水。根据坑道揭露 F1 断裂的情况分析，该断裂构造带含水性差。

F5 断裂构造带：走向近东西，倾向北—北东，与 F6 复合交会，长 7~8 km，宽 20~150 m，断裂带内碎裂岩、千糜岩、糜棱岩发育。构造带经历了张~压扭~扭多期复合的发展历史，其中间部位应力集中，岩石糜棱岩化程度甚强，裂隙不发育，也不含水。但在断裂带内及其两侧近旁的构造裂隙极为发育，其中以与含矿断裂 F5 产状近似一致的一组纵裂隙最发育，但倾角较陡，为 19°~88°，平均 51°。其次是倾向 350°~360°、60°~70°、320°~330°，故在构造带的边部碎裂岩带和两侧的裂隙密集带以及控矿构造的影响带含水。

F6 断裂构造带：走向近东西，长 15 km 以上，倾向北，倾角 30°~55°，构造带内被各种脉岩充填，糜棱岩发育，属压扭性，本矿区裂隙不发育，不含水。

河南省灵宝市罗山金矿区水文地质见图 2-9。

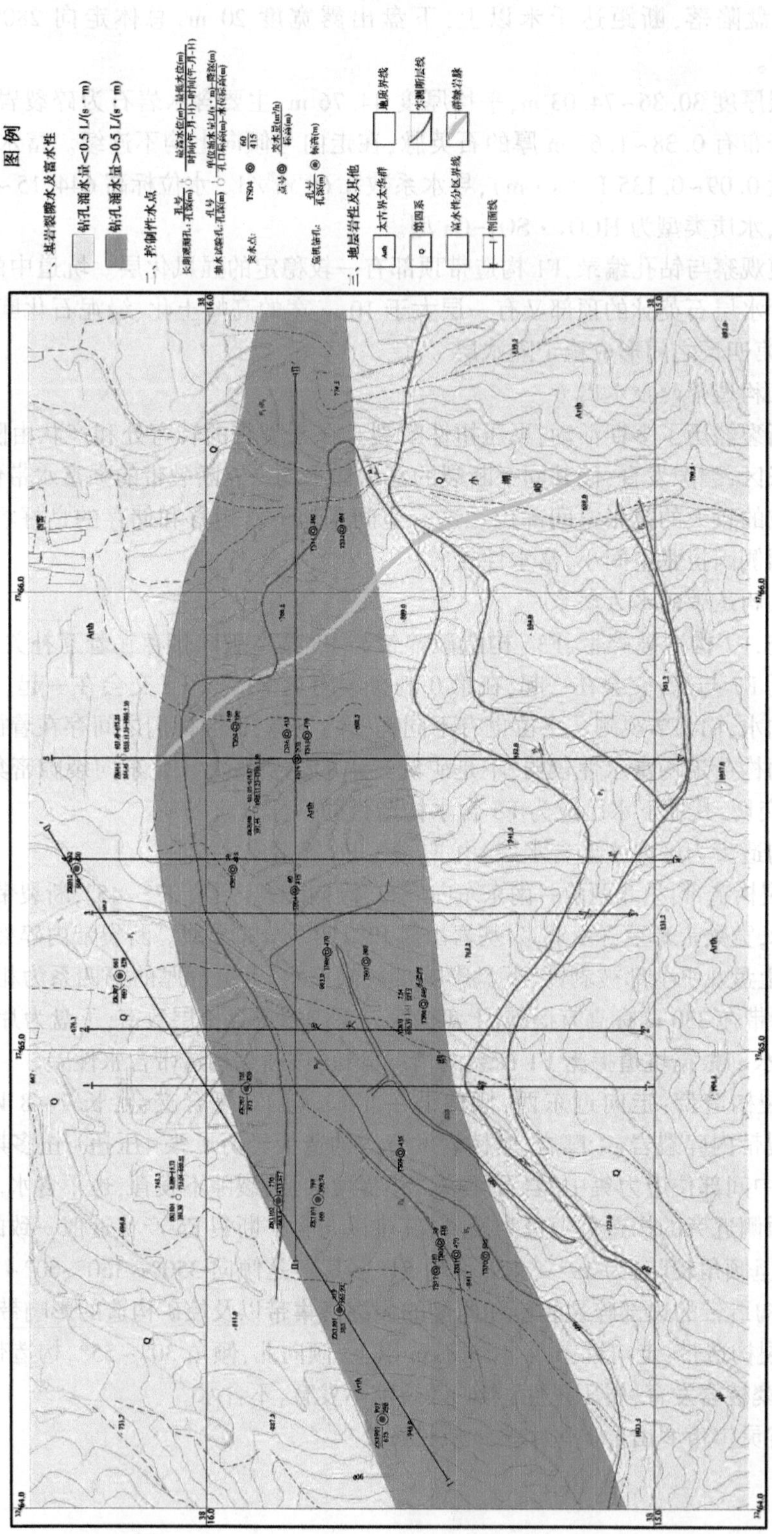

图 2-9 河南省灵宝市罗山金矿区水文地质图

2.3.2　地下水的补给、径流、排泄

2.3.2.1　地下水的补给

矿区内地下水的唯一补给来源是东部、西部山区大气降水的侧向补给，大气降水通过各类岩石的裂隙和构造破碎带渗入地下，形成地下水，在 F5 断裂汇聚，为矿区内矿坑充水的主要水源。矿坑水氢、氧同位素 δD 和 δO^{18} 位于国际雨水线附近，说明雨水为矿区内矿坑充水的间接水源。据地形地貌条件划分，矿区的汇水面积共约 52.96 km^2，汇水量 4 938 572 m^3。其中，东部 16 km^2，汇水量 1 550 080 m^3；西部 36.96 km^2，汇水量 3 388 492 m^3。

2.3.2.2　地下水的径流

地下水的径流通道主要为北东及南北向区域构造裂隙，地下水沿裂隙由南、东南方向向北和西北方向径流。山区的大气降水渗入到地下后，经过上述裂隙运移到山前，进入 F5 断裂带和矿区的构造破碎带。

2.3.2.3　地下水的排泄

矿区内地下水在矿山开采前，地下水排泄主要为泉水排泄及地下水侧向径流。矿山开采后矿区附近沟谷内的泉均已干涸，矿区附近地下水排泄的主要方式是矿坑排水，目前矿区排水量 200~260 m^3/h。

2.3.3　矿床充水条件

2.3.3.1　矿床充水水源

矿床充水水源有大气降水、地表水、地下水等，现分别叙述如下。

1. 大气降水

矿区内主要地层岩性为花岗斑岩、片麻岩等。裂隙不发育，渗透系数极小，汇水面积不大，故降水补给量小，对矿体充水影响不大。矿区降雨集中在 6~9 月，矿坑排水量从 9 月开始增加，次年 3~4 月开始下降，滞后于大气降水 3~4 个月。2006 年 7~9 月矿区降水量较大，而罗山金矿区西斜井 470 m 标高排水量没有明显增加，说明大气降水不是矿床充水的直接水源，而是通过地下水补给矿床的间接水源。

2. 地表水

罗山金矿区内没有大型地表水体，仅有柳园峪、大湖河、小湖河、观音峪等季节性河流从矿区内及其附近流过，4 条河流在矿区东北部均汇入阳平河。

(1) 柳园峪：据本次调查，在牛草沟附近 2007 年 10 月 19 日实测柳园峪流量为 50 m^3/h，向北水量基本不变，最后流入山神庙水库，水库以下断流。由于山神庙水库东部有一地下水分水岭，故山神庙水库水不会流入罗山金矿区，山神庙水库和柳园峪不是罗山金矿区的充水水源。

(2) 大湖河：自矿区西南部流向东北部，据 2007 年 6 月 10 日实测，大湖河上段安家村南流量为 80 m^3/h，沿途接收民采坑口排水，水量逐渐增大，至选厂北流量增加至 300 m^3/h，以后没有其他补给，至矿区北斜井附近流量仍为 300 m^3/h 左右。说明在矿区内，大湖河基本上没有渗漏，即大湖河不是罗山金矿区的充水水源。

据巷道调查，经过大湖河底部的巷道，汛期也没有涌水现象；XJ1-YD610 坑道西端距大湖河床平距 50 m，低于河床 60 m，初始流量 6.5 L/s，随时间延长而断流。坑道总涌水量没有随汛期地表水流量增大而增大。

对 435、415、390 等中段水质进行分析，其水质类型为 $SO_4 \cdot HCO_3$-Ca 型，而河水水质类型为 SO_4-Ca 型，二者水质相差甚远。

(3)小湖河：自南向北从大湖矿区东部流过，据 2007 年 6 月 10 日实测小湖河流量为 10 m^3/h，2007 年 10 月 10 日实测小湖河流量为 200 m^3/h。自高窑至西窑水量基本无变化，说明小湖河不是罗山金矿区的充水水源。

综上所述，地表水与地下水没有直接的水力联系，不是罗山金矿区的充水水源。

3. 地下水

矿区地下水主要为基岩裂隙水和构造裂隙水。根据区域水文地质资料，矿区接收南部山区大气降水的侧向补给，矿区外围汇水面积大，区域上断裂较发育，通过区域导水断裂及破碎带的沟通，径流进入矿区地下水系统；另外，F5 断裂断距较宽，断层角砾岩结构较松散，构造带本身的静储量较大。因此，地下水是矿体充水的主要来源。在开采初期，矿坑涌水量为山区侧向补给量和静储量之和，在矿坑系统形成固定规模一段时间后，矿坑涌水量则为单一的山区侧向补给量。据调查，矿区突水，矿区附近地下水位下降，也说明地下水为矿区突水水源。

2.3.3.2 矿床充水途径

矿坑充水水源主要为 F5 断裂带的构造裂隙水，F5 断裂带是地下水储存和运移的有利场所，也是矿床充水的主要途径。

矿区内近东西向的 F5 断裂为充水断裂和导水断裂，该断裂断距较宽，断裂带内岩石破碎，裂隙较发育且含有松散石英脉，有利于地下水的运移，是矿床充水的良好通道。

通过钻孔资料分析，所有的漏水点均分布在导水断层带和断层附近的构造破碎带上；在阻水断层附近和距导水断层较远处的构造不发育地带，钻孔内未见漏水点。

据巷道调查，矿区内的突水点主要分布于 F5 导水断层带及其影响带附近，多数为顶板和侧面淋水。

2.3.3.3 矿坑涌水量现状

据调查访问，罗山矿区历史上曾发生过多次突水。西斜井最大涌水量为 1993 年底 540 中段石门与 F5 构造交会处突水，水量为 320 m^3/h；北斜井最大涌水量为 1997 年白草坪 390 m 标高突水，水量为 500 m^3/h。

矿坑在开采前期涌水量较大，以后逐渐趋于平缓，原因为开采初期要消耗静储量，故涌水量较大。涌水量逐渐减少，并趋于平缓，涌水量以补给量为主。

矿区每开采一个中段，其上部中段的突水量都是逐渐减少直至干涸。目前，由于下部中段的开采排水，矿区内 435 m 标高以上已基本无水。

据调查统计，2007 年西斜井总抽排水量较为稳定，在 124.5～136.1 m^3/h，平均为 131.53 m^3/h；北斜井目前总抽排水量也较为稳定，在 265～287 m^3/h，平均为 275.86 m^3/h。

第 3 章　罗山金矿巷道围岩物理力学性质、声波测试及变形监测研究

3.1　矿区岩石物理力学性质研究

为评价罗山金矿巷道围岩稳定性,取得开采区域代表性岩土体合理的物理力学参数至关重要。通过现场取样,将取得岩样运至成都理工大学地质灾害防治与地质环境保护国家重点实验室,由实验室工作人员对岩样进行标准试件的制作,并进行了多项物理力学试验。

试验所使用岩样符合国家相关标准,所用设备准确、先进,符合国家相关岩石力学试验标准,试验过程正确,试验数据真实可靠,其所测得的试件主要性能指标可真实地反映出现场代表性岩土体的力学性能。同时为后续的数值模拟工作顺利开展,提供了准确的物理力学参数。

3.1.1　试验准备

岩石的饱和密度、干密度、普氏系数及软化系数是岩石的重要物理参数,其对坑道围岩的评价及计算都非常的重要。根据岩石力学试验相关理论与方法,在查阅了国内多家岩石力学实验室进行岩石力学所用仪器设备及试验方法的基础上,对采自矿山的岩样进行岩石标准试件制备(见表 3-1)。

表 3-1　试件数量及规格

试验类别	试样规格	试样个数
碎石土剪切试验	140 mm×150 mm×160 mm	10
抗压试验	ϕ 100 mm×100 mm	22
劈裂试验	ϕ 50 mm×100 mm	24
抗剪试验	50 mm×50 mm×50 mm	36

其中,普氏系数 f 表征的是岩石抵抗破碎的相对值。而因为岩石的抗压能力最强,故把岩石单轴抗压强度极限的 1/10 作为岩石的普氏系数。软化系数取值为岩石饱和抗压强度与干燥抗压强度之比,一般将软化系数 KR>0. 75 认为软化性弱,工程性质较好。所以,将一部分标准试样放入 TST101A－3B 电热鼓风干燥箱中保持 105 ℃的恒温条件下 48 h 烘干至恒重(见图 3-1),记录烘干后试样的质量,并得出各类岩石的干密度;对另一半标准试样进行饱水处理,分别将岩样的 1/4、1/2、3/4 浸入水中 2 h,使岩样孔隙中的空

气充分排出，避免气体压力对岩样饱水的影响，最后将岩样完全浸入水中 48 h，使岩样充分饱水（见图 3-2），记录饱水后试样的质量并得出各类岩石的饱和密度。

图 3-1　试样干燥

图 3-2　试样饱水

3.1.1.1　**碎裂石英剪切试验试样**

在金矿工程中，石英岩脉是寻找金矿的依据，开采金矿也是沿着石英岩脉开挖。在罗山金矿巷道中同样出露着长度在几厘米到几十米不等的石英岩脉，而且在很多出露地作者发现石英岩脉十分破碎，用手即能捏碎，性质与碎石土十分相近。所以，为了评价巷道稳定性情况，考虑到碎裂石英强度对巷道稳定性的影响，通过碎石土剪切试验来获得碎裂石英的物理力学指标。

碎裂石英剪切试样分为 10 组：天然状态下 5 组，饱水状态下 5 组。编号分别为天 1～天 5、饱 1～饱 5，其物理参数见表 3-2。

表 3-2　碎裂石英试样密度计算

试件编号	状态	质量/g	剪切面面积/cm^2	高/cm	密度/(g/cm^3)
天 1～天 5	天然	6 390	224	15	1.9
饱 1～饱 5	饱水	6 840	224	15	2.0

3.1.1.2　**岩石单轴压缩变形试验试样**

抗压试样分为 6 组：饱水状态下 3 组，干燥状态下 3 组，其中混合花岗岩、混合片麻岩和碎裂混合花岗岩各 2 组。其中，饱水混合花岗岩试样和干燥混合花岗岩试样各 3 个，编号分别为 1-1～1-3、1-4～1-6；饱水混合片麻岩试样和干燥混合片麻岩试样各 3 个，编号分别为 2-1～2-3、2-4～2-6；饱水碎裂混合花岗岩试样和干燥碎裂混合花岗岩试样各 3 个，编号分别为 3-1～3-3、3-4～3-6。其物理参数见表 3-3～表 3-5。

表 3-3　抗压试验混合花岗岩密度计算

试件编号	状态	质量/g	直径/mm	高/mm	饱和密度/(g/cm³)	干密度/(g/cm³)
1-1	饱水	498.60	49.34	100.31	2.601	—
1-2	饱水	499.73	49.34	100.46	2.603	—
1-3	饱水	495.09	49.39	100.36	2.577	—
1-4	干燥	493.10	49.43	100.36	—	2.562
1-5	干燥	494.66	49.39	100.39	—	2.573
1-6	干燥	496.51	49.33	101.06	—	2.572
平均值					2.594	2.569

表 3-4　抗压试验混合片麻岩密度计算

试件编号	状态	质量/g	直径/mm	高/mm	饱和密度/(g/cm³)	干密度/(g/cm³)
2-1	饱水	507.23	49.56	100.51	2.617	—
2-2	饱水	507.67	49.47	100.85	2.620	—
2-3	饱水	509.21	49.69	100.88	2.604	—
2-4	干燥	503.43	49.42	100.83	—	2.604
2-5	干燥	504.61	49.66	100.62	—	2.591
2-6	干燥	509.89	49.66	100.97	—	2.609
平均值					2.614	2.601

表 3-5　抗压试验碎裂混合花岗岩密度计算

试件编号	状态	质量/g	直径/mm	高/mm	饱和密度/(g/cm³)	干密度/(g/cm³)
3-1	饱水	501.24	49.49	99.58	2.618	—
3-2	饱水	489.78	48.78	100.21	2.617	—
3-3	饱水	488.17	49.12	98.87	2.607	—
3-4	干燥	516.64	50.20	100.62	—	2.596
3-5	干燥	515.45	50.73	100.01	—	2.551
3-6	干燥	505.94	50.26	99.53	—	2.563
平均值					2.614	2.570

3.1.1.3　岩石劈裂试验试样

抗拉试样分为 6 组：饱水状态下 3 组，干燥状态下 3 组，其中混合花岗岩、混合片麻岩和碎裂混合花岗岩各 2 组。其中，饱水混合花岗岩试样和干燥混合花岗岩试样各 3 个，编号分别为 1-7~1-9、1-10~1-12;饱水混合片麻岩试样和干燥混合片麻岩试样各 3 个,编号分别为 2-7~2-9、2-10~2-12;饱水碎裂混合花岗岩试样和干燥碎裂混合花岗岩试样各 3 个,编号分别为 3-7~3-9、3-10~3-12。其物理参数见表 3-6~表 3-8。

表 3-6　抗拉试验混合花岗岩密度计算

试件编号	状态	质量/g	直径/mm	高/mm	饱和密度/(g/cm^3)	干密度/(g/cm^3)
1-7	饱水	253.20	49.46	51.41	2.564	—
1-8	饱水	258.50	49.37	52.15	2.591	—
1-9	饱水	260.88	49.47	52.04	2.609	—
1-10	干燥	249.20	49.02	51.39	—	2.571
1-11	干燥	255.45	49.31	52.13	—	2.568
1-12	干燥	254.63	49.03	52.60	—	2.565
平均值					2.588	2.568

表 3-7　抗拉试验混合片麻岩密度计算

试件编号	状态	质量/g	直径/mm	高/mm	饱和密度/(g/cm^3)	干密度/(g/cm^3)
2-7	饱水	258.25	49.37	51.53	2.619	—
2-8	饱水	253.36	49.30	50.76	2.617	—
2-9	饱水	257.22	49.37	51.55	2.608	—
2-10	干燥	254.60	49.52	50.66	—	2.611
2-11	干燥	256.85	49.29	51.55	—	2.580
2-12	干燥	257.88	49.66	52.19	—	2.575
平均值					2.615	2.589

表 3-8　抗拉试验碎裂混合花岗岩密度计算

试件编号	状态	质量/g	直径/mm	高/mm	饱和密度/(g/cm^3)	干密度/(g/cm^3)
3-7	饱水	258.25	49.37	51.53	2.619	—
3-8	饱水	260.33	49.67	51.83	2.593	—
3-9	饱水	256.53	49.43	51.25	2.610	—
3-10	干燥	262.21	50.23	52.10	—	2.541
3-11	干燥	264.46	50.37	52.06	—	2.551
3-12	干燥	257.78	49.53	51.69	—	2.590
平均值					2.607	2.561

3.1.1.4　岩石剪切试验试样

同样抗剪试样分为 6 组:饱水状态下 3 组,干燥状态下 3 组,其中,混合花岗岩、混合片麻岩和碎裂混合花岗岩各 2 组。其中,饱水混合花岗岩试样和干燥混合花岗岩试样各 5 个,编号分别为 1-13~1-17、1-18~1-22;饱水混合片麻岩试样和干燥混合片麻岩试样各 5 个,编号分别为 2-13~2-17、2-18~2-22;饱水碎裂混合花岗岩试样和干燥碎裂混合花岗岩试样各 5 个,编号分别为 3-13~3-17、3-18~3-22。其物理参数见表 3-9~表 3-11。

表 3-9　抗剪切试验混合花岗岩密度计算

试件编号	状态	质量/g	长/mm	宽/mm	高/mm	饱和密度/(g/cm^3)	干密度/(g/cm^3)
1-13	饱水	304.10	48.07	48.54	50.99	2.557	—
1-14	饱水	291.99	46.14	47.37	51.08	2.616	—
1-15	饱水	303.03	48.26	47.77	51.34	2.560	—
1-16	饱水	298.59	48.45	45.41	51.95	2.612	—
1-17	饱水	302.53	47.75	47.21	51.90	2.586	—
1-18	干燥	301.55	48.85	48.47	49.59	—	2.569
1-19	干燥	305.00	48.52	48.82	50.04	—	2.573
1-20	干燥	305.30	47.85	49.47	50.66	—	2.546
1-21	干燥	317.55	49.16	48.66	51.75	—	2.565
1-22	干燥	309.70	47.65	49.15	51.80	—	2.553
平均值						2.587	2.561

表 3-10　抗剪切试验混合片麻岩密度计算

试件编号	状态	质量/g	长/mm	宽/mm	高/mm	饱和密度/(g/cm^3)	干密度/(g/cm^3)
2-13	饱水	280.61	47.13	46.85	49.47	2.569	—
2-14	饱水	282.70	48.03	49.47	47.07	2.529	—
2-15	饱水	290.62	48.38	47.50	50.61	2.498	—
2-16	饱水	263.86	46.36	43.71	50.18	2.595	—
2-17	饱水	306.87	47.58	48.22	51.17	2.614	—
2-18	干燥	270.62	48.42	44.11	49.40	—	2.565
2-19	干燥	242.30	48.16	44.30	44.82	—	2.534
2-20	干燥	258.64	46.66	47.93	46.14	—	2.506
2-21	干燥	275.50	49.05	47.98	45.91	—	2.550
2-22	干燥	251.91	43.77	48.97	45.93	—	2.559
平均值						2.561	2.543

表 3-11 抗剪切试验碎裂混合花岗岩密度计算

试件编号	状态	质量/g	长/mm	宽/mm	高/mm	饱和密度/(g/cm^3)	干密度/(g/cm^3)
3-13	饱水	367.36	51.78	51.96	52.49	2.601	—
3-14	饱水	360.61	53.28	50.78	51.18	2.604	—
3-15	饱水	355.55	50.68	51.80	51.58	2.626	—
3-16	饱水	347.23	51.38	50.12	51.70	2.608	—
3-17	饱水	353.78	51.30	51.18	52.00	2.591	—
3-18	干燥	358.11	51.78	51.96	52.49	—	2.536
3-19	干燥	336.67	51.75	49.78	49.98	—	2.615
3-20	干燥	348.55	50.68	51.67	52.04	—	2.558
3-21	干燥	339.23	51.38	50.14	51.34	—	2.565
3-22	干燥	351.74	51.30	51.38	52.31	—	2.551
平均值						2.606	2.565

3.1.2 试验内容

3.1.2.1 碎裂石英剪切试验

在成都理工大学地质灾害防治与地质环境保护国家重点实验室自行研制的 XJ-2 型携带剪切仪(见图 3-3)上分别进行天然和饱水状态(见图 3-4)下共 10 组剪切试验(见图 3-5),剪切试验采用快剪法,用应力控制法施加水平荷载。其中竖向荷载保持恒定,对每组岩样的 5 块试件分别施加 0.28 MPa、0.56 MPa、0.83 MPa、1.1 MPa 和 1.4 MPa 的竖向荷载,而后每隔 30 s 分级施加水平荷载,当水平压力表值不仅不再上升,甚至还有所下降时视为试件已发生破坏。饱水试样、天然试样剪切破坏后见图 3-6、图 3-7。

图 3-3 XJ-2 型携带剪切仪

图 3-4 碎裂石英饱水状态

图 3-5　碎裂石英剪切试验试样制备

图 3-6　饱水试样剪切破坏后

图 3-7　天然试样剪切破坏后

根据天然状态和饱水状态下抗剪切试验的结果，以剪应力为纵坐标，正应力为横坐标，绘制剪应力峰值和正应力的关系曲线（见图 3-8、图 3-9），通过计算得出其抗剪切强度力学指标（见表 3-12、表 3-13）。

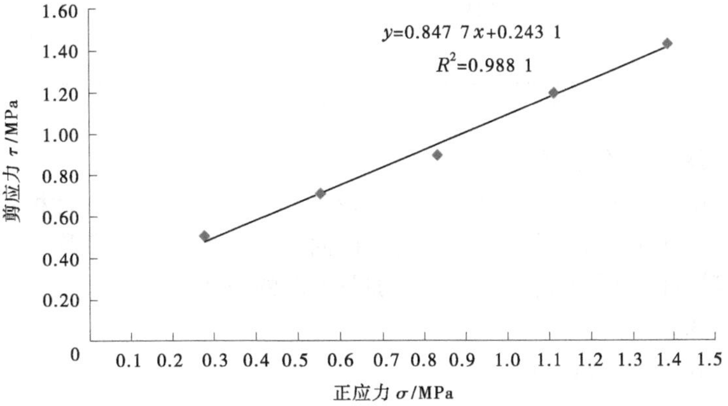

图 3-8　碎裂石英天然状态下剪应力峰值和正应力的关系曲线

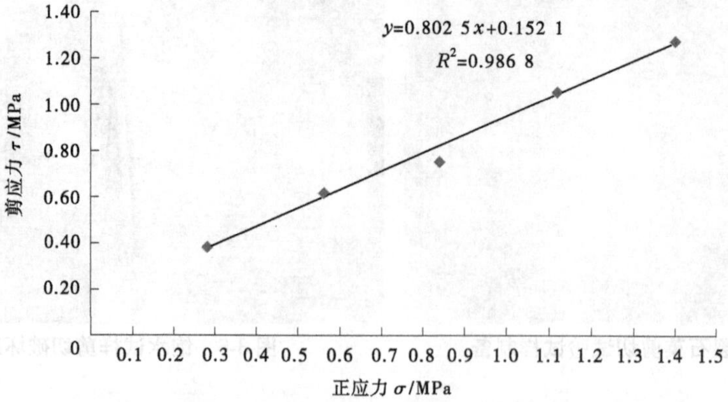

图 3-9 碎裂石英饱水状态下剪应力峰值和正应力的关系曲线

表 3-12 碎裂石英天然状态下剪切试验结果

状态	剪切面面积/mm²	法向应力/MPa	剪应力/MPa
天然	224	0.28	0.52
天然	224	0.56	0.69
天然	224	0.83	0.89
天然	224	1.10	1.20
天然	224	1.40	1.45

注：碎裂石英天然状态下剪切强度参数为：黏聚力为 0.243 0 MPa，内摩擦角为 40.28°。

表 3-13 碎裂石英饱水状态下剪切试验结果

状态	剪切面面积/mm²	法向应力/MPa	剪应力/MPa
饱水	224	0.28	0.38
饱水	224	0.56	0.62
饱水	224	0.83	0.75
饱水	224	1.10	1.07
饱水	224	1.40	1.28

注：碎裂石英饱水状态下剪切强度参数为：黏聚力为 0.152 0 MPa，内摩擦角为 38.75°。

3.1.2.2 岩石单轴压缩变形试验

由岩石的单轴压缩变形试验可以测得岩石的单轴抗压强度、弹性模量和泊松比。当试样在轴向压力作用下出现压缩破坏时，单位面积上所承受的荷载称为岩石的单轴抗压强度，即试样破坏时的最大荷载与垂直于加载方向的截面面积之比。

1. 试验原理

抗压强度 σ_c 计算公式如下：

$$\sigma_c = \frac{P}{A} \tag{3-1}$$

式中：P 为试件的破坏荷载，kN；A 为试件截面面积，cm^2。

由试验可得到应力与纵向应变关系曲线，而后按式（3-2）计算岩石的平均弹性模量：

$$E_{av} = \frac{\sigma_b - \sigma_a}{\varepsilon_{lb} - \varepsilon_{la}} \tag{3-2}$$

式中：E_{av} 为岩石平均弹性模量，MPa；σ_a 为应力与纵向应变关系曲线上直线段始点的应力值，MPa；σ_b 为应力与纵向应变关系曲线上直线段终点的应力值，MPa；ε_{la} 为应力为 σ_a 时的纵向应变值；ε_{lb} 为应力为 σ_b 时的纵向应变值。

试验在上海华龙测试仪器有限公司的 YAS-600 微机液压压力试验机上进行，其能提供的最大载荷为 600 kN。

岩石抗压试验见图 3-10，岩石抗压试验试样见图 3-11。

图 3-10　岩石抗压试验

图 3-11　岩石抗压试验试样

2. 试验结果

混合花岗岩、混合片麻岩、碎裂混合花岗岩的单轴压缩试验结果见表 3-14～表 3-16，岩石受压破坏情况见图 3-12，部分抗压试验后破坏岩样见图 3-13。抗压试验荷载-位移曲线见图 3-14。

表 3-14　混合花岗岩单轴压缩变形试验结果

试件编号	状态	直径/mm	高/mm	饱水岩样抗压强度/MPa	干燥岩样抗压强度/MPa	饱水弹性模量/GPa	干燥弹性模量/GPa
1-1	饱水	49.34	100.31	70.880 6	—	12.703 5	—
1-2	饱水	49.34	100.46	75.662 7	—	11.954 5	—
1-3	饱水	49.386	100.36	67.033 4	—	11.844 4	—
1-4	干燥	49.43	100.36	—	85.829 0	—	12.005 9

续表 3-14

试件编号	状态	直径/mm	高/mm	饱水岩样抗压强度/MPa	干燥岩样抗压强度/MPa	饱水弹性模量/GPa	干燥弹性模量/GPa
1-5	干燥	49.39	100.39	—	83.889 1	—	13.940 7
1-6	干燥	49.33	101.06	—	89.827 6	—	12.845 4
平均值				71.192 2	86.515 2	12.167 5	12.930 7
软化系数	0.823						

表 3-15　混合片麻岩单轴压缩变形试验结果

试件编号	状态	直径/mm	高/mm	饱水岩样抗压强度/MPa	干燥岩样抗压强度/MPa	饱水弹性模量/GPa	干燥弹性模量/GPa
2-1	饱水	49.56	100.51	78.560 19	—	10.191 1	—
2-2	饱水	49.47	100.85	88.333 73	—	10.275 2	—
2-3	饱水	49.69	100.88	64.469 11	—	10.230 4	—
2-4	干燥	49.42	100.83	—	116.808 9	—	11.625 1
2-5	干燥	49.66	100.62	—	101.495 9	—	10.543 6
2-6	干燥	49.66	100.97	—	111.369 3	—	11.391 8
平均值				77.480 8	109.891 4	10.232 2	11.186 8
软化系数	0.705						

表 3-16　碎裂混合花岗岩单轴压缩变形试验结果

试件编号	状态	直径/mm	高/mm	饱水岩样抗压强度/MPa	干燥岩样抗压强度/MPa	饱水弹性模量/GPa	干燥弹性模量/GPa
3-1	饱水	49.53	100.72	44.386 8	—	7.368	—
3-2	饱水	49.58	100.44	35.213 2	—	6.784	—
3-3	饱水	49.28	100.38	37.801 2	—	6.547	—
3-4	干燥	49.42	100.83	—	58.223 1	—	9.778
3-5	干燥	49.66	100.62	—	65.776 9	—	9.440
3-6	干燥	49.66	100.97	—	63.861 2	—	10.322
平均值				39.133 7	62.620 4	6.900	9.847
软化系数	0.625						

图 3-12　岩石受压破坏情况

图 3-13　部分抗压试验后破坏岩样

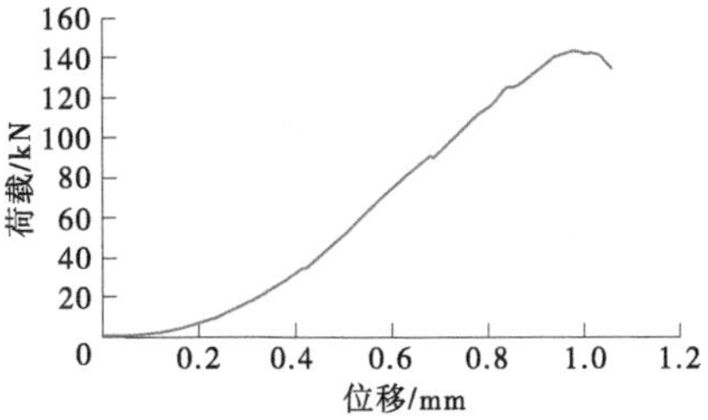

(a)花岗岩1-2岩样荷载位移图

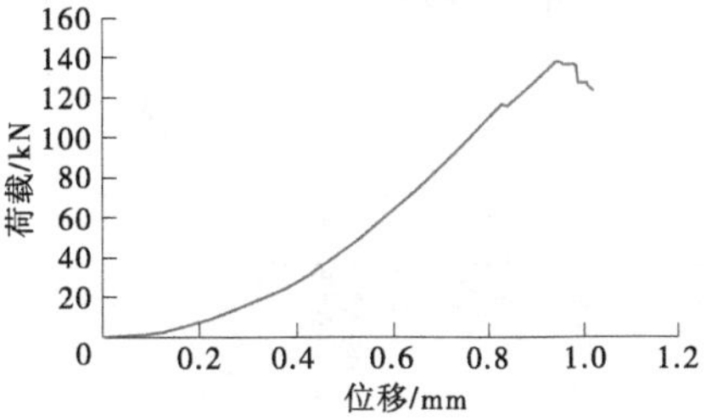

(b)花岗岩1-4岩样荷载位移图

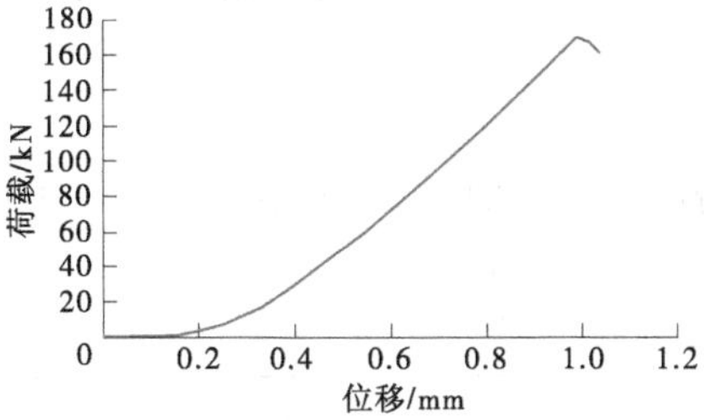

(c)片麻岩2-2岩样荷载位移图

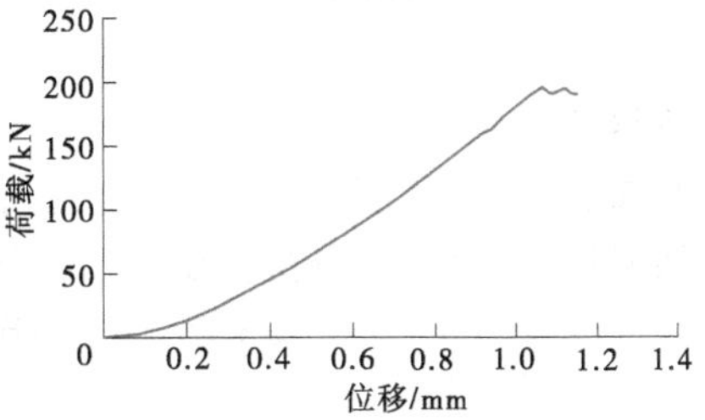

(d)片麻岩2-5岩样荷载位移图

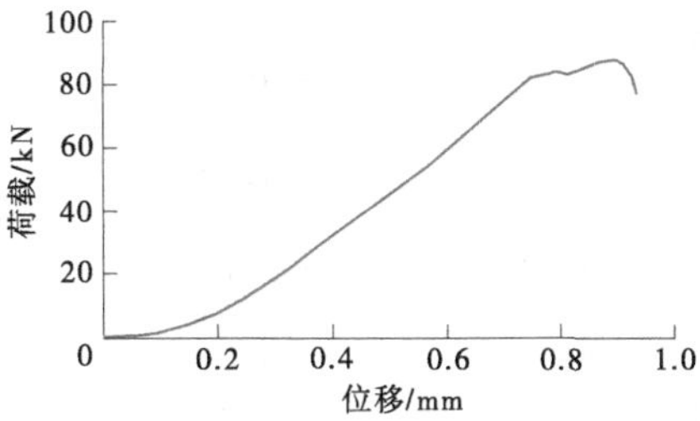

(e)碎裂混合花岗岩3-1岩样荷载位移图

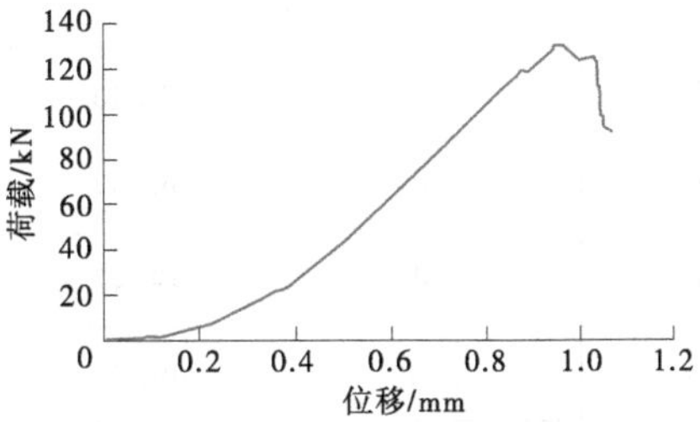

(f)碎裂混合花岗岩3-5岩样荷载位移图

图 3-14　抗压试验荷载-位移曲线

3.1.2.3 岩石劈裂试验

测定岩石抗拉强度的方法较多,有直接拉伸法、劈裂法、弯曲试验法、离心机法、圆柱体或球体的径向压裂法等。其中,以劈裂拉伸试验法最为简易,其试样制作简单。

1. 试验原理

抗拉强度 σ_t 计算公式为

$$\sigma_t = \frac{2P}{\pi Dh} \tag{3-3}$$

式中:P 为试验加载最大荷载,kN;D 为试样的直径,cm;h 为试样的高度,cm。

岩石抗拉试验见图 3-15,部分岩石抗拉试验试样见图 3-16。

图 3-15 岩石抗拉试验

图 3-16 部分岩石抗拉试验试样

2. 试验结果

混合花岗岩、混合片麻岩、碎裂混合花岗岩的劈裂试验结果见表 3-17～表 3-19,岩石受拉破坏情况见图 3-17,部分抗拉试验后破坏岩样见图 3-18。

表 3-17 混合花岗岩劈裂试验结果

试件编号	状态	直径/mm	高/mm	饱水岩样 抗拉强度/MPa	干燥岩样 抗拉强度/MPa
1-7	饱水	49.46	51.41	4.956 1	—
1-8	饱水	49.37	52.15	5.592 5	—
1-9	饱水	49.47	52.04	4.534 7	—
1-10	干燥	49.02	51.39	—	9.520 1
1-11	干燥	49.31	52.13	—	8.332 9
1-12	干燥	49.03	52.60	—	10.628 9
平均值				5.027 8	9.494 0

表 3-18　混合片麻岩劈裂试验结果

试件编号	状态	直径/mm	高/mm	饱水岩样抗拉强度/MPa	干燥岩样抗拉强度/MPa
2-7	饱水	49.37	51.53	8.273 1	—
2-8	饱水	49.30	50.76	5.175 0	—
2-9	饱水	49.37	51.55	8.686 0	—
2-10	干燥	49.52	50.66	—	7.503 1
2-11	干燥	49.29	51.55	—	12.342 4
2-12	干燥	49.66	52.19	—	11.342 6
平均值				7.378 0	10.396 0

表 3-19　碎裂混合花岗岩劈裂试验结果

试件编号	状态	直径/mm	高/mm	饱水岩样抗拉强度/MPa	干燥岩样抗拉强度/MPa
3-7	饱水	49.37	51.53	1.404 3	—
3-8	饱水	49.30	50.76	2.296 7	—
3-9	饱水	49.57	51.55	1.862 5	—
3-10	干燥	49.42	51.38	—	4.916 2
3-11	干燥	49.62	51.48	—	6.362 0
3-12	干燥	49.66	52.19	—	5.671 5
平均值				1.854 5	5.649 9

图 3-17　岩石受拉破坏情况

图 3-18　部分抗拉试验后破坏岩样

3.1.2.4　岩石剪切试验

室内的岩石剪切强度测定，最常用的是测定岩石的抗剪断强度。岩石剪切试验是分别在不同的垂向荷载作用下，施加剪切荷载进行剪切，求得破坏时的最大剪应力 τ，然后根据莫尔-库仑定律（$\tau=c+\tan\varphi$）作图，利用 Excel 自动线性回归求出岩块的黏结力 c 和内摩擦角 φ（见图 3-19～图 3-24）。

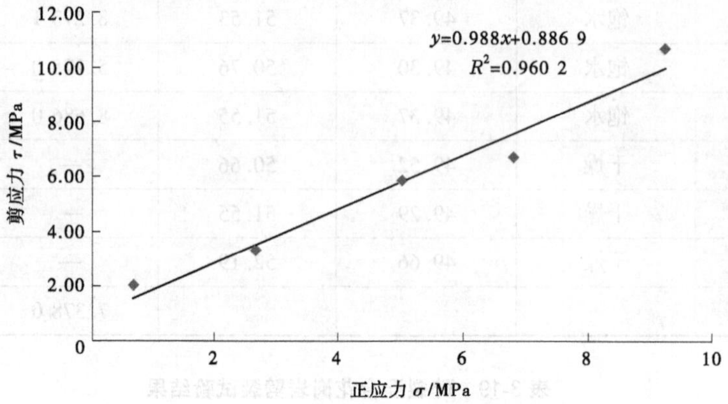

图 3-19　混合花岗岩饱水状态 $\tau-\sigma$ 关系

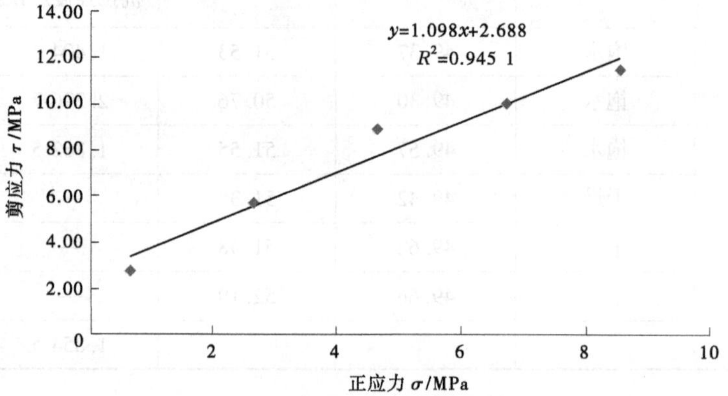

图 3-20　混合花岗岩干燥状态 $\tau-\sigma$ 关系

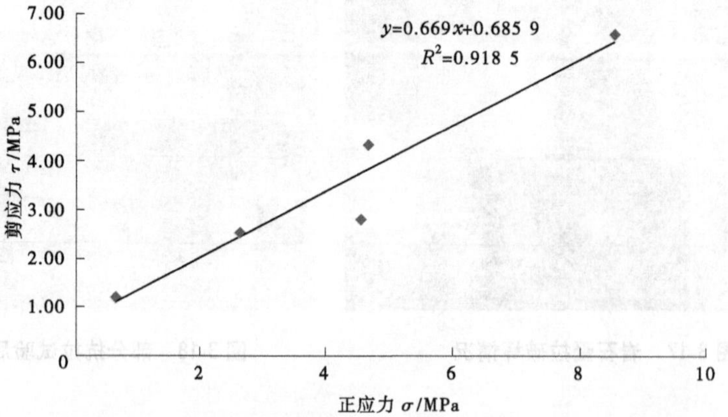

图 3-21　混合片麻岩饱水状态 $\tau-\sigma$ 关系

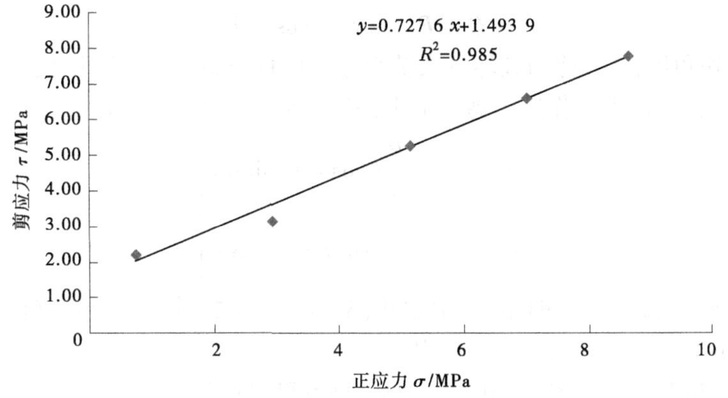

图 3-22　混合片麻岩干燥状态 $\tau-\sigma$ 关系

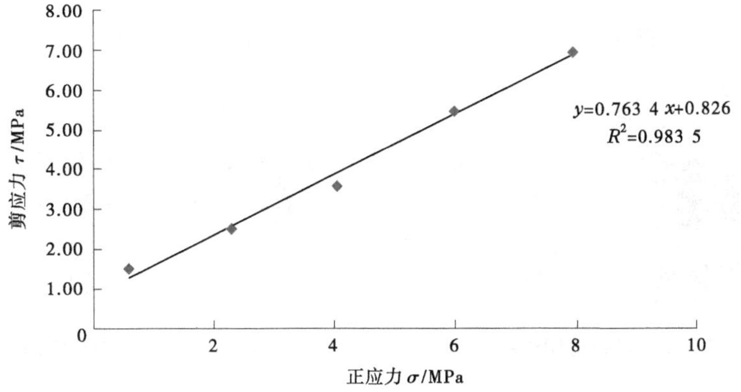

图 3-23　碎裂混合花岗岩饱水状态 $\tau-\sigma$ 关系

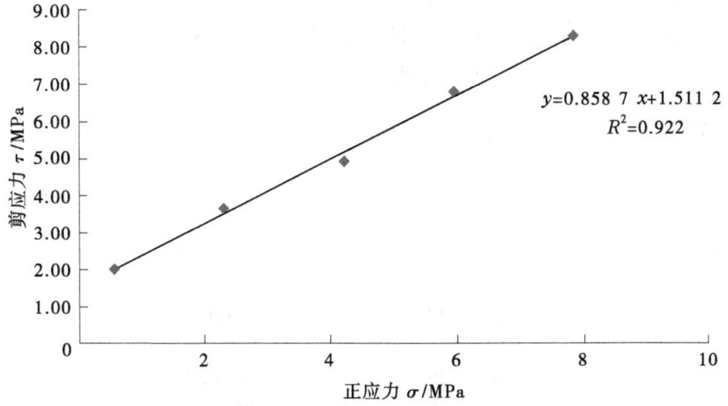

图 3-24　碎裂混合花岗岩干燥状态 $\tau-\sigma$ 关系

1. 试验原理

按式(3-4)可求得作用于剪切面上总法向荷载 N 和总剪切荷载 Q:

$$\left.\begin{aligned} N &= P(\cos\alpha + f\sin\alpha) \\ Q &= P(\sin\alpha - f\cos\alpha) \end{aligned}\right\} \tag{3-4}$$

式中：α 为剪切角度；P 为剪切破坏最大荷载；f 为圆柱形滚子与上下压板的摩擦系数。

由下列公式可以求得作用于剪切面上的法向应力 σ 和剪应力 τ：

$$\left.\begin{aligned} \sigma &= \frac{N}{S} = \frac{P}{S}(\cos\alpha + f\sin\alpha) \\ \tau &= \frac{Q}{S} = \frac{P}{S}(\sin\alpha - f\cos\alpha) \end{aligned}\right\} \tag{3-5}$$

试验中摩擦系数 f 可忽略不计，根据式(3-4)、式(3-5)计算可得到试件在不同剪切角度作用下的剪应力 τ 值和法向应力 σ 值。

岩石剪切试验见图 3-25，部分岩石剪切试验试样见图 3-26。

图 3-25　岩石剪切试验

图 3-26　部分岩石剪切试验试样

2. 试验结果

混合花岗岩、混合片麻岩、碎裂混合花岗岩的剪切试验结果见表 3-20～表 3-25，岩石受剪切破坏情况见图 3-27，部分剪切破坏后岩样见图 3-28。

表 3-20　混合花岗岩饱水状态下剪切试验结果

试件编号	剪切面面积/mm²	法向应力/MPa	剪应力/MPa
1-13	2 254.279	0.671 2	2.10
1-14	2 332.996	2.667 4	3.13
1-15	2 185.340	5.002 9	5.87
1-16	2 305.539	6.785 0	6.67
1-17	2 200.266	9.250 2	10.75

注：混合花岗岩剪切强度参数：黏聚力为 0.886 9 MPa，内摩擦角为 44.65°。

表 3-21　混合花岗岩干燥状态下剪切试验结果

试件编号	剪切面面积/mm^2	法向应力/MPa	剪应力/MPa
1-18	2 367.435	0.638 7	2.59
1-19	2 367.299	2.628 6	5.82
1-20	2 341.675	4.618 3	8.99
1-21	2 392.127	6.680 3	10.05
1-22	2 368.746	8.508 3	11.32

注:混合花岗岩剪切强度参数:黏聚力为 2.801 7 MPa,内摩擦角为 47.67°。

表 3-22　混合片麻岩饱水状态下剪切试验结果

试件编号	剪切面面积/mm^2	法向应力/MPa	剪应力/MPa
2-13	2 208.354	0.639 0	1.29
2-14	2 375.719	2.619 2	2.57
2-15	2 298.050	4.570 4	2.72
2-16	2 026.404	4.668 9	4.29
2-17	2 294.468	8.592 3	6.66

注:混合片麻岩剪切强度参数:黏聚力为 0.685 9 MPa,内摩擦角为 33.78°。

表 3-23　混合片麻岩干燥状态下剪切试验结果

试件编号	剪切面面积/mm^2	法向应力/MPa	剪应力/MPa
2-18	2 135.792	0.706 0	2.31
2-19	2 133.340	2.913 7	3.14
2-20	2 236.410	5.124 8	5.29
2-21	2 353.415	6.994 7	6.62
2-22	2 143.108	8.648 3	7.85

注:混合片麻岩剪切强度参数:黏聚力为 1.493 9 MPa,内摩擦角为 36.04°。

表 3-24　碎裂混合花岗岩饱水状态剪切试验结果

试件编号	剪切面面积/mm^2	法向应力/MPa	剪应力/MPa
3-13	2 690.489	0.576 3	1.58
3-14	2 705.558	2.313 0	2.41
3-15	2 625.224	4.040 9	3.51
3-16	2 575.166	5.958 7	5.53
3-17	2 625.534	7.903 6	6.98

注:碎裂混合花岗岩剪切强度参数:黏聚力为 0.826 MPa,内摩擦角为 37.36°。

表 3-25　碎裂混合花岗岩干燥状态剪切试验结果

试件编号	剪切面面积/mm^2	法向应力/MPa	剪应力/MPa
3-18	2 690.489	0.574 0	1.97
3-19	2 576.115	2.313 0	3.71
3-20	2 618.636	4.244 0	4.81
3-21	2 576.193	5.973 7	6.83
3-22	2 635.794	7.900 4	8.28

注：碎裂混合花岗岩剪切强度参数：黏聚力为 1.511 2 MPa，内摩擦角为 40.65°。

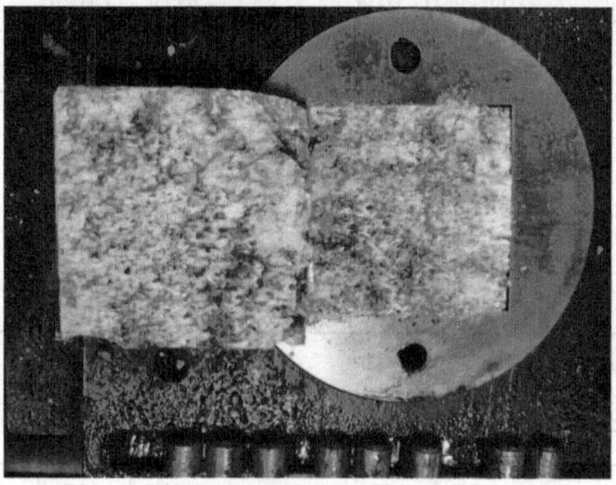

图 3-27　岩石受剪切破坏情况

图 3-28　部分剪切破坏后岩样

3.1.3　小结

岩石物理性质、力学性质见表 3-26、表 3-27。

表 3-26　岩石物理性质成果

岩性	干密度/(g/cm^3)	饱和密度/(g/cm^3)	天然含水率/%	吸水率/%
碎裂石英	1.900	2.000	—	—
混合花岗岩	2.566	2.589	0.28	0.84
混合片麻岩	2.578	2.597	0.23	0.65
碎裂混合花岗岩	2.565	2.609	0.38	1.40

表 3-27　岩石力学性质成果

岩性	饱和抗压强度/MPa	饱水弹性模量/GPa	干燥抗压强度/MPa	干燥弹性模量/GPa	普氏系数 f	软化系数 k	饱和抗拉强度/MPa	干燥抗拉强度/MPa	饱和抗剪强度		干燥抗剪强度	
									内摩擦角 φ/(°)	黏结力 c/MPa	内摩擦角 φ/(°)	黏结力 c/MPa
碎裂石英	—	—	—	—	—	—	—	—	38.75	0.152 0	40.28	0.243 0
混合花岗岩	71.192 2	12.167 5	86.515 2	12.930 7	7.1	0.823	5.027 8	9.494 0	44.65	0.886 9	47.67	2.801 7
混合片麻岩	77.480 8	10.232 2	109.891 4	11.186 8	7.7	0.705	7.378 0	10.396 0	33.78	0.685 9	36.04	1.493 9
碎裂混合花岗岩	39.133 7	6.900 0	62.620 4	9.847 0	3.9	0.625	1.854 5	5.649 9	37.36	0.826 0	40.65	1.511 2

3.2　巷道围岩声波探测分析

3.2.1　概况

3.2.1.1　声波技术的方法和原理

岩体声波探测法(简称声波法)主要是研究声波在岩石中的传播规律和由结构面所形成的波阻抗界面对声波传播的影响。研究表明,岩体在一定动荷载的作用下,其动应力与动形变关系及波动过程,可用胡克定律和波动方程来描述。

声波的传播,实际上是介质中弹性形变的传递。与体变相应的称为纵波(P 波),与切变相应的称为横波(S 波)。纵波传播时,质点振动方向与波传播方向平行;而横波传播时,质点振动方向与波传播方向相垂直。S 波根据振动面位置又分为水平极化 S_H 波和垂直极化 S_V 波。声波与 S 波,其能量衰减均与距震源距离 2 次方成反比。

声波传播速度与岩体弹性常数关系:据弹性力学,在各向同性、均匀、无限的弹性介质中,P、S 波的传播速度为介质的弹性常数与密度的函数,由波动方程求得:

纵波速度
$$v_P = \sqrt{\frac{E_d}{\rho} \cdot \frac{1 - \nu_d}{(1 + \nu_d)(1 - 2\nu_d)}} \tag{3-6}$$

横波速度
$$v_S = \sqrt{\frac{E_d}{\rho} \cdot \frac{1}{2(1 + \nu_d)}} \tag{3-7}$$

由式(3-6)、式(3-7)可以得到表征介质弹性的几个常数:

动泊松比
$$\nu_d = \frac{2v_S^2 - v_P^2}{2(v_S^2 - v_P^2)} \tag{3-8}$$

动弹性模量 $$E_d = \rho v_P^2 \frac{(1+\nu_d)(1-2\nu_d)}{1-\nu_d} \tag{3-9}$$

声波速度与岩体物理力学参数的关系：岩体中声波速度与其弹性模量 E_s、密度 ρ、单轴抗压强度 q_u、有效孔隙率 η 和吸水率 ω_f 的关系。

3.2.1.2 现场测试方法

本次试验采用的仪器是中国科学院武汉岩土力学研究所研制的仪器：RSM-SY5 声波仪，测试时采用下孔，采用水做耦合介质，在现场测试时需要人工注水。在钻孔内每隔 0.2 m 测读一次。测孔布置在掌子面附近，离掌子面约 2 m，左右布孔，测试掌子面附近围岩的松动圈及其完整性。

声波法单孔测试示意如图 3-29 所示。

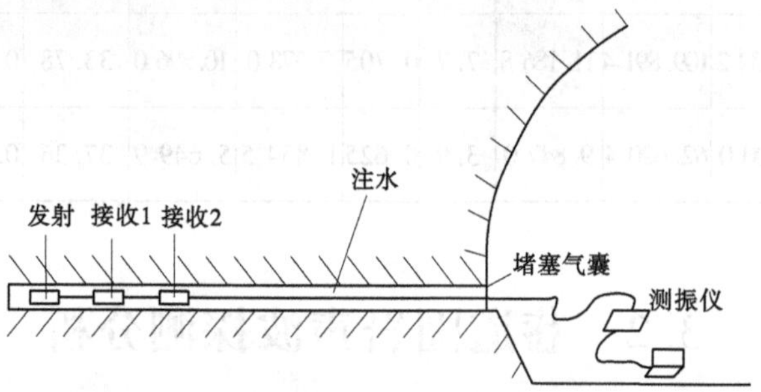

图 3-29 声波法单孔测试示意图

3.2.2 巷道围岩松动圈范围分析

3.2.2.1 松动圈确定原理

主要是根据围岩内的声波速度随岩体的完整性下降而降低，又随密度的增高而上升的性质，测出距离表面不同深度（L）处岩体的声波速度 v_P 值，作出 v_P–L 曲线，结合地质描述，推断出围岩的松动带厚度。图 3-30 为典型剖面的各孔的 v_P–L 曲线。曲线表面：A 孔速度变化不大，且岩体比较完整，无明显的应力松动带；B 孔岩体声波速度比较低，岩体为碎块状，可认为是完全应力松弛带，随着深度的增加，声速有上升的趋势；C 孔具有明显的应力松动区，但深度在 800 mm 以内。

3.2.2.2 完整性判别原理

1. 岩体的裂隙系数 L_s

$$L_s = \frac{v_{pr}^2 - v_{pm}^2}{v_{pr}^2} \tag{3-10}$$

式中：v_{pr} 为岩石弹性纵波速度；v_{pm} 为岩体弹性纵波速度。

岩体裂隙系数分类见表 3-28。

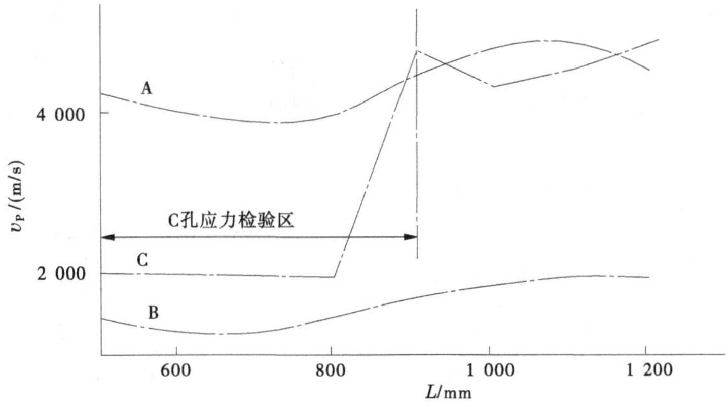

图 3-30　典型剖面的 v_P-L 曲线

表 3-28　岩体裂隙系数分类

岩体工程性质	最坚硬	较坚硬	坚固	稍差	很差
裂隙系数 L_s	<0.25	0.25~0.5	0.5~0.65	0.65~0.8	>0.8

2. 岩体的完整性系数 K_v

$$K_v = \frac{v_{pm}^2}{v_{pr}^2} \tag{3-11}$$

式中：v_{pr} 为岩石弹性纵波速度；v_{pm} 为岩体弹性纵波速度。

岩体完整程度分类见表 3-29。

表 3-29　岩体完整程度分类

岩体完整性系数 K_v	>0.75	0.75~0.55	0.55~0.35	0.35~0.15	≤0.15
完整程度	完整	较完整	较破碎	破碎	极破碎

3.2.2.3　巷道围岩完整性分析及松动圈判断

现场选取 330 中段的 CD07 西沿掌子面巷道、CD08 掌子面巷道、CD0 掌子面巷道及 260 中段主巷道掌子面进行声波测试，通过分析各个声波探测孔的完整性及裂隙系数，结合地质调查，对所选取巷道的松动圈范围做出综合判断。

1. 330 中段 CD07 西沿掌子面巷道

(1) 330 中段 CD07 西沿掌子面巷道 1 号孔声波测试数据见表 3-30。

表 3-30　330 中段 CD07 西沿掌子面巷道 1 号孔声波测试数据

孔号	高程/m	孔深/m	垂直孔深/mm	波速/(m/s)	K_v	岩体完整程度	平均 K_v	裂隙系数 L_s	岩体工程性质	平均 L_s
1-1	330	2.3	1 539.00	3 731	0.55	较完整	0.62	0.45	较坚硬	0.38
		2.1	1 405.17	3 788	0.57			0.43		
		1.9	1 271.35	4 325	0.74			0.26		
		1.7	1 137.52	4 432	0.78	完整	0.82	0.22	最坚硬	0.18
		1.5	1 003.70	4 798	0.91			0.09		
		1.3	869.87	4 376	0.76			0.24		
		1.1	736.04	3 705	0.54	较破碎	0.47	0.46	较坚硬	0.48
		0.9	602.22	3 571	0.51			0.49		
		0.7	468.39	3 243	0.42			0.58	坚固	0.59
		0.5	334.57	3 221	0.41			0.59		

330 中段 CD07 西沿掌子面巷道 1 号孔声波测试曲线见图 3-31。

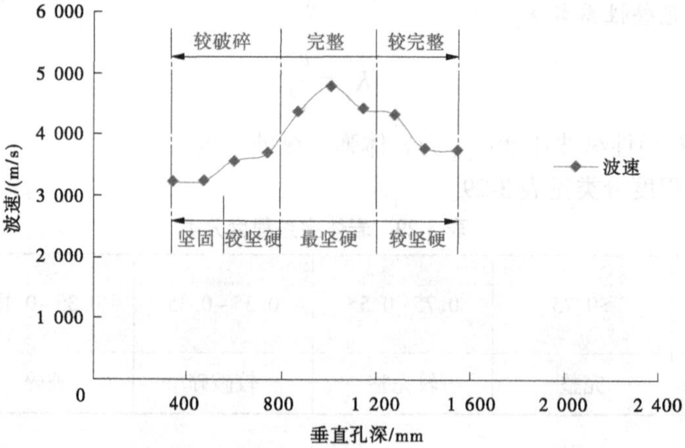

图 3-31　330 中段 CD07 西沿掌子面巷道 1 号孔声波测试曲线

由图 3-31 可知，当 CD07 西沿掌子面 1 号声波探测孔的垂直孔深为 1.2~1.6 m 时，岩体结构较完整，岩体的工程性质较坚硬；当垂直孔深降至 0.8~1.2 m 时，由于巷道围岩产生应力集中，测得纵波波速值较大，岩体结构完整，岩体工程性质最坚硬；当垂直孔深<0.8 m 时，纵波波速逐渐降低，在孔口处趋于稳定，岩体结构较破碎，岩体工程性质坚固。

(2)330 中段 CD07 西沿掌子面巷道 2 号孔声波测试数据见表 3-31。

表 3-31　330 中段 CD07 西沿掌子面巷道 2 号孔声波测试数据

孔号	高程/m	孔深/m	垂直孔深/mm	波速/(m/s)	K_v	岩体完整程度	平均 K_v	裂隙系数 L_s	岩体工程性质	平均 L_s
1-2	330	2.2	1 823.88	5 008	1.00	完整	0.97	0	最坚硬	0.04
		2.0	1 658.08	4 902	0.95			0.05		
		1.8	1 492.27	5 016	1.00			0		
		1.6	1 326.46	5 000	0.99			0.01		
		1.4	1 160.65	4 808	0.92			0.08		
		1.2	994.85	4 830	0.93			0.07		
		1.0	829.04	3 517	0.49	较破碎	0.49	0.51	坚固	0.51
		0.8	663.23	2 155	0.18	破碎	0.19	0.81	很差	0.81
		0.6	468.39	2 201	0.19			0.81		

330 中段 CD07 西沿掌子面巷道 2 号孔声波测试曲线见图 3-32。

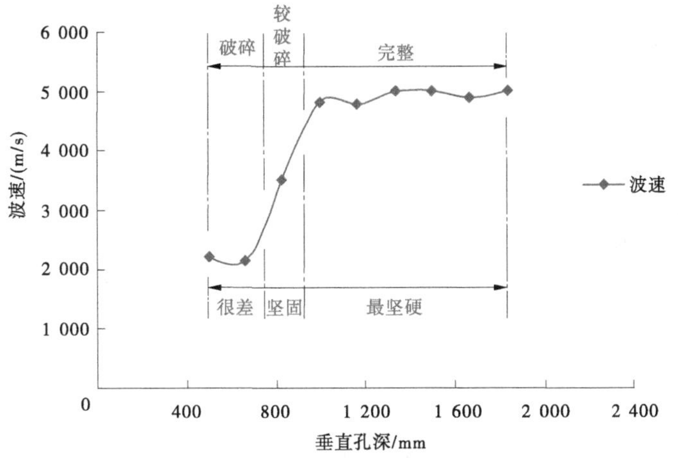

图 3-32　330 中段 CD07 西沿掌子面巷道 2 号孔声波测试曲线

由图 3-32 可知，当 CD07 西沿掌子面 2 号声波探测孔的垂直孔深为 0.9~1.8 m 时，测得纵波波速的曲线开始以小振幅波动收敛，波速值较大，岩体结构完整，岩体的工程性质最坚硬。当垂直孔深<0.9 m 时，纵波波速急剧降低，在孔口处几乎最小，岩体结构破碎，岩体工程性质很差。

(3)330 中段 CD07 西沿掌子面巷道 3 号孔声波测试数据见表 3-32。

表 3-32　330 中段 CD07 西沿掌子面巷道 3 号孔声波测试数据

孔号	高程/m	孔深/m	垂直孔深/mm	波速/(m/s)	K_v	岩体完整程度	平均 K_v	裂隙系数 L_s	岩体工程性质	平均 L_s
1-3	330	2.4	2 192.51	3 425	0.47	较破碎	0.49	0.53	坚固	0.52
		2.2	2 009.80	3 521	0.49			0.51		
		2.0	1 827.09	3 712	0.55			0.45	较坚硬	0.45
		1.8	1 644.38	3 205	0.41			0.59	坚固	0.59
		1.6	1 461.67	3 672	0.54			0.46	较坚硬	0.46
		1.4	1 278.96	3 378	0.45			0.55	坚固	0.55
		1.2	1 096.25	4 508	0.81	完整	0.81	0.19	最坚硬	0.19
		1.0	913.55	3 383	0.45	较破碎	0.42	0.55	坚固	0.59
		0.8	730.84	3 074	0.38			0.62		
		0.6	548.13	2 941	0.34	破碎	0.34	0.66	稍差	0.66

330 中段 CD07 西沿掌子面巷道 3 号孔声波测试曲线见图 3-33。

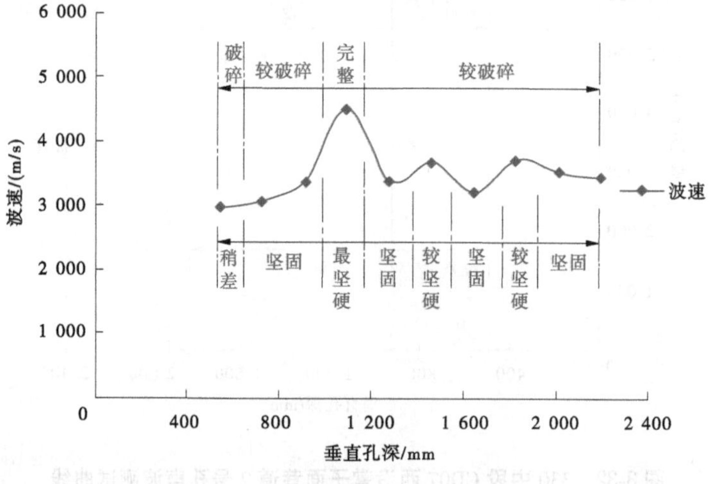

图 3-33　330 中段 CD07 西沿掌子面巷道 3 号孔声波测试曲线

由图 3-33 可知，当 CD07 西沿掌子面 3 号声波探测孔的垂直孔深为 1.3~2.2 m 时，岩体结构较破碎，岩体的工程性质由较坚硬到坚固；当垂直孔深为 0.9~1.3 m 时，由于巷道围岩产生应力集中，测得纵波波速值较大，岩体结构完整，岩体的工程性质最坚硬；当垂直孔深<0.9 m 时，纵波波速逐渐降低，在孔口处趋于稳定，岩体结构破碎，岩体工程性质稍差。

(4)330 中段 CD07 西沿掌子面巷道 4 号孔声波测试数据见表 3-33。

表 3-33　330 中段 CD07 西沿掌子面巷道 4 号孔声波测试数据

孔号	高程/m	孔深/m	垂直孔深/mm	波速/(m/s)	K_v	岩体完整程度	平均 K_v	裂隙系数 L_s	岩体工程性质	平均 L_s
1-4	330	2.2	1 608.98	3 521	0.49	较破碎	0.51	0.51	坚固	0.51
		2.0	1 462.71	3 722	0.55			0.45	较坚硬	0.45
		1.8	1 316.42	3 415	0.46			0.54	坚固	0.54
		1.6	1 170.17	3 642	0.53			0.47	较坚硬	0.47
		1.4	1 023.90	4 432	0.78	完整	0.78	0.22	最坚硬	0.22
		1.2	877.62	3 537	0.50	较破碎	0.46	0.50	坚固	0.54
		1.0	731.35	3 431	0.47			0.53		
		0.8	585.08	3 205	0.41			0.59		
		0.6	438.81	2 660	0.28	破碎	0.28	0.72	稍差	0.72

330 中段 CD07 西沿掌子面巷道 4 号孔声波测试曲线见图 3-34。

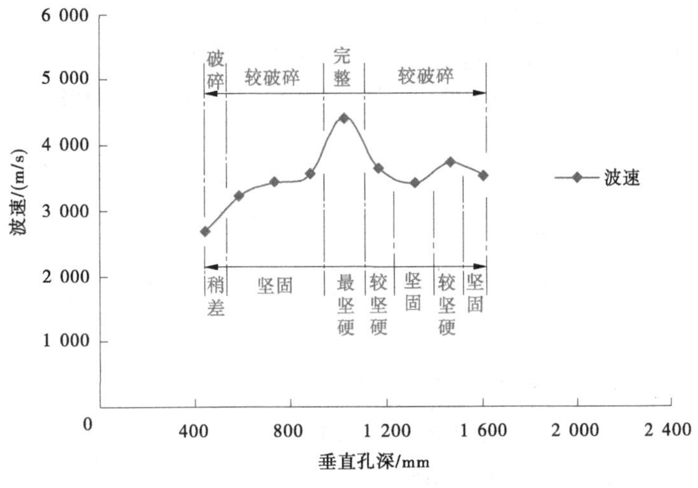

图 3-34　330 中段 CD07 西沿掌子面巷道 4 号孔声波测试曲线

由图 3-34 可知，当 CD07 西沿掌子面 4 号声波探测孔的垂直孔深为 1.1~1.6 m 时，岩体结构较破碎，岩体的工程性质由较坚硬到坚固；当垂直孔深为 0.9~1.1 m 时，由于巷道围岩产生应力集中，测得纵波波速值较大，岩体结构完整，岩体的工程性质最坚硬；当垂直孔深<0.9 m 时，纵波波速逐渐降低，岩体结构破碎，岩体工程性质稍差。

图 3-35 为 CD07 西沿掌子面所有声波探测孔的声波测试变化曲线，从图中可以看出，CD07 西沿掌子面处巷道具有明显的应力松动区，松动圈范围约 1.3 m。

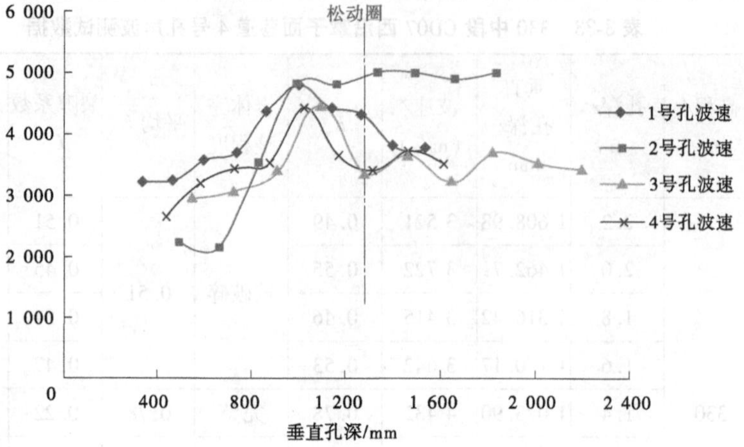

图 3-35　330 中段 CD07 西沿掌子面巷道声波测试曲线

330 中段 CD07 西沿掌子面巷道声波测试结果表明：由于开挖洞室附近的岩体出现裂隙、裂缝、松动、破碎，声波通过时能量被吸收，波速值较低，岩体完整性为破碎，岩体工程性质稍差。再往深处，波速有所升高，并保持在一定的范围，表明该处岩体并未出现大的扰动、破坏，属于基本稳定岩体，松动圈范围约 1.3 m。

2. 330 中段 CD0 掌子面巷道

(1)330 中段 CD0 掌子面巷道 1 号孔声波测试数据见表 3-34。

表 3-34　330 中段 CD0 掌子面巷道 1 号孔声波测试数据

孔号	高程/m	孔深/m	垂直孔深/mm	波速/(m/s)	K_v	岩体完整程度	平均 K_v	裂隙系数 L_s	岩体工程性质	平均 L_s
2-1	330	2.2	1 942.48	3 358	0.39	较破碎	0.39	0.61	坚固	0.61
		2.0	1 765.90	3 067	0.32	破碎	0.25	0.68	稍差	0.66
		1.8	1 589.31	3 123	0.33			0.67		
		1.6	1 412.72	3 188	0.35			0.65		
		1.4	1 236.13	2 312	0.18			0.82	很差	0.84
		1.2	1 059.54	2 325	0.19			0.81		
		1.0	882.95	2 294	0.18			0.82		
		0.8	706.36	2 232	0.17			0.83		
		0.6	529.77	1 876	0.12	极破碎	0.11	0.88		
		0.4	353.18	1 736	0.10			0.90		

330 中段 CD0 掌子面巷道 1 号孔声波测试曲线见图 3-36。

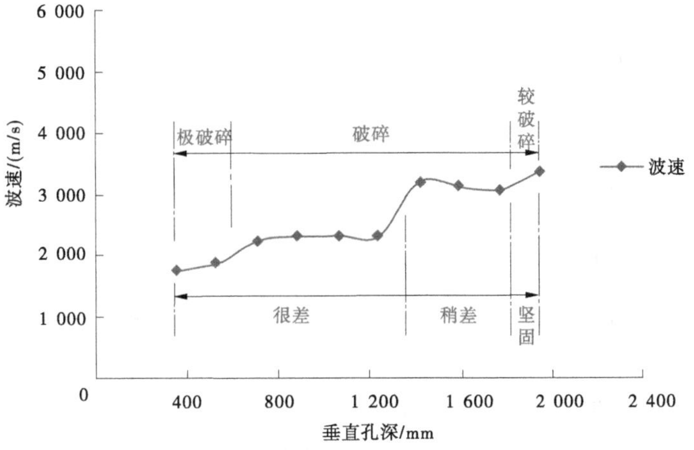

图 3-36　330 中段 CD0 掌子面巷道 1 号孔声波测试曲线

由图 3-36 可知，当 CD0 掌子面 1 号声波探测孔的垂直孔深为 1.3～1.9 m 时，测得纵波波速的曲线开始以小振幅波动收敛，岩体结构由破碎到较破碎，岩体的工程性质由稍差到坚固；当垂直孔深 1.2～1.3 m 时，纵波波速急剧降低，岩体破碎；当垂直孔深<1.2 m 时，测得纵波波速的曲线仍以小振幅波动收敛，在孔口处几乎最小，岩体结构由破碎到极破碎，岩体工程性质很差。

(2)330 中段 CD0 掌子面巷道 2 号孔声波测试数据见表 3-35。

表 3-35　330 中段 CD0 掌子面巷道 2 号孔声波测试数据

孔号	高程/m	孔深/m	垂直孔深/mm	波速/(m/s)	K_v	岩体完整程度	平均 K_v	裂隙系数 L_s	岩体工程性质	平均 L_s
2-2	330	2.0	1 963.25	3 192	0.35	破碎	0.27	0.65	稍差	0.66
		1.8	1 766.93	3 154	0.34			0.66		
		1.6	1 570.60	3 034	0.32			0.68		
		1.4	1 374.28	2 366	0.19			0.81	很差	0.87
		1.2	1 177.95	2 158	0.16			0.84		
		1.0	981.63	2 073	0.15	极破碎	0.08	0.85		
		0.8	785.30	1 875	0.12			0.88		
		0.6	588.98	1 543	0.08			0.92		
		0.4	392.65	1 572	0.08			0.92		

330 中段 CD0 掌子面巷道 2 号孔声波测试曲线见图 3-37。

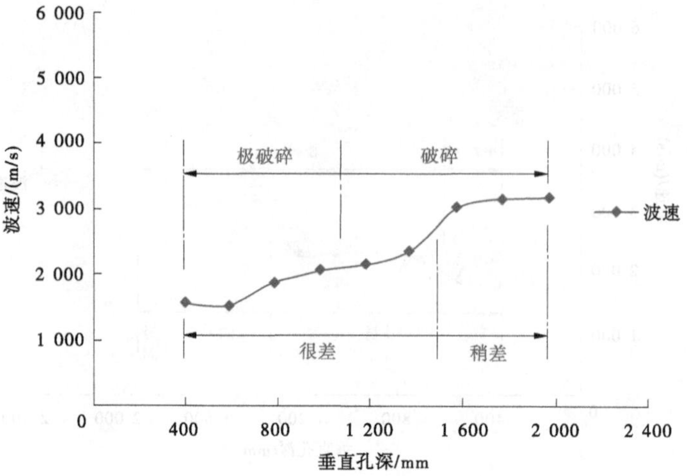

图 3-37　330 中段 CD0 掌子面巷道 2 号孔声波测试曲线

由图 3-37 可知，当 CD0 掌子面 2 号声波探测孔的垂直孔深为 1.7～2.0 m 时，测得纵波波速的曲线开始以小振幅波动收敛；岩体结构为破碎状态，岩体的工程性质稍差；当垂直孔深 1.2～0.4 m 时，纵波波速降低，在孔口处几乎最小，岩体结构由破碎到极破碎，岩体工程性质很差。

(3)330 中段 CD0 掌子面巷道 3 号孔声波测试数据见表 3-36。

表 3-36　330 中段 CD0 掌子面巷道 3 号孔声波测试数据

孔号	高程/m	孔深/m	垂直孔深/mm	波速/(m/s)	K_v	岩体完整程度	平均 K_v	裂隙系数 L_s	岩体工程性质	平均 L_s
2-3	330	2.0	1 931.85	3 123	0.33	破碎	0.33	0.67	稍差	0.68
		1.8	1 738.67	3 123	0.33			0.67		
		1.6	1 545.48	3 023	0.31			0.69		
		1.4	1 352.30	3 471	0.41	较破碎	0.41	0.59	坚固	0.59
		1.2	1 159.11	3 032	0.32	破碎	0.26	0.68	稍差	0.74
		1.0	965.93	2 768	0.26			0.74		
		0.8	772.74	2 431	0.20			0.80		
		0.6	579.56	2 065	0.15	极破碎	0.15	0.85	很差	0.85
		0.4	386.37	2 071	0.15			0.85		

330 中段 CD0 掌子面巷道 3 号孔声波测试曲线见图 3-38。

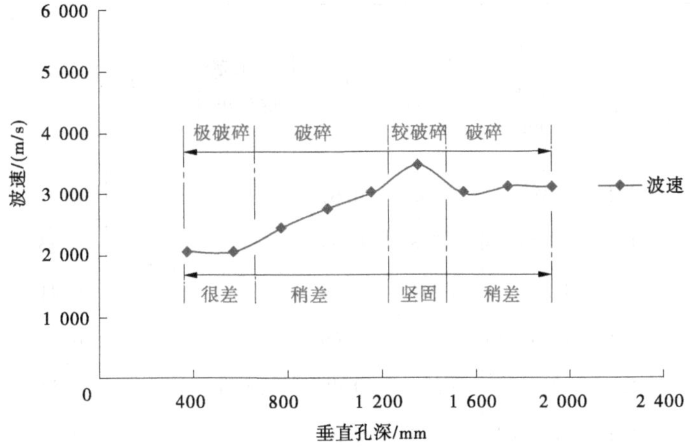

图 3-38　330 中段 CD0 掌子面巷道 3 号孔声波测试曲线

由图 3-38 可知，当 CD0 掌子面 3 号声波探测孔的垂直孔深为 1.5～1.9 m 时，测得纵波波速的曲线开始以小振幅波动收敛，岩体结构破碎，岩体的工程性质稍差；当垂直孔深 1.2～1.5 m 时，纵波波速达到最大，岩体结构较破碎，岩体的工程性质坚固；当垂直孔深<1.2 m 时，岩体结构极破碎，岩体的工程性质很差。

图 3-39 为 CD0 掌子面所有声波探测孔的声波测试变化曲线，从图 3-39 中可以看出，CD0 巷道右壁声波波速较低，无明显松动圈，可认为是完全应力松弛带。

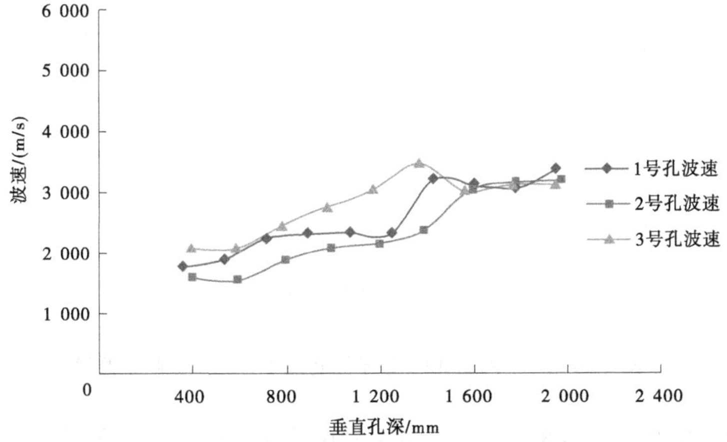

图 3-39　330 中段 CD0 掌子面巷道声波测试曲线

330 中段 CD0 掌子面巷道声波测试结果表明：由于巷道拱顶及右壁岩体结构非常破碎，岩体工程性质很差，波速值基本在 1 500～3 000 m/s，在 2 m 范围内属完全应力松弛带，无明显松动圈。

3. 330 中段 CD08 掌子面巷道

(1)330 中段 CD08 掌子面巷道 1 号孔声波测试数据见表 3-37。

表 3-37　330 中段 CD08 掌子面巷道 1 号孔声波测试数据

孔号	高程/m	孔深/m	垂直孔深/mm	波速/(m/s)	K_v	岩体完整程度	平均 K_v	裂隙系数 L_s	岩体工程性质	平均 L_s
3-1	330	2.1	1 484.92	3 906	0.61	较完整	0.62	0.39	较坚硬	0.39
		1.9	1 343.50	3 788	0.57			0.43		
		1.7	1 202.08	3 846	0.59			0.41		
		1.5	1 060.66	4 167	0.69			0.31		
		1.3	919.24	3 521	0.49	较破碎	0.49	0.51	坚固	0.51
		1.1	777.82	2 809	0.31	破碎	0.30	0.69	稍差	0.70
		0.9	636.40	2 841	0.32			0.68		
		0.7	494.97	2 577	0.26			0.74		

330 中段 CD08 掌子面巷道 1 号孔声波测试曲线见图 3-40。

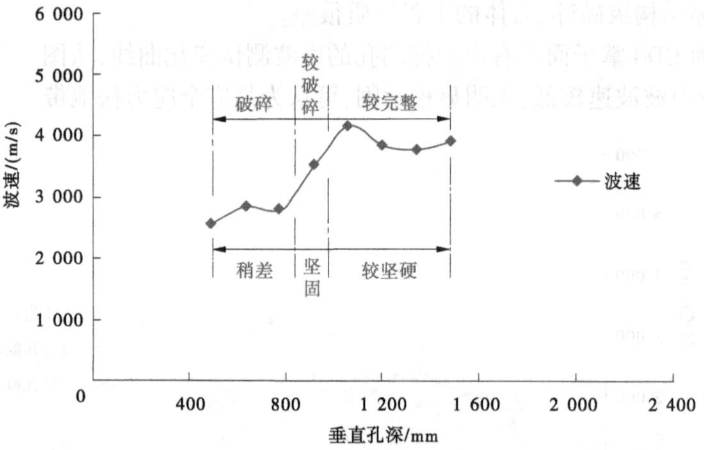

图 3-40　330 中段 CD08 掌子面巷道 1 号孔声波测试曲线

由图 3-40 可知，当 CD08 掌子面巷道 1 号声波探测孔的垂直孔深为 0.9～1.5 m 时，测得纵波波速的曲线开始以小振幅波动收敛，波速值较大，岩体结构较完整，岩体的工程性质较坚硬；当垂直孔深 0.9～1 m 时，纵波波速急剧降低；当垂直孔深<0.9 m 时，在孔口处几乎最小，岩体结构破碎，岩体工程性质稍差。

(2)330 中段 CD08 掌子面巷道 2 号孔声波测试数据见表 3-38。

表 3-38 330 中段 CD0 掌子面巷道 2 号孔声波测试数据

孔号	高程/m	孔深/m	垂直孔深/mm	波速/(m/s)	K_v	岩体完整程度	平均 K_v	裂隙系数 L_s	岩体工程性质	平均 L_s
3-2	330	2.2	1 733.62	4 464	0.79	完整	0.81	0.21	最坚硬	0.19
		2.0	1 576.02	4 464	0.79			0.21		
		1.8	1 418.42	4 630	0.85			0.15		
		1.6	1 260.82	4 310	0.74	较完整	0.74	0.26	较坚硬	0.26
		1.4	1 103.22	4 310	0.74			0.26		
		1.2	945.61	4 386	0.76	完整	0.76	0.24	最坚硬	0.24
		1.0	788.01	2 961	0.35	破碎	0.34	0.65	稍差	0.66
		0.8	630.41	2 941	0.34			0.66		
		0.6	472.81	2 914	0.34			0.66		

330 中段 CD08 掌子面巷道 2 号孔声波测试曲线见图 3-41。

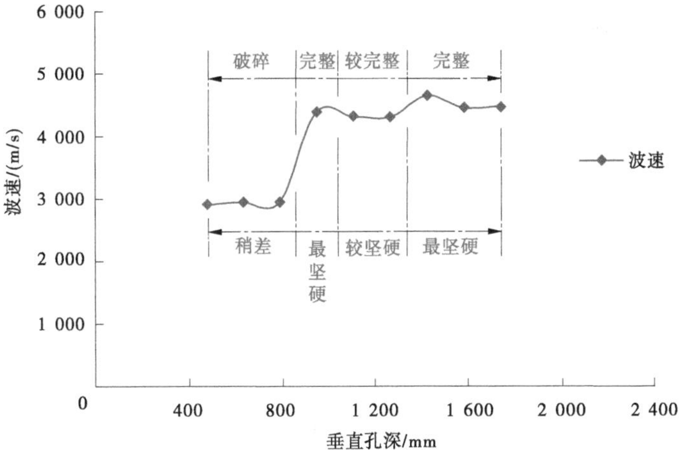

图 3-41 330 中段 CD08 掌子面巷道 2 号孔声波测试曲线

由图 3-41 可知,当 CD08 掌子面巷道 2 号声波探测孔的垂直孔深为 1~1.7 m 时,测得纵波波速的曲线开始以小振幅波动收敛,岩体结构由较完整到完整,岩体的工程性质由较坚硬到最坚硬;当垂直孔深 0.7~0.9 m 时,纵波波速急剧降低;当垂直孔深<0.7 m 时,测得纵波波速的曲线仍以小振幅波动收敛,在孔口处几乎最小,岩体结构破碎,岩体工程性质稍差。

(3)330 中段 CD08 掌子面巷道 3 号孔声波测试数据见表 3-39。

表 3-39　330 中段 CD08 掌子面巷道 3 号孔声波测试数据

孔号	高程/m	孔深/m	垂直孔深/mm	波速/(m/s)	K_v	岩体完整程度	平均 K_v	裂隙系数 L_s	岩体工程性质	平均 L_s
3-3	330	2.1	1 292.89	4 086	0.66	较完整	0.63	0.34	较坚硬	0.37
		1.9	1 169.76	4 067	0.66			0.34		
		1.7	1 046.62	4 067	0.66			0.34		
		1.5	923.49	3 731	0.55			0.45		
		1.3	800.36	3 546	0.50	较破碎	0.47	0.50	坚固	0.54
		1.1	677.23	3 289	0.43			0.57		
		0.9	554.10	2 578	0.26	破碎	0.21	0.74	稍差	0.74
		0.7	430.96	2 201	0.19			0.81	很差	0.82
		0.5	307.83	2 083	0.17			0.83		

330 中段 CD08 掌子面巷道 3 号孔声波测试曲线见图 3-42。

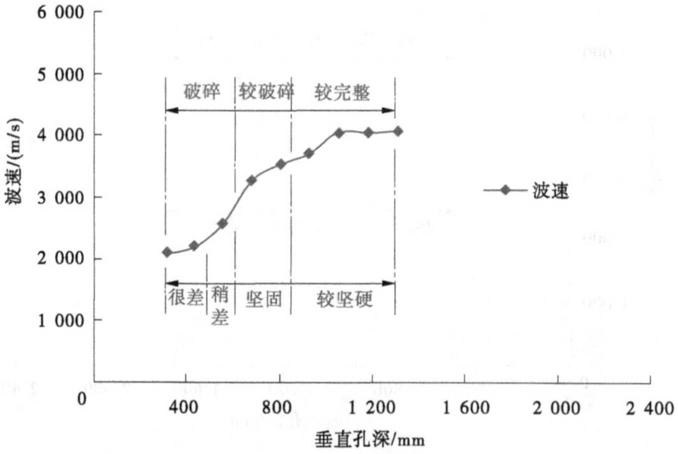

图 3-42　330 中段 CD08 掌子面巷道 3 号孔声波测试曲线

由图 3-42 可知，当 CD08 掌子面巷道 3 号声波探测孔的垂直孔深为 1.1～1.3 m 时，测得纵波波速的曲线开始以小振幅波动收敛，波速值较大，岩体结构较完整，岩体的工程性质较坚硬；当垂直孔深<1.1 m 时，纵波波速降低，在孔口处几乎最小，岩体结构由较破碎到破碎，岩体工程性质由稍差到很差。

(4)330 中段 CD08 掌子面巷道 4 号孔声波测试数据见表 3-40。

表 3-40 330 中段 CD08 掌子面巷道 4 号孔声波测试数据

孔号	高程/m	孔深/m	垂直孔深/mm	波速/(m/s)	K_v	岩体完整程度	平均 K_v	裂隙系数 L_s	岩体工程性质	平均 L_s
3-4	330	2.2	1 528.25	3 788	0.57	较完整	0.59	0.43	较坚硬	0.41
		2.0	1 389.32	3 731	0.55			0.45		
		1.8	1 250.39	3 743	0.56			0.44		
		1.6	1 111.45	4 098	0.67			0.33		
		1.4	972.52	4 808	0.92	完整	0.90	0.08	最坚硬	0.10
		1.2	833.59	4 717	0.88			0.12		
		1.0	694.66	3 846	0.59	较完整	0.59	0.41	较坚硬	0.41
		0.8	555.73	2 898	0.33	破碎	0.33	0.67	稍差	0.67
		0.6	416.80	2 874	0.33			0.67		

330 中段 CD08 掌子面巷道 4 号孔声波测试曲线见图 3-43。

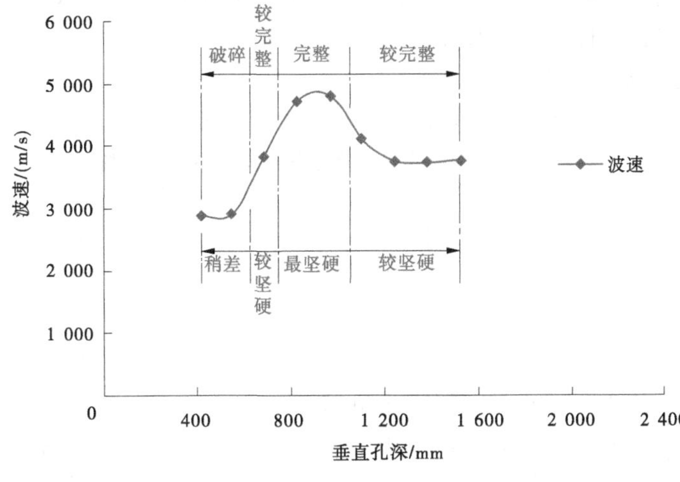

图 3-43 330 中段 CD08 掌子面巷道 4 号孔声波测试曲线

由图 3-43 可知，当 CD08 掌子面巷道 4 号声波探测孔的垂直孔深为 1.1～1.5 m 时，岩体结构较完整，岩体的工程性质较坚硬；当垂直孔深降至 0.8～1.1 m 时，由于巷道围岩产生应力集中，测得纵波波速值较大，岩体结构完整，岩体的工程性质最坚硬；当垂直孔深<0.8 m 时，纵波波速逐渐降低，在孔口处趋于稳定，岩体结构由较完整到破碎，岩体工程性质由较坚硬到稍差。

图 3-44 为 CD08 掌子面巷道所有声波探测孔的声波测试变化曲线，从图 3-44 中可以

看出，CD8 掌子面处巷道具有明显的应力松动区，松动圈范围约 1.1 m。

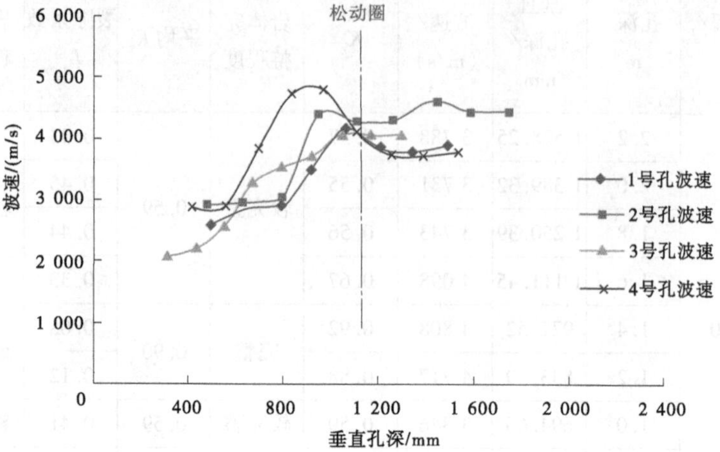

图 3-44　330 中段 CD08 掌子面巷道声波测试曲线

330 中段 CD08 掌子面巷道声波测试结果表明：由于开挖洞室附近的岩体出现裂隙、裂缝、松动、破碎，声波通过时能量被吸收，波速值较低，岩体完整性为破碎，岩体工程性质稍差。再往深处，波速有所升高，并保持在一定的范围，表明该处岩体并未出现大的扰动、破坏，属于基本稳定岩体，松动圈范围约 1.1 m。

4. 260 中段主巷道掌子面

（1）260 中段主巷道掌子面 1 号孔声波测试数据见表 3-41。

表 3-41　260 中段主巷道掌子面 1 号孔声波测试数据

孔号	高程/m	孔深/m	垂直孔深/mm	波速/(m/s)	K_v	岩体完整程度	平均 K_v	裂隙系数 L_s	岩体工程性质	平均 L_s
4-1	260	2.3	2 298.60	5 076	0.91	完整	0.92	0.09	最坚硬	0.09
		2.1	2 098.72	5 102	0.92			0.08		
		1.9	1 898.84	4 545	0.73	较完整	0.69	0.27	较坚硬	0.35
		1.7	1 698.96	4 508	0.72			0.28		
		1.5	1 499.09	4 237	0.63			0.37		
		1.3	1 299.21	3 791	0.51	较破碎	0.50	0.49		
		1.1	1 099.33	3 654	0.47			0.53	坚固	0.53
		0.9	899.45	3 874	0.53			0.47	较坚硬	0.47
		0.7	699.57	3 654	0.47			0.53	坚固	0.53

260 中段主巷道掌子面 1 号孔声波测试曲线见图 3-45。

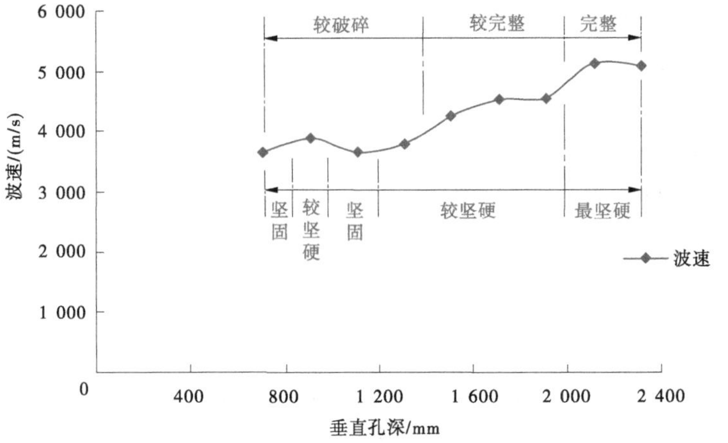

图 3-45　260 中段主巷道掌子面 1 号孔声波测试曲线

由图 3-45 可知，当 260 掌子面 1 号声波探测孔的垂直孔深为 1.9～2.3 m 时，测得纵波波速最大，岩体结构完整，岩体的工程性质最坚硬；当垂直孔深<1.9 m 时，纵波波速降低，在孔口处几乎最小，岩体结构由较完整到较破碎，岩体工程性质由较坚硬到坚固。

(2)260 中段主巷道掌子面 2 号孔声波测试数据见表 3-42。

表 3-42　260 中段主巷道掌子面 2 号孔声波测试数据

孔号	高程/m	孔深/m	垂直孔深/mm	波速/(m/s)	K_v	岩体完整程度	平均 K_v	裂隙系数 L_s	岩体工程性质	平均 L_s
4-2	260	2.2	2 009.80	4 702	0.78	完整	0.79	0.22	最坚硬	0.21
		2.0	1 827.09	4 746	0.79			0.21		
		1.8	1 644.38	4 547	0.73	较完整	0.64	0.27	较坚硬	0.36
		1.6	1 461.67	3 965	0.55			0.45		
		1.4	1 278.96	3 612	0.46	较破碎	0.43	0.54	坚固	0.57
		1.2	1 096.25	3 612	0.46			0.54		
		1.0	913.55	3 241	0.37			0.63		
		0.8	730.84	3 059	0.33	破碎	0.33	0.67	稍差	0.67
		0.6	548.13	3 175	0.36	较破碎	0.36	0.64	坚固	0.64

260 中段主巷道掌子面 2 号孔声波测试曲线见图 3-46。

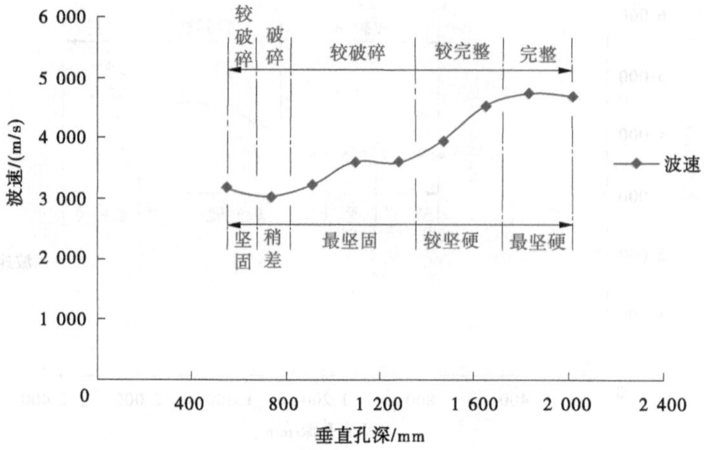

图 3-46　260 中段主巷道掌子面 2 号孔声波测试曲线

由图 3-46 可知，当 260 掌子面 2 号声波探测孔的垂直孔深为 1.7~2.1 m 时，测得纵波波速最大，岩体结构完整，岩体的工程性质最坚硬；当垂直孔深 1.7~0.7 m 时，纵波波速降低，岩体结构由较完整到较破碎到破碎，岩体工程性质由较坚硬到坚固到稍差；当垂直孔深<0.7 m 时，岩体结构由破碎到较破碎，岩体工程性质由稍差到坚固。

(3)260 中段主巷道掌子面 3 号孔声波测试数据见表 3-43。

表 3-43　260 中段主巷道掌子面 3 号孔声波测试数据

孔号	高程/m	孔深/m	垂直孔深/mm	波速/(m/s)	K_v	岩体完整程度	平均 K_v	裂隙系数 L_s	岩体工程性质	平均 L_s
4-3	260	2.2	2 143.61	4 630	0.76	完整	0.77	0.24	最坚硬	0.23
		2.0	1 948.74	4 685	0.77			0.23		
		1.8	1 753.87	4 717	0.78			0.22		
		1.6	1 558.99	4 098	0.59	较完整	0.59	0.41	较坚硬	0.44
		1.4	1 364.12	3 837	0.52	较破碎	0.53	0.48		
		1.2	1 169.24	3 867	0.53			0.47		
		1.0	974.37	4 098	0.59	较完整	0.57	0.41		
		0.8	779.50	3 967	0.55			0.45		
		0.6	584.62	3 732	0.49	较破碎	0.49	0.51	坚固	0.51

260 中段主巷道掌子面 3 号孔声波测试曲线见图 3-47。

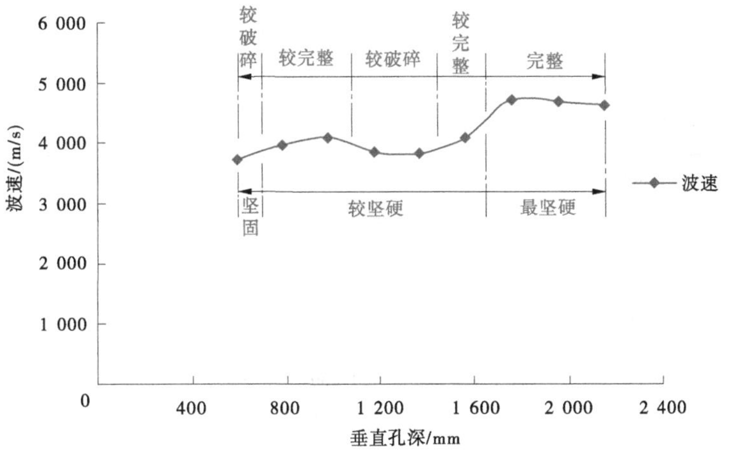

图 3-47 260 中段主巷道掌子面 3 号孔声波测试曲线

由图 3-47 可知，当 260 掌子面 3 号声波探测孔的垂直孔深为 1.7~2.1 m 时，测得纵波波速最大，岩体结构完整，岩体的工程性质最坚硬；当垂直孔深<1.7 m 时，纵波波速降低，在孔口处几乎最小，岩体结构由较完整到较破碎，岩体工程性质由较坚硬到坚固。

(4)260 中段主巷道掌子面 4 号孔声波测试数据见表 3-44。

表 3-44 260 中段主巷道掌子面 4 号孔声波测试数据

孔号	高程/m	孔深/m	垂直孔深/mm	波速/(m/s)	K_v	岩体完整程度	平均 K_v	裂隙系数 L_s	岩体工程性质	平均 L_s
4-4	260	2.3	2 030.78	4 737	0.79	完整	0.79	0.21	最坚硬	0.21
		2.1	1 854.19	4 737	0.79			0.21		
		1.9	1 677.60	4 331	0.66	较完整	0.61	0.34	较坚硬	0.39
		1.7	1 501.01	3 968	0.56			0.44		
		1.5	1 324.42	3 247	0.37	较破碎	0.41	0.63	坚固	0.59
		1.3	1 147.83	3 571	0.45			0.55		
		1.1	971.24	3 788	0.51			0.49	较坚硬	0.49
		0.9	794.65	3 333	0.39			0.61	坚固	0.62
		0.7	618.06	3 176	0.36			0.64		
		0.5	441.47	3 371	0.40			0.60		
		0.3	264.88	3 231	0.37			0.63		

260 中段主巷道掌子面 4 号孔声波测试曲线见图 3-48。

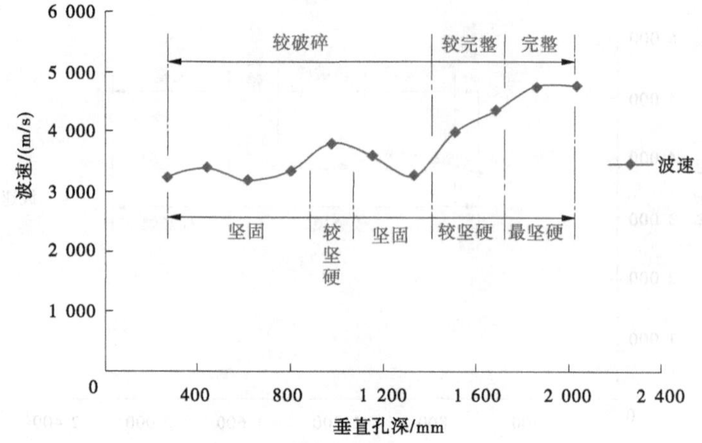

图 3-48 260 中段主巷道掌子面 4 号孔声波测试曲线

由图 3-48 可知，当 260 掌子面 4 号声波探测孔的垂直孔深为 1.4~2.0 m 时，测得纵波波速逐渐增大，岩体结构由较完整到完整，岩体的工程性质由较坚硬到最坚硬；当垂直孔深<1.4 m 时，在孔口处几乎最小，岩体结构较破碎，岩体工程性质由坚固到较坚硬到坚固。

(5)260 中段主巷道掌子面 5 号孔声波测试数据见表 3-45。

表 3-45 260 中段主巷道掌子面 5 号孔声波测试数据

孔号	高程/m	孔深/m	垂直孔深/mm	波速/(m/s)	K_v	岩体完整程度	平均 K_v	裂隙系数 L_s	岩体工程性质	平均 L_s
4-5	260	2.3	2 298.60	4 610	0.75	较完整	0.75	0.25	较坚硬	0.26
		2.1	2 098.72	4 567	0.74			0.26		
		1.9	1 898.84	4 698	0.78	完整	0.80	0.22	最坚硬	0.21
		1.7	1 698.96	4 800	0.81			0.19		
		1.5	1 499.09	3 819	0.51	较破碎	0.50	0.49	较坚硬	0.47
		1.3	1 299.21	3 835	0.52			0.48		
		1.1	1 099.33	3 902	0.54			0.46		
		0.9	899.45	3 906	0.54			0.46		
		0.7	699.57	3 643	0.47			0.53	坚固	0.56
		0.5	499.70	3 467	0.42			0.58		

260 中段主巷道掌子面 5 号孔测试曲线见图 3-49。

由图 3-49 可知，当 260 掌子面 5 号声波探测孔的垂直孔深为 1.7~2.3 m 时，测得纵波波速的曲线开始以小振幅波动收敛，岩体结构由完整到较完整，岩体的工程性质由最坚硬到较坚硬;当垂直孔深 1.5~1.7 m 时,纵波波速急剧降低;当垂直孔深<1.5 m 时,测得纵波波速的曲线仍以小振幅波动收敛;在孔口处几乎最小,岩体结构较破碎,岩体工程性质由较坚硬到坚固。

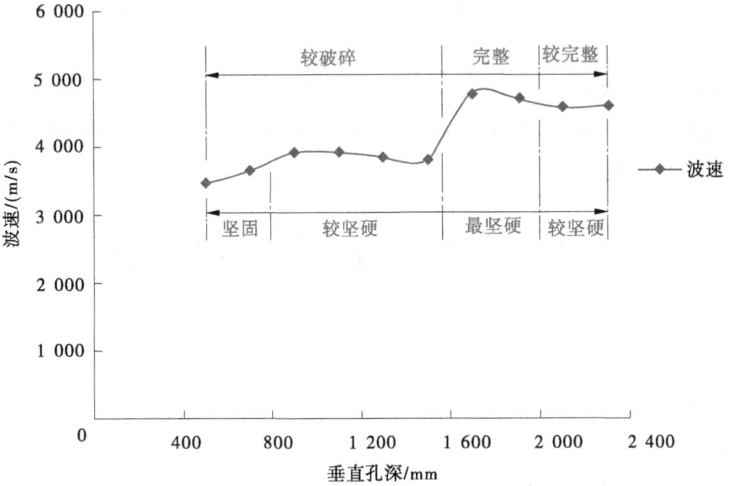

图 3-49 260 中段主巷道掌子面 5 号孔测试曲线

图 3-50 为 260 掌子面所有声波探测孔的声波测试变化曲线,从图 3-50 中可以看出,260 掌子面处巷道具有明显的应力松动区,松动圈范围约 1.3 m。

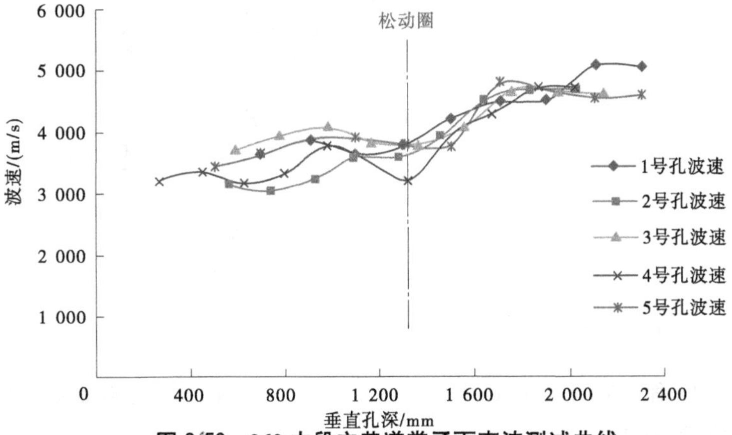

图 3-50 260 中段主巷道掌子面声波测试曲线

260 中段主巷道掌子面声波测试结果表明:由于开挖洞室附近的岩体出现裂隙、裂缝、松动、破碎,声波通过时能量被吸收,波速值较低,岩体完整性为较破碎,岩体工程性质坚固。再往深处,波速有所升高,并保持在一定的范围,表明该处岩体并未出现大的扰动、破坏,属于基本稳定岩体,松动圈范围约 1.3 m。

3.2.3 小结

通过对所选取巷道的声波测试结果表明:

(1)330 中段 CD07、CD08 巷道同属Ⅴ级围岩,开挖洞室附近岩体波速值较低,岩体完整性为破碎,岩体工程性质稍差,再往深处波速值有所升高,且具有明显的应力松动区,松动圈范围在 1.1~1.3 m。

(2)330 中段 CD0 巷道碎裂石英声波波速较低,开挖洞室附近岩体完整性为极破碎,岩体工程性质很差,且无明显松动圈,可认为是完全应力松弛带,随着深度的增加,声速有上升的趋势。

(3)260 中段掌子面处巷道开挖洞室附近岩体完整性为较破碎,岩体工程性质坚固,再往深处波速值有所升高,但由于该巷道埋深较大,故虽然该巷道围岩等级为Ⅲ级,其松动圈范围仍在 1.3 m 左右。

3.3 巷道围岩变形监测分析

3.3.1 监测设备

3.3.1.1 全站仪

本试验采用的全站仪为瑞士徕卡公司生产,仪器型号为 TS02 全站仪,具有角度测量、距离测量、坐标量测与照准(ATR)等功能,综合了多种令人满意的新功能,速度快、精度高,使用简便,稳定可靠,人性化的设计,独特的科技,专业的测量方式,见图 3-51。

3.3.1.2 反射模片

本试验反射膜片采用徕卡公司生产的反射膜片,规格大小为 50 mm×50 mm,见图 3-52。

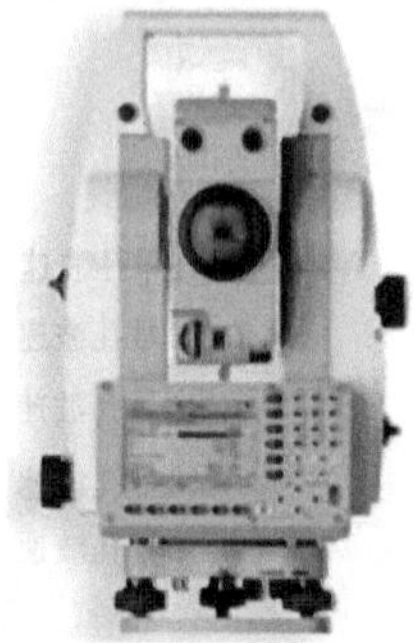

图 3-51 徕卡 TS02 全站仪

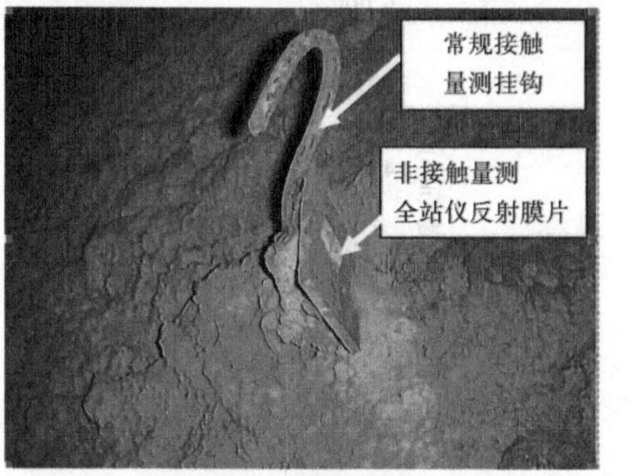

图 3-52 监测面反射膜片

3.3.1.3 数据采集系统

笔记本电脑 1 台;万能读卡器,主要用于将全站仪 CF 卡中测得数据导入计算机内。

3.3.2 监测方法

本次监测运用全站仪非接触量测的方法。

全站仪非接触量测的优点是量测过程简便、可靠,受现场施工干扰小,优于采用收敛计和水准仪常规接触量测的操作过程,减少了挂尺或立尺等因素引起的误差。

3.3.3 监测基本情况、掌子面位置及测点布置

本次监测时间为 2013 年 7 月 30 日至 8 月 28 日,巷道断面监测时间最长为 30 d,设

置监测断面的目的主要是为了监测掌子面开挖所引起的巷道拱顶位移变化及巷道位移收敛变化情况。具体情况见表 3-46。

表 3-46　罗山金矿巷道监测基本情况

项目	内容
施工方法	钻爆法
设计围岩等级	V级
区域	巷道新近开挖区域
埋深	约 330 m
监测点次	1 395 点次
拱顶下沉	13 个断面
位移收敛	13 个断面

根据监测需要,选取了 4 个开挖断面作为监测对象,监测面位置布置示意如图 3-53 所示,监测面测点布置示意如图 3-54 所示,所选取 4 个监测断面位置如下:

(1)330 中段 CD07 东沿掌子面:每隔 5 m 设置一个监测面,共 3 个监测面。

(2)330 中段 CD07 西沿掌子面:每隔 5 m 设置一个监测面,共 4 个监测面。

(3)330 中段 CD08 掌子面:每隔 5 m 设置一个监测面,共 3 个监测面。

(4)330 中段 SM9 掌子面:位于石门前方,每隔 5 m 设置一个监测面,共 3 个监测面。

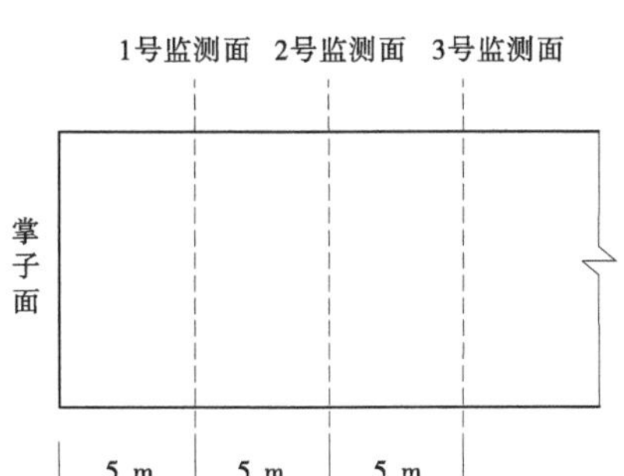

图 3-53　监测面位置布置示意图

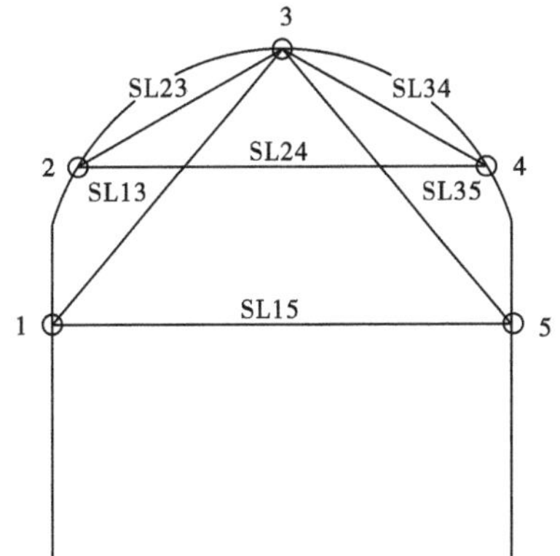

图 3-54　监测面测点布置示意图

由于采用定向爆破法施工巷道变形不稳定,故对这些监测面的位移监测频率采用 1 次/d。监测内容包括拱顶下沉量、收敛变化累积量。各监测面上监测贴片点位布置如图 3-55 所示。

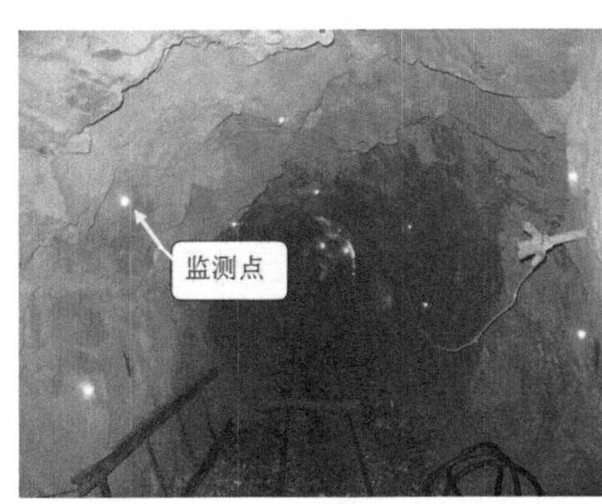

图 3-55　监测面监测贴片点位布置

监测面上 3 号测点埋设的目的是为了监测掌子面开挖所引起的巷道拱顶下沉位移变化,1 号、2 号、4 号、5 号测点埋设的目的是为了监测掌子面开挖所引起的巷道位移收敛变化情况。

3.3.4 监测数据分析

3.3.4.1 CD07 东沿掌子面分析

1. CD07 东沿掌子面拱顶下沉监测结果及分析

1)1 号监测断面

通过对 CD07 东沿掌子面下沉监测结果的数据分析,得出该断面拱顶下沉量曲线(见图 3-56)及拱顶下沉速度曲线(见图 3-57)。从图中可以看出,1 号监测断面拱顶下沉最终累积值为 5.104 mm,下沉速度平均值为 0.159 5 mm/d,断面变形在第 7 天趋于稳定。

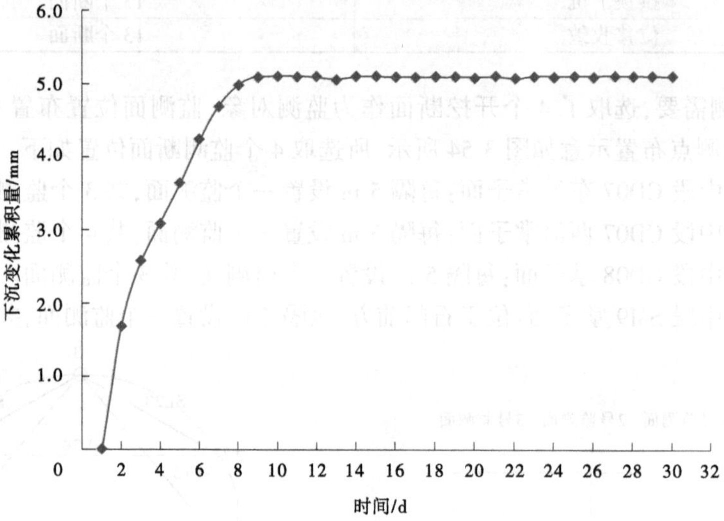

图 3-56 CD07 东沿 1 号断面拱顶下沉量曲线

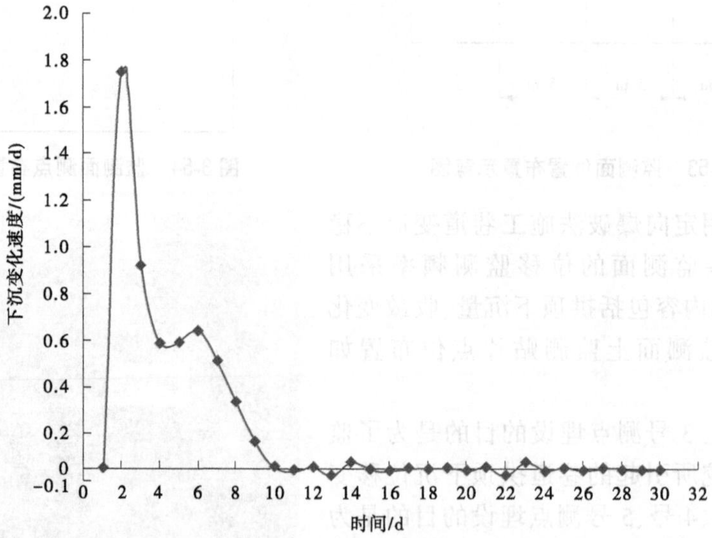

图 3-57 CD07 东沿 1 号断面拱顶下沉速度曲线

2)2 号监测断面

通过对 CD07 东沿掌子面下沉监测结果的数据分析,得出该断面拱顶下沉量曲线(见图 3-58)及拱顶下沉速度曲线(见图 3-59)。从图 3-59 中可以看出,2 号监测断面拱顶下沉累积值为 7.473 6 mm,下沉速度平均值为 0.223 0 mm/d,断面变形在第 8 天趋于稳定。

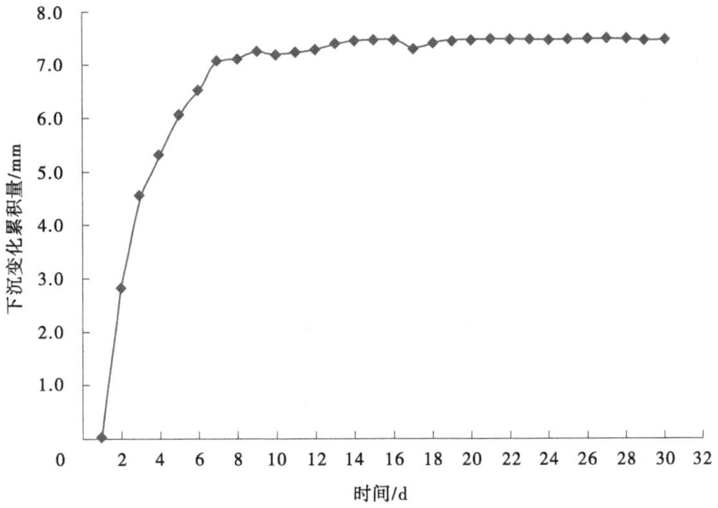

图 3-58　CD07 东沿 2 号断面拱顶下沉量曲线

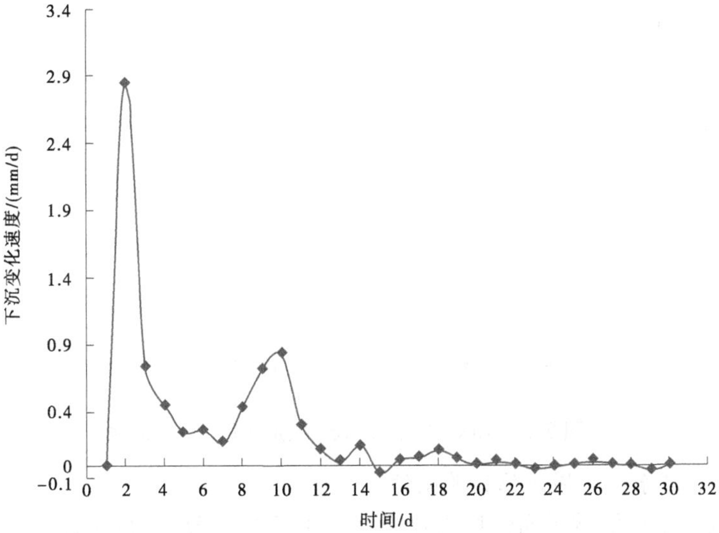

图 3-59　CD07 东沿 2 号断面拱顶下沉速度曲线

3)3 号监测断面

通过对 CD07 东沿掌子面下沉监测结果的数据分析,得出该断面拱顶下沉量曲线(见图 3-60)及拱顶下沉速度曲线(见图 3-61)。从图中可以看出,3 号监测断面拱顶下沉累积值为 7.80 mm,下沉速度平均值为 0.244 mm/d,断面变形在第 7 天趋于稳定。

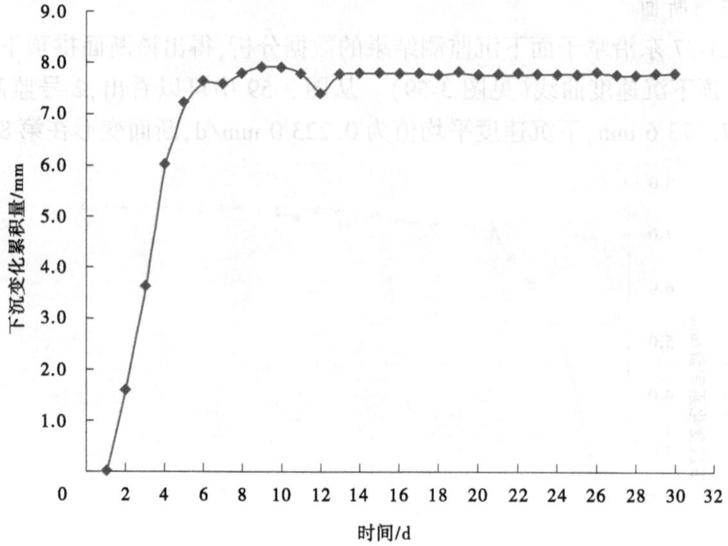

图 3-60　CD07 东沿 3 号断面拱顶下沉曲线

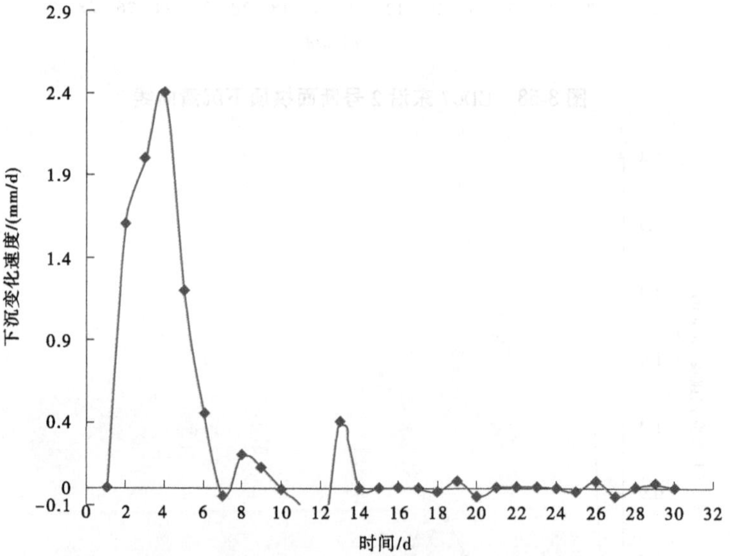

图 3-61　CD07 东沿 3 号断面拱顶下沉速度曲线

2. CD07 东沿掌子面周边位移监测结果及分析

通过对 CD07 东沿掌子面位移收敛监测结果的数据分析，得出该 1 号断面位移收敛曲线(见图 3-62)及 2 号断面位移收敛曲线(见图 3-63)。从图中可以看出，1 号监测断面位移收敛累积值为 6.54~7.64 mm，平均值为 7.04 mm，断面收敛累积值较小；2 号监测断面位移收敛累积值为 2.74~7.52 mm，平均值为 5.13 mm，断面收敛累积值较小。

通过对 CD07 东沿掌子面位移收敛监测结果的数据分析，得出该 3 号断面位移收敛曲线(见图 3-64)。从图中可以看出，3 号监测断面位移收敛累积值为 2.70~7.14 mm，平均值为 4.85 mm，断面收敛累积值较小。

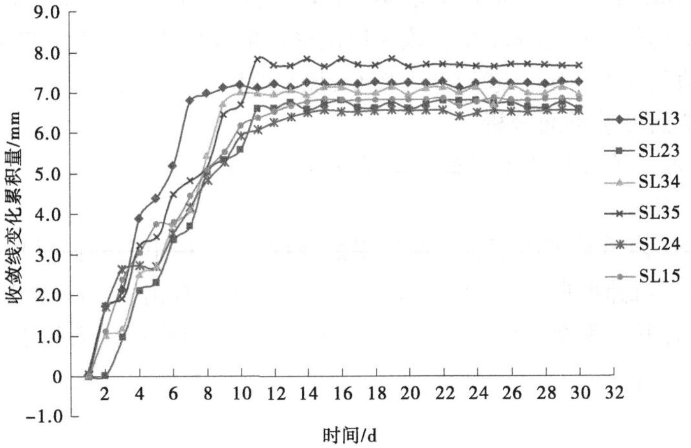

图 3-62　CD07 东沿 1 号断面位移收敛曲线

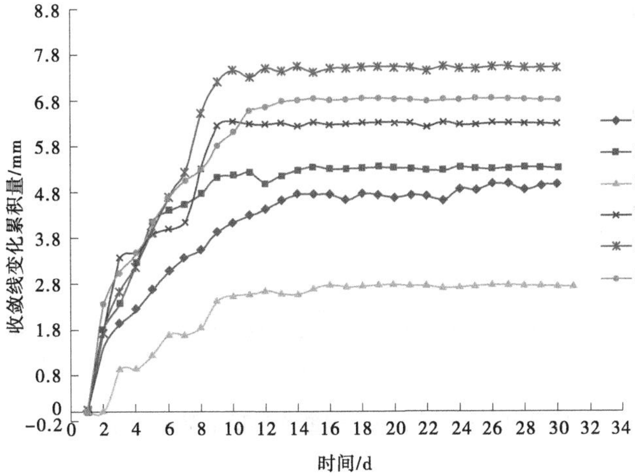

图 3-63　CD07 东沿 2 号断面位移收敛曲线

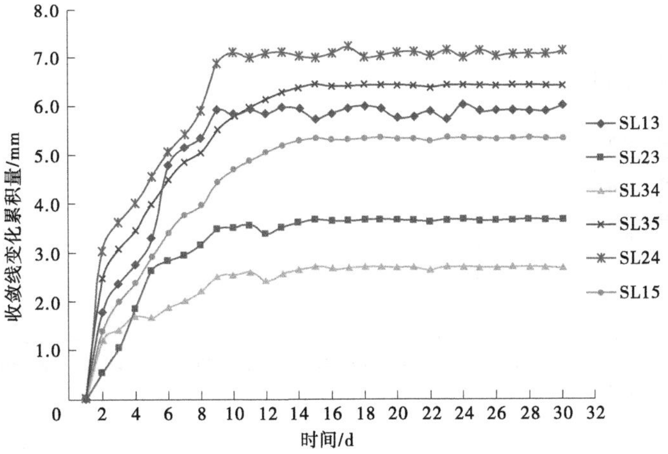

图 3-64　CD07 东沿 3 号断面位移收敛曲线

330 中段 CD07 东沿掌子面变形监测结果表明：该巷道拱顶下沉累积平均值为 6.79 mm，下沉速度平均值为 0.21 mm/d。该巷道位移收敛线累积范围为 2.70~7.64 mm，位移收敛线的平均值为 5.67 mm。巷道变形较小，该地段围岩已自稳。

3.3.4.2 CD07 西沿掌子面分析

1. CD07 西沿掌子面拱顶下沉监测结果及分析

1)1 号监测断面

通过对 CD07 西沿掌子面下沉监测结果的数据分析，得出该断面拱顶下沉量曲线（见图 3-65）及拱顶下沉速度曲线（见图 3-66）。从图中可以看出，1 号监测断面拱顶下沉累积值为 4.23 mm，下沉速度平均值为 0.13 mm/d，断面变形在第 7 天趋于稳定。

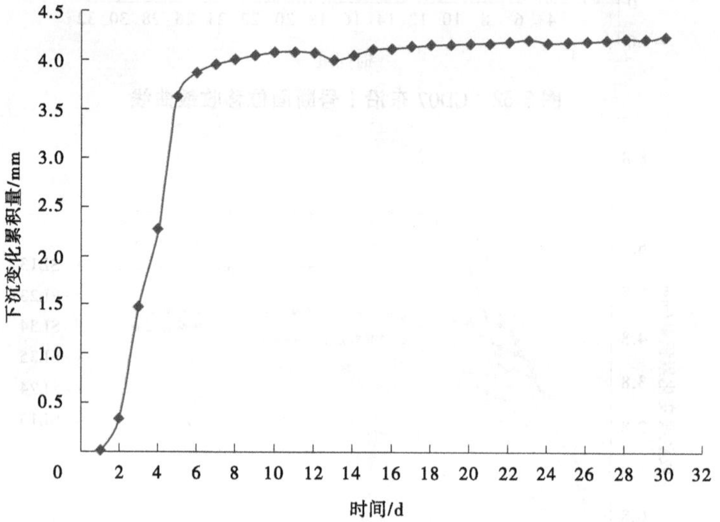

图 3-65 CD07 西沿 1 号断面拱顶下沉量曲线

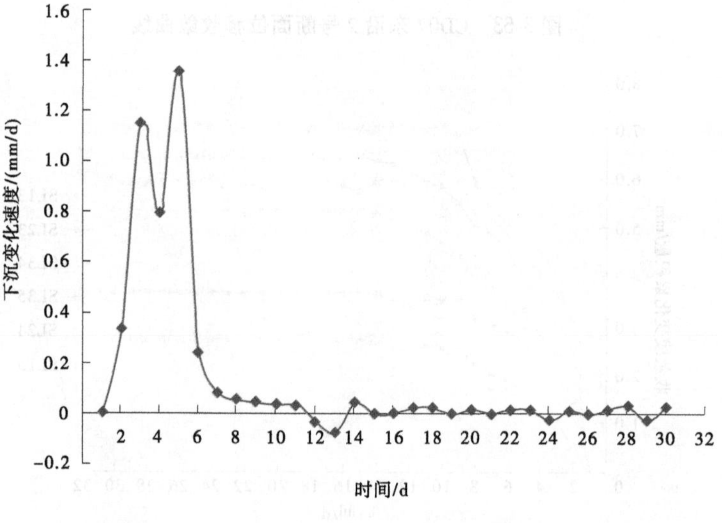

图 3-66 CD07 西沿 1 号断面拱顶下沉速度曲线

2)2 号监测断面

通过对 CD07 西沿掌子面下沉监测结果的数据分析,得出该断面拱顶下沉量曲线(见图 3-67)及拱顶下沉速度曲线(见图 3-68)。从图中可以看出,2 号监测断面拱顶下沉累积值为 6.981 3 mm,下沉速度平均值为 0.22 mm/d,断面变形在第 7 天趋于稳定。

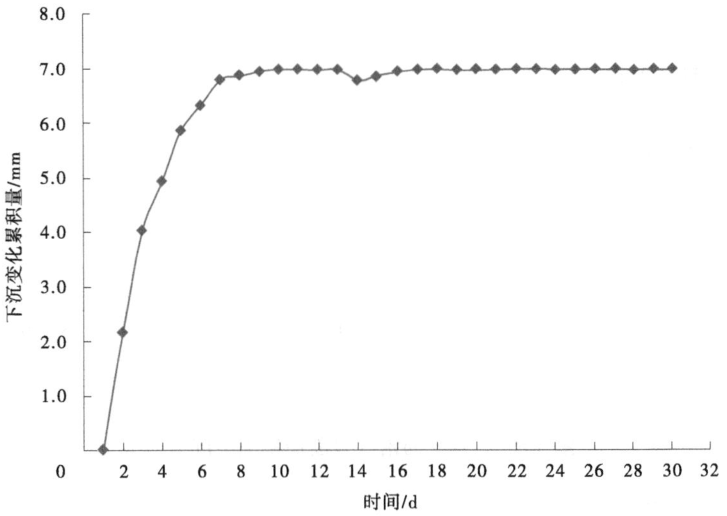

图 3-67　CD07 西沿 2 号断面拱顶下沉量曲线

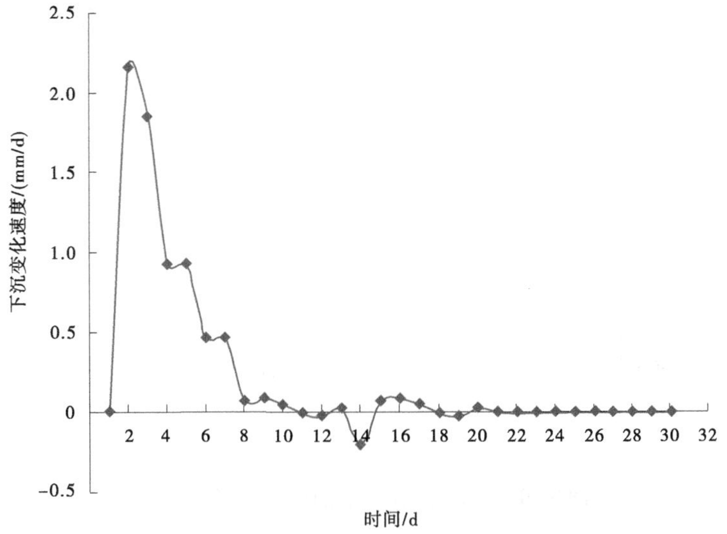

图 3-68　CD07 西沿 2 号断面拱顶下沉速度曲线

3)3 号监测断面

通过对 CD07 西沿掌子面下沉监测结果的数据分析,得出该断面拱顶下沉量曲线(见图 3-69)及拱顶下沉速度曲线(见图 3-70)。从图中可以看出,3 号监测断面拱顶下沉累积值为 5.19 mm,下沉速度平均值为 0.162 mm/d,断面变形在第 8 天趋于稳定。

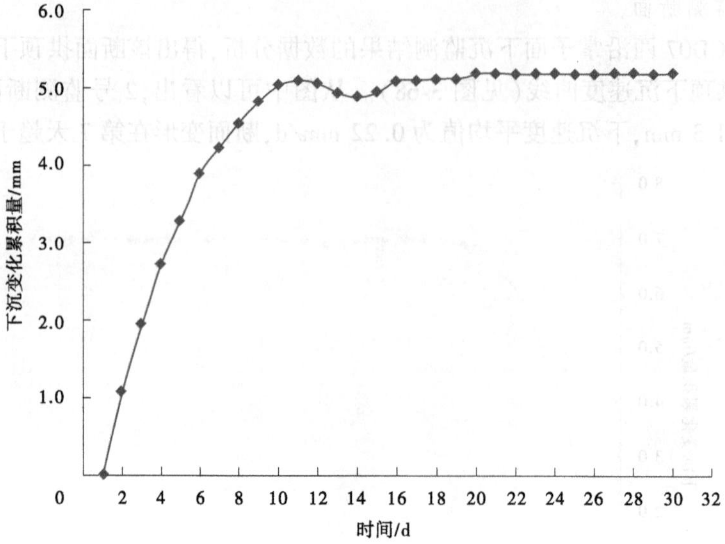

图 3-69　CD07 西沿 3 号断面拱顶下沉量曲线

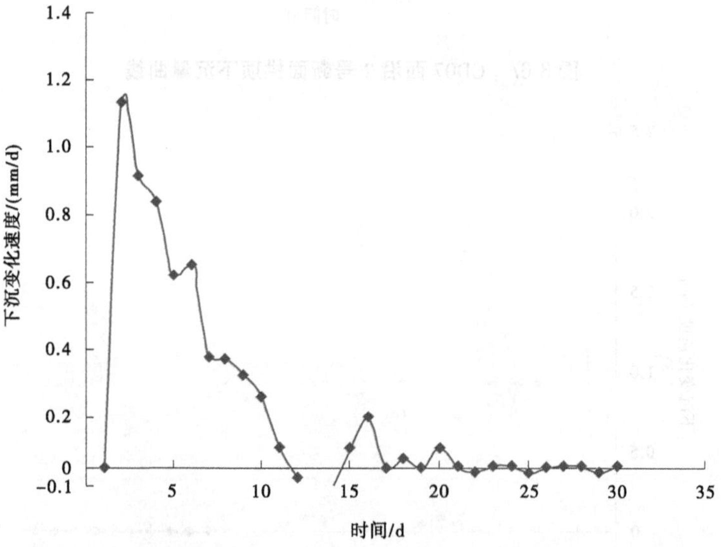

图 3-70　CD07 西沿 3 号断面拱顶下沉速度曲线

4)4 号监测断面

通过对 CD07 西沿掌子面下沉监测结果的数据分析,得出该断面拱顶下沉量曲线(见图 3-71)及拱顶下沉速度曲线(见图 3-72)。从图中可以看出,4 号监测断面拱顶下沉累积值为 4.52 mm,下沉速度平均值为 0.377 mm/d,断面变形在第 8 天趋于稳定。

2. CD07 西沿掌子面周边位移监测结果及分析

通过对 CD07 西沿掌子面位移收敛监测结果的数据分析,得出该 1 号断面位移收敛曲线(见图 3-73)及 2 号断面位移收敛曲线(见图 3-74)。从图中可以看出,1 号监测断面位移收敛累积值为 5.85~6.62 mm,平均值为 6.235 mm,断面收敛累积值较小。2 号监测断面位移收敛累积值为 5.46~7.56 mm,平均值为 6.512 2 mm,断面收敛累积值较小。

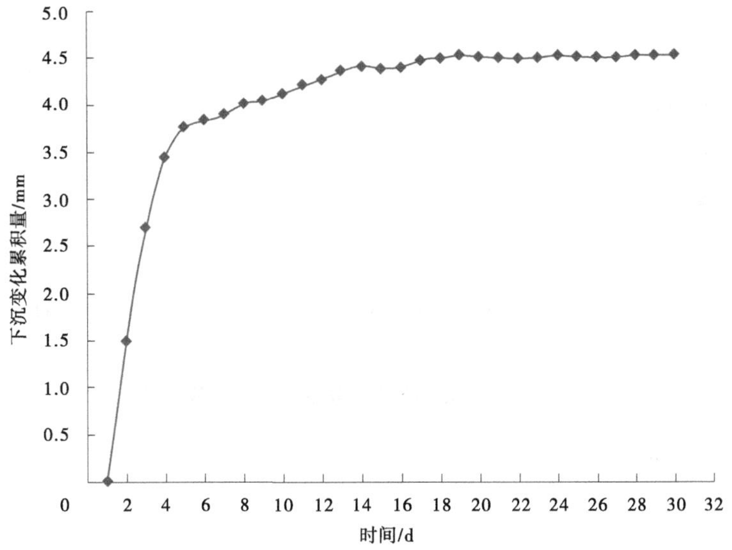

图 3-71　CD07 西沿 4 号断面拱顶下沉量曲线

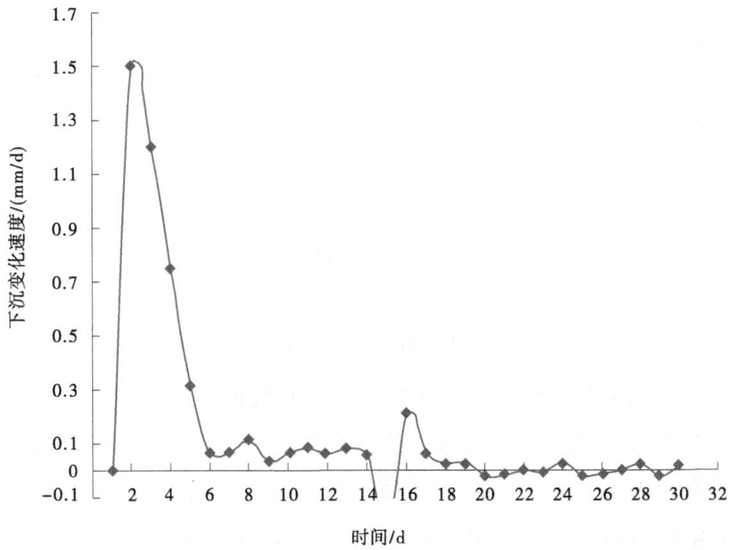

图 3-72　CD07 西沿 4 号断面拱顶下沉速度曲线

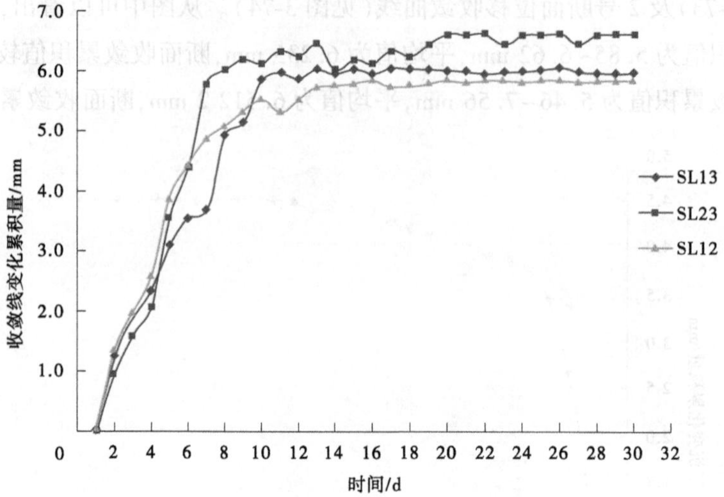

图 3-73　CD07 西沿 1 号断面位移收敛曲线

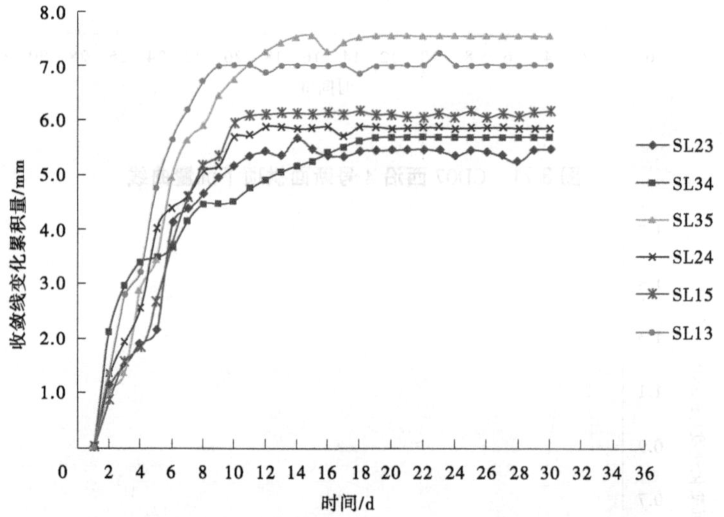

图 3-74　CD07 西沿 2 号断面位移收敛曲线

通过对 CD07 西沿掌子面位移收敛监测结果的数据分析，得出该 3 号断面位移收敛曲线（见图 3-75）及 4 号断面位移收敛曲线（见图 3-76）。从图中可以看出，3 号监测断面位移收敛累积值为 4.44~6.36 mm，平均值为 5.25 mm，断面收敛累积值较小。4 号监测断面位移收敛累积值为 2.70~7.50 mm，平均值为 5.415 mm，断面收敛累积值较小。

330 中段 CD07 西沿掌子面变形监测结果表明：该巷道拱顶下沉累积平均值为 5.23 mm，下沉速度平均值为 0.22 mm/d。位移收敛线累积范围为 2.70~7.56 mm，位移收敛线的平均值为 5.85 mm。拱顶和位移收敛速度较小，巷道变形较小，该地段围岩已自稳。

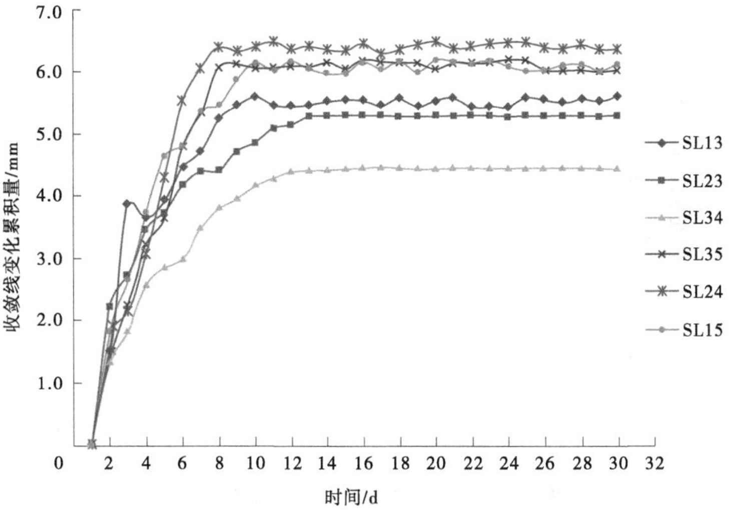

图 3-75　CD07 西沿 3 号断面位移收敛曲线

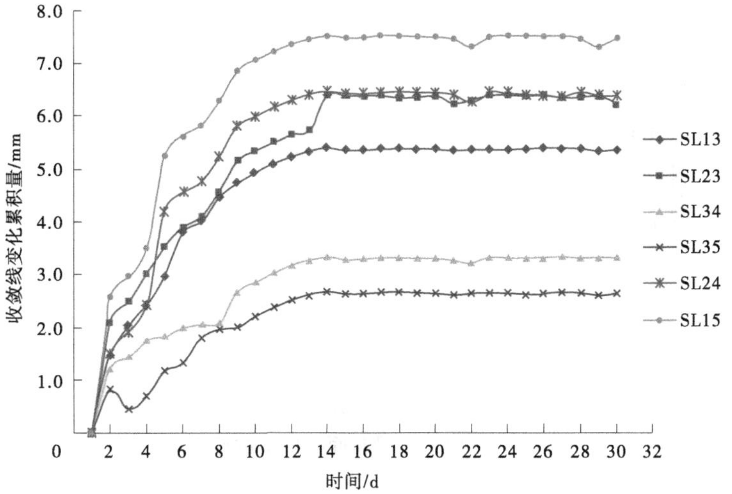

图 3-76　CD07 西沿 4 号断面位移收敛曲线

3.3.4.3　CD08 掌子面分析

1. CD08 掌子面拱顶下沉监测结果及分析

1)1 号监测断面

通过对 CD08 掌子面下沉监测结果的数据分析,得出该断面拱顶下沉量曲线(见图 3-77)及拱顶下沉速度曲线(见图 3-78)。从图中可以看出,1 号监测断面拱顶下沉累积值为 6.0 mm,下沉速度平均值为 0.378 mm/d,断面变形在第 7 天趋于稳定。

2)2 号监测断面

通过对 CD08 掌子面下沉监测结果的数据分析,得出该断面拱顶下沉量曲线(见图 3-79)及拱顶下沉速度曲线(见图 3-80)。从图中可以看出,2 号监测断面拱顶下沉累积值为 6.25 mm,下沉速度平均值为 0.39 mm/d,断面变形在第 7 天趋于稳定。

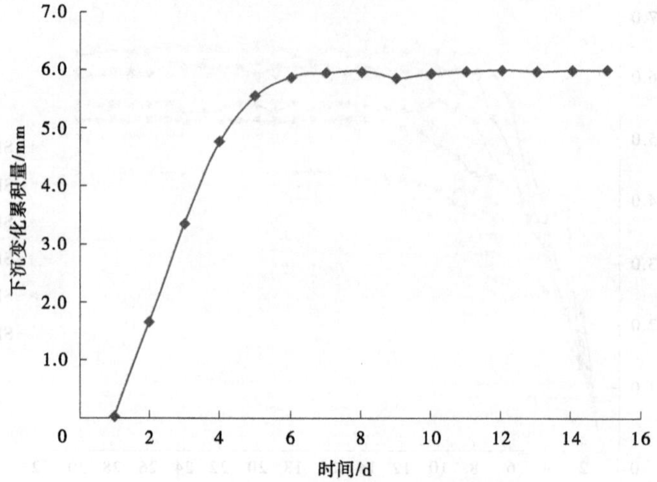

图 3-77　CD08-1 号断面拱顶下沉量曲线

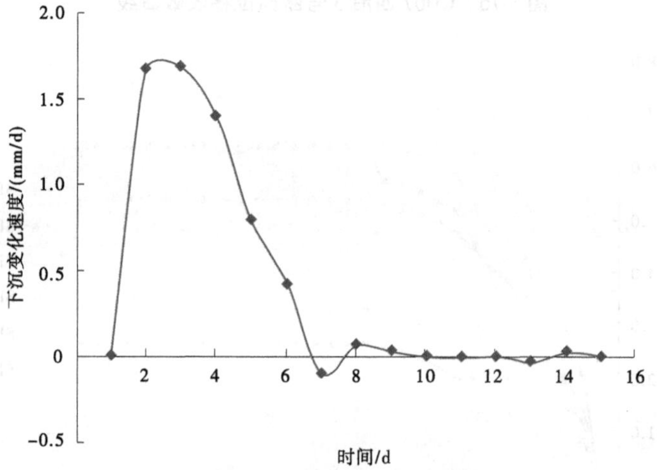

图 3-78　CD08-1 号断面拱顶下沉速度曲线

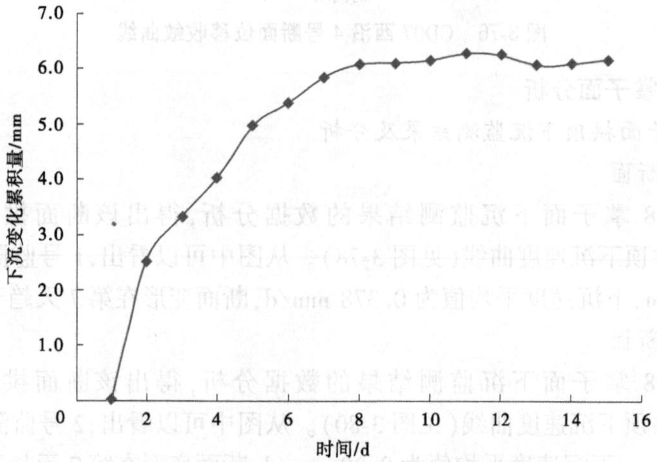

图 3-79　CD08-2 号断面拱顶下沉量曲线

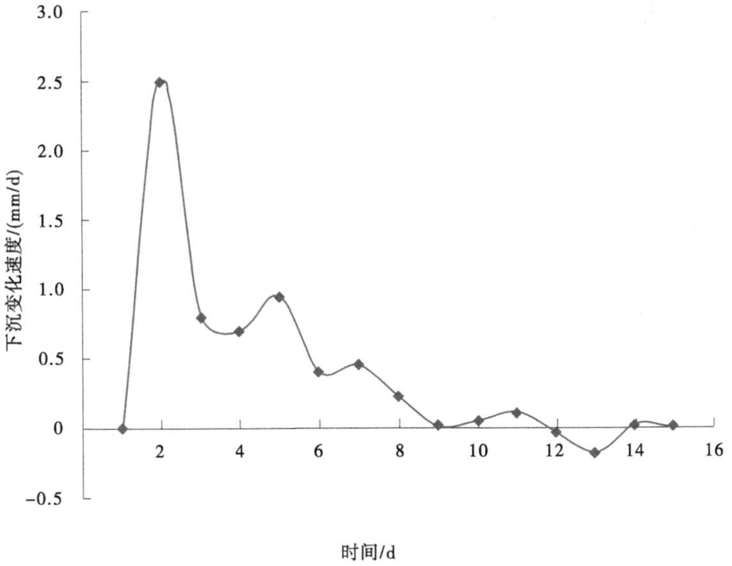

图 3-80　CD08-2 号断面拱顶下沉速度曲线

3)3 号监测断面

通过对 CD08 掌子面下沉监测结果的数据分析，得出该断面拱顶下沉量曲线(见图 3-81)及拱顶下沉速度曲线(见图 3-82)。从图中可以看出，3 号监测断面拱顶下沉累积值为 5.80 mm，下沉速度平均值为 0.41 mm/d，断面变形在第 8 天趋于稳定。

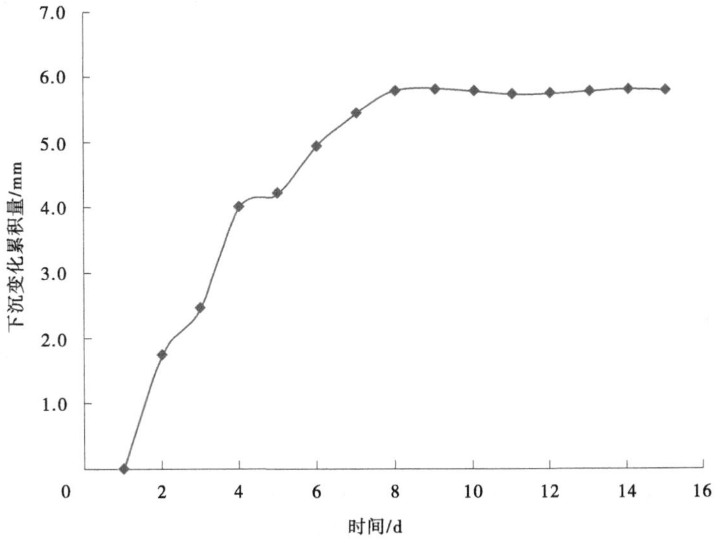

图 3-81　CD08-3 号断面拱顶下沉量曲线

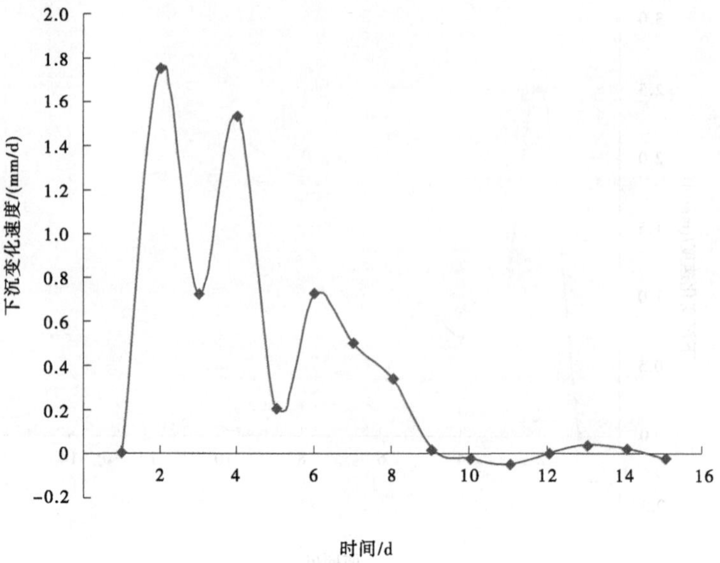

图 3-82　CD08-3 号断面拱顶下沉速度曲线

2. CD08 掌子面周边位移监测结果及分析

通过对 CD08 掌子面位移收敛监测结果的数据分析，得出该 1 号断面位移收敛曲线（见图 3-83）及 2 号断面位移收敛曲线（见图 3-84）。从图中可以看出，1 号监测断面位移收敛累积值为 4.01~6.70 mm，平均值为 5.06 mm，断面收敛累积值较小。2 号监测断面位移收敛累积值为 5.13~6.30 mm，平均值为 5.73 mm，断面收敛累积值较小。

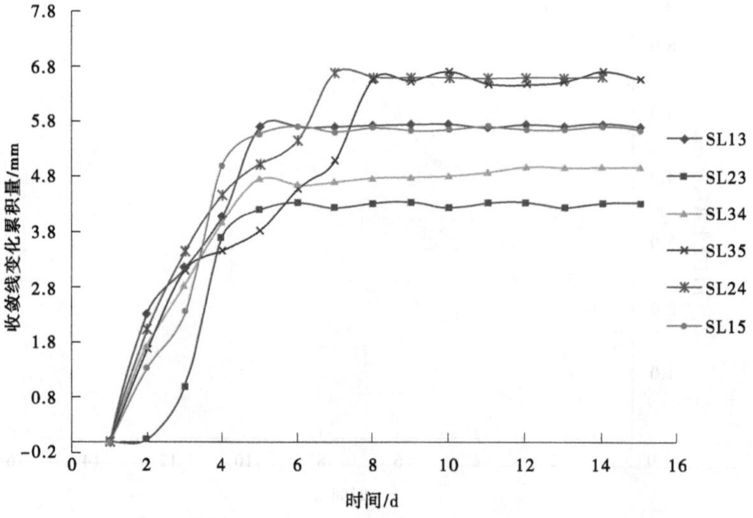

图 3-83　CD08-1 号断面位移收敛曲线

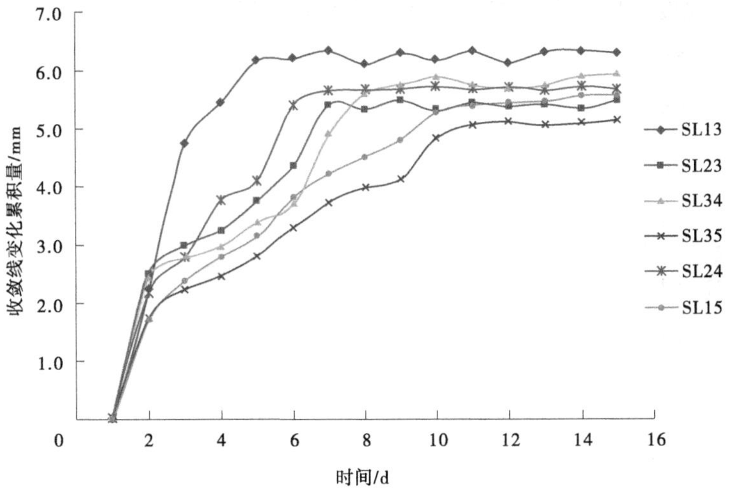

图 3-84　CD08-2 号断面位移收敛曲线

通过对 CD08 掌子面位移收敛监测结果的数据分析，得出该 3 号断面位移收敛曲线（见图 3-85）。从图中可以看出，3 号断面位移收敛累积值为 5. 50～6. 30 mm，平均值为 5. 79 mm，断面收敛累积值较小。

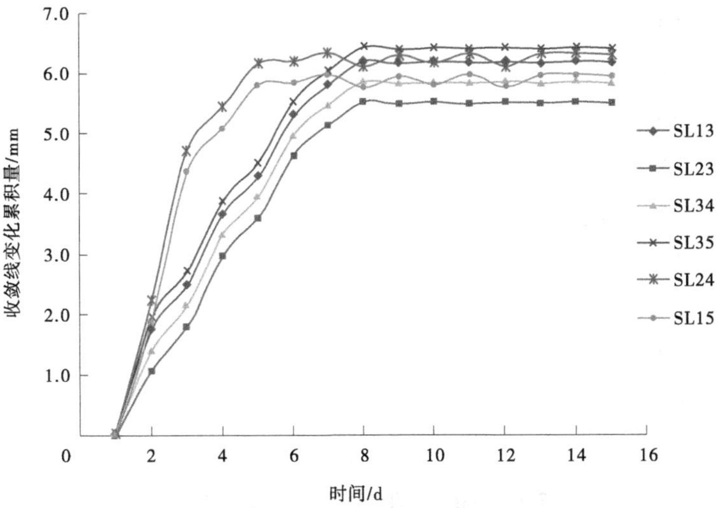

图 3-85　CD08-3 号断面位移收敛曲线

330 中段 CD08 掌子面变形监测结果表明：该巷道拱顶下沉累积平均值为 6. 02 mm，下沉速度平均值为 0. 39 mm/d，位移收敛线累积范围为 4. 01～6. 70 mm，位移收敛线的平均值为 5. 53 mm。拱顶和位移收敛速度较小，巷道变形较小，该地段围岩已自稳。

3. 3. 4. 4　SM9 掌子面分析

1. SM9 掌子面拱顶下沉监测结果及分析

1）1 号监测断面

通过对 SM9 掌子面下沉监测结果的数据分析，得出该断面拱顶下沉量曲线（见图 3-86）及拱顶下沉速度曲线（见图 3-87）。从图中可以看出，1 号监测断面拱顶下沉累积值为

6.69 mm,下沉速度平均值为0.42 mm/d,断面变形在第6天趋于稳定。

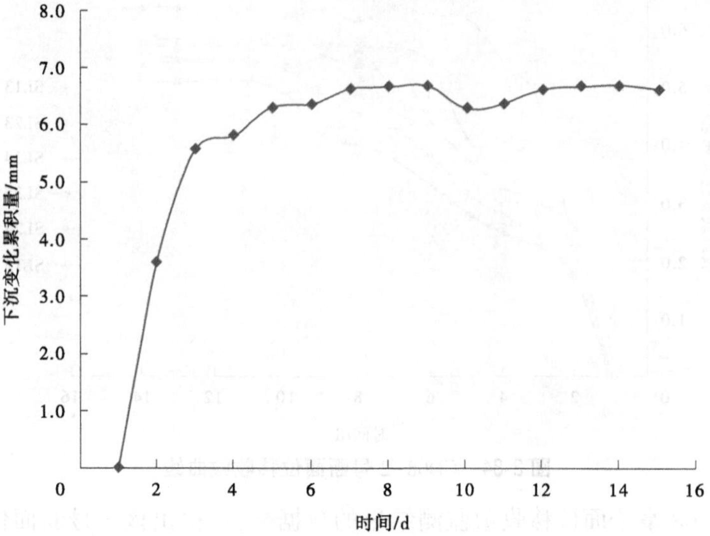

图 3-86　SM9-1号断面拱顶下沉量曲线

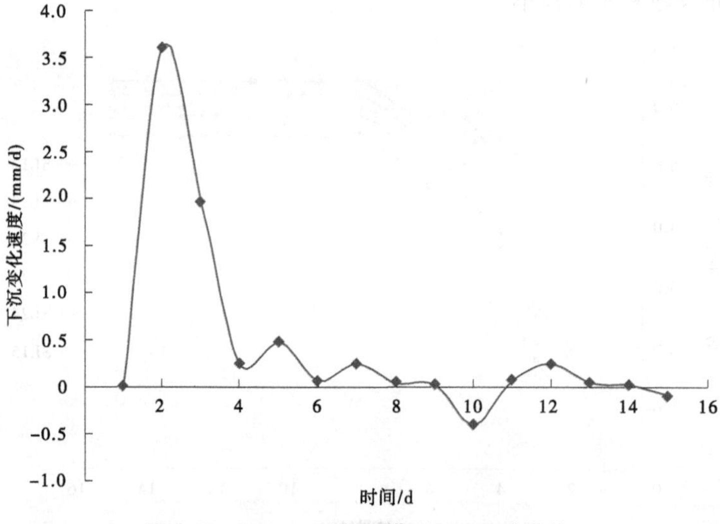

图 3-87　SM9-1号断面拱顶下沉速度曲线

2)2号监测断面

通过对SM9掌子面下沉监测结果的数据分析,得出该断面拱顶下沉量曲线(见图3-88)及拱顶下沉速度曲线(见图3-89)。从图中可以看出,2号监测断面拱顶下沉累积值为5.81 mm,下沉速度平均值为0.363 mm/d,断面变形在第8天趋于稳定。

3)3号监测断面

通过对SM9掌子面下沉监测结果的数据分析,得出该断面拱顶下沉量曲线(见图3-90)及拱顶下沉速度曲线(见图3-91)。从图中可以看出,3号监测断面拱顶下沉累积值为7.23 mm,下沉速度平均值为0.45 mm/d,断面变形在第7天趋于稳定。

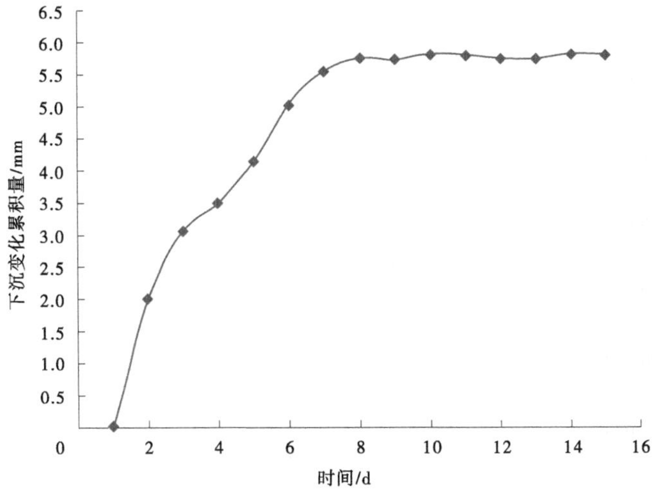

图 3-88　SM9-2 号断面拱顶下沉量曲线

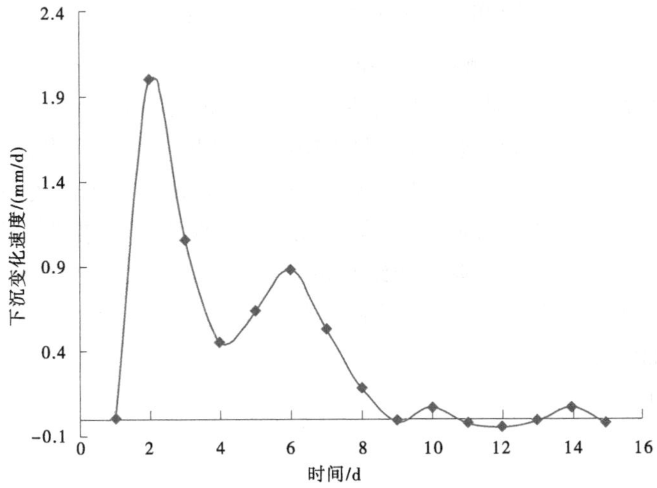

图 3-89　SM9-2 号断面拱顶下沉速度曲线

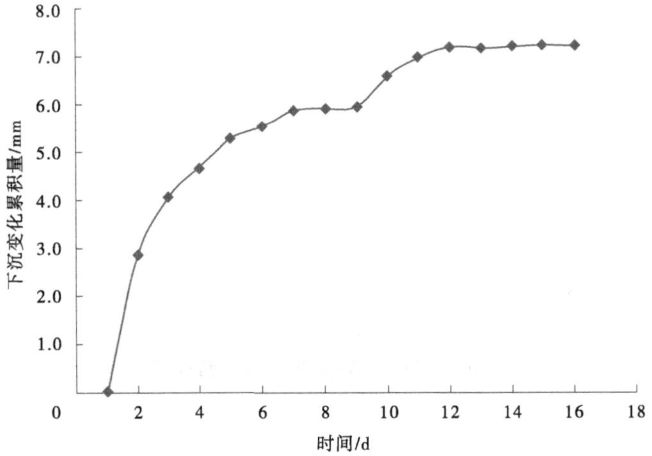

图 3-90　SM9-3 号断面拱顶下沉量曲线

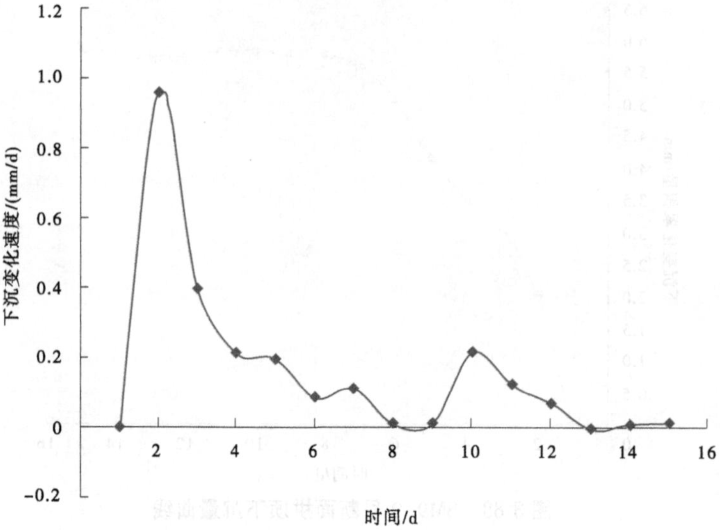

图 3-91　SM9-3 号断面拱顶下沉速度曲线

2. SM9 掌子面周边位移监测结果及分析

通过对 SM9 掌子面位移收敛监测结果的数据分析,得出该 1 号断面位移收敛曲线(见图 3-92)及 2 号断面位移收敛曲线(见图 3-93)。从图中可以看出,1 号监测断面位移收敛累积值为 4. 54~6. 33 mm,平均值为 5. 47 mm,断面收敛累积值较小。2 号监测断面位移收敛累积值为 2. 79~5. 22 mm,平均值为 4. 0 mm,断面收敛累积值较小。

通过对 SM9 掌子面位移收敛监测结果的数据分析,得出该 3 号断面位移收敛曲线(见图 3-94)。从图中可以看出,3 号监测断面位移收敛累积值为 3. 86~6. 91 mm,平均值为 5. 45 mm,断面收敛累积值较小。

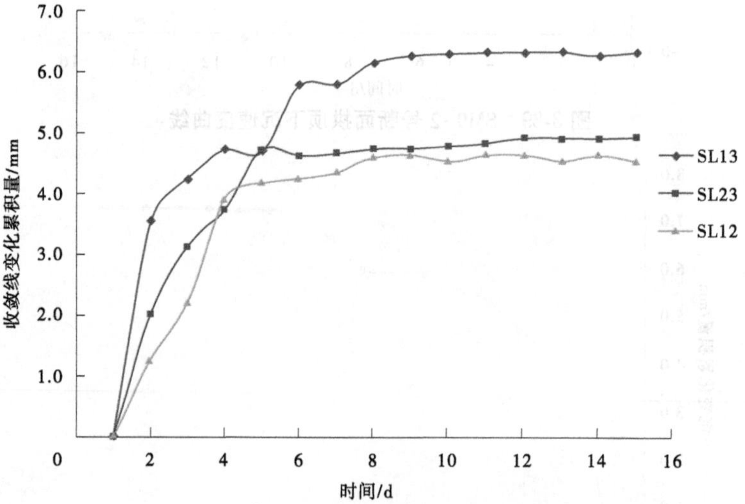

图 3-92　SM9-1 号断面位移收敛曲线

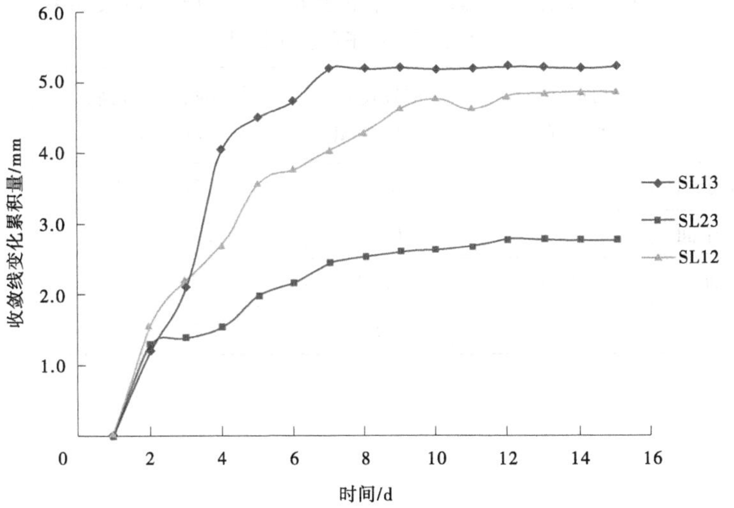

图 3-93　SM9-2 号断面位移收敛曲线

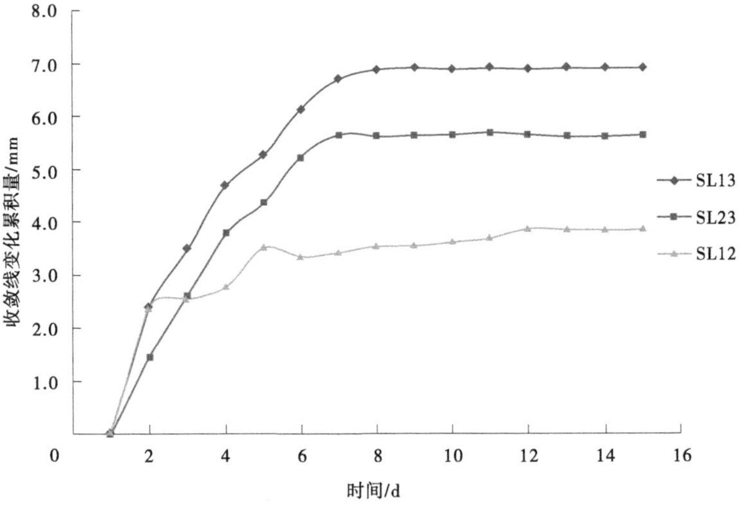

图 3-94　SM9-3 号断面台阶下部位移收敛曲线

330 中段 SM9 掌子面变形监测结果表明：该巷道拱顶下沉累积平均值为 6.58 mm，下沉速度平均值为 0.411 mm/d。位移收敛线累积范围为 2.79～6.91 mm，位移收敛线的平均值为 4.97 mm。拱顶和位移收敛速度较小，巷道变形较小，该地段围岩已自稳。

3.3.5　小结

通过对所选取的 4 个监测断面为期 30 d 的监控量测数据结果比较表明：

(1)由于该矿区地应力水平不高，故巷道围岩位移变化经过一段时间逐渐趋于稳定。

(2)巷道拱顶下沉和位移收敛累积量曲线均呈“抛物线”形，整体符合正常规律，在监测的初期拱顶的下沉和位移收敛变化速度较大，但在 6～8 d 后，拱顶的下沉和位移收敛的累积值曲线开始收敛,变化趋于稳定。各掌子面的具体情况如表 3-47 所示。

表 3-47 掌子面监测结果

掌子面	拱顶下沉累积平均值/mm	下沉速度平均值/(mm/d)	位移收敛线累积范围/mm	位移收敛线的平均值/mm
CD07 东沿掌子面	6.79	0.21	2.70~7.64	5.67
CD07 西沿掌子面	5.23	0.22	2.70~7.56	5.85
CD08 掌子面	6.02	0.39	4.01~6.70	5.53
SM9 掌子面	6.58	0.411	2.79~6.91	4.97

第 4 章　罗山金矿巷道稳定性分析及支护措施建议

4.1　巷道围岩的基本特征

罗山矿区巷道围岩主要由混合片麻岩、混合花岗岩、碎裂岩、碎裂石英岩脉等岩石组成，巷道开采主要方式为全断面开挖。巷道形状为马蹄形，宽 2.0~2.5 m，高 2.2~2.7 m。巷道类型主要分为主巷道、中段穿脉巷道及回采巷道。其中，主巷道主要为采矿的运输通道，一般布置在矿体外围比较稳定的岩体中，为永久性工程；中段穿脉巷道一般垂直于矿体走向布置，而回采巷道则主要沿着矿体的走向进行挖掘，这两种巷道均为临时性工程。

通过现场调查发现，罗山矿区巷道主要分为结构面控制型和塌落拱型两种破坏方式。其中，结构面控制型破坏主要是指围岩岩体受结构面及软弱夹层的控制发生滑移塌落的破坏形式，主要发生在围岩条件较好的地段，如主巷道；塌落拱型破坏主要发生于围岩条件差，岩体破碎~极破碎的松散围岩中，如回采巷道，这种松散围岩由于洞室开挖引起洞顶岩体的塌落，当塌落到一定程度后，洞室岩体应力重分布，会形成一个自然的平衡拱，故呈拱型破坏。

目前，该矿区围岩条件较好的地段主要采用的支护方式为锚杆支护，围岩条件较差的地段则采用门形工字钢+圆木横梁支护，通过现场调查发现，此种支护效果较差，部分地段支护变形较为严重。

本次调查在全面踏勘的基础上选取了 5 个中段进行详细勘察，分别为 505 中段、400 中段、365 中段、330 中段及 260 中段，共调查典型破坏点 30 个。

4.1.1　505 中段巷道围岩基本特征

通过现场勘察，该中段巷道以浅红色混合花岗岩为主，块状构造，部分地段夹杂黄铁矿化碎裂石英岩脉，偶夹泥质夹层。现场对 6~8 号典型破坏点进行了回弹试验测试，试验结果见表 4-1。

表 4-1　505 中段回弹试验结果

点号	位置	岩性	次数	回弹均值	修正值	单轴抗压强度/(MPa)
6	绕道掌子面后行 40 m	碎裂混合花岗岩	10	31.20	29.78	37.9
7	SM3 后行约 41 m	混合花岗岩	10	39.70	43.30	85.1
8	WK	碎裂混合花岗岩	10	30.29	28.54	33.1

该中段典型破坏点共计8个,其中结构面控制型3个,塌落拱型5个,各点具体情况如下。

4.1.1.1 **540~505 中段拱顶岩体冒落破坏点**

该点位于540中段与505中段人行下山楼梯通道中部支洞内。巷道宽2 m,高1.8 m,巷道全貌见图4-1。巷道塌落部位受带状石英岩脉控制非常破碎(见图4-2),石英呈白色,全~强风化,呈散体状,砂化强烈,强度低,局部夹杂黄铁矿,掌子面处堆积有掉落的散体石英,该点破坏形式为散体石英冒落形成塌落拱,塌落高度约0.6 m。

图4-1 巷道全貌

图4-2 碎裂石英岩脉塌落

目前巷道内做了简易混凝土支护(见图4-3),混凝土厚度约为22 cm,非支护部位掉落明显,见图4-4。由于塌落严重,巷道已停工。

图4-3 简易混凝土支护

图4-4 非支护部位掉落明显

4.1.1.2 **505 中段主巷道大变形段前方破坏点**

该点位于505中段大变形段(SM3)前方,岩性为混合花岗岩,强风化,巷道全貌见图4-5。巷道岩体结构破碎,随机节理十分发育,呈碎裂结构。此巷道于2001年开挖,由于上下中段矿物开采导致该巷道变形非常严重,且经常掉块,掉落块径5~43 cm。现有支护措施为门字形工字钢框架+顶部圆木横梁支撑,工字钢框架宽约3.3 m,高约1.6 m。顶部圆木横梁拦截掉落的块石(见图4-6),在局部危岩处斜向上方打入锚杆,角度约45°。该点的支护方式较古老,支护效果差,巷道径缩小明显,多处木质横梁被掉落块石压弯甚至断裂(见图4-7),锚杆局部支护见图4-8。

图 4-5 巷道全貌

图 4-6 圆木横梁拦截掉落的块石

图 4-7 门字形工字钢框架受压变形

图 4-8 锚杆局部支护

4.1.1.3 505 中段主巷道拱顶岩体切割掉落破坏点

该点位于505中段与CD10交叉口处,巷道宽2.8 m,高2.6 m,走向74°。岩性为混合花岗岩,弱~微风化,岩石锤击清脆,较坚硬。巷道岩体较破碎,呈层状结构,主要受三组结构面控制,结构面产状为 J_1:320°∠41°,J_2:157°∠66°,J_3:30°∠78°,结构面平直、光滑,间距10~30 cm。该点破坏形式为拱顶岩体受结构面切割掉落,塌落高度为0.9 m,宽度为2.2 m,巷道壁潮湿,底部无积水。巷道全貌见图4-9,断面如图4-10所示,其结构赤平投影如图4-11所示。

图 4-9 巷道全貌

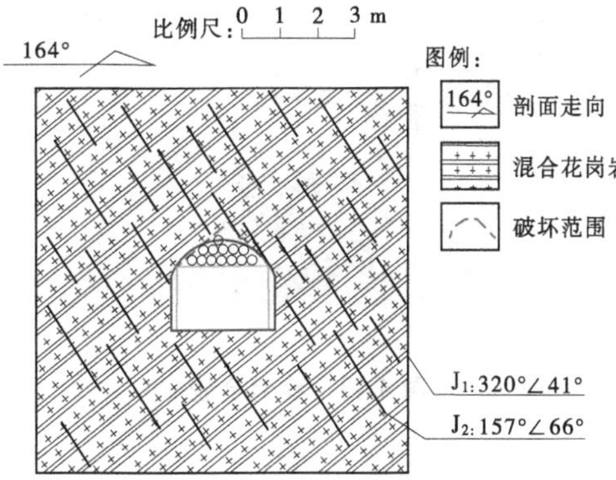

图 4-10 505 中段西斜井接近大变形段巷道断面

现有支护措施:工字钢框架+木质横梁支撑。支护宽为 2 m,高 1.7 m,工字钢间距 1.7 m。巷道左壁锚杆支护见图 4-12。

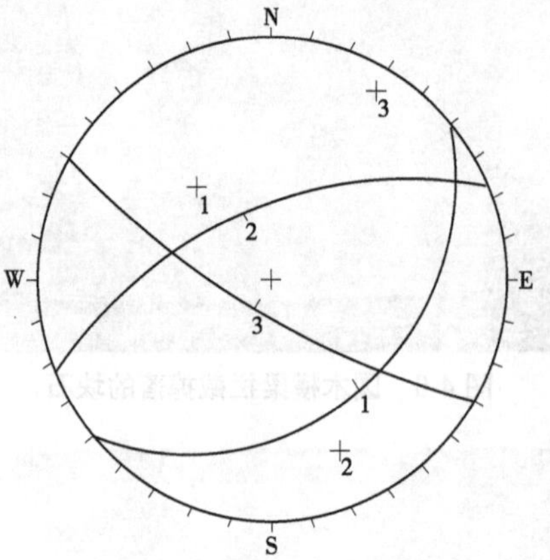

图 4-11 巷道结构赤平投影

图 4-12 巷道左壁锚杆支护

4.1.1.4 505 中段主巷道大变形段破坏点

该点位于 505 中段 SM3 至 SM2 之间。原始巷道宽 2.2 m,高 2.1 m。变形后巷道宽为 1.4 m,高 2 m,局部宽 1.4 m,高 1.2 m,巷道全貌见图 4-13。岩性主要为混合花岗岩,强风化。巷道岩体破碎,随机节理十分发育,呈碎裂结构。此段巷道变形是由于上下相邻中段采空导致掉落岩体挤压引起的。现有支护措施为门字形工字钢框架+圆木横梁支撑。侧壁工字钢在塌落块石挤压作用下受压弯曲变形明显,顶部工字钢与木横梁也大量断裂、弯曲、错落,十分危险(见图 4-14、图 4-15)。最初巷道设计为过车巷道,由于变形较大、支护效果差(见图 4-16),导致此段巷道面临作废,目前已经从侧方重新开挖一条绕道,即将打通,打通后此段将不再使用。

图 4-13 巷道全貌

图 4-14 被压弯的工字钢支撑

图 4-15　圆木横梁断裂

图 4-16　支护措施变形严重

4.1.1.5　**505 中段拱顶岩体冒落破坏点**

该点位于北斜井下 505 中段绕道掌子面处。巷道宽 3.7 m,高 2.4 m,走向 194°,巷道全貌见图 4-17。岩性主要为混合花岗岩,全~强风化。巷道岩体非常破碎,节理十分发育,呈散体结构,主要受三组结构面控制,产状为 J_1: 154° ∠84°, J_2: 340° ∠36°, J_3: 235°∠72°,同时随机节理十分发育,节理间距 4~10 cm,切割块径为 5~27 cm,巷道断面如图 4-18 所示。掌子面处围岩填充带状石英岩脉,石英岩脉呈散体状,砂化严重,强度低,手捏即变成碎屑状(见图 4-19)。该点破坏形式为碎裂岩体冒落形成塌落拱,塌落高度约 1.8 m,目前巷道岩体仍不稳定,在受到轻微震动时有碎屑或碎块从支护空隙掉落,巷道底部堆积有花岗岩块和石英岩碎屑。巷道壁干燥,无积水。巷道结构赤平投影见图 4-20。

支护措施为:工字钢门式框架+木横梁支撑,工字钢尺寸为 14 cm×8 cm;支护高 1.8 m,宽 2.5 m;单跨间距平均约 1.6 m。

图 4-17　巷道全貌

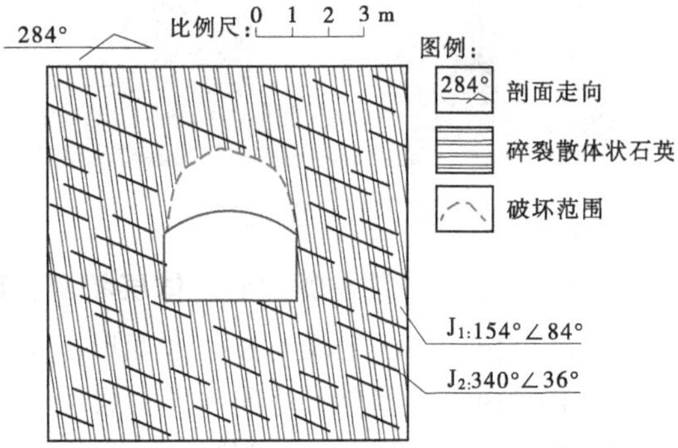

图 4-18　505 中段绕道掌子面巷道断面

图 4-19 石英岩脉砂化严重

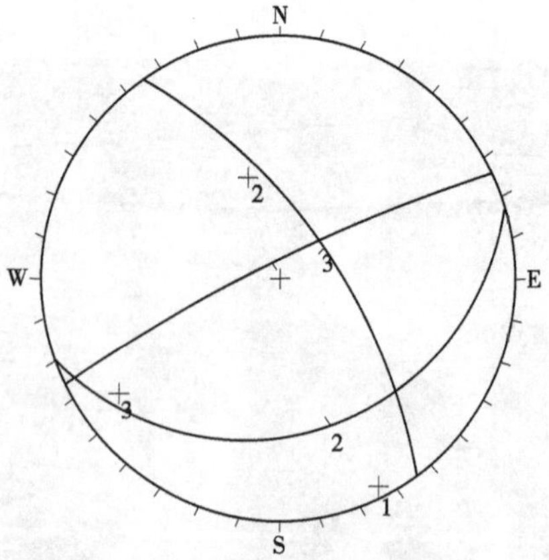

图 4-20 巷道结构赤平投影

4.1.1.6 505 中段主巷道拱顶岩体切割掉落破坏点

该点位于北斜井下 505 中段转弯交叉口处,巷道宽 3.7 m,高 2.4 m,走向 14°,巷道全貌见图 4-21。岩性主要为混合花岗岩,强~弱风化。巷道岩体破碎,呈碎裂结构,主要受三组结构面控制,结构面产状:J_1:61°∠56°,J_2:292°∠33°,J_3:345°∠85°,巷道结构赤平投影见图 4-22;节理面间距 6~14 cm,切割块径 15~40 cm。部分节理张开约 1 cm,变形强烈。该点破坏形式以巷道顶部受结构面切割掉块为主,现有支护为门字形工字钢框架支撑,支护高 1.9 m,宽 2.6 m;侧壁堆积塌落后的块体。巷道壁潮湿渗水,底部潮湿,无明显积水。

图 4-21 巷道全貌

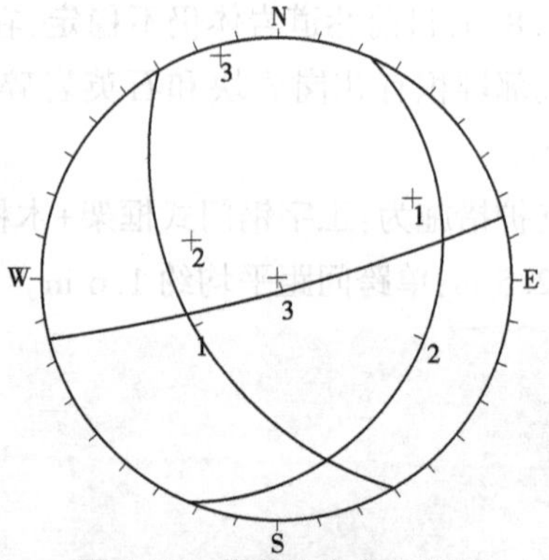

图 4-22 巷道结构赤平投影

4.1.1.7 505 中段左侧拱肩岩体层状滑移破坏点

该点位于 505 中段 WK 与大变形段交叉口处,距 SM3 约 41 m。巷道宽 2.1 m,高 1.9 m,走向 319°,巷道全貌见图 4-23。岩性为混合花岗岩,弱~微风化,锤击声音清脆,有回弹。巷道岩体较完整,呈层状结构,主要受三组结构面控制,结构面产状:J_1:72°∠44°,J_2:291°∠52°;J_3:328°∠81°,结构面平直,光滑,间距为 30~50 cm,巷道断面见图 4-24,其结构赤平投影见图 4-25。塌落凹腔两侧填充乳白色夹黄褐色泥质软弱夹层,夹层厚度约 7 cm,长约 12 m,湿润(见图 4-26)。塌落凹腔下侧张开宽度约 70 cm,夹层距洞顶高度为

1.2~1.5 m。该点破坏形式为巷道左侧拱肩岩体受软弱夹层控制向临空面滑移产生滑移塌落,现场滑落块体较大,长约 65 cm,宽约 37 cm。巷道壁干燥,无积水。

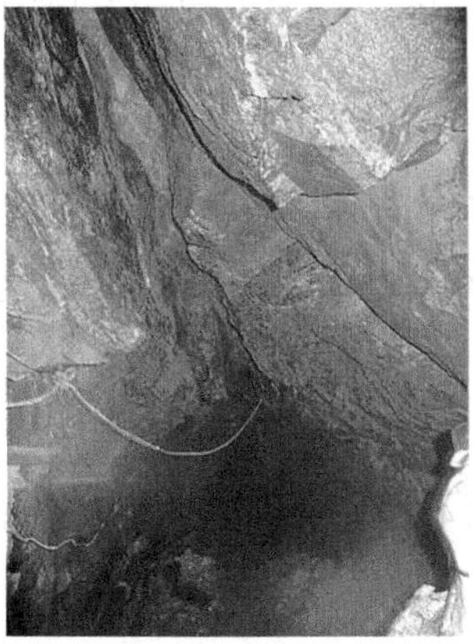

图 4-23 巷道全貌

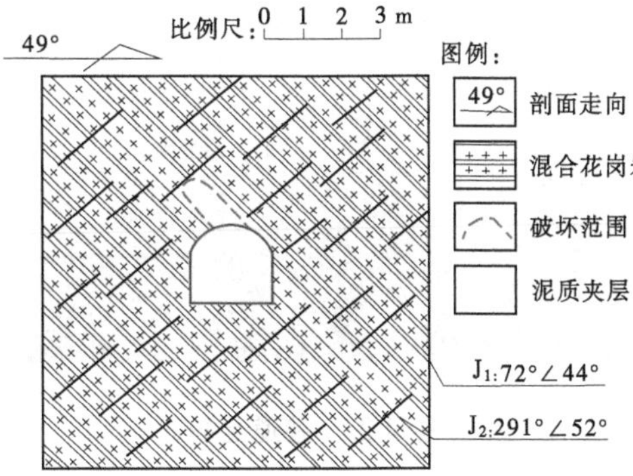

图 4-24 505 中段距 SM3 约 41 m 处巷道断面

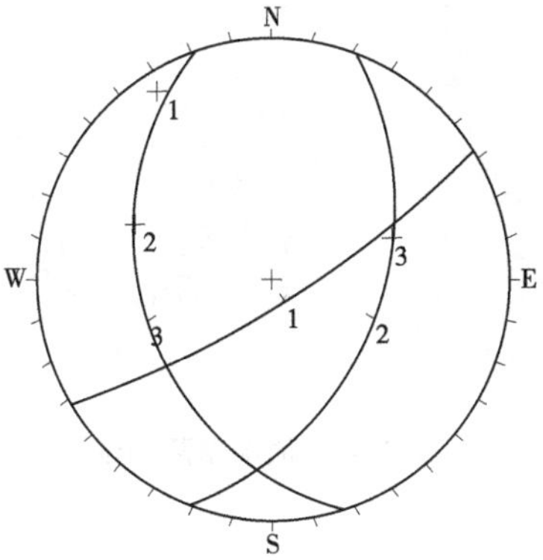

图 4-25 巷道结构赤平投影

图 4-26 侧壁部位的软弱泥质夹层

4.1.1.8 505 中段主巷道拱顶岩体层状滑移破坏点

该点位于西斜井下 505 中段 WK 处。巷道宽 3.9 m,高 2.9 m,走向 350°,巷道全貌见图 4-27。岩性为混合花岗岩,弱~微风化,敲击清脆,有回弹。巷道岩体较破碎,总体呈层状结构,主要受三组结构面控制,产状 J_1:9°∠60°,J_2:320°∠69°,J_3:165°∠56°,结构面平直、光滑,间距 9~30 cm,切割块径大小 11~42 cm,巷道断面见图 4-28,其结构赤平投影见图 4-29。塌落部位岩体破碎,强风化,呈碎裂结构,见图 4-30。塌落凹腔两侧填充乳白色夹黄褐色泥质夹层,厚 0.5~3 cm。于巷道右壁进行结构面精测描述,见图 4-31 及表 4-2。该点破坏形式为拱顶碎裂岩体受软弱夹层控制产生滑移塌落,塌落腔高度约为 0.5 m。巷道右壁 60 cm 以下部分由于水的侵蚀风化严重,60 cm 以上风化程度较弱,巷道壁潮湿,局部滴水,地面有浑浊的积水,巷道壁部分锈染。

精测网前方 7 m 处有工字钢支护地点,常有碎屑滑落。

图 4-27　巷道全貌

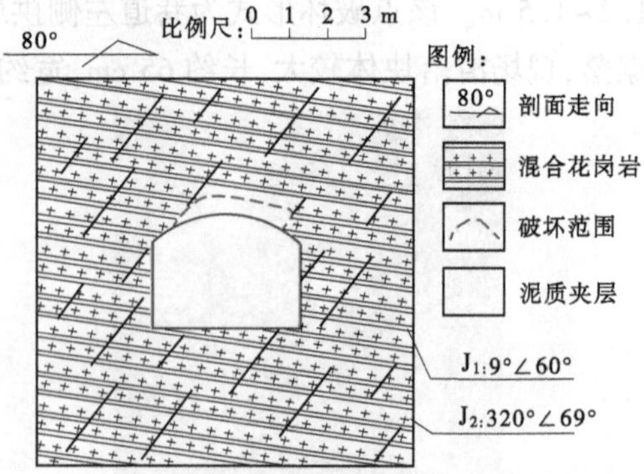

图 4-28　505 中段 WK 处巷道断面

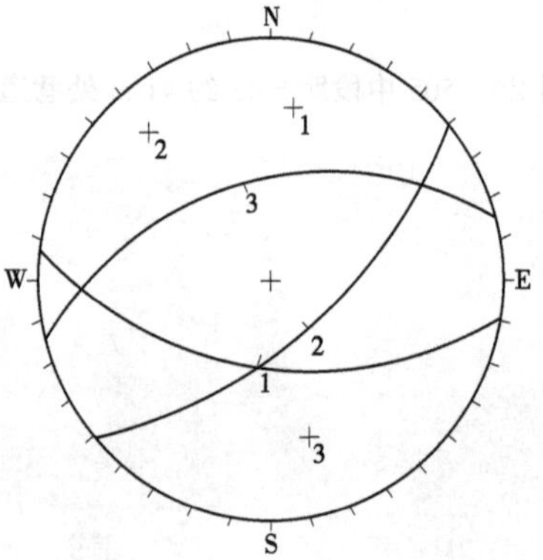

图 4-29　巷道结构赤平投影

图 4-30　顶部塌落部位

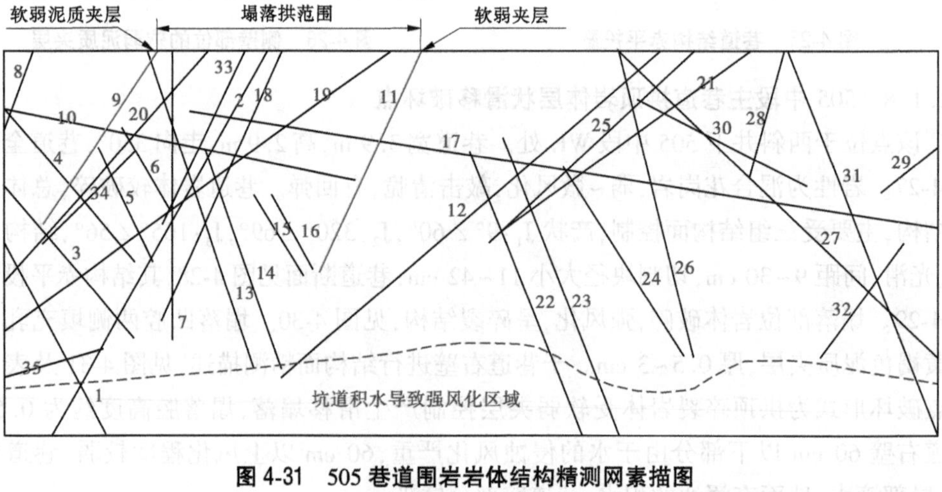

图 4-31　505 巷道围岩岩体结构精测网素描图

表 4-2　大湖金矿巷道围岩稳定性工程 505 巷道围岩岩体结构精测网记录表

测量部位：505 中段巷道 WK(西口)点位右壁　　测网产状：348°　　测网长度、高度：5 m×2 m(70 cm 以下强风化)　　高程范围：EL. 505~507

0	1				2	3	4	5	6	7	8	9	10	11
序号	端点 1		端点 2		与测网关系	产状	起伏状况	粗糙度	风化程度	张开度	充填物	地下水	裂隙类型	说明
	X	Y	X	Y										
1	54	0	0	100	仅上端可见	165°∠56°	平直	光滑	强风化	微张	无充填	干燥	刚性结构面	
2	18	46	142	200	两端可见	9°∠60°	平直	光滑	强风化	微张	无充填	干燥	刚性结构面	
3	70	50	0	130	仅上端可见	165°∠56°	平直	光滑	强风化	微张	无充填	干燥	刚性结构面	
4	70	90	0	170	仅上端可见	165°∠56°	平直	光滑	强风化	微张	无充填	干燥	刚性结构面	
5	80	90	50	150	两端可见	165°∠56°	平直	光滑	强风化	微张	无充填	干燥	刚性结构面	
6	90	116	46	150	两端可见	165°∠56°	平直	光滑	强风化	微张	无充填	干燥	刚性结构面	
7	93	50	90	200	仅下端可见	184°∠80°	平直	光滑	强风化	微张	无充填	干燥	刚性结构面	
8	0	160	15	200	两端可见	9°∠60°	平直	光滑	弱~微风化	闭合	无充填	干燥	刚性结构面	
9	20	110	82	200	两端可见	6°∠62°	平直	光滑	强风化	微张	夹泥	干燥	软弱结构面	
10	0	170	190	133	两端可见	150°∠20°	平直	光滑	强风化	微张	无充填	干燥	刚性结构面	
11	224	200	170	85	仅下端可见	3°∠76°	平直	光滑	强风化	微张	夹泥	干燥	软弱结构面	层面
12	150	30	352	200	仅下端可见	328°∠44°	平直	光滑	弱~微风化	闭合	无充填	干燥	刚性结构面	
13	135	34	77	200	仅下端可见	165°∠56°	平直	光滑	强风化	微张	无充填	干燥	刚性结构面	
14	150	34	108	149	仅下端可见	165°∠56°	平直	光滑	强风化	微张	无充填	干燥	刚性结构面	
15	162	83	135	125	两端可见	165°∠56°	平直	光滑	强风化	微张	无充填	干燥	刚性结构面	
16	167	86	145	125	两端可见	165°∠56°	平直	光滑	强风化	微张	无充填	干燥	刚性结构面	
17	100	169	500	108	两端不可见	150°∠18°	平直	光滑	弱~微风化	微张	石英脉	干燥	软弱结构面	

续表 4-2

测量部位：505 中段巷道 WK(西口)点位右壁　测网产状：348°　测网长度、高度：5 m×2 m(70 cm 以下强风化)　高程范围：EL. 505~507

0	1				2	3	4	5	6	7	8	9	10	11
序号	端点 1		端点 2		与测网关系	产状	起伏状况	粗糙度	风化程度	张开度	充填物	地下水	裂隙类型	说明
	X	Y	X	Y										
18	85	60	150	200	仅下端可见	6°∠62°	平直	光滑	强风化	微张	无充填	干燥	刚性结构面	
19	208	200	0	54	两端不可见	345°∠27°	平直	光滑	强风化	微张	泥膜	干燥	软弱结构面	
20	110	200	0	80	两端不可见	9°∠60°	平直	光滑	强风化	微张	泥膜	干燥	软弱结构面	
21	400	200	265	105	仅下端可见	328°∠44°	平直	光滑	弱~微风化	微张	夹泥	干燥	软弱结构面	
22	310	0	250	148	仅上端可见	165°∠56°	平直	光滑	弱~微风化	闭合	无充填	干燥	刚性结构面	
23	330	0	268	155	仅上端可见	165°∠56°	平直	光滑	弱~微风化	闭合	无充填	干燥	刚性结构面	
24	365	40	300	140	仅上端可见	165°∠56°	平直	光滑	弱~微风化	闭合	无充填	干燥	刚性结构面	
25	200	370	260	100	仅下端可见	320°∠69°	平直	光滑	弱~微风化	闭合	无充填	干燥	刚性结构面	
26	330	200	370	40	仅上端可见	222°∠84°	平直	光滑	弱~微风化	闭合	无充填	干燥	刚性结构面	
27	330	200	500	40	仅上端可见	148°∠51°	平直	光滑	弱~微风化	闭合	无充填	干燥	刚性结构面	
28	418	200	400	135	仅下端可见	6°∠62°	平直	光滑	弱~微风化	闭合	无充填	干燥	刚性结构面	
29	500	150	470	127	仅下端可见	52°∠71°	平直	光滑	弱~微风化	微张	无充填	干燥	刚性结构面	
30	340	175	430	130	两端可见	173°∠34°	平直	光滑	弱~微风化	微张	无充填	干燥	刚性结构面	
31	420	200	500	0	两端不可见	165°∠56°	平直	光滑	弱~微风化	闭合	无充填	干燥	刚性结构面	
32	482	100	437	40	仅下端可见	9°∠60°	平直	光滑	弱~微风化	闭合	无充填	干燥	刚性结构面	
33	85	110	130	200	仅下端可见	9°∠60°	平直	光滑	强风化	微张	泥膜	干燥	软弱结构面	
34	20	100	71	148	仅上端可见	6°∠62°	平直	光滑	强风化	微张	石英薄层	干燥	软弱结构面	
35	0	30	53	45	仅上端可见	345°∠27°	平直	光滑	强风化	微张	无充填	干燥	刚性结构面	

4.1.2　400中段巷道围岩基本特征

通过现场勘察，该中段巷道以浅红色混合花岗岩及深灰色混合片麻岩为主，混合花岗岩为块状构造，混合片麻岩为片麻状构造，部分地段夹杂大量黄铁矿化碎裂石英岩脉，偶夹泥质夹层。现场对10号、12号典型破坏点进行了回弹试验测试，试验结果见表4-3。

表4-3　400中段回弹试验结果

点号	位置	岩性	次数	回弹均值	修正值	单轴抗压强度/MPa
10	CD2交叉路口后行50 m	碎裂混合片麻岩	10	32.40	28.29	33.4
12	F1断层处	碎裂混合花岗岩	10	34.00	27.50	31.5

该中段典型破坏点共计4个，其中结构面控制型2个，塌落拱型2个，各点具体情况如下。

4.1.2.1　400中段主巷道拱顶岩体冒落破坏点

该点位于400中段CD2巷道支护处，巷道宽1.7 m，高2.1 m，走向为38°，巷道全貌见图4-32。岩性为混合片麻岩，片麻状构造，全~强风化，锤击声闷，硬度低，并夹杂大量碎裂石英，巷道岩体非常破碎，呈散体结构，随机节理发育，产状凌乱，主要受三组结构面控制，产状为J_1:354°∠73°，J_2:79°∠72°，J_3:347°∠12°，切割块径7~30 cm，巷道断面见图4-33，其结构赤平投影见图4-34。现场围岩分级为Ⅴ级围岩，左侧路口由于岩体过于破碎已经停止开挖。该点破坏形式为碎裂岩体冒落形成塌落拱，塌落高度约0.4 m，宽约2 m，长约2.2 m。巷道壁干燥，底部无积水。

图4-32　巷道全貌

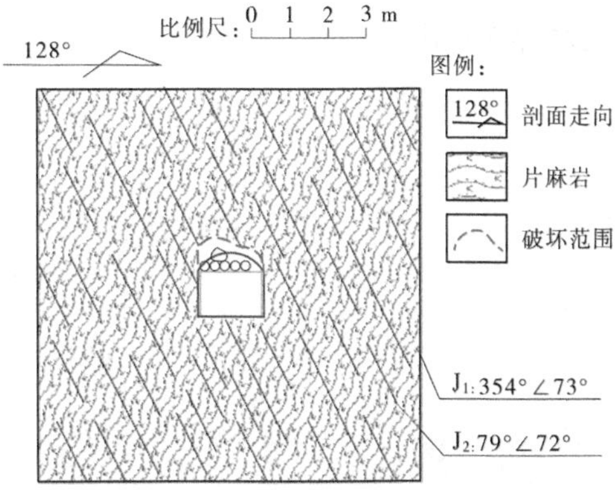

图4-33　400中段CD2支护处巷道断面

现有支护措施为工字钢框架+木横梁支撑，支护宽1.55 m，高1.6 m，间距为1.8 m。支护上部已有掉落块体，部分圆木横梁被压断（见图4-35）。

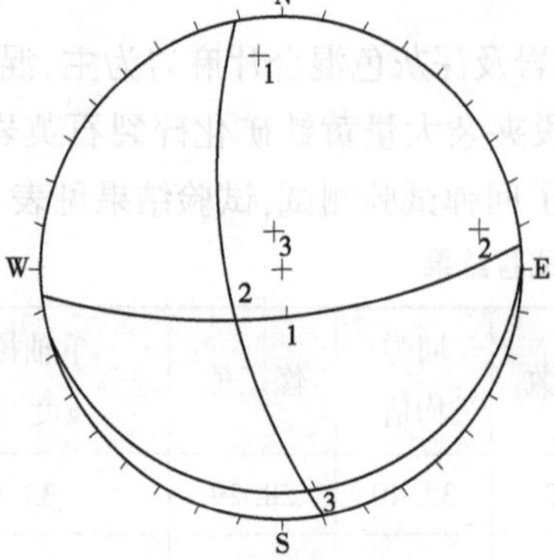

图 4-34 巷道结构赤平投影

图 4-35 圆木横梁被压断

4.1.2.2 400 中段主巷道左侧拱肩岩体滑移塌落破坏点

该点位于400中段CD2交叉路口后行50 m处,巷道宽2.4 m,高1.9 m,边墙高1.4 m,巷道走向303°,巷道全貌见图4-36。岩性为混合片麻岩,片麻状构造,弱~微风化,锤击较清脆,局部夹杂碎裂石英,左侧拱肩塌落部位两侧有0.1~0.2 cm的泥质互层。巷道岩体较为破碎,总体呈层状结构,主要受三组结构面控制,产状为J_1:357°∠75°,J_2:171°∠44°,J_3:75°∠46°,巷道断面见图4-37,其结构赤平投影见图4-38。结构面平直、光滑,J_1结构面间距:9~30 cm,J_2结构面间距:2~23 cm,J_3结构面间距:8~16 cm。塌落部位岩体破碎,强风化,锤击声音沉闷,回弹力小,呈碎裂结构,裂隙张开明显,为0.5~3 cm,随机节理发育,产状较为凌乱。切割块径为7~30 cm。破坏形式为左侧拱肩碎裂岩体受泥质夹层控制产生滑移塌落(见图4-39),塌落腔高约1.3 m,宽约1.2 m,长约2.2 m。巷道壁干燥,底部无积水。

图 4-36 巷道全貌

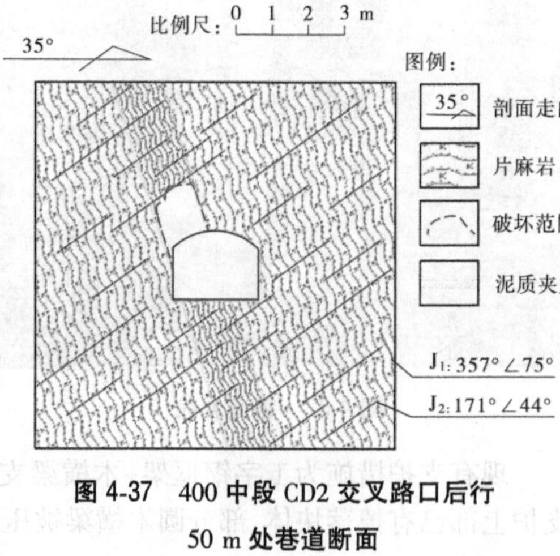

图 4-37 400 中段 CD2 交叉路口后行 50 m 处巷道断面

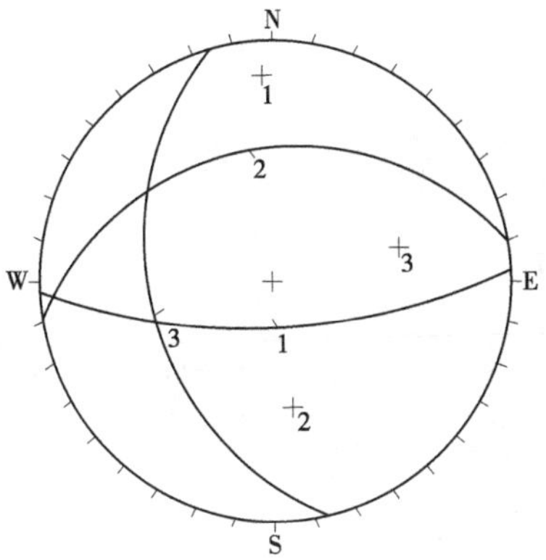

图 4-38　巷道结构赤平投影

图 4-39　左拱肩塌落

4.1.2.3　400 中段主巷道拱顶岩体冒落破坏点

该点位于 400 中段主巷道与 F7 东沿脉岔路口处，处于 F7 断层带内。交叉路口处巷道宽 4.1 m，分支巷道宽 2.1 m，高 2 m，主巷道走向 20°，右侧巷道（东沿）走向 110°，巷道全貌见图 4-40。巷道岩体被大量黄铁矿化石英填充，全～强风化，非常破碎，呈散体结构，随机节理十分发育，产状较为凌乱，主要受三组结构面控制，产状为 J_1：5°∠61°，J_2：57°∠76°，J_3：133°∠19°，巷道断面见图 4-41，其结构赤平投影见图 4-42。结构面间距 J_1：3～24 cm，J_2：8～40 cm，J_3：1～20 cm，切割块径 5～50 cm。该点破坏形式为散体石英冒落形成塌落拱（见图 4-43），塌落拱宽约 3.9 m，高约 1.9 m，长约 3.6 m。巷道壁潮湿，地面无积水。目前尚无支护措施。

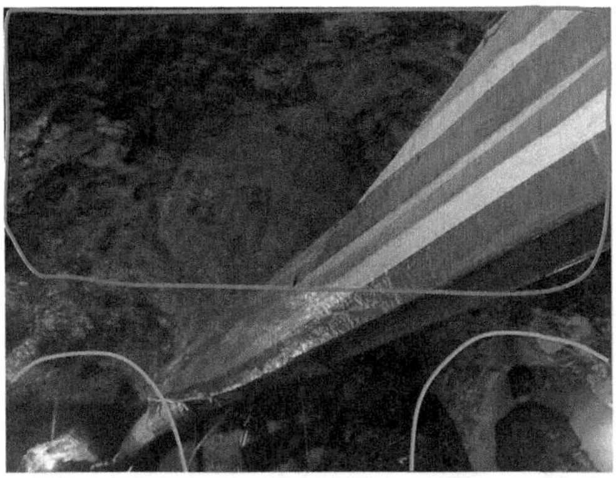

图 4-40　巷道全貌

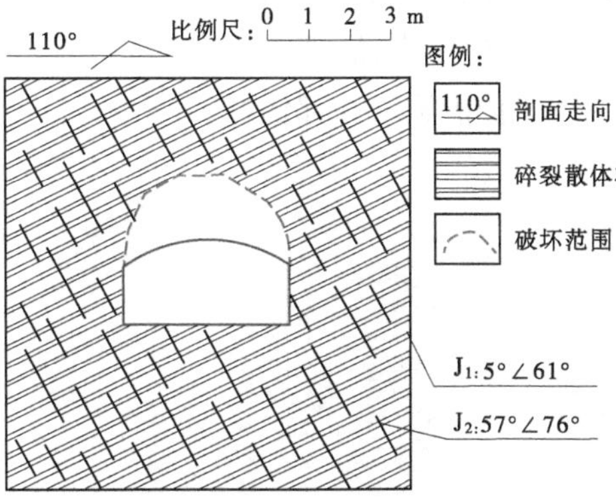

图 4-41　400 中段 F7 断层处巷道断面

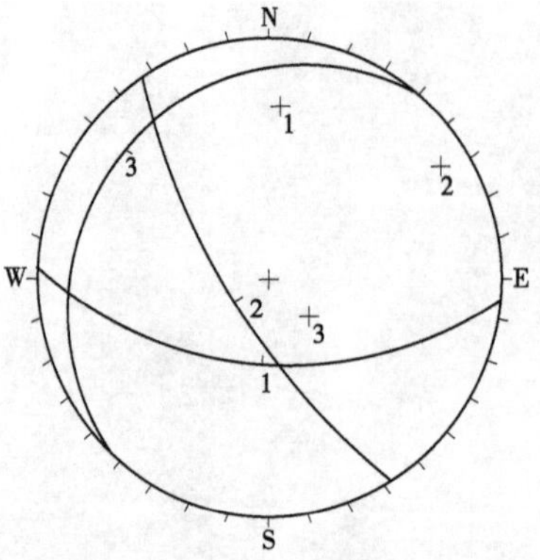

图 4-42 巷道结构赤平投影

图 4-43 塌落的拱顶

4.1.2.4 400 中段主巷道拱顶岩体层状滑移破坏点

该点位于400中段F1断层处。巷道宽2.1 m,高2.0 m,走向为13°,岩性为钾化混合花岗岩,弱~微风化,锤击清脆,有回弹,岩石较坚硬,巷道全貌见图4-44。F1断层以外巷道岩体较破碎,呈层状结构,尚未见矿;F1断层破碎带宽约1.5 m,岩体结构破碎,强风化,呈碎裂结构。塌落部位岩体在两条泥质夹层控制下发生滑移塌落,泥质夹层厚度为2~4 cm,间距约为1.8 m,见图4-45。巷道岩体主要受三组结构面控制,结构面产状为J_1:16°∠36°,J_2:90°∠88°,J_3:222°∠71°,巷道断面图见图4-46,其结构赤平投影见图4-47。结构面平直、光滑,J_1结构面间距:5~40 cm,J_2结构面间距:15~35 cm,J_3结构面间距:6~30 cm,切割块径为4~37 cm。于巷道右壁进行结构面精测描述,见图4-48及表4-4。该点破坏形式为巷道拱顶岩体受软弱夹层控制产生滑移塌落,塌落腔长约1.4 m,宽约1.7 m,高约37 cm。巷道壁干燥,底部无积水。

现有支护措施为局部锚杆。

图 4-44 巷道全貌

图 4-45 泥质夹层

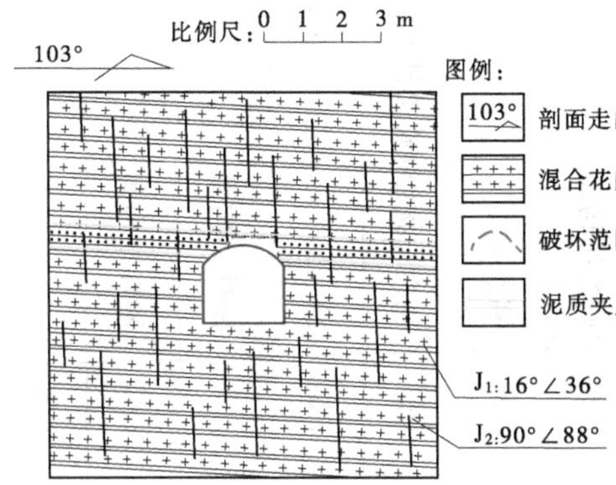

图 4-46　400 中段 F1 断层处巷道断面

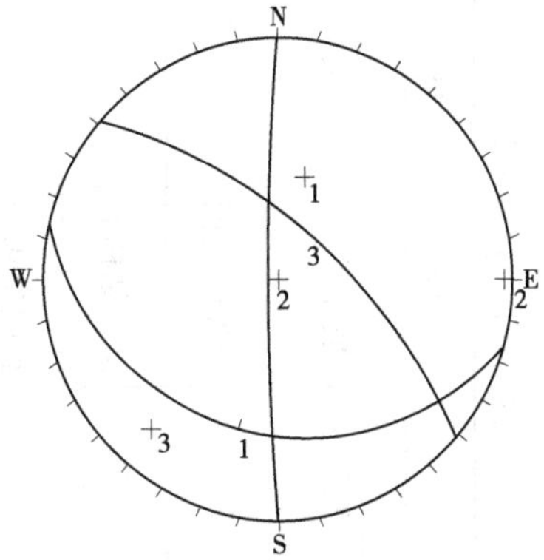

图 4-47　巷道结构赤平投影

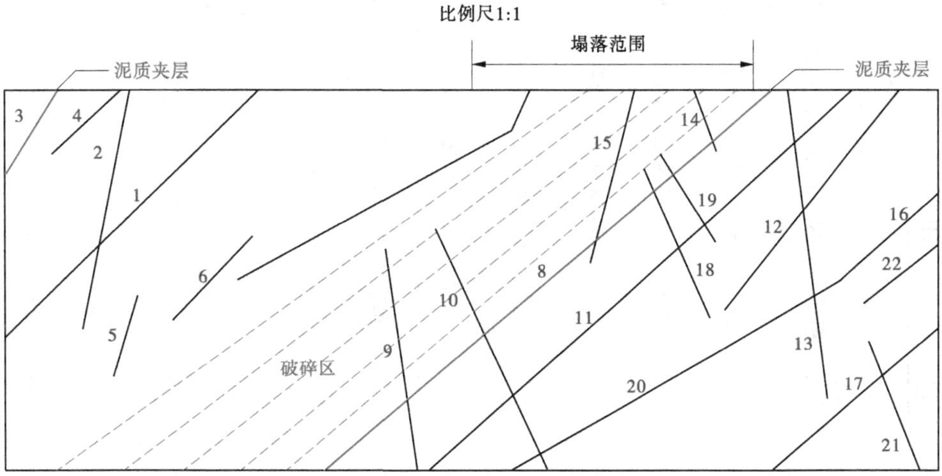

图 4-48　400 巷道围岩岩体结构精测网素描图

4.1.3　365 中段巷道围岩基本特征

通过现场勘察，该中段巷道以浅红色混合花岗岩为主，块状构造，部分地段夹杂大量黄铁矿化碎裂石英岩脉，无回弹值，偶夹泥质夹层。

该中段典型破坏点共计 3 个，其中结构面控制型 0 个，塌落拱型 3 个，各点具体情况如下。

4.1.3.1　365 中段主巷道拱顶岩体冒落破坏点

该点位于 365 中段主巷道掌子面，F7 断层附近。巷道宽 2 m，高 2.2 m，走向 75°，巷道全貌见图 4-49。巷道岩体被大量黄铁矿化碎裂石英岩脉填充，全～强风化，砂化强烈，强度低，轻触即掉落碎块，巷道岩体非常破碎，呈散体结构。主要受三组结构面控制，产状为 J_1：202°∠71°，J_2：195°∠30°，J_3：133°∠74°，同时随机节理十分发育，切割块径为 2～8 cm，巷道断面见图 4-50，其结构赤平投影见图 4-51。该点破坏形式为散体石英冒落形成塌落拱（见图 4-52），最大塌方高度为 2.3 m。巷道潮湿，地面无积水。

表 4-4　大湖金矿巷道围岩稳定性工程 400 巷道围岩岩体结构精测网记录表

测量部位：400 中段巷道掌子面（F1）右壁　　测网产状：13°　　测网长度、高度：5 m×2 m　　高程范围：EL. 400～402

0	1				2	3	4	5	6	7	8	9	10	11
序号	端点 1		端点 2		与测网关系	产状	起伏状况	粗糙度	风化程度	张开度	充填物	地下水	裂隙类型	说明
	X	Y	X	Y										
1	0	70	136	200	两端可见	36°∠36°	平直	光滑	弱～微风化	闭合	无充填	干燥	刚性结构面	
2	42	74	67	200	仅下端可见	47°∠77°	平直	光滑	弱～微风化	闭合	无充填	干燥	刚性结构面	
3	0	156	28	200	两端不可见	29°∠37°	平直	光滑	弱～微风化	微张	夹泥	干燥	软弱结构面	
4	25	166	63	200	仅下端可见	36°∠36°	平直	光滑	弱～微风化	闭合	无充填	干燥	刚性结构面	
5	58	49	71	92	两端可见	47°∠77°/ 29°∠37°	平直	光滑	弱～微风化	闭合	无充填	干燥	刚性结构面	
6	90	79	133	124	两端可见	36°∠36°	平直	光滑	弱～微风化	闭合	无充填	干燥	刚性结构面	
7	124	100	271	179	两端可见	36°∠36°	平直	光滑	弱～微风化	闭合	无充填	干燥	刚性结构面	破碎带上层
8	170	0	410	200	两端不可见	16°∠36°	平直	光滑	弱～微风化	微张	泥质夹层	干燥	软弱结构面	破碎带下层
9	204	117	221	0	仅上端可见	170°∠71°	平直	光滑	弱～微风化	闭合	无充填	干燥	刚性结构面	
10	231	127	296	0	仅上端可见	170°∠71°	平直	光滑	弱～微风化	闭合	无充填	干燥	刚性结构面	
11	227	0	454	200	两端不可见	16°∠36°	平直	光滑	弱～微风化	闭合	无充填	干燥	刚性结构面	

续表 4-4

测量部位：400 中段巷道掌子面（F1）右壁　　测网产状：13°　　测网长度、高度：5 m×2 m　　高程范围：EL. 400~402

0	1				2	3	4	5	6	7	8	9	10	11
序号	端点 1		端点 2		与测网关系	产状	起伏状况	粗糙度	风化程度	张开度	充填物	地下水	裂隙类型	说明
	X	*Y*	*X*	*Y*										
12	385	85	479	200	仅下端可见	16°∠36°	平直	光滑	弱~微风化	闭合	无充填	干燥	刚性结构面	
13	419	200	440	38	仅下端可见	170°∠71°	平直	光滑	弱~微风化	闭合	无充填	干燥	刚性结构面	
14	368	200	380	168	仅下端可见	170°∠71°	平直	光滑	弱~微风化	闭合	无充填	干燥	刚性结构面	
15	336	200	312	109	仅下端可见	36°∠36°	平直	光滑	弱~微风化	闭合	无充填	干燥	刚性结构面	
16	447	100	500	146	仅下端可见	16°∠36°	平直	光滑	弱~微风化	闭合	无充填	干燥	刚性结构面	
17	410	0	500	75	仅下端可见	16°∠36°	平直	光滑	弱~微风化	闭合	无充填	干燥	刚性结构面	
18	355	142	377	80	两端可见	170°∠71°	平直	光滑	弱~微风化	闭合	无充填	干燥	刚性结构面	
19	362	148	380	120	两端可见	170°∠71°	平直	光滑	弱~微风化	闭合	无充填	干燥	刚性结构面	
20	270	0	447	100	仅上端可见	170°∠71°	平直	光滑	弱~微风化	闭合	无充填	干燥	刚性结构面	
21	470	50	490	0	仅上端可见	170°∠71°	平直	光滑	弱~微风化	闭合	无充填	干燥	刚性结构面	
22	466	88	500	119	仅下端可见	16°∠36°	平直	光滑	弱~微风化	闭合	无充填	干燥	刚性结构面	

图 4-49　巷道全貌

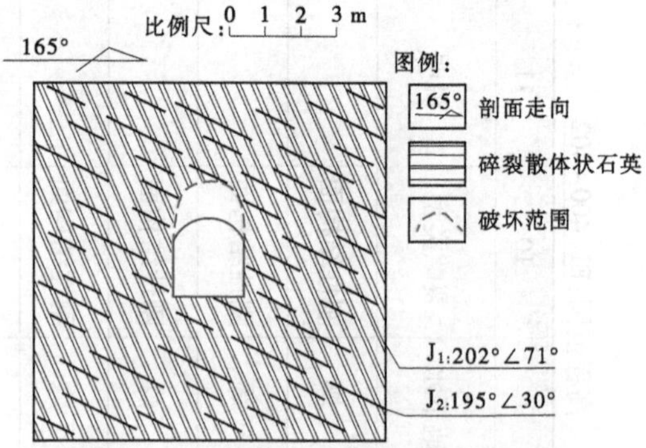

图 4-50　365 中段主巷道掌子面巷道断面

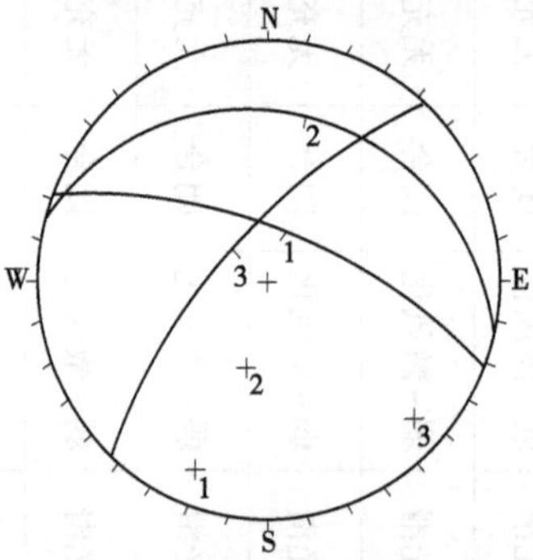

图 4-51　巷道结构赤平投影

图 4-52　碎裂散体状石英

4.1.3.2　365 中段拱顶岩体冒落破坏点

该点位于 365 中段 CD16 巷道，F7 断层附近。巷道宽 2 m，高 2.2 m，走向 5°，巷道全貌见图 4-53。巷道岩体被大量黄铁矿化石英岩脉填充，全～强风化，砂化强烈，强度低，轻触即掉落碎块。巷道岩体非常破碎，呈散体结构。主要受三组结构面控制，产状为 J_1：200°∠70°，J_2：196°∠32°；J_3：139°∠72°，同时随机节理十分发育，切割块径为 2～9 cm，巷道断面见图 4-54，其结构赤平投影见图 4-55。该点破坏形式为散体石英冒落形成塌落拱（见图 4-56），塌方高度约 1.5 m。巷道潮湿，地面无积水。此巷道塌落后已形成较稳定状态，如果不继续开挖扩大巷道宽度，基本不会再次发生坍塌。

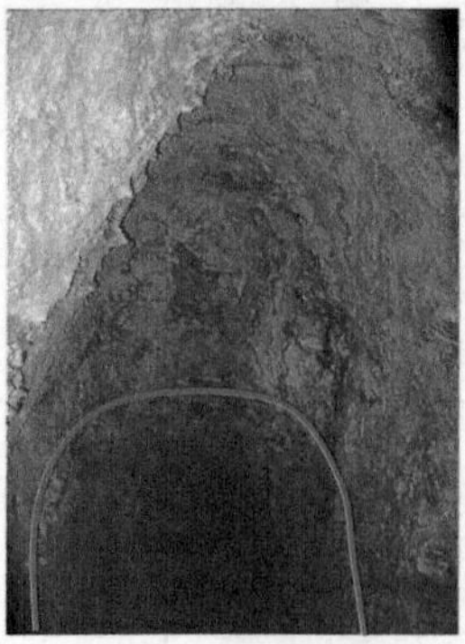

图 4-53　巷道全貌

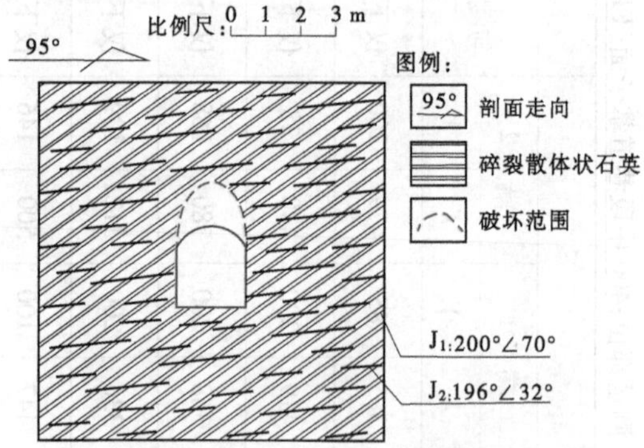

图 4-54　365 中段 CD16 巷道断面

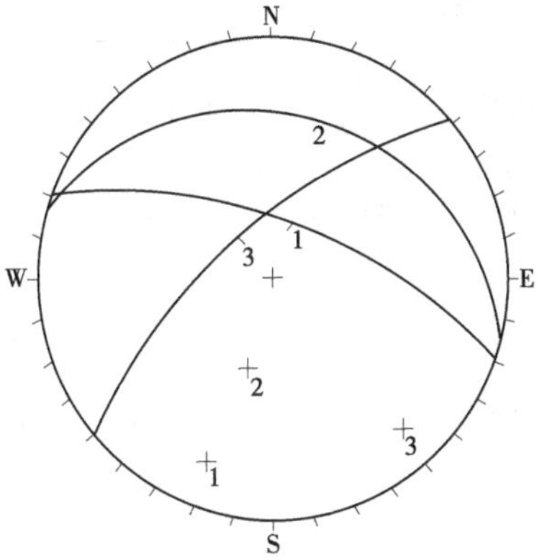

图 4-55　巷道结构赤平投影

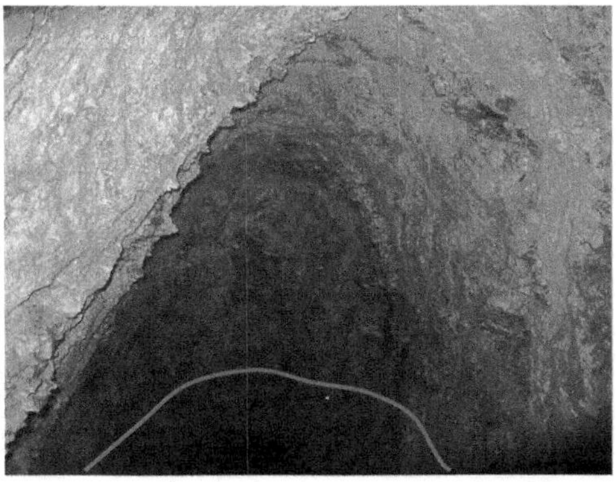

图 4-56　散体状石英冒落形成的塌落拱

4.1.3.3　365 中段主巷道采空区破坏点

该点位于 365 中段 CD16 后行 50 m 处，巷道宽 2.11 m，高 2.2 m，走向 78°，巷道全貌见图 4-57。岩性为混合花岗岩，强风化，夹杂碎裂状石英岩，强度较低。巷道岩体破碎，呈碎裂结构，主要受三组结构面控制，产状为 J_1：204°∠73°，J_2：193°∠33°，J_3：125°∠70°，同时随机节理十分发育，结构面间距为 40～60 cm，切割块径为 15～33 cm。在拱顶上方（上山）及左侧（下山）岩体被采空，形成采空洞（见图 4-58），该处破坏形式主要为碎块体塌落。巷道干燥，地面无积水。

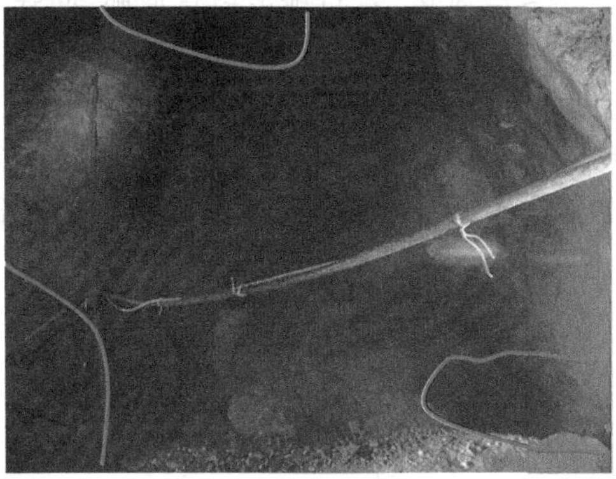

图 4-57　巷道全貌

图 4-58　巷道左侧采空巷道

4.1.4　330 中段巷道围岩基本特征

通过现场勘察，该中段巷道以浅红色混合花岗岩及深灰色混合片麻岩为主，其中混合花岗岩为块状构造，混合片麻岩为片麻状构造，部分地段夹杂大量黄铁矿化碎裂石英岩脉，偶夹泥质夹层。现场对 16、17、19～25 号典型破坏点进行了回弹试验测试，试验结果见表 4-5。

该中段典型破坏点共计 10 个，其中结构面控制型 7 个，塌落拱型 3 个，各点具体情况如下。

表 4-5　330 中段回弹试验结果

点号	位置	岩性	次数	回弹均值	修正值	单轴抗压强度/MPa
16	SM3	混合片麻岩	12	34.40	30.00	45.0
17	SM3 前行 50 m	混合片麻岩	13	37.38	40.53	68.9
19	落水洞前行约 80 m	混合片麻岩	13	41.92	41.33	71.1
20	CD2	混合片麻岩	10	29.20	30.20	45.2
21	CD8 掌子面	碎裂混合花岗岩	13	31.93	28.50	32.5
22	CD7 东沿掌子面	混合花岗岩	10	41.20	39.40	62.1
		碎裂混合花岗岩	11	32.82	29.57	37.8
23	CD7 西沿掌子面	混合花岗岩	12	37.00	41.35	71.5
24	SM9 掌子面后行 30 m	碎裂混合花岗岩	10	27.60	28.32	32.1
25	CD0 掌子面	混合花岗岩	11	37.27	40.33	68.2

4.1.4.1　330 中段主巷道拱顶岩体切割掉落破坏点 1

该点位于 330 中段 SM3 处，距 18 号竖井信号站约 150 m，巷道宽 2.8 m，高 2.5 m，巷道走向 355°。岩性为混合片麻岩，片麻状构造，弱～微风化，岩石锤击声音清脆，回弹力小，硬度较高。巷道岩体较完整，呈层状结构，主要受三组结构面控制，产状为 J_1:171°∠24°，J_2:316°∠60°，J_3:57°∠75°，巷道断面见图 4-59，其结构赤平投影见图 4-60。结构面平直、光滑，间距 28～37 cm，切割块径大小 32～60 cm。塌落范围长约 1.9 m，宽约 1.1 m，高 7～12 cm，顶部塌落见图 4-61，塌落的新鲜面见图 4-62。巷道顶有滴水现象，部分巷道壁线状流水明显，坑道有清澈积水。巷道壁布满尘土。

现有支护措施：局部锚杆支护。

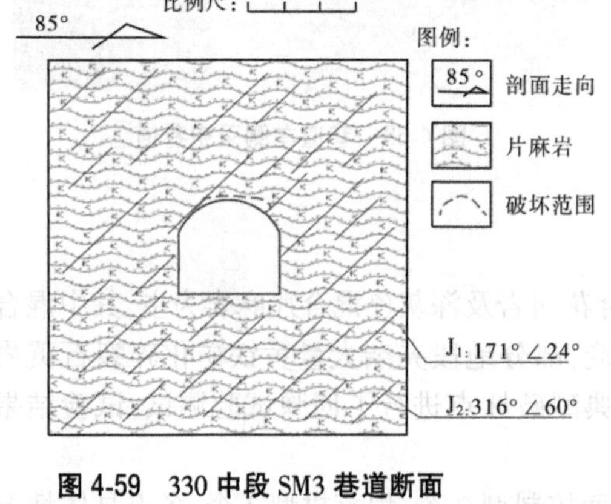

图 4-59　330 中段 SM3 巷道断面

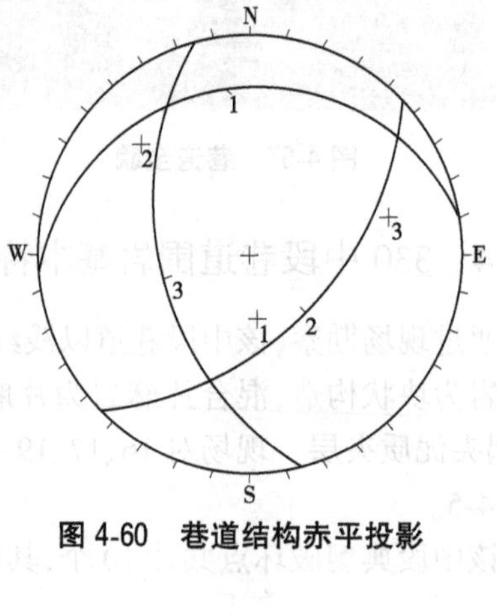

图 4-60　巷道结构赤平投影

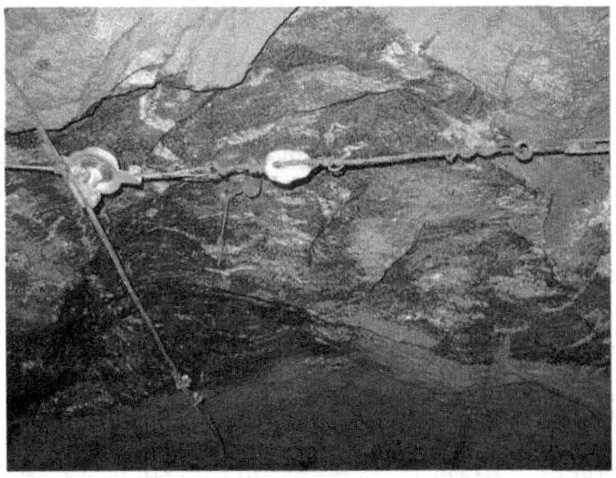

图 4-61　巷道顶部塌落

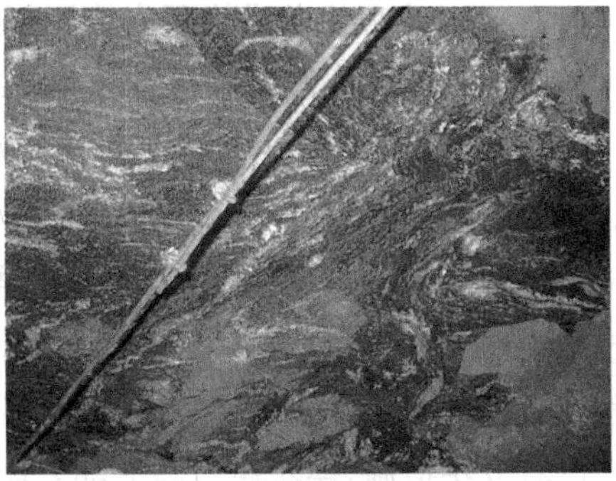

图 4-62　顶部塌落的新鲜面

4.1.4.2　330 中段主巷道拱顶岩体切割掉落破坏点 2

该点位于 330 中段 SM3 前方 50 m 处，距竖井口约 210 m，巷道宽 2.7 m，高 2.3 m，走向 356°。岩性为混合片麻岩，片麻状构造，弱～微风化。巷道岩体较破碎，呈层状结构，主要受三组结构面切割形成方形块体，产状为 J_1：164°∠23°，J_2：53°∠71°，J_3：313°∠61°，巷道断面见图 4-63，其结构赤平投影见图 4-64。结构面平直、光滑，间距为 15～40 cm，切割块径为 30～70 cm。部分节理间有石英填充，部分岩体开裂，裂缝约为 4 cm。该点破坏形式为左侧拱肩岩体受结构面切割形成滑移塌落（见图 4-65），塌落腔长约 1.8 m，宽约 1.4 m，高 30～40 cm，巷道右肩部有线状流水，右壁下侧有涌水点，底面有清澈积水。

现有支护措施：巷道拱顶与拱壁部分岩石已采用锚杆支护。锚杆角度与巷道走向夹角约 30°。左侧拱肩锚杆见图 4-66。

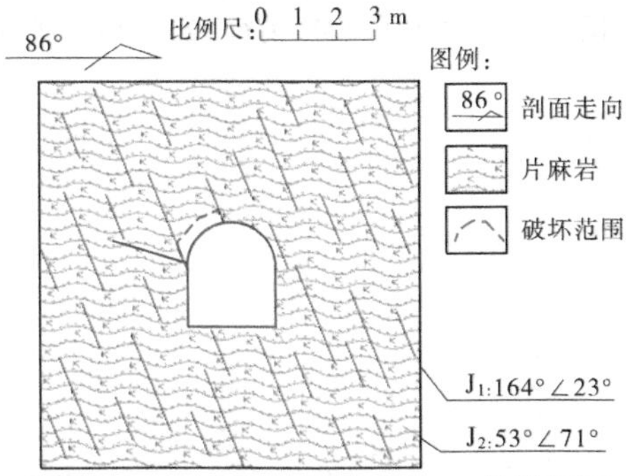

图 4-63　330 中段 SM3 前方 50 m 巷道断面

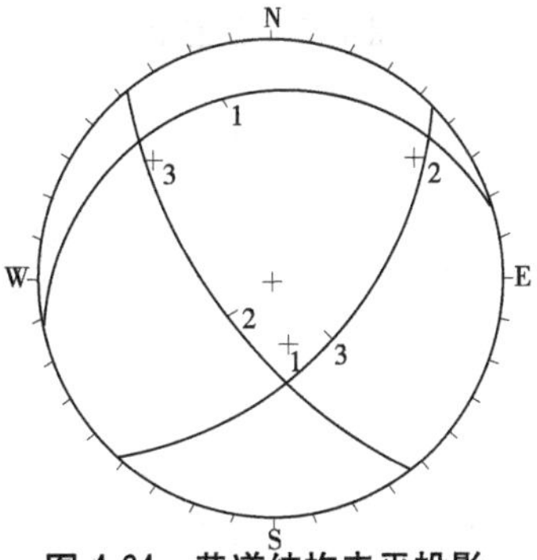

图 4-64　巷道结构赤平投影

图 4-65　左侧拱肩受结构面切割

图 4-66　左侧拱肩锚杆

4.1.4.3 330 中段主巷道拱顶岩体切割掉落破坏点 3

该点位于 330 中段距竖井井口约 320 m 处,巷道宽 2.8 m,巷道高 2.5 m,巷道走向 4°,巷道全貌见图 4-67。岩性为混合片麻岩,片麻状构造,弱~微风化,锤击岩石声音清脆,有回弹。巷道岩体较破碎,呈层状结构,主要受三组结构面控制,产状为 J_1:171°∠24°,J_2:55°∠73°,J_3:320°∠58°,结构面平直、光滑,巷道断面见图 4-68,其结构赤平投影见图 4-69。拱顶结构面近水平,厚约 27 cm。该点破坏形式为拱顶岩体受结构面切割形成滑移塌落。巷道壁潮湿,左拱肩涌水,部分锈染。巷道底部有清澈积水。

已有支护措施:层状块石与上部岩体有两根锚杆,左拱肩有一根锚杆,拱顶有一根锚杆(见图 4-70)。锚杆与水平夹角约 55°。

图 4-67 巷道全貌

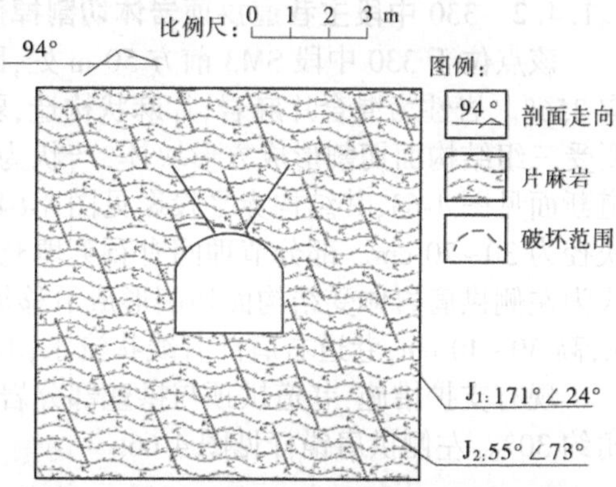

图 4-68 330 中段 SM3 前行 320 m 巷道断面

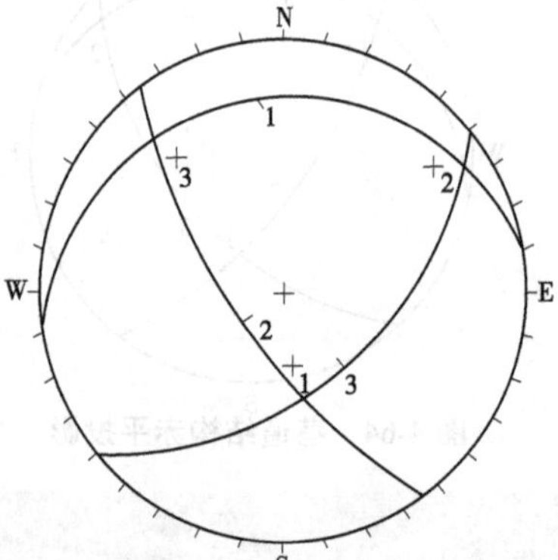

图 4-69 巷道结构赤平投影

图 4-70 巷道顶部锚杆支护

4.1.4.4 330 中段主巷道拱顶岩体切割掉落破坏点 4

该点位于 330 中段距落水洞(至 260 中段)约 80 m 处,巷道高 2.5 m,宽 2.6 m,巷道走向 358°,巷道全貌见图 4-71。岩性以片麻岩为主,片麻状构造,弱~微风化,局部夹有石英岩脉,岩石锤击清脆,坚硬。巷道岩体较破碎,呈层状结构,主要受三组结构面控制,产状为 J_1:156°∠31°,J_2:333°∠45°,J_3:76°∠84°,巷道断面见图 4-72,其结构赤平投影见图 4-73。结构面平直、光滑,间距 12~70 cm,块径 9~80 cm。于巷道右壁进行结构面精测描述，见图 4-74 及表 4-6。该点破坏形式为拱顶岩体受结构面切割滑落，塌落高度约 30 cm，长约 150 cm，宽约 60 cm。巷道内锈染处较多，流水、突水明显，底部有积水。

已有支护措施为锚杆支护（见图 4-75），但锚杆沿层面打入并不合理，支护效果较差，应垂直于层面打入。

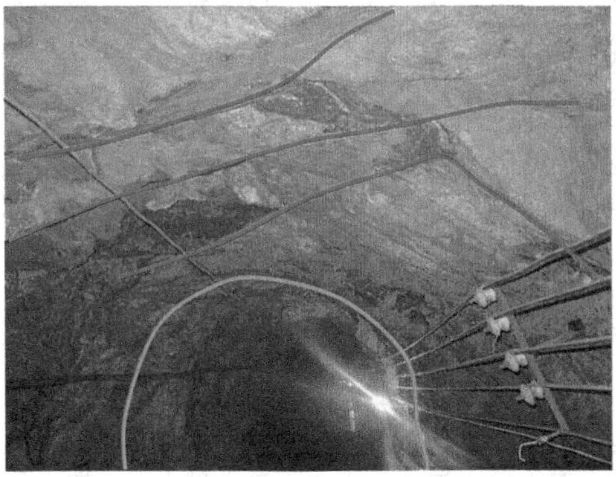

图 4-71　巷道全貌

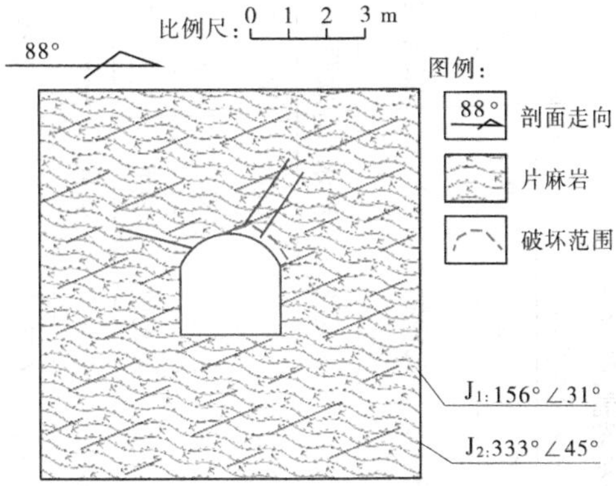

图 4-72　330 中段距落水洞约 80 m 巷道断面

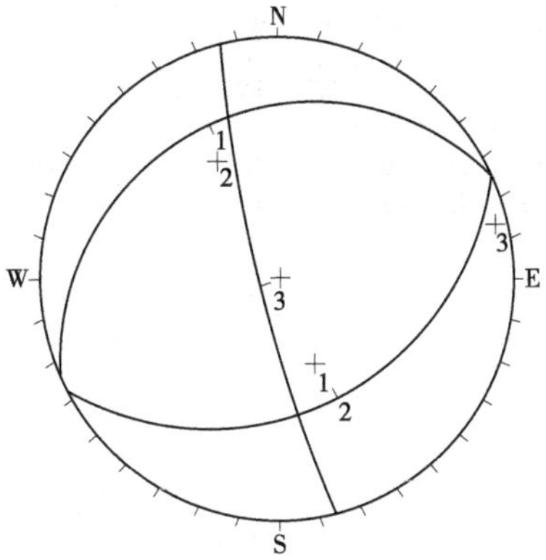

图 4-73　巷道结构赤平投影

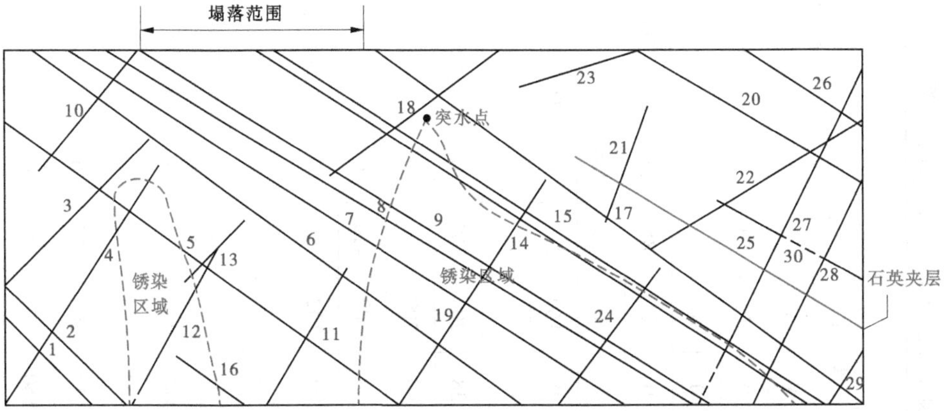

图 4-74　330 巷道右壁距落水洞 80 m 围岩岩体结构精测网素描图

表 4-6　大湖金矿巷道围岩稳定性工程 330 巷道围岩岩体结构精测网记录表

测量部位:330 中段巷道距落水洞 80 m 右壁　　测网产状:358°　　测网长度、高度:5 m×2 m　　高程范围:EL. 330~332

0	1				2	3	4	5	6	7	8	9	10	11
序号	端点 1		端点 2		与测网关系	产状	起伏状况	粗糙度	风化程度	张开度	充填物	地下水	裂隙类型	说明
	X	*Y*	*X*	*Y*										
1	0	50	50	0	两端不可见	156°∠31°	平直	光滑	弱~微风化	微张	石英脉	渗水	软弱结构面	
2	0	67	70	0	两端不可见	156°∠31°	平直	光滑	弱~微风化	微张	石英脉	湿润	软弱结构面	
3	0	67	85	150	仅上端可见	330°∠45°	平直	光滑	弱~微风化	闭合	无充填	湿润	刚性结构面	
4	0	0	90	135	仅上端可见	330°∠45°	平直	光滑	弱~微风化	闭合	无充填	湿润	刚性结构面	
5	0	160	230	0	两端不可见	156°∠31°	平直	光滑	弱~微风化	闭合	无充填	滴水	刚性结构面	
6	17	200	300	0	两端不可见	156°∠31°	平直	光滑	弱~微风化	微张	石英脉	渗水	软弱结构面	
7	38	200	360	0	两端不可见	156°∠31°	平直	光滑	弱~微风化	微张	石英脉	滴水	软弱结构面	
8	60	200	400	0	两端不可见	156°∠31°	平直	光滑	弱~微风化	闭合	无充填	滴水	刚性结构面	
9	80	200	410	0	两端不可见	156°∠31°	平直	光滑	弱~微风化	微张	石英脉	滴水	软弱结构面	
10	20	132	78	200	两端可见	330°∠45°	平直	光滑	弱~微风化	闭合	无充填	干燥	刚性结构面	
11	153	0	200	77	仅上端可见	330°∠45°	平直	光滑	弱~微风化	闭合	无充填	湿润	刚性结构面	
12	80	10	126	90	仅上端可见	330°∠45°	平直	光滑	弱~微风化	闭合	无充填	湿润	刚性结构面	
13	105	69	141	4	两端可见	330°∠45°	平直	光滑	弱~微风化	闭合	无充填	湿润	刚性结构面	
14	148	200	467	0	两端不可见	156°∠31°	平直	光滑	弱~微风化	微张	石英脉	滴水	软弱结构面	
15	158	200	477	0	两端不可见	156°∠31°	平直	光滑	弱~微风化	微张	石英脉	滴水	软弱结构面	
16	160	27	140	0	仅上端可见	156°∠31°	平直	光滑	弱~微风化	闭合	无充填	湿润	刚性结构面	
17	217	200	500	0	两端不可见	156°∠31°	平直	光滑	弱~微风化	微张	石英脉	流水	软弱结构面	

续表 4-6

测量部位：330 中段巷道距落水洞 80 m 右壁　　测网产状：358°　　测网长度、高度：5 m×2 m　　高程范围：EL. 330～332

0	1				2	3	4	5	6	7	8	9	10	11
序号	端点 1		端点 2		与测网关系	产状	起伏状况	粗糙度	风化程度	张开度	充填物	地下水	裂隙类型	说明
	X	Y	X	Y										
18	190	129	288	200	仅下端可见	330°∠45°	平直	光滑	弱～微风化	闭合	无充填	流水	刚性结构面	
19	230	0	315	127	仅上端可见	330°∠45°	平直	光滑	弱～微风化	闭合	无充填	滴水	刚性结构面	
20	368	200	500	125	两端不可见	156°∠31°	平直	光滑	弱～微风化	微张	石英脉	湿润	软弱结构面	
21	350	103	375	169	两端可见	330°∠45°	平直	光滑	弱～微风化	闭合	无充填	湿润	刚性结构面	
22	375	87	500	160	仅下端可见	330°∠45°	平直	光滑	弱～微风化	微张	夹泥	湿润	软弱结构面	
23	300	180	370	200	仅下端可见	330°∠45°	平直	光滑	弱～微风化	闭合	无充填	湿润	刚性结构面	
24	322	0	382	77	仅上端可见	330°∠45°	平直	光滑	弱～微风化	闭合	无充填	湿润	刚性结构面	
25	333	140	500	42	仅上端可见	156°∠31°	平直	光滑	弱～微风化	微张	石英脉	湿润	软弱结构面	
26	431	200	500	157	两端不可见	156°∠31°	平直	光滑	弱～微风化	微张	泥膜	湿润	软弱结构面	
27	416	24	500	190	仅下端可见	25°∠59°	平直	光滑	弱～微风化	闭合	无充填	湿润	刚性结构面	
28	454	36	500	127	仅下端可见	27°∠55°	平直	光滑	弱～微风化	闭合	无充填	湿润	刚性结构面	
29	480	0	500	30	两端不可见	25°∠59°	平直	光滑	弱～微风化	闭合	无充填	湿润	刚性结构面	
30	415	115	500	70	仅上端可见	156°∠31°	平直	光滑	弱～微风化	微张	泥膜	湿润	软弱结构面	

图 4-75　巷道顶部锚固措施

4.1.4.5　330 中段主巷道左侧拱肩岩体滑移塌落破坏点

该点位于 330 中段 CD1 配电箱处。巷道宽 2.6 m，高 2.5 m，巷道走向 72°，巷道全貌见图 4-76。岩性为混合片麻岩，片麻状构造，弱～微风化。巷道岩体较完整，呈层状结构，主要受三组结构面控制，产状为 J_1：135°∠25°，J_2：311°∠50°，J_3：10°∠72°，结构面平直、光滑，间距 40～60 cm，巷道断面见图 4-77，其结构赤平投影见图 4-78。左侧拱肩岩体间夹杂碎裂散体状石英岩脉，厚约 50 cm，见图 4-79。石英脉上部岩体相对完整，下部岩体节理较发育。左侧拱肩填充的石英岩脉大部分已经发生滑落，滑落区域长约 8 m，高约 80 cm，且有再次滑落的可能。岩壁较干燥，巷道内有清澈的积水。

已有支护措施为随机锚杆，其中下部岩体 4 根锚杆，上部岩体 3 根锚杆。

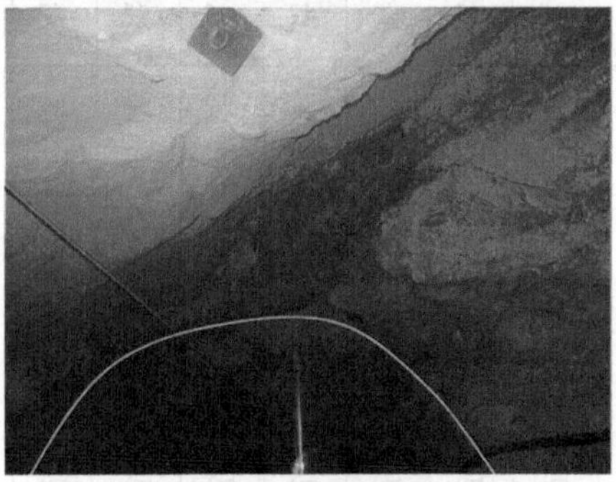

图 4-76　巷道全貌

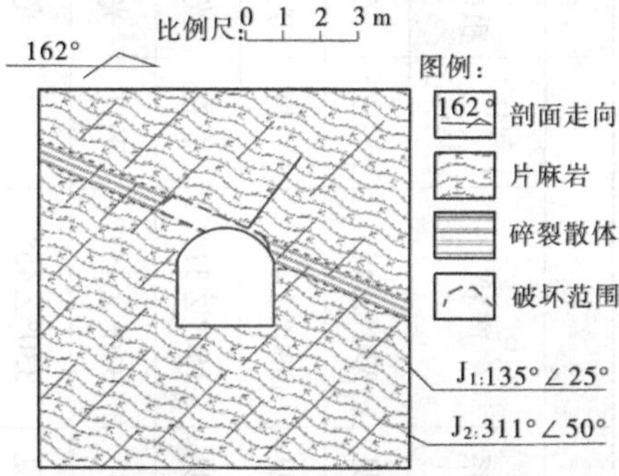

图 4-77　330 中段 CD1 配电箱处巷道断面

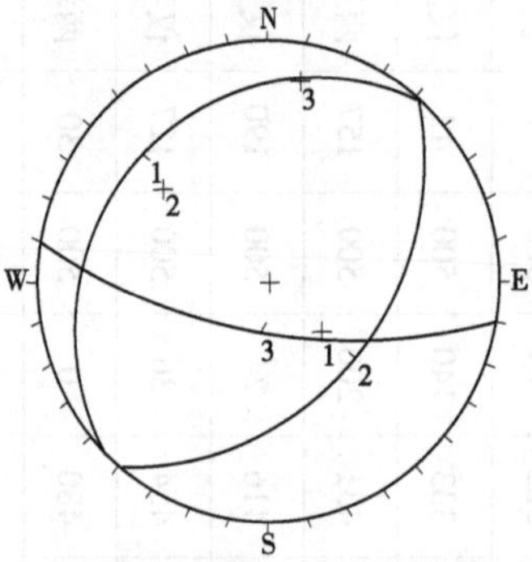

图 4-78　巷道结构赤平投影

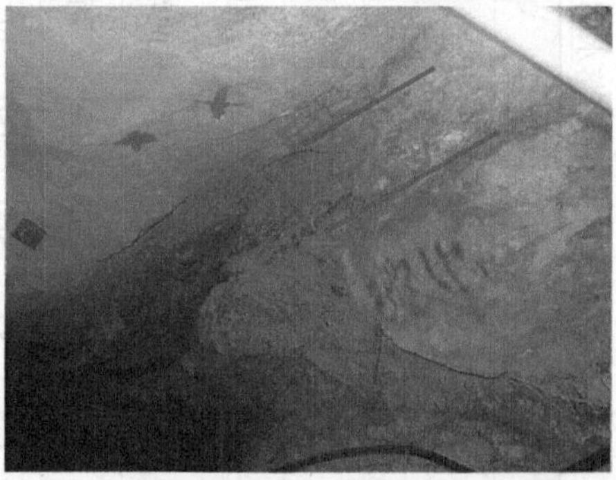

图 4-79　左侧拱肩岩体的碎裂散体状石英岩脉

4.1.4.6　330 中段拱顶岩体冒落破坏点(CD8 巷道)

该点位于 330 中段 CD8 巷道。巷道宽 2.5 m,高 2.2 m,巷道走向 50°,巷道全貌见图 4-80。岩性为混合花岗岩,块状构造,强风化。巷道岩体随机节理十分发育,切割岩体破碎,呈碎裂结构,主要受三组结构面控制,产状为 J_1: 354° ∠48°, J_2: 67° ∠56°, J_3:263°∠ 31°,巷道断面见图 4-81,其结构赤平投影见图 4-82。结构面平直、光滑。J_1 结构面间距为 8~17 cm,J_2 结构面间距为 6~14 cm,局部夹有泥质夹层,厚度 7~10 cm,岩体优势节理倾向与巷道轴向平行,优势节理与巷道轴线夹角约 45°。于巷道左壁进行结构面精测描述,见图 4-83 及表 4-7。该点破坏形式以拱顶碎裂岩体冒落为主,冒落高 0.2~0.4 m。壁面渗水,底部少量积水。

图 4-80　巷道全貌

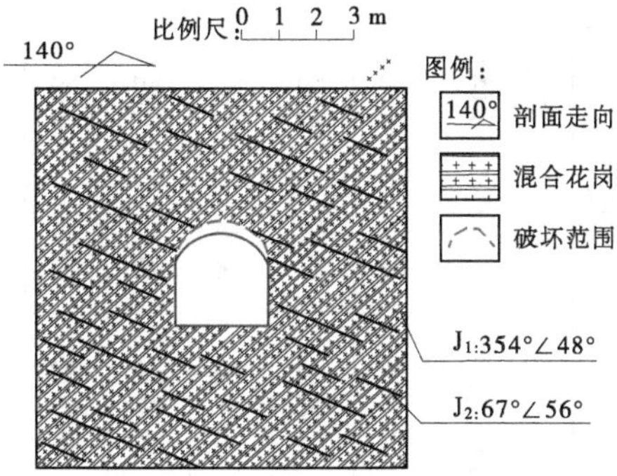

图 4-81　330 中段 CD8 巷道断面

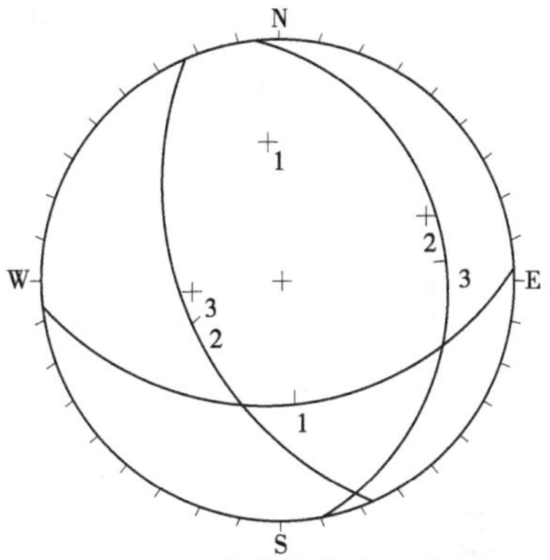

图 4-82　巷道结构赤平投影

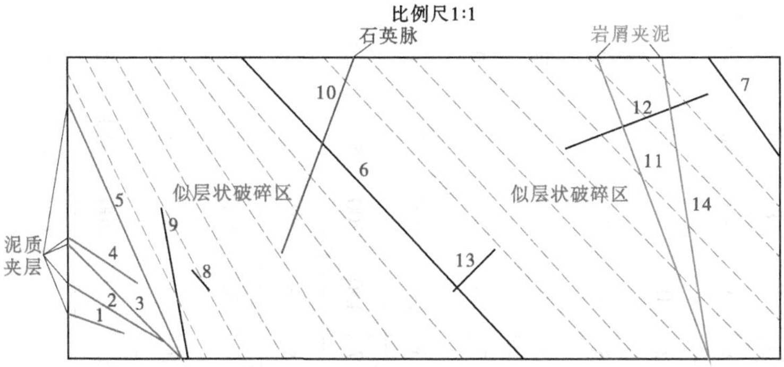

图 4-83　330 中段 CD8 巷道围岩岩体结构精测网素描图

表 4-7　大湖金矿巷道围岩稳定性工程 330 巷道围岩岩体结构精测网记录表

测量部位：330 中段距 CD8 掌子面约 15 m 左壁　　测网产状：26°　　测网长度、高度：5 m×2 m　　高程范围：EL. 330~332

0	1				2	3	4	5	6	7	8	9	10	11
序号	端点 1		端点 2		与测网关系	产状	起伏状况	粗糙度	风化程度	张开度	充填物	地下水	裂隙类型	说明
	X	Y	X	Y										
1	0	30	40	17	仅下端可见	354°∠48°	平直	光滑	强风化	微张	夹泥	湿润	软弱结构面	
2	0	50	70	10	仅下端可见	354°∠48°	平直	光滑	强风化	微张	夹泥	湿润	软弱结构面	
3	0	76	80	0	两端不可见	354°∠48°	平直	光滑	强风化	微张	夹泥	湿润	软弱结构面	
4	0	80	50	50	仅下端可见	354°∠48°	平直	光滑	强风化	微张	夹泥	湿润	软弱结构面	
5	170	0	80	0	两端不可见	23°∠70°	平直	光滑	强风化	微张	夹泥	湿润	软弱结构面	
6	123	200	319	0	两端不可见	354°∠48°	平直	光滑	强风化	微张	无充填	湿润	刚性结构面	
7	450	200	500	135	两端不可见	14°∠65°	平直	光滑	强风化	微张	泥膜	湿润	软弱结构面	
8	88	59	100	45	两端可见	355°∠80°	平直	光滑	强风化	微张	无充填	湿润	刚性结构面	
9	66	100	85	0	仅上端可见	355°∠80°	平直	光滑	强风化	微张	无充填	湿润	刚性结构面	
10	150	70	200	200	仅下端可见	270°∠13°	平直	光滑	强风化	微张	石英脉	湿润	软弱结构面	
11	372	200	450	0	两端不可见	14°∠65°	平直	光滑	强风化	微张	岩屑夹泥	湿润	软弱结构面	10~14 cm 厚
12	350	140	450	176	仅下端可见	235°∠38°	平直	光滑	强风化	微张	无充填	湿润	刚性结构面	
13	270	46	300	73	两端可见	167°∠32°	平直	光滑	强风化	微张	无充填	湿润	刚性结构面	
14	417	200	450	0	两端不可见	4°∠76°	平直	光滑	强风化	微张	岩屑夹泥	湿润	软弱结构面	

已有支护措施：工字钢（型号 I14）门式框架，框架间距 2.5 m，宽 2.3 m，高 2.5 m，部分壁面分布锚杆，但个别锚杆已经有滑落迹象，部分侧壁采用圆木拦侧壁碎石。巷道整体支护见图 4-84。

4.1.4.7　330 中段右侧拱肩岩体滑移塌落破坏点

该点位于 330 中段 CD7 东沿脉掌子面附近，F5 断层带内。巷道宽 2.4 m，高 2.5 m，巷道走向 47°，巷道全貌见图 4-85。岩性为混合花岗岩且填充少量石英。巷道左侧岩体较破碎，弱～微风化，呈层状结构，结构面平直、光滑，左壁岩体结构可见图 4-86 及表 4-8。拱顶及右侧岩体破碎，随机节理发育，强风化，呈碎裂结构。岩体主要受三组结构面控制，结构面产状为 J_1：328°∠43°，J_2：75°∠69°，J_3：64°∠35°，J_1 结构面间距 10～16 cm，J_2 结构面间距 13～26 cm，J_3 结构面间距约为 15 cm，节理比较发育，爆破裂隙较多，切割块径为 3～18 cm，巷道断面见图 4-87，其结构赤平投影见图 4-88。岩体优势节理走向与巷道轴线平行。该点破坏形式以拱顶及右壁岩体顺结构面滑落为主，左壁面相对较稳定，右壁塌落区见图 4-89。掌子面后方有长 1 m，宽 40 cm，厚约 22 cm 的危岩，危岩暂无支护，较危险，有掉落可能。洞壁较干燥，洞顶潮湿。

现有支护措施为随机锚杆及门形工字钢框架，拱顶有 10 根锚杆，测网后方有 I14 钢门框架。

图 4-84　巷道整体支护

图 4-85　巷道全貌

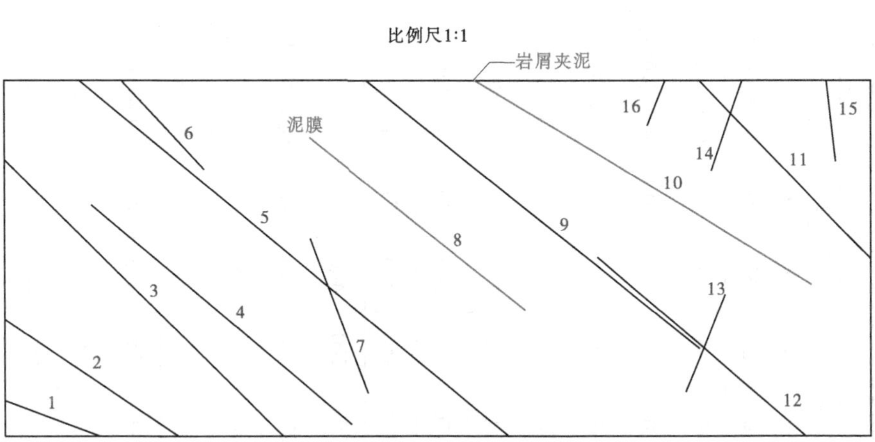

图 4-86　330 中段 CD7 东沿脉围岩岩体结构精测网素描图

表 4-8　大湖金矿巷道围岩稳定性工程 330 巷道围岩岩体结构精测网记录表

测量部位：330 中段 CD7 东沿距掌子面约 10 m 左壁　　测网产状：47°　　测网长度、高度：5 m×2 m　　高程范围：EL. 330~332

0	1				2	3	4	5	6	7	8	9	10	11
序号	端点 1		端点 2		与测网关系	产状	起伏状况	粗糙度	风化程度	张开度	充填物	地下水	裂隙类型	说明
	X	Y	X	Y										
1	0	20	55	0	两端不可见	357°∠45°	平直	光滑	弱~微风化	闭合	无充填	干燥	刚性结构面	
2	0	66	100	0	仅上端可见	357°∠45°	平直	光滑	弱~微风化	闭合	无充填	干燥	刚性结构面	
3	0	156	160	0	两端不可见	357°∠45°	平直	光滑	弱~微风化	闭合	无充填	干燥	刚性结构面	
4	50	130	200	7	两端可见	64°∠35°	平直	光滑	弱~微风化	闭合	无充填	干燥	刚性结构面	
5	43	200	290	0	两端不可见	64°∠35°	平直	光滑	弱~微风化	闭合	无充填	干燥	刚性结构面	
6	68	200	115	150	仅下端可见	64°∠35°	平直	光滑	弱~微风化	闭合	无充填	干燥	刚性结构面	
7	176	111	209	24	两端可见	1°∠78°	平直	光滑	弱~微风化	闭合	无充填	干燥	刚性结构面	
8	175	168	300	71	两端可见	357°∠45°	平直	光滑	弱~微风化	微张	泥膜	干燥	软弱结构面	
9	209	200	400	50	仅下端可见	357°∠45°	平直	光滑	弱~微风化	闭合	无充填	干燥	刚性结构面	
10	270	200	465	85	仅下端可见	357°∠45°	平直	光滑	弱~微风化	微张	岩屑夹泥	干燥	软弱结构面	
11	400	200	500	100	两端不可见	357°∠45°	平直	光滑	弱~微风化	闭合	无充填	干燥	刚性结构面	
12	341	100	462	0	仅上端可见	357°∠45°	平直	光滑	弱~微风化	闭合	无充填	干燥	刚性结构面	
13	392	25	415	80	两端可见	75°∠69°	平直	光滑	弱~微风化	闭合	无充填	干燥	刚性结构面	
14	425	200	407	150	仅下端可见	255°∠73°	平直	光滑	弱~微风化	闭合	无充填	干燥	刚性结构面	
15	475	200	480	155	仅下端可见	75°∠69°	平直	光滑	弱~微风化	闭合	无充填	干燥	刚性结构面	
16	370	175	380	200	仅下端可见	200°∠74°	平直	光滑	弱~微风化	闭合	无充填	干燥	刚性结构面	

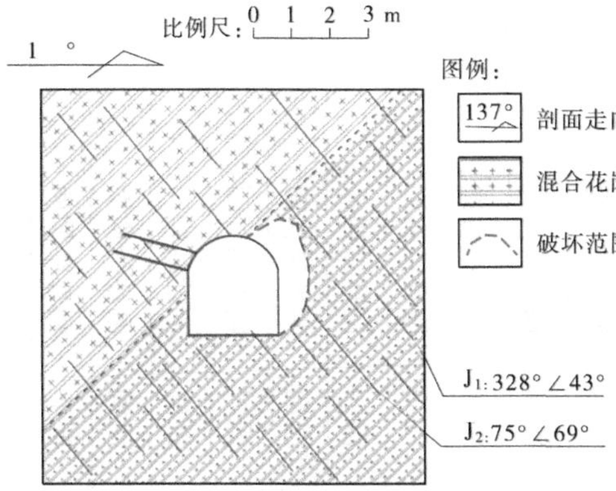

图 4-87　330 中段 CD7 东沿巷道断面

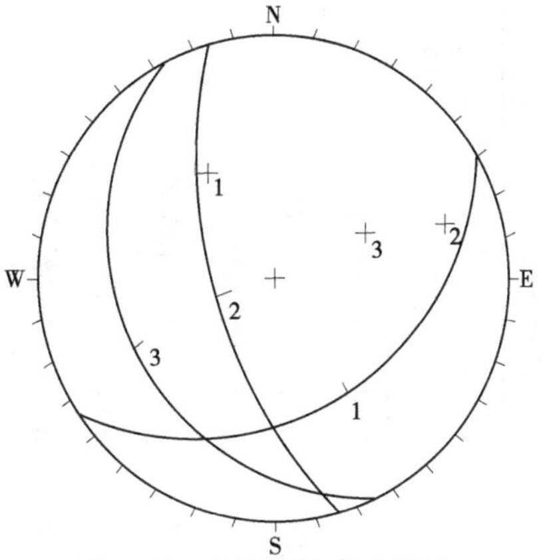

图 4-88　巷道结构赤平投影

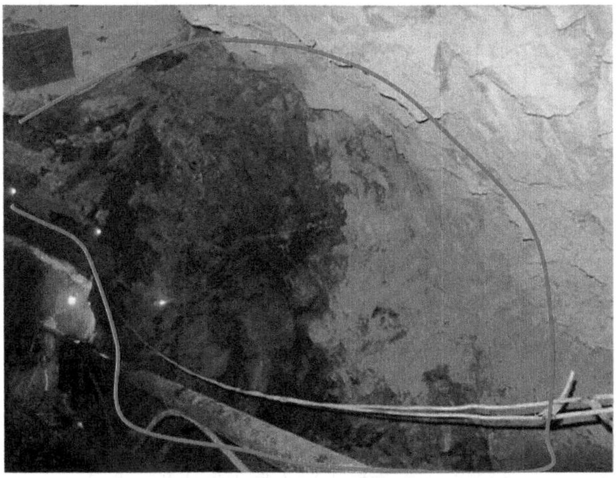

图 4-89　巷道右壁塌落区

4.1.4.8　330 中段左侧拱肩岩体滑移塌落破坏点

该点位于 330 中段 CD7 西沿脉掌子面附近，F5 断层带内，于巷道左壁进行结构面精测描述，见表 4-9。巷道宽 2.7 m，高 2.7 m，巷道走向 263°，巷道全貌见图 4-90。岩性为灰黑色至灰白色混合花岗岩，块状构造。巷道左侧岩体较破碎，弱～微风化，呈层状结构，左壁岩体结构可见图 4-91。拱顶及右侧岩体结构破碎，强风化，随机节理发育，呈碎裂结构。岩体主要受三组结构面控制，产状为 J_1：344°∠31°，J_2：104°∠71°，J_3：21°∠51°，结构面平直、光滑，巷道断面见图 4-92，其结构赤平投影见图 4-93。J_1 结构面间距 14～34 cm，J_2 结构面间距 23～76 cm，J_3 结构面间距 27～84 cm，切割块径 25～70 cm。局部夹杂泥质夹层，厚度为 12～23 cm，构造带的走向与巷道走向近平行，交角约 60°。该点破坏形式为左侧拱肩至拱顶岩体沿断层面顺层滑落掉块，塌落高度约 0.2 m。洞顶有滴水现象，巷道两壁潮湿。

现有支护措施为随机锚杆，锚杆水平间距大概 1 m，部分锚杆顺层打入，不甚合理。巷道左拱肩塌落与支护见图 4-94。

表 4-9 大湖金矿巷道围岩稳定性工程 330 巷道围岩岩体结构精测网记录表

测量部位:330 中段 CD7 西沿距掌子面 5 m 左壁　　测网产状:263°　　测网长度、高度:5 m×2 m　　高程范围:EL. 330~332

0	1				2	3	4	5	6	7	8	9	10	11
序号	端点 1		端点 2		与测网关系	产状	起伏状况	粗糙度	风化程度	张开度	充填物	地下水	裂隙类型	说明
	X	Y	X	Y										
1	0	103	121	73	仅下端可见	344°∠31°	平直	光滑	弱~微风化	闭合	无充填	湿润	刚性结构面	
2	20	136	35	72	两端可见	305°∠79°	平直	光滑	弱~微风化	闭合	无充填	湿润	刚性结构面	
3	70	160	60	92	两端可见	104°∠71°	平直	光滑	弱~微风化	闭合	无充填	湿润	刚性结构面	
4	56	100	180	50	两端可见	344°∠31°	平直	光滑	弱~微风化	闭合	无充填	渗水	刚性结构面	
5	85	100	140	75	两端可见	344°∠31°	平直	光滑	弱~微风化	闭合	无充填	渗水	刚性结构面	
6	50	140	104	125	两端可见	344°∠31°	平直	光滑	弱~微风化	闭合	无充填	湿润	刚性结构面	
7	150	200	9	75	仅下端可见	104°∠71°	平直	光滑	弱~微风化	闭合	无充填	湿润	刚性结构面	
8	195	165	178	80	两端可见	104°∠71°	平直	光滑	弱~微风化	闭合	无充填	湿润	刚性结构面	
9	209	172	197	50	两端可见	104°∠71°	平直	光滑	弱~微风化	闭合	无充填	湿润	刚性结构面	
10	140	110	330	0	仅上端可见	344°∠31°	平直	光滑	弱~微风化	闭合	无充填	湿润	刚性结构面	
11	217	85	200	0	仅上端可见	104°∠71°	平直	光滑	弱~微风化	闭合	无充填	湿润	刚性结构面	
12	315	200	280	83	仅下端可见	104°∠71°	平直	光滑	弱~微风化	闭合	无充填	湿润	刚性结构面	
13	210	130	412	20	两端可见	344°∠31°	平直	光滑	弱~微风化	闭合	无充填	湿润	刚性结构面	
14	300	0	324	82	仅上端可见	104°∠71°	平直	光滑	弱~微风化	闭合	无充填	湿润	刚性结构面	
15	415	200	400	72	仅下端可见	104°∠71°	平直	光滑	弱~微风化	闭合	无充填	湿润	刚性结构面	
16	350	200	500	137	两端可见	344°∠31°	平直	光滑	弱~微风化	闭合	无充填	湿润	刚性结构面	
17	400	100	500	60	仅上端可见	344°∠31°	平直	光滑	弱~微风化	闭合	无充填	湿润	刚性结构面	
18	30	20	117	152	两端可见	21°∠51°	平直	光滑	弱~微风化	闭合	无充填	湿润	刚性结构面	

图 4-90　巷道全貌

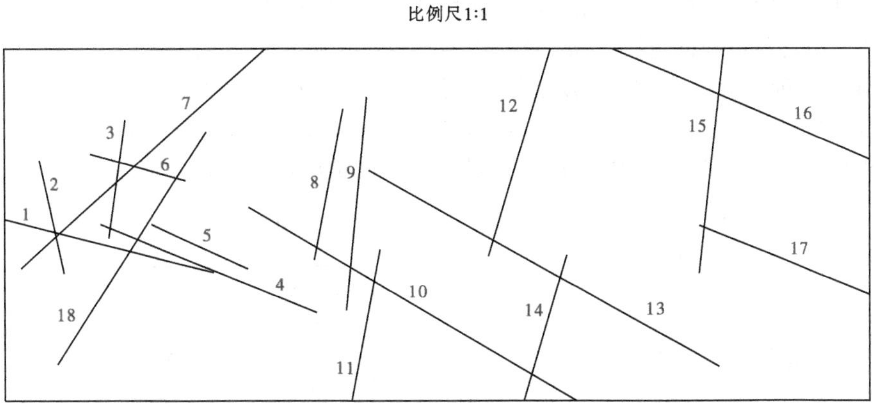

图 4-91　330 中段 CD7 西沿脉围岩岩体结构精测网素描图

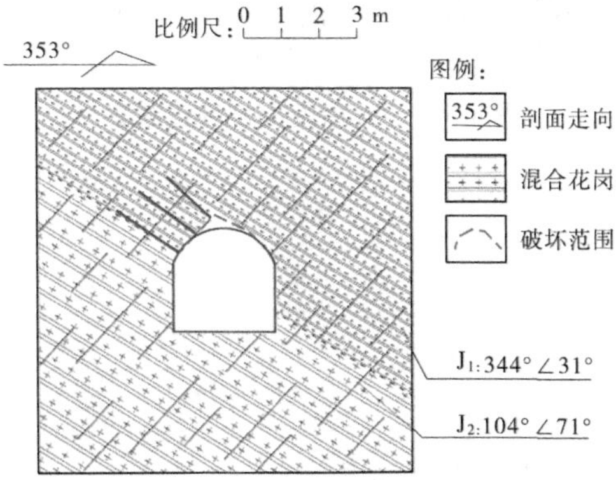

图 4-92　330 中段 CD7 西沿巷道断面

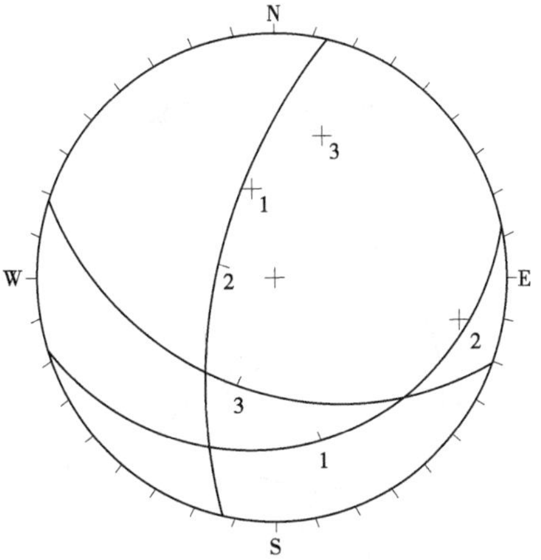

图 4-93　巷道结构赤平投影

图 4-94　巷道左拱肩塌落与支护

4.1.4.9　330 中段拱顶岩体冒落破坏点(SM9 巷道)

该点位于 330 中段 SM9 巷道,穿过 F7 断层带。巷道宽 2.6 m,高 2.4 m,巷道走向 10°,巷道全貌见图 4-95。岩性为钾化混合花岗岩,弱~微风化。巷道岩体结构较破碎,总体呈层状结构,主要受三组结构面控制,产状为 J_1: 338° ∠61°, J_2: 94° ∠59°, J_3:218°∠74°,巷道断面见图 4-96,其结构赤平投影见图 4-97。F7 断层带宽 60~90 cm,强风化,随机节理十分发育,呈碎裂结构,该点破坏形式为拱顶碎裂岩体冒落形成塌落拱(见图 4-98),塌落高度为 80~90 cm,塌落区长 80 cm、宽 2.1 m、高 1.1 m,塌落底部堆积物长约 2.8 m、宽 2.2 m、高 0.4 m。巷道壁干燥,巷道底部有浑浊积水。

图 4-95　巷道全貌

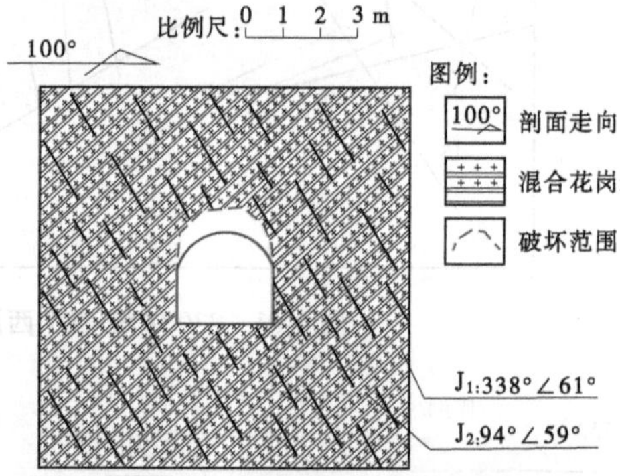

图 4-96　330 中段 SM9 巷道断面

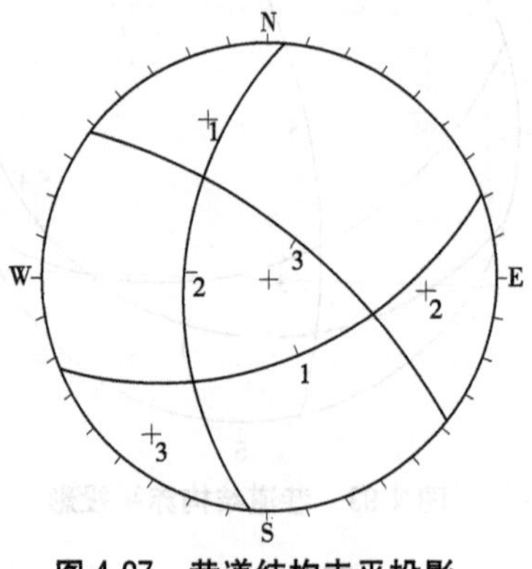

图 4-97　巷道结构赤平投影

图 4-98　巷道顶部构造带

4.1.4.10　330 中段右侧拱肩岩体塌落破坏点

该点位于 330 中段 CD0 巷道。巷道宽 2.3 m,高 2.4 m,巷道走向为 55°,巷道全貌见图 4-99。该点左壁处于 F5 断层(见图 4-100)的上盘,为混合花岗岩,块状构造,弱~微风化,锤击清脆,强度高,有回弹,岩体较破碎,呈层状结构,主要受三组结构面控制,产状为 J_1:335° ∠63°, J_2: 87° ∠52°, J_3: 224° ∠68°,巷道断面见图 4-101,其结构赤平投影见图 4-102。拱顶及右壁处于断层构造带内,岩性为黄铁矿化钼矿化碎裂石英岩脉,全~强风化,锤击沉闷,无回弹,岩体结构非常破碎,呈散体结构,随机节理发育较多。该点破坏形式为右侧碎裂石英冒落形成塌落拱,塌落高度约 1.3 m,有进一步失稳的危险。巷道壁潮湿,底部无积水。

现有支护措施为随机锚杆。

图 4-99　巷道全貌

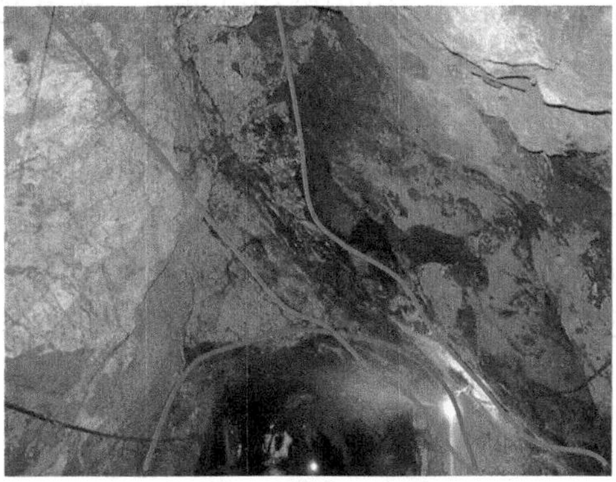

图 4-100　F5 断层构造带

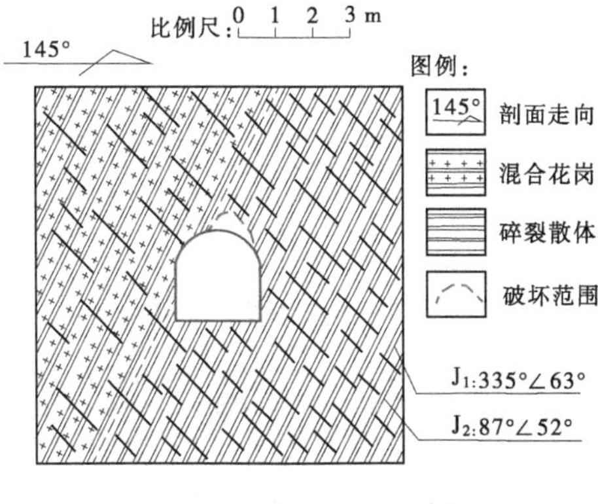

图 4-101　330 中段 CD0 巷道断面

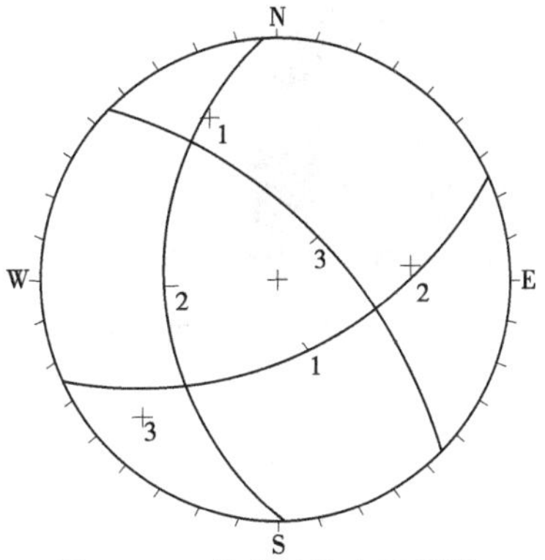

图 4-102　巷道结构赤平投影

4.1.5　260 中段巷道围岩基本特征

通过现场勘察,该中段巷道以浅红色混合花岗岩及深灰色混合片麻岩为主,其中混合花岗岩为块状构造,混合片麻岩为片麻状构造,偶夹黄铁矿化碎裂石英岩脉。现场对 26~30 号典型破坏点进行了回弹试验测试,试验结果见表 4-10。

表 4-10　260 中段回弹试验结果

点号	位置	岩性	次数	回弹均值	修正值	单轴抗压强度/MPa
26	SM2	混合片麻岩	12	32.75	37.75	68.1
27	落水洞后行约 22 m	混合片麻岩	12	42.90	40.57	69.8
28	落水洞后行约 20 m	混合片麻岩	14	40.88	37.00	65.2
29	YK 向右前行约 60 m	混合花岗岩	12	39.75	37.08	65.5
30	掌子面	混合片麻岩	14	40.81	40.94	70.0

该中段典型破坏点共计 5 个，其中结构面控制型 5 个，塌落拱型 0 个，各点具体情况如下。

4.1.5.1　260 中段主巷道中段拱顶岩体切割掉落破坏点

该点位于 260 中段 SM2 巷道。巷道宽 2.7 m，高 2.5 m，巷道走向 12°，巷道全貌见图 4-103。岩性为片麻岩，片麻状构造，弱~微风化，锤击清脆，回弹力大。巷道岩体较破碎，呈层状结构。主要受三组结构面控制，产状为 J_1: 126°∠12°，J_2: 51°∠76°，J_3:312°∠69°，巷道断面见图 4-104，其结构赤平投影见图 4-105。结构面平直、光滑，J_1 结构面间距 10~28 cm，J_2 结构面间距 17~40 cm，J_3 结构面间距 20~30 cm。该点破坏形式为拱顶岩体受结构面切割塌落掉块，塌落长约 2.4 m，宽约 1.1 m，厚约 0.8 m。巷道顶部及边墙壁干燥。巷道右侧拱肩岩体塌落见图 4-106。

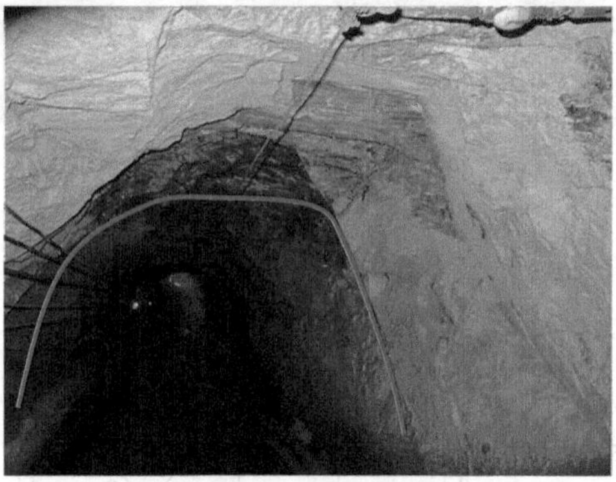

图 4-103　巷道全貌

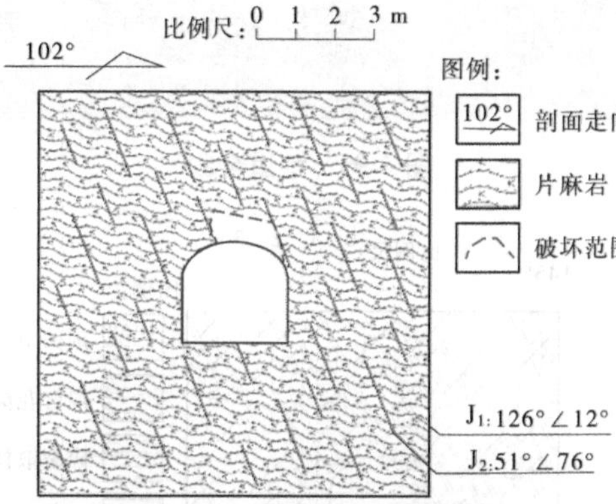

图 4-104　260 中段 SM2 巷道断面

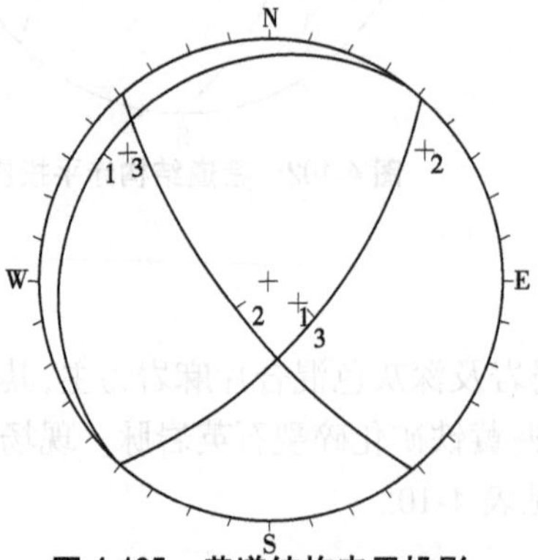

图 4-105　巷道结构赤平投影

图 4-106　巷道右侧拱肩岩体塌落

现有支护措施：拱顶有随机锚杆支护，锚杆间距约 2.0 m。

治理建议：清除部分浮石，增设锚杆。

4.1.5.2　260 中段主巷道左侧拱肩岩体塌落破坏点

该点位于 260 中段距涌水洞（至 330 中段）约 22 m 。巷道宽约 3.9 m，高 2.6 m。巷道走向 5°，巷道全貌见图 4-107。岩性为片麻岩，片麻状构造，弱～微风化，锤击声比较沉闷。巷道岩体较破碎，呈层状结构，主要受三组结构面控制，产状为 J_1：80°∠24°，J_2：223°∠87°，J_3：4°∠80°，巷道断面见图 4-108，其结构赤平投影见图 4-109。结构面平直、光滑，间距 12～40 cm。拱顶充填黄铁矿化石英岩脉，呈散体状，厚度为 20～70 cm，石英岩脉大部分已坍塌掉落。该点破坏形式为碎裂散体状石英岩脉塌落，坍塌区域长约 1.4 m，宽约 1.7 m，厚约 1.2 m。巷道顶部及边墙壁干燥。

现有支护措施：拱顶有随机锚杆支护，分散布置，有 1 根锚杆位于塌落区，锚头失效。巷道拱顶石英脉及锚杆见图 4-110。

治理建议：清除部分石英岩脉浮石，增设锚杆。

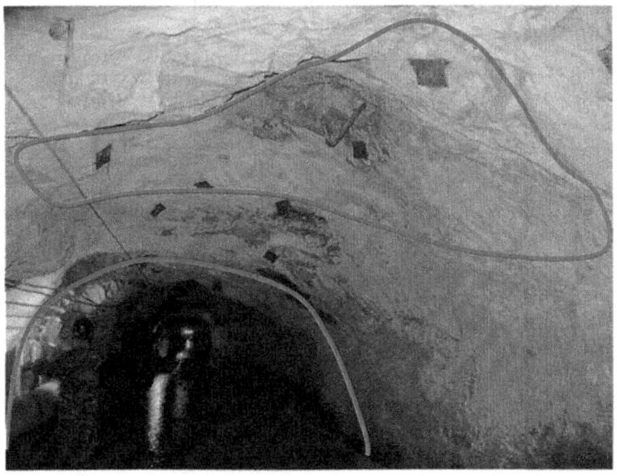

图 4-107　巷道全貌

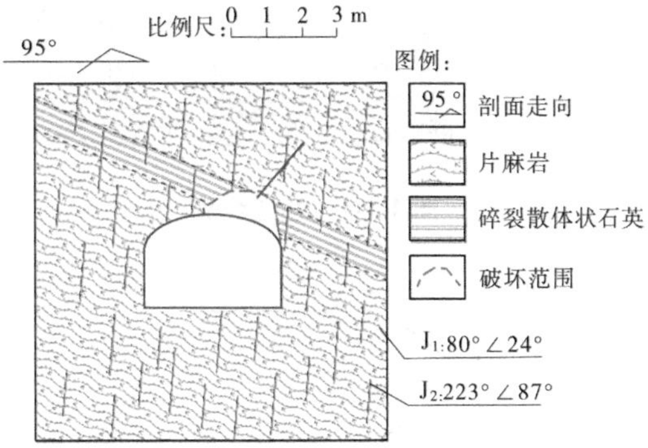

图 4-108　260 中段落水洞后行 22 m 处巷道断面

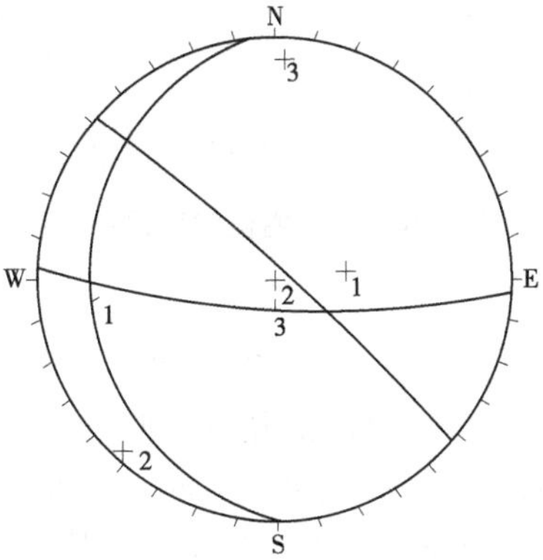

图 4-109　巷道结构赤平投影

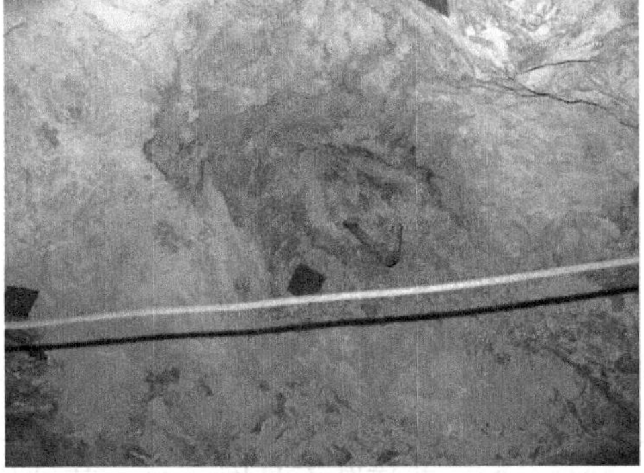

图 4-110　巷道拱顶石英脉及锚杆

4.1.5.3　260 中段主巷道拱顶岩体切割掉落破坏点 1

该点位于 260 中段距落水洞（至 330 中段）约 18 m 。巷道宽约 3.9 m，高 2.6 m。巷道走向为 5°，巷道全貌见图 4-111。岩性为片麻岩，片麻状构造，弱～微风化，节理较发育，锤击声比较沉闷。巷道岩体较完整，呈层状结构，主要受三组结构面控制，产状为 J_1：82°∠26°，J_2：215°∠85°，J_3：7°∠77°，巷道断面见图 4-112，其结构赤平投影见图 4-113。结构面平直、光滑，间距 15～60 cm。该点破坏形式为拱顶岩体受结构面切割塌落掉块，塌落区域高 0.4 m。巷道顶部及边墙壁干燥。

现有支护措施：拱顶有非常多的锚杆支护，分散布置，有 1 根锚杆位于塌落区，锚头失效。巷道右侧拱顶锚杆支护见图 4-114。

治理建议：清除部分石英岩脉浮石，增设锚杆。

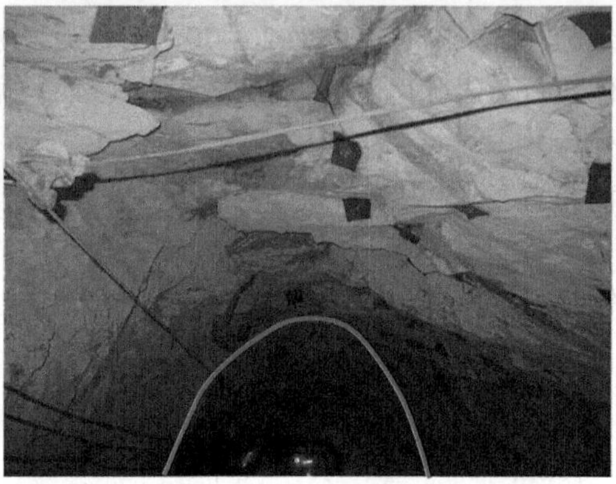

图 4-111　巷道全貌

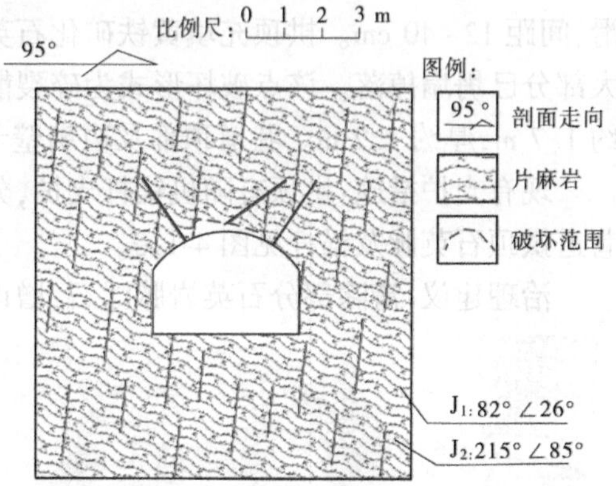

图 4-112　260 中段距落水洞约 18 m 巷道断面

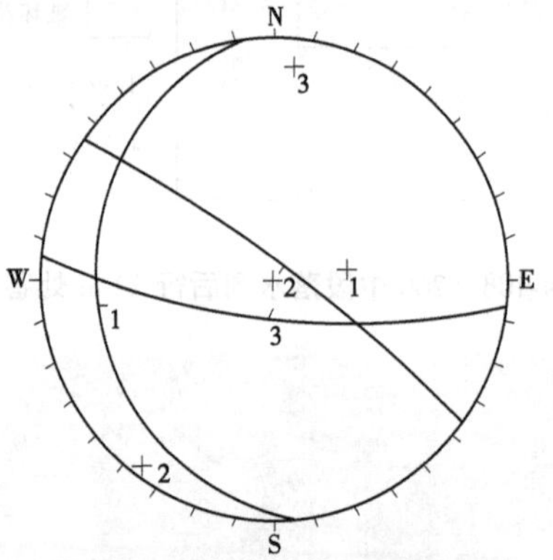

图 4-113　巷道结构赤平投影

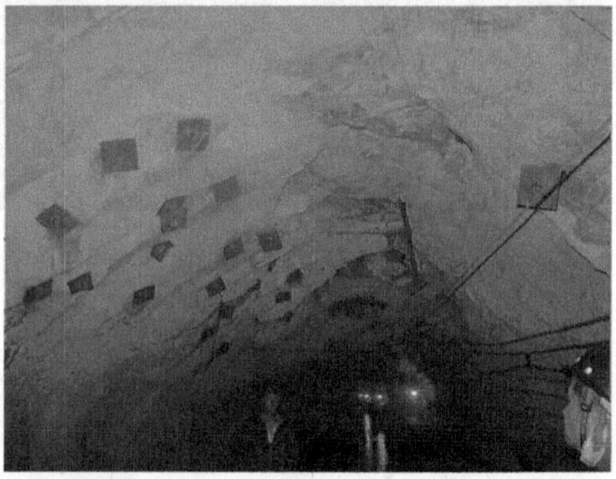

图 4-114　巷道右侧拱顶锚杆支护

4.1.5.4　260 中段主巷道拱顶岩体切割掉落破坏点 2

该点位于 260 中段 YK 向右前行约 60 m。巷道宽 2.5 m，高 2.7 m，巷道走向 84°，巷道全貌见图 4-115。岩性主要为混合花岗岩，弱～微风化，锤击清脆，回弹大，强度较高。巷道岩体较破碎，呈层状结构，主要发育三组结构面，产状为 J_1：351°∠84°，J_2：59°∠26°，J_3：286°∠83°，巷道断面见图 4-116，其结构赤平投影见图 4-117。结构面平直、光滑。J_1 结构面间距 18～33 cm，J_2 结构面间距 28～49 cm，J_3 结构面间距约 49 cm。洞顶岩体被多条走向与巷道轴线平行的节理切割，洞顶岩体呈条状分布。巷道拱顶近垂直的结构面见图 4-118。于巷道左壁进行结构面精测描述，见图 4-119 及表 4-11。该点破坏形式为巷道顶部岩体受结构面切割塌落掉块，坍塌区域长约 8 m，宽 0.2～0.4 m，厚 0.6～1.0 m。部分区域仍有危岩体存在，影响通道安全。巷道左右壁面岩体干燥～湿润，边墙角有水锈染，拱顶有线状滴水。

现有支护措施：设置锚杆支护，部分锚杆设置不规范，有的锚杆锚头已经损坏，有一段比较破碎围岩段用了钢架和枕木支撑，钢架间距 1.1～1.5 m，钢架净宽 2.2 m，净高 2.1 m，钢架采用了工字钢，工字钢高 14 cm，翼板宽 8 cm。

治理建议：清除部分浮石，增设锚杆。

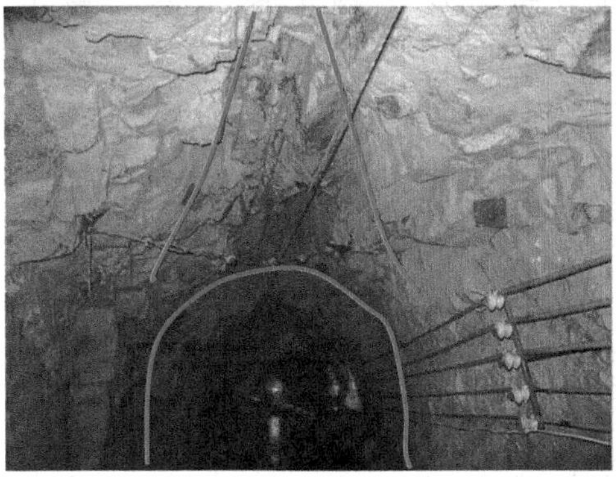

图 4-115　巷道全貌

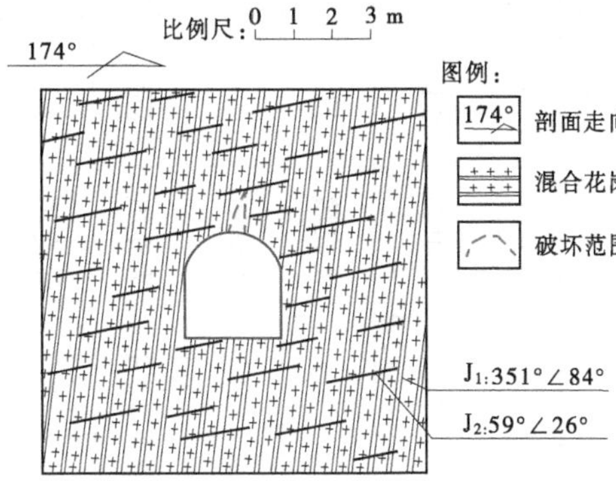

图 4-116　260 中段 YK 向右前行 60 m 处巷道断面

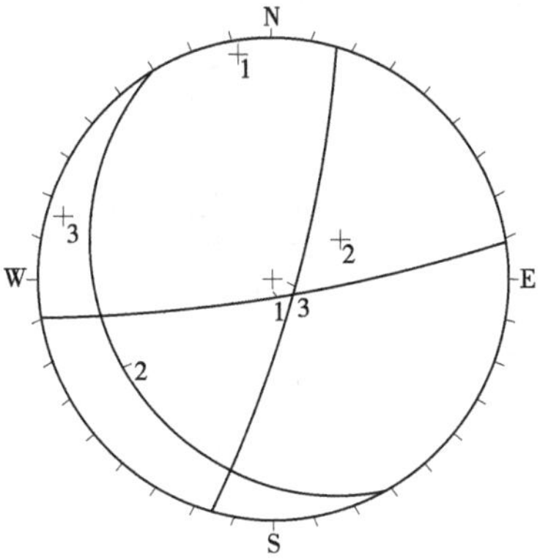

图 4-117　巷道结构赤平投影

图 4-118　巷道拱顶近垂直的结构面

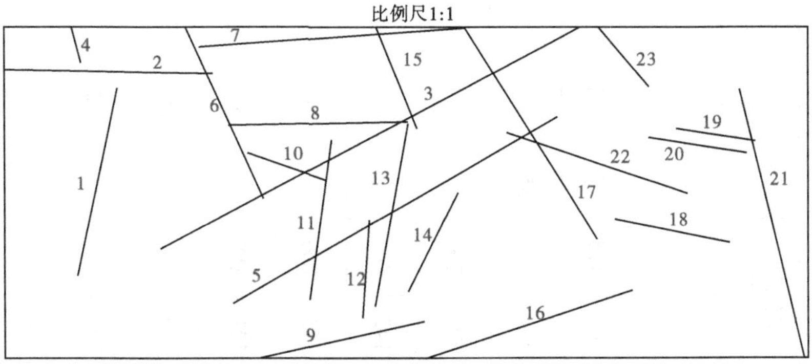

图 4-119　260 巷道围岩岩体结构精测网素描图

表 4-11　大湖金矿巷道围岩稳定性工程 260 巷道围岩岩体结构精测网记录表

测量部位:260 中段 YK 向右前行约 60 m 左壁　　测网产状:90°　　测网长度、高度:5 m×2 m　　高程范围:EL. 260~262

0	1				2	3	4	5	6	7	8	9	10	11
序号	端点 1		端点 2		与测网关系	产状	起伏状况	粗糙度	风化程度	张开度	充填物	地下水	裂隙类型	说明
	X	Y	X	Y										
1	45	50	70	163	两端可见	286°∠83°	平直	光滑	弱~微风化	闭合	无充填	湿润	刚性结构面	
2	0	175	129	172	仅下端可见	59°∠26°	平直	光滑	弱~微风化	闭合	无充填	湿润	刚性结构面	
3	97	66	357	200	仅下端可见	255°∠30°	平直	光滑	弱~微风化	闭合	无充填	湿润	刚性结构面	
4	41	200	47	179	仅下端可见	286°∠83°	平直	光滑	弱~微风化	闭合	无充填	湿润	刚性结构面	
5	142	33	343	146	两端可见	345°∠48°	平直	光滑	弱~微风化	闭合	无充填	湿润	刚性结构面	
6	113	200	161	96	仅下端可见	171°∠80°	平直	光滑	弱~微风化	闭合	无充填	湿润	刚性结构面	
7	121	188	293	200	仅下端可见	255°∠30°	平直	光滑	弱~微风化	闭合	无充填	湿润	刚性结构面	
8	139	141	250	143	两端可见	59°∠26°	平直	光滑	弱~微风化	闭合	无充填	湿润	刚性结构面	
9	157	0	260	22	仅上端可见	345°∠48°	平直	光滑	弱~微风化	闭合	无充填	湿润	刚性结构面	
10	151	124	200	107	两端可见	67°∠18°	平直	光滑	弱-微风化	闭合	无充填	湿润	刚性结构面	
11	203	132	189	35	两端可见	255°∠78°	平直	光滑	弱~微风化	闭合	无充填	湿润	刚性结构面	

续表 4-11

测量部位：260 中段 YK 向右前行约 60 m 左壁　　测网产状：90°　　测网长度、高度：5 m×2 m　　高程范围：EL. 260~262

0	1				2	3	4	5	6	7	8	9	10	11
序号	端点 1		端点 2		与测网关系	产状	起伏状况	粗糙度	风化程度	张开度	充填物	地下水	裂隙类型	说明
	X	Y	X	Y										
12	222	24	226	83	两端可见	286°∠83°	平直	光滑	弱~微风化	闭合	无充填	湿润	刚性结构面	
13	230	31	250	142	两端可见	286°∠83°	平直	光滑	弱~微风化	闭合	无充填	湿润	刚性结构面	
14	281	100	250	40	两端可见	245°∠54°	平直	光滑	弱~微风化	闭合	无充填	湿润	刚性结构面	
15	230	200	256	138	仅下端可见	171°∠80°	平直	光滑	弱~微风化	闭合	无充填	湿润	刚性结构面	
16	260	0	390	41	仅上端可见	255°∠30°	平直	光滑	弱~微风化	闭合	无充填	湿润	刚性结构面	
17	285	200	368	72	仅下端可见	145°∠64°	平直	光滑	弱~微风化	微张	无充填	湿润	刚性结构面	
18	379	84	451	70	两端可见	59°∠26°	平直	光滑	弱~微风化	闭合	无充填	湿润	刚性结构面	
19	417	139	466	131	两端可见	59°∠26°	平直	光滑	弱~微风化	闭合	无充填	湿润	刚性结构面	
20	400	133	461	124	两端可见	59°∠26°	平直	光滑	弱~微风化	闭合	无充填	湿润	刚性结构面	
21	457	162	497	0	仅上端可见	171°∠80°	平直	光滑	弱~微风化	闭合	无充填	湿润	刚性结构面	
22	311	136	424	100	两端可见	59°∠26°	平直	光滑	弱~微风化	闭合	无充填	湿润	刚性结构面	
23	369	200	400	164	仅下端可见	171°∠80°	平直	光滑	弱~微风化	闭合	无充填	湿润	刚性结构面	

4.1.5.5 260 中段主巷道左侧拱肩岩体切割掉落破坏点

该点位于260中段主巷道掌子面处。巷道宽4 m,高2.5 m,巷道走向为50°,巷道全貌见图4-120。岩性主要为片麻岩,片麻状构造,弱~微风化,锤击清脆,强度较高,巷道大部分锈染明显。巷道岩体较破碎,呈层状结构,主要受三组结构面控制,产状为J_1:309°∠81°,J_2:59°∠26°,J_3:187°∠84°,巷道断面见图4-121,其结构赤平投影见图4-122。结构面平直、光滑,J_1结构面间距15~40 cm,J_2结构面间距10~60 cm,切割块径为10~50 cm。该点破坏形式为左侧拱肩岩体受结构面切割产生塌落(见图4-123)。巷道拱顶、拱壁线状流水、突水明显,顺锚杆孔流水较多,水流清澈,底部积水清澈。

现有支护措施为锚杆顶部支护,局部锚杆已失效。

图4-120 巷道全貌

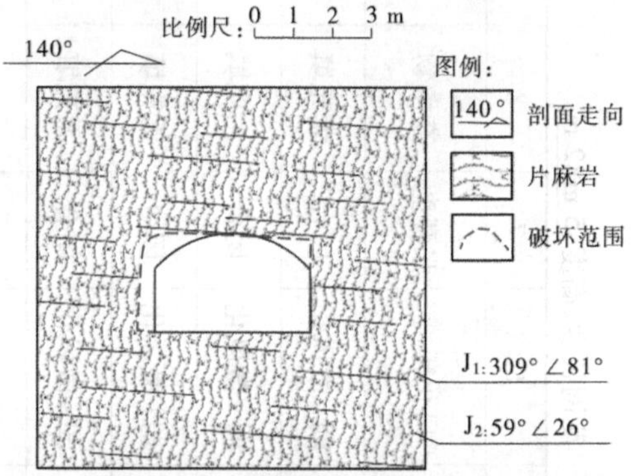

图4-121 260中段掌子面处巷道断面

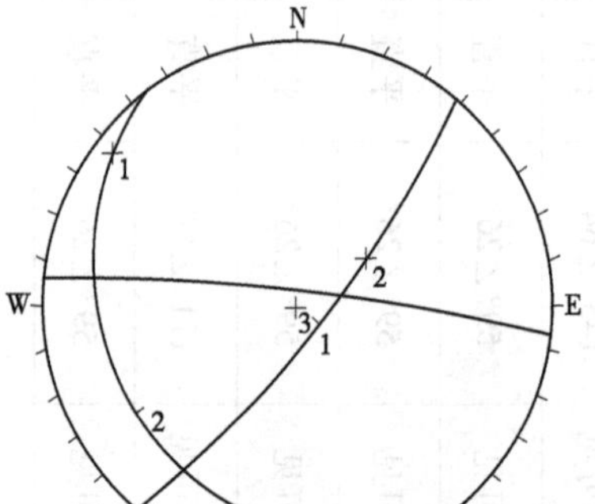

图4-122 巷道结构赤平投影图

图4-123 巷道左拱肩塌落的石块

4.2 巷道围岩变形破坏的影响因素

本区巷道围岩的变形破坏主要受到断裂构造、软弱结构面及软弱夹层、风化作用、蚀变作用、地下水及采空区六个方面因素的影响,将其分述如下。

4.2.1 断裂构造

矿区内的断裂有F1、F5、F6、F7及F35。F1为Ⅰ级区域活动性断裂带,长度大于75

km,断距千米以上,控制着区域稳定性,近期仍在活动。F5 为Ⅱ级结构面,长度 7~8 km,为矿区主要的控矿断裂,也是影响矿体顶底板稳定性的主要断裂。F7 及 F35 为矿区的次一级断裂,属Ⅲ级结构面。各构造带内裂隙发育,Ⅳ级及Ⅴ级结构面把岩体分割成破碎镶嵌状及散体状。

4.2.2 软弱结构面及软弱夹层

在 F5 断层带中部,存在着一后期活动面,总体走向 85°,倾向北,倾角 16°~47°,与主构造带平行展布。断裂活动面平直光滑,中间夹有厚 0.03~0.08 m 的棕色黏土,饱水具塑性,为矿区较连续的软弱结构面。

软弱夹层主要分布于矿区东部 8A—12 线间,厚 0.3~19.16 m,岩性主要为糜棱岩、构造角砾岩、断层泥及高岭土化混合岩等,松散具塑性,遇水易软化,力学强度极低,稳定性差。

4.2.3 风化作用

浅部风化带下限平均高程为 633.1 m 以上,岩石强烈风化松软破碎,浅部风化构造带内的岩石和泥砾岩带两侧的岩石,因构造裂隙发育,交错切割,又经风化作用,岩石破碎稳定性较差,力学强度甚低,工程地质条件不良。风化带以下的构造带岩石和构造带以外的岩石裂隙不发育,坚硬完整,工程地质条件良好。

4.2.4 蚀变作用

蚀变作用能改变岩石的力学强度,一般使高强度矿物蚀变为低强度矿物。例如:长石蚀变为高岭土,角闪石蚀变为绿泥石等。岩石中的矿物蚀变后,大大降低了岩石的强度,因此蚀变作用可以使岩体的稳定性变差。

4.2.5 地下水作用

鉴于矿床地下水受构造的控制,地下水富集的部位,正是裂隙发育、岩石破碎、工程地质条件不佳的地段。

4.2.6 采空区对岩石稳定性的影响

随着采空区的增大,顶底板的岩石稳定性降低。影响岩石稳定性的因素中构造作用是主导因素,而矿体又产于构造带,控矿构造带 F5 经多期构造复合,成矿之后仍有压扭性断裂叠加。矿体的产出部位,正是构造裂隙发育、岩石破碎,工程地质条件较差,水文地质条件较复杂地段,开采时注意支护。

4.3 巷道围岩结构特征及变形破坏模式

通过对现场 5 个中段 30 个典型破坏点的详细勘察,按岩石强度、结构面组数、间距、组合关系及其破坏形式,将罗山矿区巷道围岩结构类型划分为 4 种结构类型,分别为层状结构、混合结构、碎裂结构及散体结构。在 30 个典型破坏点中,层状结构 12 个,占 40%;混合结构 7 个,占 23%;碎裂结构 5 个,占 17%;散体结构 6 个,占 20%,见图 4-124、图 4-125。

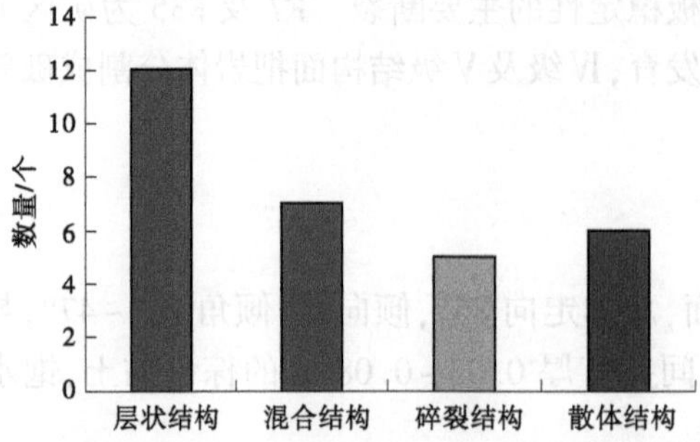

图 4-124　4 种围岩结构类型数量

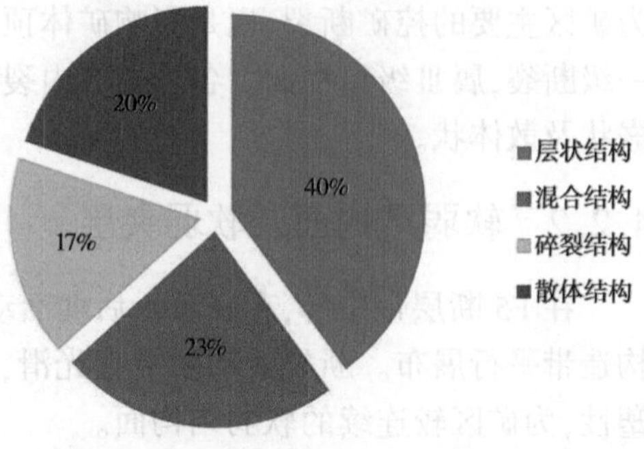

图 4-125　4 种围岩结构类型所占百分比

从上述统计数据综合对比研究发现,层状结构在罗山矿区中最为普遍,其他 3 种结构类型数量基本相近。现将这 4 种结构类型特征分述如下。

4.3.1　层状结构

层状结构主要分布于 F5 构造带以南及 F1 构造带与 F5 构造带之间的岩体,弱~微风化,岩体较完整~较破碎,力学强度较高,抗压强度大于 60 MPa,主要为主巷道岩体结构。一般发育 3 组结构面,结构面平直、光滑,基本无充填,偶含泥质夹层及薄层状石英岩脉,属闭合型,平均间距 20~50 cm。该类结构破坏主要由结构面控制,稳定性较好,巷道开挖易产生较大掉块,侧壁有小坍塌。

现场调查的 30 个典型破坏点中,505 中段的 3、7 号破坏点,330 中段的 19 号破坏点,260 中段的 29 号破坏点等均属此结构类型。505 中段的 3 号破坏点、260 中段的 29 号破坏点分别见图 4-126、图 4-127。

图 4-126　505 中段的 3 号破坏点

图 4-127　260 中段的 29 号破坏点

4.3.2　混合结构

混合结构主要分布于断裂构造带及其影响带边缘。此种结构类型的巷道岩体结构呈现出分异化,即巷道一段或一侧岩体较破碎,弱~微风化,一般发育 3 组结构面,结构面平直、光滑，基本无充填，偶含泥质夹层及薄层状石英岩脉，属闭合型，平均间距 20～50 cm；而另一侧岩体破碎或非常破碎，全～强风化，结构面组数一般大于或等于 3 组，结构面平直、光滑，微张～张开，平均间距小于 20 cm，主要为穿脉或回采巷道岩体结构。该类结构定性差，巷道破坏一般发生在岩体破碎部位，易产生坍塌，开采中应及时支护。

现场调查的 30 个典型破坏点中，505 中段的 8 号破坏点，400 中段的 10、12 号破坏点，330 中段的 22～25 号破坏点等均属此结构类型。400 中段的 12 号破坏点、330 中段的 25 号破坏点分别见图 4-128、图 4-129。

图 4-128　400 中段的 12 号破坏点

图 4-129　330 中段的 25 号破坏点

4.3.3　碎裂结构

碎裂结构主要分布于断裂构造带及其影响带内，强风化，构造裂隙发育，岩体破碎，结构面一般发育 3 组结构面，平直、光滑，平均间距 5～20 cm，局部裂隙宽 2～5 mm，一般呈 3～10 cm 碎块，充填微量铁质、钙质薄膜及粉末，主要为回采巷道岩体结构。该类结构主要受应力控制，破坏形成塌落拱，稳定性差，易产生坍塌，开采中应及时支护。

现场调查的 30 个典型破坏点中，505 中段的 2、4、6 号破坏点，330 中段的 21 号破坏点等均属此结构类型。505 中段的 2 号破坏点、330 中段的 21 号破坏点分别见图 4-130、图 4-131。

图 4-130　505 中段的 2 号破坏点

图 4-131　330 中段的 21 号破坏点

4.3.4 散体结构

散体结构主要发育在碎裂石英岩脉中，全风化，呈砂粒状，疏松，砂化严重，岩体非常破碎，随机节理十分发育，平均间距小于 5 cm，一般呈 3~5 cm 碎块。在后期构造带附近，形成胶结疏松的角砾岩及黏土岩化糜棱岩，其角砾及岩块往往被泥质高岭土所包围，局部糜棱岩本身由高岭土及石英矿物颗粒组成，质松软，力学强度较低，亦属此结构类型。该类结构主要受应力控制，破坏形成塌落拱，稳定性差，易在重力作用下于拱顶部位冒落形成塌落拱，开采中应及时支护。

现场调查的 30 个典型破坏点中，505 中段的 5、9 号破坏点，400 中段的 11 号破坏点，365 中段的 13、14 号破坏点等均属此结构类型。400 中段的 11 号破坏点、365 中段的 14 号破坏点分别见图 4-132、图 4-133。

图 4-132 400 中段的 11 号破坏点

图 4-133 365 中段的 14 号破坏点

4.4 巷道围岩的稳定性评价

4.4.1 巷道围岩分级

巷道围岩分级是正确进行巷道设计与施工的基础。一个合理的、符合地下工程实际情况的围岩分级，对于改善地下结构设计、降低工程造价、多快好省地修建巷道有着十分重要的意义。

目前，国内外对围岩分级的方法较多，所采用的指标也不同，如按岩石强度为单一岩性指标的分级法、按岩体构造和岩性特征为代表的分级法、与地质勘察手段相联系的分级法、多种因素的组合分级法等。这些方法有繁有简，并无统一格式，但应根据围岩分级的详细程度，在工程建设的不同阶段应有所不同。

根据罗山矿区现有的地质资料及现场的详细勘察成果，采用《工程岩体分级标准》(GB/T 50218—2014)及 RMR 法对罗山矿区巷道围岩进行分级评价，这两种方法均采用定性与定量相结合的方法确定综合特征值以确定围岩级别，且考虑了多种因素的影响，对判断巷道围岩的稳定性是较为合理可靠的，同时两种方法可以相互校核和检验，能够较为准确地确定围岩等级，现将两种分类方法简述如下。

4.4.1.1　GB/T 50218—2014 分类法(简称 BQ 法)

该方法通过岩体的基本质量指标 BQ 来判断岩体质量。确定 BQ 需要两个指标:岩体单轴饱和抗压强度 R_c 和岩体完整性指数 K_v。确定了 R_c 和 K_v 的值以后,可按下式计算岩体的基本质量指标,即

$$BQ = 100 + 3R_c + 250K_v \tag{4-1}$$

在使用式(4-1)时,应遵守以下限制条件:

当 $R_c>90K_v+30$ 时,应以 $R_c=90K_v+30$ 和 k_v 代入式(4-1)计算 BQ 值;当 $K_v>0.04R_c+0.4$ 时,应以 $K_v=0.04R_c+0.4$ 和 R_c 代入式(4-1)计算 BQ 值。

在计算出 BQ 的值以后,还应根据地下水情况、软弱结构面情况及高地应力情况对其进行修正,并采用如下公式进行计算:

$$[BQ] = BQ - 100(K_1 + K_2 + K_3) \tag{4-2}$$

式中:[BQ]为地下工程岩体质量指标;K_1 为地下工程地下水影响修正系数;K_2 为地下工程主要结构面产状影响修正系数;K_3 为初始应力状态影响修正系数。

得出修正后的[BQ]值之后,可以根据表 4-12 对岩体基本质量进行分级。

表 4-12　岩体基本质量分级

基本质量级别	Ⅰ	Ⅱ	Ⅲ	Ⅳ	Ⅴ
岩体基本质量的定性特征	坚硬岩,岩体完整	坚硬岩,岩体较完整;较坚硬岩,岩体完整	坚硬岩,岩体较破碎;较坚硬岩,岩体较完整;较软岩,岩体完整	坚硬岩,岩体破碎;较坚硬岩,岩体较破碎~破碎	较软岩,岩体破碎;软岩,岩体较破碎~破碎;全部极软岩及全部极破碎岩
基本质量指标 BQ	>550	550~451	450~351	350~251	≤250

4.4.1.2　RMR 分类法

RMR 分类法由南非 Z. T. Bieniiawski 根据 49 个隧道案例的调查结果,于 1973 年提出,后又增加了多达 300 以上的工程案例对此指标进行了修正。它给出了一个总的岩体评分值 RMR 作为衡量岩体工程质量的综合特征值。它随岩体质量而从 0 递增到 100。岩体的 RMR 值取决于 5 个通用参数和 1 个修正参数,这 5 个通用参数为岩石抗压强度 R_1、岩石质量指标(RQD)R_2、节理间距 R_3、节理状态 R_4 和地下水状态 R_5,修正参数 R_6 取决于节理方向对工程的影响。把上述各个参数的岩体评分值相加就得到岩体的 RMR 值,即

$$RMR = \sum_{i=1}^{6} R_i \tag{4-3}$$

根据 RMR 值相应地可以将岩体分为 5 类,见表 4-13。

表 4-13　RMR 岩体分类

类别	Ⅰ	Ⅱ	Ⅲ	Ⅳ	Ⅴ
岩体描述	非常好	好	一般	差	极差
RMR 值	81~100	61~80	41~60	21~40	<21

通过以上两种分级方法(BQ 和 RMR),对现场调查的 30 个典型破坏点进行围岩分级,分级结果见表 4-14。

表 4-14 罗山金矿巷道典型破坏点围岩分级

序号	中段名称	调查点位置	岩性主要特征	岩石坚硬程度：岩石风化程度	岩石坚硬程度：岩石回弹测试强度/MPa	岩石坚硬程度：单轴饱和抗压强度 R_c/MPa	岩石坚硬程度：强度等级	岩石质量指标 RQD/%	岩体完整程度：岩体完整性系数：组数	岩体完整程度：岩体完整性系数：节理间距/cm	岩体完整程度：岩体完整性系数：J_v/（条/m³）	岩体完整程度：岩体完整性系数：b_{pm}/（km/s）	岩体完整程度：岩体完整性系数：v_{pr}/（km/s）	岩体完整程度：岩体完整性系数：K_v	岩体完整程度：完整程度	岩体完整程度：结构类型	围岩基本质量指标[BQ]分级方法：围岩基本质量指标 BQ	围岩基本质量指标[BQ]分级方法：质量指标折减因子（修正系数）：地下水：状态	围岩基本质量指标[BQ]分级方法：质量指标折减因子（修正系数）：地下水：水量	围岩基本质量指标[BQ]分级方法：质量指标折减因子（修正系数）：地下水：K_1	围岩基本质量指标[BQ]分级方法：质量指标折减因子（修正系数）：主要软弱结构面产状：结构面走向与洞轴线夹角	围岩基本质量指标[BQ]分级方法：质量指标折减因子（修正系数）：主要软弱结构面产状：结构面倾角	围岩基本质量指标[BQ]分级方法：质量指标折减因子（修正系数）：主要软弱结构面产状：K_2	围岩基本质量指标[BQ]分级方法：质量指标折减因子（修正系数）：初始应力状态：K_3	围岩基本质量指标[BQ]分级方法：围岩基本质量指标修正值[BQ]	围岩基本质量指标[BQ]分级方法：围岩分级	RMR 分级方法：岩石强度指标 R_1	RMR 分级方法：RQD 岩石质量指标 R_2	RMR 分级方法：节理间距 R_3	RMR 分级方法：节理状态 R_4：张开度	RMR 分级方法：节理状态 R_4：有无充填	RMR 分级方法：节理状态 R_4：有无夹泥	RMR 分级方法：节理状态 R_4：R_4	RMR 分级方法：地下水状态 R_5	RMR 分级方法：RMR 初值	RMR 分级方法：按节理方向修正：走向与隧道轴线关系	RMR 分级方法：按节理方向修正：掘进方向	RMR 分级方法：按节理方向修正：倾角/（°）	RMR 分级方法：按节理方向修正：修正评分值	RMR 分级方法：RMR 修正值	RMR 分级方法：围岩分级	最终围岩分级
1	540~505	540 中段与 505 中段之间人行下山楼梯通道中部支洞	碎裂状黄铁矿化石英岩脉	全~强风化			极软岩	2.74	>3	2				0.10	极破碎	散体	115	干燥		0			0	0	115	Ⅴ	0	3	5				0	10	18				−12	6	Ⅴ	Ⅴ
2	505	SM3 前方	碎裂混合花岗岩	强风化		27.9	较软岩	36	>3	5				0.25	破碎	碎裂	236	干燥		0			0	0	236	Ⅴ	4	8	5				0	10	27				−12	15	Ⅴ	Ⅴ
3	505	主巷道与 CD10 交叉口	混合花岗岩	弱~微风化		71.3	坚硬岩	73	3	20				0.45	较破碎	层状	414	潮湿		0.1			0	0	404	Ⅲ	7	13	10	闭合			25	7	62	平行		41	−10	52	Ⅲ	Ⅲ
4	505	SM3 至 SM2 之间	碎裂混合花岗岩	强风化		27.9	较软岩	36	>3	5				0.25	破碎	碎裂	236	干燥		0			0	0	236	Ⅴ	4	8	5				0	10	27				−12	15	Ⅴ	Ⅴ
5	505	绕道掌子面	碎裂状混合花岗岩，夹杂散体状石英岩脉	全~强风化			极软岩	2.74	>3	2				0.10	极破碎	散体	115	干燥		0			0	0	115	Ⅴ	0	3	5				0	10	18				−12	6	Ⅴ	Ⅴ
6	505	绕道掌子面后行 40 m	碎裂混合花岗岩	强~弱风化	37.9	27.9	较软岩	42	3	10				0.25	破碎	碎裂	236	潮湿		0.5			0	0	186	Ⅴ	4	8	10				0	7	29	平行		56	−12	17	Ⅴ	Ⅴ
7	505	SM3 后行约 41 m	混合花岗岩	弱~微风化	85.1	71.3	坚硬岩	77	3	38				0.65	较完整	层状	466	干燥		0	23	44	0.5	0	416	Ⅲ	7	17	20	张开	有	有	0	10	50	平行		44	−10	44	Ⅲ	Ⅲ

续表 4-14

序号	中段名称	调查点位置	岩性主要特征	岩石坚硬程度				岩石质量指标 RQD/%	岩体完整程度								围岩基本质量指标[BQ]分级方法										RMR 分级方法															最终围岩分级
				岩石风化程度	岩石回弹测试强度/MPa	单轴饱和抗压强度 R_c/MPa	强度等级		岩体完整性系数: 组数	节理间距/cm	J_v/(条/m^3)	b_{pm}/(km/s)	v_{pr}/(km/s)	K_v	完整程度	结构类型	围岩基本质量指标 BQ	质量指标折减因子(修正系数): 地下水 状态	水量	K_1	主要软弱结构面产状: 结构面走向与洞轴线夹角	结构面倾角	K_2	初始应力状态 K_3	围岩基本质量指标修正值[BQ]	围岩分级	岩石强度指标 R_1	RQD岩石质量指标 R_2	节理间距 R_3	节理状态 R_4: 张开度	有无充填	有无夹泥	R_4	地下水状态 R_5	RMR初值	按节理方向修正: 走向与隧道轴线关系	掘进方向	倾角/(°)	修正评分值	RMR修正值	围岩分级	
8	505	WK	钾化混合花岗岩	弱~微风化		71.3	坚硬岩	73	3	25	12			0.45	较破碎	层状	414	潮湿		0.1			0	0	404	Ⅲ	7	13	10	微张			20	7	57	垂直	顺	60	0	57	Ⅲ	Ⅴ
			碎裂钾化混合花岗岩	强风化	33.1	27.9	较软岩	42	3	12	25			0.25	破碎	碎裂	236	潮湿		0.5	71	60	0.3	0	156	Ⅴ	4	8	10	张开	有	有	0	7	29	垂直	顺	60	0	29	Ⅳ	
9	400	CD2	碎裂状混合片麻岩，夹杂大量碎裂石英	全~强风化			极软岩	2.74	>3	2				0.10	极破碎	散体	115	干燥		0			0	0	115	Ⅴ	0	3	5				0	10	18				-12	6	Ⅴ	Ⅴ
10	400	CD2交叉路口后行50 m	混合片麻岩	弱~微风化		76.4	坚硬岩	73	3	15				0.45	较破碎	层状	414	干燥		0			0	0	414	Ⅲ	7	13	10	闭合			25	10	65	平行		75	-12	53	Ⅲ	Ⅴ
			碎裂混合片麻岩	强风化	33.4	32.5	较坚硬岩	36	>3	5				0.25	破碎	碎裂	250	干燥		0	36	75	0.3	0	220	Ⅴ	4	8	5	张开	有	有	0	10	27	平行		75	-12	15	Ⅴ	
11	400	F7断层处	碎裂状黄铁矿化石英岩脉	全~强风化			极软岩	2.74	>3	2				0.10	极破碎	散体	115	潮湿		0.5			0	0	65	Ⅴ	0	3	5				0	7	15				-12	3	Ⅴ	Ⅴ

续表 4-14

序号	中段名称	调查点位置	岩性主要特征	岩石坚硬程度：岩石风化程度	岩石坚硬程度：岩石回弹测试强度/MPa	岩石坚硬程度：单轴饱和抗压强度 R_c/MPa	岩石坚硬程度：强度等级	岩石质量指标 RQD/%	岩体完整性系数：组数	岩体完整性系数：节理间距/cm	岩体完整性系数：J_v/(条/m^3)	岩体完整性系数：b_{pm}/(km/s)	岩体完整性系数：v_{pr}/(km/s)	岩体完整性系数：K_v	完整程度	结构类型	围岩基本质量指标 BQ	地下水：状态	地下水：水量	地下水：K_1	主要软弱结构面产状：结构面走向与洞轴线夹角	主要软弱结构面产状：结构面倾角	主要软弱结构面产状：K_2	初始应力状态：K_3	围岩基本质量指标修正值[BQ]	围岩分级	岩石强度指标 R_1	RQD岩石质量指标 R_2	节理间距 R_3	节理状态 R_4：张开度	节理状态 R_4：有无充填	节理状态 R_4：有无夹泥	节理状态 R_4：R_4	地下水状态 R_5	RMR初值	按节理方向修正：走向与隧道轴线关系	按节理方向修正：掘进方向	按节理方向修正：倾角/(°)	按节理方向修正：修正评分值	RMR修正值	围岩分级	最终围岩分级
12	400	F1断层处	钾化混合花岗岩	弱~微风化		71.3	坚硬岩	73	3	22	12			0.45	较破碎	层状	414	干燥		0			0	0	414	Ⅲ	7	13	10	微张			20	10	64	垂直	顺	36	−2	62	Ⅲ	Ⅴ
			碎裂钾化混合花岗岩	强风化	31.5	27.9	较软岩	42	3	12	27			0.25	破碎	碎裂	236	干燥		0	87	36	0.3	0	206	Ⅴ	4	8	10	张开	有	有	0	10	32	垂直	顺	36	−2	30	Ⅳ	
13	365	主巷道掌子面	碎裂状黄铁矿化石英岩脉	全~强风化			极软岩	2.74	>3	2				0.10	极破碎	散体	115	潮湿		0.5			0	0	65	Ⅴ	0	3	5				0	7	15				−12	3	Ⅴ	Ⅴ
14	365	CD16	碎裂状黄铁矿化石英岩脉	全~强风化			极软岩	2.74	>3	2				0.10	极破碎	散体	115	潮湿		0.5			0	0	65	Ⅴ	0	3	5				0	7	15				−12	3	Ⅴ	Ⅴ
15	365	CD16与掌子面交叉口后行50 m处	碎裂混合花岗岩	强风化		27.9	较软岩	42	>3	5				0.25	破碎	碎裂	236	干燥		0			0	0	236	Ⅴ	4	8	5				0	10	27	平行		73	−12	15	Ⅴ	Ⅴ
16	330	SM3	混合片麻岩	弱~微风化	45	76.4	坚硬岩	77	3	33				0.65	较完整	层状	482	涌水		0.1			0	0	472	Ⅱ	7	17	20	闭合			25	0	64	垂直	逆	24	−10	59	Ⅲ	Ⅲ
17	330	SM3前行50 m	混合片麻岩	弱~微风化	68.9	76.4	坚硬岩	73	3	28				0.45	较破碎	层状	414	涌水		0.25			0	0	389	Ⅲ	7	13	10	闭合			25	0	55	垂直	逆	23	−10	45	Ⅲ	Ⅲ

续表 4-14

序号	中段名称	调查点位置	岩性主要特征	岩石坚硬程度：岩石风化程度	岩石坚硬程度：岩石回弹测试强度/MPa	岩石坚硬程度：单轴饱和抗压强度 R_c/MPa	岩石坚硬程度：强度等级	岩石质量指标 RQD/%	岩体完整性系数：组数	岩体完整性系数：节理间距/cm	岩体完整性系数：J_v/(条/m^3)	岩体完整性系数：b_{pm}/(km/s)	岩体完整性系数：v_{pr}/(km/s)	岩体完整性系数：K_v	完整程度	结构类型	围岩基本质量指标 BQ	地下水：状态	地下水：水量	地下水：K_1	主要软弱结构面产状：结构面走向与洞轴线夹角	主要软弱结构面产状：结构面倾角	K_2	初始应力状态 K_3	围岩基本质量指标修正值[BQ]	围岩分级	岩石强度指标 R_1	RQD岩石质量指标 R_2	节理间距 R_3	节理状态 R_4：张开度	节理状态 R_4：有无充填	节理状态 R_4：有无夹泥	R_4	地下水状态 R_5	RMR初值	按节理方向修正：走向与隧道轴线关系	按节理方向修正：掘进方向	按节理方向修正：倾角/(°)	按节理方向修正：修正评分值	RMR修正值	围岩分级	最终围岩分级
18	330	竖井井口前行约320 m	混合片麻岩	弱~微风化		76.4	坚硬岩	73	3	27				0.45	较破碎	层状	414	涌水		0.25			0	0	389	Ⅲ	7	13	10	闭合			25	0	55	垂直	逆	24	−10	45	Ⅲ	Ⅲ
19	330	落水洞前行约80 m	混合片麻岩	弱~微风化	71.1	76.4	坚硬岩	73	3	28	12.3			0.45	较破碎	层状	414	涌水		0.25			0	0	389	Ⅲ	7	13	10	闭合			25	0	55	垂直	逆	31	−10	45	Ⅲ	Ⅲ
20	330	CD2	混合片麻岩	弱~微风化	45.2	76.4	坚硬岩	77	3	50				0.65	较完整	层状	482	干燥		0			0	0	482	Ⅱ	7	17	20	张开	有	无	6	10	56	平行		25	−10	50	Ⅲ	Ⅲ
21	330	CD8	碎裂混合花岗岩	强风化	32.5	27.9	较软岩	36	>3	11	34	2 713.3	5 019.6	0.29	破碎	碎裂	246	滴水		0.5	34	48	0.3	0	166	Ⅴ	4	8	10	张开	有	有	0	4	21	平行		48	−12	14	Ⅴ	Ⅴ
22	330	CD7东沿脉掌子面	混合花岗岩	弱~微风化	62.1	71.3	坚硬岩	73	3	20	11			0.45	较破碎	层状	414	潮湿		0.1			0	0	404	Ⅲ	7	13	10	闭合			25	7	62	平行		43	−10	52	Ⅲ	Ⅴ
			碎裂混合花岗岩	强风化	37.8	27.9	较软岩	36	>3	14				0.25	破碎	碎裂	236	潮湿		0.5			0	0	186	Ⅴ	4	8	10	张开	有	无	6	7	35	平行		43	−10	25	Ⅳ	
23	330	CD7西沿脉掌子面	混合花岗岩	弱~微风化	71.5	71.3	坚硬岩	73	3	28	12	3 188.2	5 019.6	0.40	较破碎	层状	388	滴水		0.1			0	0	378	Ⅲ	7	13	20	微张			20	4	64	平行		31	−10	54	Ⅲ	Ⅴ
			碎裂混合花岗岩	强风化		27.9	较软岩	36	>3	14		2 418.1	5 019.6	0.23	破碎	碎裂	231	滴水		0.5	9	31	0.5	0	131	Ⅴ	4	8	10	张开	有	有	0	4	26	平行		31	−10	16	Ⅴ	

续表 4-14

序号	中段名称	调查点位置	岩性主要特征	岩石坚硬程度				岩石质量指标RQD/%	岩体完整程度								围岩基本质量指标[BQ]分级方法										RMR 分级方法															最终围岩分级
				岩石风化程度	岩石回弹测试强度/MPa	单轴饱和抗压强度R_c/MPa	强度等级		岩体完整性系数：组数	节理间距/cm	J_v/(条/m^3)	b_{pm}/(km/s)	v_{pr}/(km/s)	K_v	完整程度	结构类型	围岩基本质量指标BQ	质量指标折减因子(修正系数)：地下水：状态	水量	K_1	主要软弱结构面产状：结构面走向与洞轴线夹角	结构面倾角	K_2	初始应力状态 K_3	围岩基本质量指标修正值[BQ]	围岩分级	岩石强度指标R_1	RQD岩石质量指标R_2	节理间距R_3	节理状态R_4：张开度	有无充填	有无夹泥	R_4	地下水状态R_5	RMR初值	按节理方向修正：走向与隧道轴线关系	掘进方向	倾角/(°)	修正评分值	RMR修正值	围岩分级	
24	330	SM9掌子面后行30 m	钾化混合花岗岩	弱~微风化		71.3	坚硬岩	73	3	26				0.45	较破碎	层状	414	干燥		0			0	0	414	Ⅲ	7	13	10	闭合			25	10	65	垂直	顺	61	0	65	Ⅱ	Ⅴ
			碎裂钾化混合花岗岩	强风化	32.1	27.9	较软岩	36	>3	5				0.25	破碎	碎裂	236	干燥		0			0	0	236	Ⅴ	4	8	5				0	10	27				-12	15	Ⅴ	
25	330	CD0掌子面	混合花岗岩	弱~微风化	68.2	71.3	坚硬岩	73	3	27				0.45	较破碎	层状	414	潮湿		0.1			0	0	404	Ⅲ	7	13	10	闭合			25	7	62	平行		63	-12	50	Ⅲ	Ⅴ
			碎裂状黄铁矿化石英岩脉	全~强风化			极软岩	2.74	>3	2		1 879.7	5 397.8	0.12	极破碎	散体	120	潮湿		0.5			0	0	70	Ⅴ	0	3	5				0	7	15				-12	3	Ⅴ	
26	260	SM2	混合片麻岩	弱~微风化	68.1	76.4	坚硬岩	73	3	23				0.45	较破碎	层状	414	干燥		0			0	0	414	Ⅲ	7	13	10	闭合			25	10	65	平行		12	-10	55	Ⅲ	Ⅲ
27	260	涌水洞后行约22 m	混合片麻岩	弱~微风化	69.8	76.4	坚硬岩	73	3	26				0.45	较破碎	层状	414	干燥		0			0	0	414	Ⅲ	7	13	10	闭合			25	10	65	平行		24	-10	55	Ⅲ	Ⅲ
28	260	涌水洞后行约20 m	混合片麻岩	弱~微风化	65.2	76.4	坚硬岩	77	3	37				0.65	较完整	层状	457	干燥		0			0	0	457	Ⅱ	7	17	20	微张			20	10	65	平行		26	-10	64	Ⅱ	Ⅱ
29	260	YK向右前行约60 m	混合花岗岩	弱~微风化	65.5	71.3	坚硬岩	73	3	23	12			0.45	较破碎	层状	414	滴水		0.1			0	0	404	Ⅲ	7	13	10	闭合			25	4	59	平行		84	-12	47	Ⅲ	Ⅲ
30	260	主巷道掌子面	混合片麻岩	弱~微风化	70	76.4	坚硬岩	73	3	27		3 560.6	5 325.3	0.45	较破碎	层状	414	涌水		0.25			0	0	389	Ⅲ	7	13	10	闭合			25	0	55	平行		81	-12	43	Ⅲ	Ⅲ

4.4.2　巷道围岩稳定性评价

围岩分级的目的是评价地下洞室围岩的稳定性，RMR 法与 GB/T 50218—2014(BQ 法)均对围岩采用“五级”分类法，在对围岩稳定性评价的目标上是一致的。在同样“五级”分类条件下，不论 RMR 法还是 GB/T 50218—2014(BQ 法)，在确定了围岩级别后，对同一级别围岩的主要地质特征、围岩定性描述、稳定性评价是基本一致的，两种方法对不同围岩级别的稳定性评价见表 4-15。

表 4-15　围岩稳定性评价

围岩级别	RMR 法		BQ 法
	质量描述	平均稳定时间	自稳能力
Ⅰ	非常好的岩体	15 m 跨，10 年	跨度≤20 m，可长期稳定
Ⅱ	好的岩体	8 m 跨，1 年	跨度 10~20 m，可基本稳定
Ⅲ	一般的岩体	5 m 跨，7 d	跨度 5~10 m，可稳定数月； 跨度<5 m，可基本稳定
Ⅳ	差的岩体	2.5 m 跨，10 h	跨度>5 m，一般无自稳能力； 跨度≤5 m，可稳定数日至 1 月
Ⅴ	极差的岩体	1 m 跨，30 min	无自稳能力

通过 GB/T 50218—2014(BQ 法)和 RMR 两种巷道围岩分类法对罗山金矿 30 个典型破坏点的围岩分级结果(见表 4-14)可知，罗山矿区层状结构围岩等级主要为Ⅲ级，个别能达到Ⅱ级围岩。混合结构岩体结构较好的一侧(段)围岩等级为Ⅲ级，而岩体结构较差的一侧(段)围岩等级为Ⅴ级，为安全起见，将其评为Ⅴ级；碎裂结构及散体结构围岩等级亦均为Ⅴ级。结合两种方法(BQ 法和 RMR 法)对围岩自稳能力的评述(见表 4-15)可知，Ⅲ级围岩(层状结构)稳定性较好，Ⅴ级围岩(混合、碎裂及散体结构)稳定性差。各典型破坏点稳定性评价结果如表 4-16 所示。

表 4-16　罗山金矿巷道围岩稳定性评价

序号	中段名称	调查点位置	结构类型	围岩等级	稳定性评价
1	540~505	人行下山楼梯通道中部支洞	散体	Ⅴ	围岩稳定性差，巷道开挖易产生坍塌。处理不当会出现大坍塌，侧壁经常小坍塌
2	505	SM3 前方	碎裂	Ⅴ	围岩稳定性差，巷道开挖易产生坍塌。处理不当会出现大坍塌，侧壁经常小坍塌
3		主巷道与 CD10 交叉口	层状	Ⅲ	围岩稳定性较好，巷道开挖易产生较大掉块。侧壁有小坍塌
4		SM3 至 SM2 之间	碎裂	Ⅴ	围岩稳定性差，巷道开挖易产生坍塌。处理不当会出现大坍塌，侧壁经常小坍塌

续表 4-16

序号	中段名称	调查点位置	结构类型	围岩等级	稳定性评价
5	505	绕道掌子面	散体	V	围岩稳定性差,巷道开挖易产生坍塌。处理不当会出现大坍塌,侧壁经常小坍塌
6		绕道掌子面后行 40 m	碎裂	V	围岩稳定性差,巷道开挖易产生坍塌。处理不当会出现大坍塌,侧壁经常小坍塌
7		SM3 后行约 41 m	层状	Ⅲ	围岩稳定性较好,巷道开挖易产生较大掉块。侧壁有小坍塌
8		WK	混合	V	围岩稳定性差,巷道开挖易产生坍塌。处理不当会出现大坍塌,侧壁经常小坍塌
9	400	CD2	散体	V	围岩稳定性差,巷道开挖易产生坍塌。处理不当会出现大坍塌,侧壁经常小坍塌
10		CD2 交叉路口后行 50 m	混合	V	围岩稳定性差,巷道开挖易产生坍塌。处理不当会出现大坍塌,侧壁经常小坍塌
11		F7 断层处	散体	V	围岩稳定性差,巷道开挖易产生坍塌。处理不当会出现大坍塌,侧壁经常小坍塌
12		F1 断层处	混合	V	围岩稳定性差,巷道开挖易产生坍塌。处理不当会出现大坍塌,侧壁经常小坍塌
13	365	主巷道掌子面	散体	V	围岩稳定性差,巷道开挖易产生坍塌。处理不当会出现大坍塌,侧壁经常小坍塌
14		CD16	散体	V	围岩稳定性差,巷道开挖易产生坍塌。处理不当会出现大坍塌,侧壁经常小坍塌
15		CD16 与掌子面交叉口后行 50 m	碎裂	V	围岩稳定性差,巷道开挖易产生坍塌。处理不当会出现大坍塌,侧壁经常小坍塌
16	330	SM3	层状	Ⅲ	围岩稳定性较好,巷道开挖易产生较大掉块。侧壁有小坍塌
17		SM3 前行 50 m	层状	Ⅲ	围岩稳定性较好,巷道开挖易产生较大掉块。侧壁有小坍塌
18		竖井井口前行 320 m	层状	Ⅲ	围岩稳定性较好,巷道开挖易产生较大掉块。侧壁有小坍塌
19		落水洞前行约 80 m	层状	Ⅲ	围岩稳定性较好,巷道开挖易产生较大掉块。侧壁有小坍塌
20		CD2	层状	Ⅲ	围岩稳定性较好,巷道开挖易产生较大掉块。侧壁有小坍塌
21		CD8	碎裂	V	围岩稳定性差,巷道开挖易产生坍塌。处理不当会出现大坍塌,侧壁经常小坍塌
22		CD7 东沿脉掌子面	混合	V	围岩稳定性差,巷道开挖易产生坍塌。处理不当会出现大坍塌,侧壁经常小坍塌
23		CD7 西沿脉掌子面	混合	V	围岩稳定性差,巷道开挖易产生坍塌。处理不当会出现大坍塌,侧壁经常小坍塌
24		SM9 掌子面后行 30 m	混合	V	围岩稳定性差,巷道开挖易产生坍塌。处理不当会出现大坍塌,侧壁经常小坍塌
25		CD0 掌子面	混合	V	围岩稳定性差,巷道开挖易产生坍塌。处理不当会出现大坍塌,侧壁经常小坍塌。

续表 4-16

序号	中段名称	调查点位置	结构类型	围岩等级	稳定性评价
26	260	SM2	层状	Ⅲ	围岩稳定性较好,巷道开挖易产生较大掉块。侧壁有小坍塌
27		涌水洞后行约 22 m	层状	Ⅲ	围岩稳定性较好,巷道开挖易产生较大掉块。侧壁有小坍塌
28		涌水洞后行约 20 m	层状	Ⅱ	围岩稳定性较好,巷道开挖易产生较大掉块。侧壁有小坍塌
29		YK 向右前行约 60 m	层状	Ⅲ	围岩稳定性较好,巷道开挖易产生掉块。拱顶与侧壁可能有掉块
30		主巷道掌子面	层状	Ⅲ	围岩稳定性较好,巷道开挖易产生较大掉块。侧壁有小坍塌

4.5　巷道围岩支护措施建议

目前,井巷支护结构的类型基本上可以分为两类:支撑式支护结构和锚喷式支护结构。在支撑式支护结构中又可分为棚子式支架及整体式支架,整体式支架常由料石、钢筋混凝土等砌筑而成。支护措施应根据施工巷道的围岩特性、地质构造、水文地质条件以及巷道的服务年限和所在位置进行正确选择。

为确保罗山金矿安全、经济、高效的生产,根据罗山金矿三类巷道的主要功能及服务年限,将其分为永久支护(主巷道)及临时支护(穿脉巷道及回采巷道)两种支护类型。其中,永久支护类型在层状结构(Ⅲ类围岩)中采用锚杆支护,提高围岩的等效物理力学参数,防止块体塌落;在混合结构、碎裂结构以及散体结构(Ⅴ类围岩)中采用钢拱架+混凝土联合支护,加固并提高围岩强度,改善围岩和支护的受力状态。临时支护类型在层状结构中采用人工清危的方法,去除危险块体,确保作业人员的安全生产;而在混合结构、碎裂结构以及散体结构中则采用现有的支护方法,即门形工字钢+圆木横梁支撑以拦挡掉落碎块石,这种方法作为临时支护措施,较为经济有效。与此同时,由于罗山矿区地质条件、水文条件较为复杂,支护措施应根据巷道围岩的具体情况做出相应调整,对于特殊地段还应加强支护。罗山金矿巷道围岩支护措施建议见表 4-17。

表 4-17　罗山金矿巷道围岩支护措施建议

巷道类型	支护类型	支护措施			
		层状结构	混合结构	碎裂结构	散体结构
		Ⅲ(Ⅱ)	Ⅴ	Ⅴ	Ⅴ
主巷道	永久支护	锚杆支护	钢拱架+混凝土联合支护		
穿脉巷道	临时支护	人工清危	门形工字钢+圆木横梁支撑		
回采巷道					

4.6 巷道最优轴线方向选取

罗山矿区围岩由于受原生建造、后期改造和浅表生作用的影响，岩体中发育有多组结构面，且各组结构面在不同地段发育程度又有所差异，通过DIPS软件对现场调查的64个结构面产状进行统计分析，得出罗山矿区结构面的等密度图（见图4-134）和走向玫瑰花图（见图4-135）。从图上可以看出，罗山矿区主要发育三组优势结构面，产状分别为：①359°∠73°，②63°∠27°，③335°∠40°。其中，第一组结构面最为发育，其走向亦和本区几个主要断裂的走向相符。

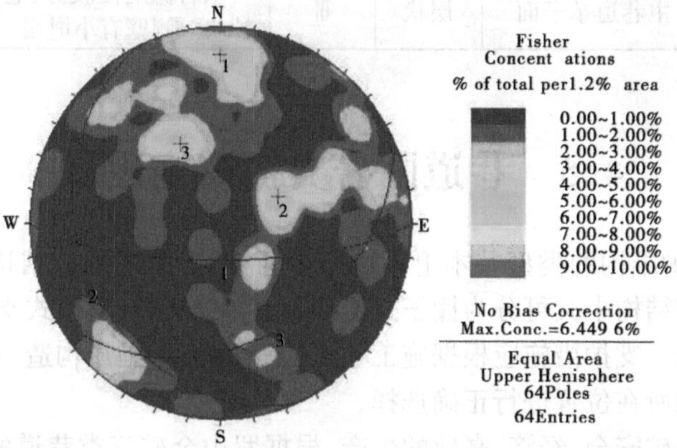

图4-134 结构面等密度图

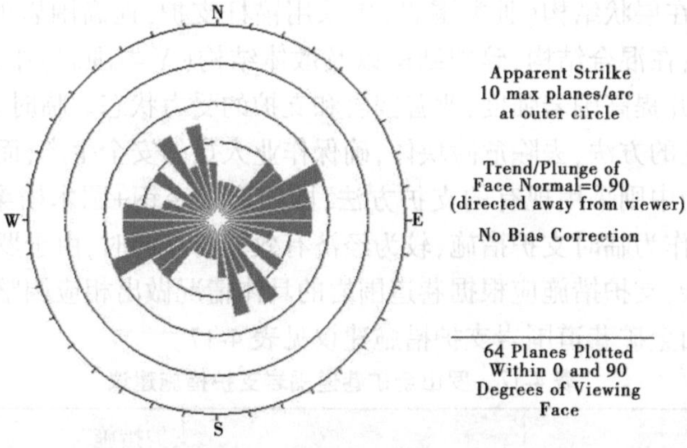

图4-135 结构面走向玫瑰花图

在矿山开挖建设过程中，在不影响矿物正常开采的前提下，工程洞体的合理布置，尤其是主要洞室位置和轴线方向的正确确定，是非常重要的。洞室轴线方向选择的好，则施工相对顺利，并且洞室围岩稳定性好，支护简单。对于长条形洞室或线状工程，一般只要使洞室轴线的方向垂直或近于垂直构造线的方向，工程地质条件就比较有利。这样可以使洞室垂直于大型结构面（大断层、层间破碎带等），并与其他结构面呈较大的交角，在存在构造应力作用的地方，它的受力条件也最为有利。

从图 4-135 可以看出，为了使巷道轴线方向能与三组结构面均呈较大角度相交，轴线方向应在结构面②和③之间选取，如选取巷道轴线走向为 20°（见图 4-136），则它与各组结构面的交角分别为 69°、47°和 45°，均为较大锐角。同时，最发育结构面①与拱顶面、边墙的夹角都比较大，分别为 73°和 70°，对洞室围岩的稳定都比较有利，但不排除局部不稳定的可能，而这些是难以完全避免的。

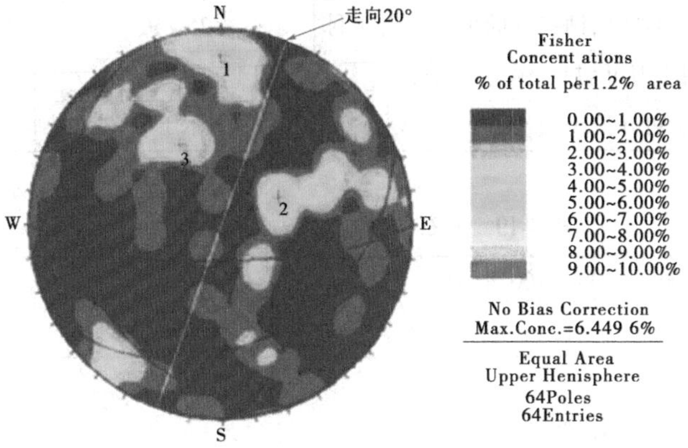

图 4-136　巷道走向与三组结构面的关系

4.7　基于 RMR 围岩分级方法的现场快速评价

如前所述，RMR 围岩分级是以定性描述为主和定量指标为辅的围岩综合评价方法，直观易学，可供施工技术人员在现场进行围岩简单判别时使用，在国际上广为流行，在此，对 RMR 围岩分级方法在该矿区巷道施工中的应用做一些介绍。

4.7.1　RMR 围岩分级介绍

RMR 法根据岩石强度、RQD（岩石质量指标）、节理间距、节理状态、地下水、节理走向等 6 个因素对岩体评分，分值总和称为岩体质量分，用 RMR 表示，取值范围 0～100，按 RMR 大小进行围岩分级。

$$RMR = \sum_{i=1}^{6} R_i$$

在巷道施工现场进行围岩判别时，需要在每一次开挖清理松动浮石后，及时对掌子面进行观察，描述并记录开挖面地层的层理、节理、裂隙构造状态、岩体软硬程度、出水量等因素，形成掌子面地质素描记录，具体按以下程序进行操作。

4.7.1.1　**确定 RMR 初值**

确定 RMR 初值要对照地质素描记录，按照以下所列 5 项内容逐一鉴定并评分，然后把 5 个单项因素的分值累计起来，得到 RMR 初值评分。

1. 岩石单轴抗压强度

岩石单轴抗压强度决定了围岩的抗压极限，可以试验测定，现场也可以使用地质锤对掌子面所有部位进行敲击观察后判定，按表 4-18 判定强度后，参照表 4-19 按 0～15 评分。

表 4-18　现场判定岩石强度参考标准

岩石描述	参考强度/MPa	代表岩石
非常坚硬,锤钝面用力数次方可击碎	>200	石英岩、玄武岩
坚硬岩,锤钝面用力可击碎	100~200	大理石、片麻岩
中等坚硬岩,锤锋利面可敲击出浅洞	50~100	砂岩、板岩、页岩
中等脆弱岩,很难用小刀切开,锤锋利面可敲击出深洞	25~50	煤炭、片岩、粉砂岩
非常脆弱岩,用小刀可切开,锤击下粉碎	1~25	泥岩、盐岩
人工可开挖土壤	<1	

表 4-19　岩石强度指标(R_1)评分标准

强度/MPa	> 200	200~ 100	100 ~ 50	50 ~ 25	25~ 5	5~ 1	< 1
R_1 评分	15	12	7	4	2	1	0

2. 岩石质量指标 RQD(岩芯完整性)

岩石质量指标 RQD 表示岩石的完整性。RQD 的确定方法是:采用直径为 75 mm 的双层岩芯管钻进,提取长度为 1 m、直径为 54 mm 的岩芯,将长度小于 10 cm 的破碎岩芯及软弱物质剔除,然后测量大于或等于 10 cm 长柱状岩芯的长度(长度大于 10 cm 的完整岩芯占钻进长度的百分比)。岩体质量指标 RQD 参照表 4-20 按 3~20 评分。

表 4-20　RQD 岩石质量指标(R_2)评分标准

RQD/%	100~90	90~75	75~50	50~25	<25
R_2 评分	20	17	13	8	3

注:现场不具备条件时,RQD 可通过现场计数单位体积中的节理数量 J_v 后,按下式进行换算:$RQD = 115-3.3J_v$(J_v 为每立方米岩体中的节理总数)。J_v 可采用直接测量法,也可采用间距法计算,$J_v = S_1+S_2+\cdots+S_n+S_k$,$S=1/$该组结构面的平均间距(m),$S_k$ 为每立方米岩体非成组节理数。

3. 节理间距

节理是岩石因构造断裂产生的断面或异性结构面,通俗地讲就是岩石裂开而裂面两侧无明显相对位移的裂缝。节理也称不连续断面或异性结构面。节理间距应量取掌子面所有裂缝间的间距并计算出平均距离。节理间距参照表 4-21 按 5~20 分评分。

表 4-21　节理间距(R_3)评分标准

节理间距/cm	>200	200~60	60~20	20~6	<6
R_3 评分	20	15	10	8	5

4. 节理状态

节理状态也称不连续面状态和间隙状态,是用来反映节理间隙填充、间隙面的粗糙程度、间隙长度及延续性等特征的。现场观察要重点考察节理两侧面或异性结构面接触最差和最薄弱处的状态。节理状态参照表 4-22 按 0~25 评分。

表 4-22　节理状态(R_4)评分标准

节理状态	裂开面很粗糙,节理不连续,未张开	裂开面比较粗糙	裂开面稍粗糙	裂开面比较平滑,有填充	裂开面夹泥,土质较软
间隙描述	没有间隙,结合紧密,岩石未风化	裂开宽度<1 mm,结合紧密,两壁微风化	裂开宽度<1 mm,两壁高度风化,结合松散	夹泥厚度<5 mm 或裂开宽度为 1~5 mm,节理连续	夹泥厚度>5 mm 或裂开宽度>5 mm,节理连续
R_4 评分	25	20	12	6	0

5. 地下水

地下水会影响岩体质量,需观察距掌子面 10 m 范围内地下水的总体情况,对水流、水压、掌子面含水状况等进行描述。地下水参照表 4-23 按 0~10 评分。

表 4-23　地下水(R_5)评分标准

每 10 m 涌水量/(L/min)	节理水压力与大主应力的比值	隧洞干燥程度	R_5 评分
0	0	干燥	10
<25	0~0.2	稍潮湿	7
25~125	0.2~0.5	滴水	4
>125	>0.5	涌水	0

4.7.1.2　根据节理裂隙的走向修正 RMR 值

根据节理裂隙的走向修正 RMR 初值的目的在于进一步强调节理裂隙对围岩稳定性产生的不利影响,修正评分的取值办法见表 4-24。

表 4-24　按节理方向的修正评分值

评定项目	垂直于隧道轴线方向				平行于隧道轴线方向		
	开挖方向与倾斜方向相同		开挖方向与倾斜方向相反				
节理倾角	45°/90°	20°/45°	45°/90°	20°/45°	45°/90°	20°/45°	0°/20°
评价描述	很好	好	中等	差	很差	差	中等
修正评分值	0	-2	-5	-10	-12	-10	-5

4.7.2 围岩级别现场快速评价

根据以上对 RMR 的详细介绍,制作出围岩级别现场快速判别卡(见表 4-25),施工人员可在现场对巷道围岩级别做出快速评价,初步判定围岩稳定性,可供相关人员及时提出相应的支护措施。

表 4-25 围岩级别现场快速判别卡

矿区名称:________ 巷道位置:________ 填写人:________ 日期:________

分类参数		数值范围						
R_1	完整岩石强度/MPa	>200	200~ 100	100 ~ 50	50 ~ 25	25~ 5	5~ 1	< 1
	评分值	15( )	12( )	7( )	4( )	2( )	1( )	0( )
R_2	岩体质量 RQD/%	100~90	90~75	75~50	50~25	<25		
	评分值	20( )	17( )	13( )	8( )	3( )		
R_3	节理间距/cm	>200	200~60	60~20	20~6	<6		
	评分值	20( )	15( )	10( )	8( )	5( )		
R_4	节理状态	节理面很粗糙,节理不连续,闭合,未风化	节理面粗糙,张开宽度<1 mm,微风化	节理面粗糙,张开宽度<1 mm,强风化	节理面光滑或填充软弱夹层,张开宽度 1~5 mm,节理连续	节理面张开或夹泥厚度>5 mm,节理连续		
	评分值	25( )	20( )	12( )	6( )	0( )		
R_5	地下水	干燥	稍潮湿	滴水	涌水			
	评分值	10( )	7( )	4( )	0( )			
R_6	节理走向修正	垂直于隧道轴线方向				平行于隧道轴线方向		
		节理倾向与开挖向相同		节理倾向与开挖向相反				
	倾角	45°/90°	20°/45°	45°/90°	20°/45°	45°/90°	20°/45°	0°/20°
	评分值	0( )	-2( )	-5( )	-10( )	-12( )	-10( )	-5( )
评定	RMR 值	81~100	61~80	41~60	21~40	0~20		
	围岩级别	Ⅰ( )	Ⅱ( )	Ⅲ( )	Ⅳ( )	Ⅴ( )		

注:1. 测量人员根据现场巷道实际情况在相应( )内打"√"。

2. 现场不具备条件时,RQD 可通过现场计数单位体积中的节理数量 J_v 后,按下式进行换算:$RQD=115-3.3J_v$(J_v 为每立方米岩体中的节理总数)。J_v 可采用直接测量法,也可采用间距法计算,$J_v=S_1+S_2+\cdots S_n+S_k$,$S=1/$该组结构面的平均间距(m),$S_k$ 为每立方米岩体非成组节理数。

现场应用 RMR 围岩分类应注意以下几点：

(1)该快速评价方法相比 GB/T 50218—2014 只能起到参考作用，在现场应用 RMR 方法进行围岩判别后，应参照 GB/T 50218—2014 定性定量指标进行修正，提高准确性和可靠性。

(2)现场观察应“分部位，多点测试”后采用参数的平均值进行评分，切忌以点带面，盲目主观。

(3)由于 GB/T 50218—2014 考虑的影响围岩稳定性因素较为全面，也较为细致，因此在施工现场采用 RMR 法确定的围岩级别与 GB/T 50218—2014 确定的围岩级别有出入时应把握好以下原则：①当 RMR 法评判围岩级别优于 GB/T 50218—2014 评判的围岩级别时，应采用 GB/T 50218—2014 所评判的围岩级别；②当 RMR 法评判围岩级别差于 GB/T 50218—2014 评判的围岩级别时，应及时进行现场核对，综合确定围岩级别。

4.8 小　结

通过对罗山矿区巷道围岩典型破坏点工程地质条件的详细调查，分析可以得出如下结论：

(1)罗山矿区巷道围岩主要分为层状结构、混合结构、碎裂结构以及散体结构 4 种结构类型，其中层状结构围岩等级为Ⅲ级，稳定性较好，混合结构、碎裂结构及散体结构围岩等级均为Ⅴ级，稳定性差。

(2)罗山矿区巷道主要分为结构面控制型和塌落拱型两种破坏方式。其中，结构面控制型破坏主要是指围岩岩体受结构面及软弱夹层的控制下发生滑移塌落的破坏形式，主要发生在层状结构岩体中。塌落拱型破坏主要发生于围岩条件差，岩体破碎~极破碎的松散围岩中，在应力作用下呈拱型破坏，主要发生在碎裂及散体结构岩体中。

(3)罗山矿区主要发育三组优势结构面，产状分别为：①359°∠73°，②63°∠27°，③335°∠40°。其中，第一组结构面最为发育，并且分析得出罗山矿区巷道最优轴线走向约为 20°。

(4)根据罗山矿区巷道的主要功能和服务年限，分为永久支护(主巷道)和临时支护(穿脉巷道及回采巷道)两种支护类型。永久支护类型中，对于层状结构岩体采用锚杆支护，对于混合结构、碎裂结构以及散体结构岩体采用钢拱架+混凝土联合支护；临时支护类型中，对于层状结构采用人工清危的方法去除危险块体，而对于混合结构、碎裂结构以及散体结构岩体采用门形工字钢+圆木横梁支撑较为经济有效。

(5)基于 RMR 围岩分级法拟定出一套适合于施工人员现场判别围岩级别的快速评价方法，该方法与 GB/T 50218—2014 均采用定性与定量相结合的方法确定综合特征值以确定围岩级别，且考虑了多种因素的影响，对判断巷道围岩的稳定性较为合理可靠。

第5章 罗山金矿巷道典型围岩结构稳定性分析数值模拟研究

根据第4章对罗山金矿巷道围岩结构的划分，选取5个典型破坏点作为重点研究对象，通过FLAC3D有限元数值分析软件深入研究4种围岩结构在支护前后其塑性区范围、应力、位移随开挖过程的变化情况，分析其稳定性；并通过UDEC离散元数值分析软件模拟了4种围岩结构不同的破坏模式。

5.1 数值分析模型的基本原理

5.1.1 有限元模型的基本原理

5.1.1.1 FLAC3D 软件介绍

FLAC(fast lagrangian analysis of continua)是力学计算的数值方法之一，该名称源于流体动力学，它研究每个流体质点随时间变化的情况，即着眼于某一个流体质点在不同时刻的运动轨迹、速度及压力等。快速拉格朗日差分分析将计算域划分为若干单元，单元网格可以随着材料的变形而变形，即所谓的拉格朗日算法。

FLAC程序的基本原理和算法与离散元相似，但它却能像有限元那样适用于多种材料模式与边界条件非规则区域的连续问题求解。在求解过程中，FLAC采用了离散元的动态松弛法，不需要求解大型联立方程组(刚度矩阵)。同时，同以往的差分分析方法相比，FLAC不但可以对连续介质进行大变形分析，而且能模拟岩体沿某一软弱面产生的滑动变形，FLAC还能在同一计算模型中针对不同的材料特性，使用相应的本构方程来比较真实地反映实际材料的动态行为。此外，该方法还可考虑锚杆、挡土墙等支护结构与围岩的相互作用。

FLAC用差分方法求解，因此首先要生成网格。将物理网格(见图5-1)映射在数学网格(见图5-2)上，这样数学网格上的某个编号为(i,j)的结点就与物理网格上相应的结点的坐标(x,y)相对应，这一过程可以想象为数学网格是一张橡皮做的网，拉扯以后可以变为物理网格的形状。假定某一时刻各个节点的速度为已知，则根据高斯定理可求得单元的应变率，进而根据材料的本构定律可求得单元的新应力。

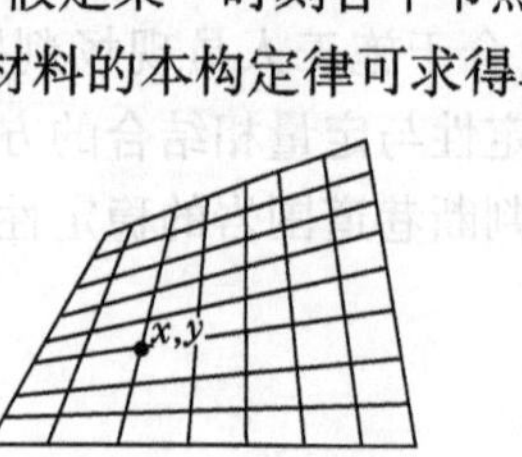

图5-1 物理网格

图5-2 数学网格

根据高斯定理,对于函数 F 有:

$$\int_B F n_i \mathrm{d}s = \int_V \frac{\partial F}{\partial x_i} \mathrm{d}V \tag{5-1}$$

式中:V 为函数求解域(或单元)的体积;B 为 V 的边界;n_i 为 V 的单位外法线矢量。

定义梯度$\dfrac{\partial F}{\partial x_i}$的平均值为

$$< \frac{\partial F}{\partial x_i} > = \frac{1}{V}\int_V \frac{\partial F}{\partial x_i} \mathrm{d}V \tag{5-2}$$

式中:$<\dfrac{\partial F}{\partial x_i}>$表示求平均值。

对于一个具有 N 条边的多边形,式(5-2)可写成对 N 条边求和的形式:

$$< \frac{\partial F}{\partial x_i} > = \frac{1}{V}\sum_{i=1}^{N} \overline{F}_i n_i \Delta S_i \tag{5-3}$$

式中:ΔS_i 为多边形的边长;$\overline{F}_i$ 为 F 在 ΔS_i 上的平均值。

假定以速度 $\dot{u}_i$ 代替式(5-3)中的 $\overline{F}_i$,且 $\dot{u}_i$ 取边两端的结点(差分网络的角点)a 和 b 的速度平均值,则:

$$< \frac{\partial \dot{u}_i}{\partial x_j} > = \frac{1}{2V}\sum_{i=1}^{N} [(\dot{u}_i^a + \dot{u}_i^b) n_j \Delta S_i] \approx \frac{\partial \dot{u}_i}{\partial x_j} \tag{5-4}$$

式中:n_j 为单位外法向矢量。

对于三角形单元(见图 5-3):

$$< \frac{\partial \dot{u}_i}{\partial x_j} > = \frac{1}{2V}[(\dot{u}_i^{(1)} + \dot{u}_i^{(2)}) n_j \Delta S_i^{(a)} + (\dot{u}_i^{(2)} + \dot{u}_i^{(3)}) n_j \Delta S_i^{(b)} + (\dot{u}_i^{(3)} + \dot{u}_i^{(1)}) n_j \Delta S_i^{(c)}]$$

同理可求出$<\dfrac{\partial \dot{u}_j}{\partial x_i}>$值。

由几何方程可求得单元的平均应变增量$<\Delta e_{ij}>$:

$$< \Delta e_{ij} > = \frac{1}{2}\left[< \frac{\partial \dot{u}_i}{\partial x_j} > + < \frac{\partial \dot{u}_j}{\partial x_i} > \right] \Delta t \tag{5-5}$$

由广义胡克定律,各向同性材料的本构方程为

$$\sigma_{ij} = 2\mu\varepsilon_{ij} + \lambda\theta \cdot \delta_{ij} \tag{5-6}$$

式中:λ、μ 为拉梅常数;θ 为体积应变,$\theta=\varepsilon_{ij}=\varepsilon_{11}+\varepsilon_{22}+\varepsilon_{33}$;$\delta_{ij}$ 为 i 处作用的单位力引起 j 处位移的大小,δ_{ij} 取值为

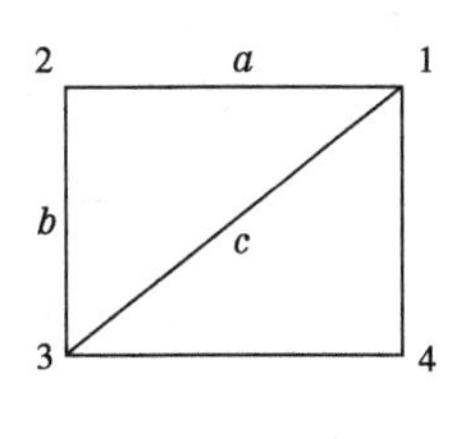

图 5-3　计算单元示意图

$$\delta_{ij} = \begin{cases} 1 & (i = j) \\ 0 & (i \neq j) \end{cases} \tag{5-7}$$

因此单元的平均应力增量可表达成

$$< \Delta\sigma_{ij} > = \lambda\delta_{ij} < \Delta\theta > + \frac{\mu}{E} I_1 \delta_{ij} \tag{5-8}$$

同时,若以应力表示应变,则其本构关系为

$$< \Delta e_{ij} > = \frac{1 + \mu}{E} < \Delta\sigma_{ij} > + \frac{\mu}{E} I_1 \delta_{ij} \tag{5-9}$$

式中：μ 为泊松比；E 为弹性模量；I_1 为应力第一不变量。

通过式(5-5)～式(5-9)的迭代求解，可求出每迭代时步相应各单元的应力和应变值。由莫尔库仑屈服准则：

$$\tau_n = -\sigma_n \tan\varphi + c \tag{5-10}$$

将式转换成用单元应力表示的形式：

$$f = \sigma_3 - N_\varphi \sigma_1 + 2c(N_\varphi)^{1/2} \tag{5-11}$$

式中：$N_\varphi = (1+\sin\varphi)/(1-\sin\varphi)$。

根据各单元 F 值的大小便可判断单元屈服与否($F<0$ 时为屈服；否则不屈服)。上面已求出了各域(单元)的应力，下面来求各结点平衡力。由结点的运动方程：

$$\frac{\partial \sigma_{ij}}{\partial x_i} + \rho g_i = \rho \ddot{u}_i \tag{5-12}$$

式中：$\ddot{u}_i$ 为总加速度；g_i 为重力加速度。

沿积分路径积分(见图 5-4)得：

$$\rho \ddot{u}_i = \frac{1}{V}\sum < \sigma_{ij} > n_j \Delta S_i + \rho g_i \tag{5-13}$$

式中：$\sum <\sigma_{ij}> n_j \Delta S_i$ 为某结点周围单元作用在该结点的集中力；F 为作用在结点中的合力(净力)。

利用中心差分，得某结点的加速度和速度：

$$\ddot{u}_i(t) = \frac{\dot{u}_i(t + \Delta t/2) - \dot{u}_i(t - \Delta t/2)}{\Delta t} \tag{5-14}$$

$$\dot{u}_i(t + \Delta t/2) = \dot{u}_i(t - \Delta t/2) + \ddot{u}_i(t)\Delta t \tag{5-15}$$

式中：$\dot{u}_i(t-\Delta t/2)$ 为结点上一时步的速度，而 $\ddot{u}_i(t)\Delta t$ 也已求出。

进一步得结点位移：

$$u_i(t + \Delta t) = u(t) + \dot{u}_i(t + \Delta t)\Delta t \tag{5-16}$$

按照上述思路通过迭代求解，便可求出每一时步边坡上各单元(或结点)的应力、变形值，进而可模拟出整个边坡的变形破坏过程。拉格朗日差分法计算循环如图 5-5 所示。

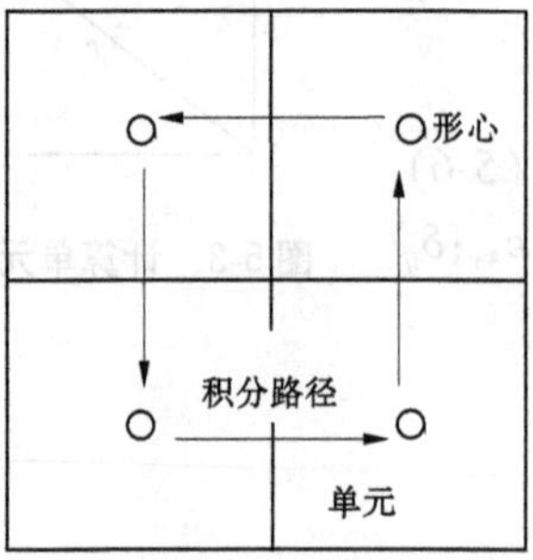

图 5-4 积分路径

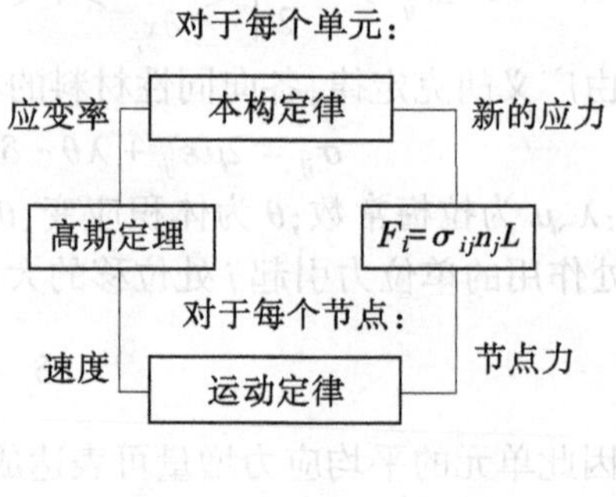

图 5-5 FLAC 的计算循环

5.1.1.2 **数值模拟流程**

硐室开挖受力分析流程，如图 5-6 所示。首先，用 AutoCAD 画出洞形及围岩范围，用 CAD 中生成面域的方法把制作的平面生成 sat 文件；并将其导入 ANSYS 中；在 ANSYS 中根据从下向上的建模方法，建立实体模型，进行布尔运算，设置单元类型，定义材料类型，进行网格划分，设置边界条件、计算时步控制、边界约束；使用 ANSYS 转 FLAC 程序 ansys-flac. exe 将 ANSYS 模型导入 FLAC3D(3-D fast lagrangian analysis code)中；在 FLAC3D 中模型计算和后处理，得到位移、应力、应变图等，用于数值模拟结果分析。

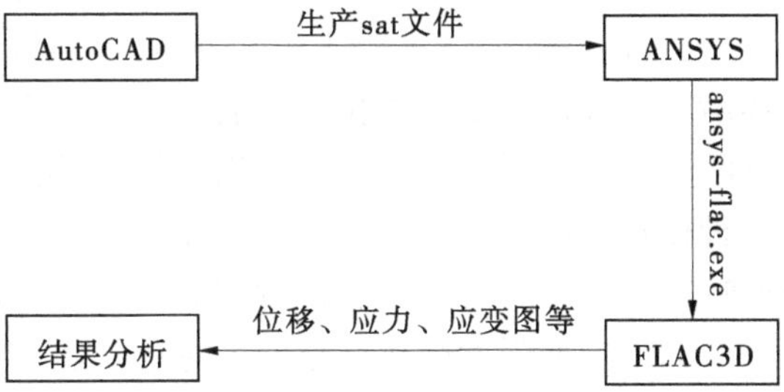

图 5-6　硐室开挖受力分析流程

5.1.1.3　参数的选取

在参考室内、室外试验的基础上，对掌子面岩体进行围岩分级，然后查《公路隧道设计规范　第一册　土建工程》(JTG 3370.1—2018)，即表 5-1，根据现场情况计算所得参数。

表 5-1　各级围岩的物理力学指标标准值

围岩级别	重度 γ/(kN/m^3)	弹性抗力系数 κ/(MPa/m)	变形模量 E/GPa	泊松比 μ	内摩擦角 φ/(°)	黏聚力 c/MPa	计算摩擦角 φ_c/(°)
Ⅰ	>26.5	1 800~2 800	>33	<0.2	>60	>2.1	>78
Ⅱ		1 200~1 800	20~33	0.2~0.25	50~60	1.5~2.1	70~78
Ⅲ	26.5~24.5	500~1 200	6~20	0.25~0.3	39~50	0.7~1.5	60~70
Ⅳ	24.5~22.5	200~500	1.3~6	0.3~0.35	27~39	0.2~0.7	50~60
Ⅴ	17~22.5	100~200	1~2	0.35~0.45	20~27	0.05~0.2	40~50
Ⅵ	15~17	<100	<1	0.4~0.5	<20	<0.2	30~40

计算时所需体积模量，剪切模量通过以下公式求得：

$$K = \frac{E}{3(1-2\mu)} \tag{5-17}$$

$$G = \frac{E}{2(1+\mu)} \tag{5-18}$$

式中：K 为弹性模量；G 为剪切模量；μ 为泊松比。

5.1.2　离散元模型的基本原理

离散单元法(DEM)是由 Cundall 在 20 世纪 70 年代初提出适用于研究节理系统或块体集合的不连续介质在准静力或动力条件下的力学问题，DEM 是建立在牛顿第二定律之上用以分析变形体或刚体力学行为的方法。现已在采矿、隧道开挖、岩质边坡稳定等多方面领域得到了广泛应用。

通用离散元程序(UDEC, universal distinct element code)采用的离散单元法理论由 Cundall (1971)首次提出,至今已经过了 50 多年的发展,是一款基于拉格朗日算法,由 ITASCA 公司研发,用以处理不连续介质的二维离散元程序,目前的最新版本为 4.0。此模拟软件主要用于模拟非连续介质(如岩体中的节理裂隙等)承受静载或动载作用下的响应。其中非连续介质是通过离散的块体集合体加以表示,不连续面通过软件处理为块体间的边界面,允许块体沿不连续面发生较大位移和转动,甚至完全脱离。在 UDEC 中,还为完整块体和不连续面开发了几种材料特性模型,用来模拟不连续地质界面可能显现的典型特性,是公认的一种模拟块体系统大变形的有效方法。

本书所研究的 5 种典型的破坏结构都分别由岩块和结构面组成,岩块强度和结构面强度综合决定了岩体强度,而结构面强度往往只是岩块的几分之一甚至几十分之一,因此采用 UDEC 对这 5 种典型结构的破坏模式进行模拟分析是一种较为合理的方法。

5.2 层状结构Ⅰ稳定性的数值模拟

5.2.1 FLAC3D 数值模拟分析

5.2.1.1 模型的建立

本次对变形机制和支护效果的研究取罗山金矿 505 中段 7 号典型破坏点的实际地质条件建立模型,模型运行到平衡以模拟初始状态,然后开掘巷道。拟对巷道位移及应力场进行分析,以期了解巷道围岩变形,塑性区发育情况,应力分布规律。模型建立长×宽×高=35 m×20 m×35 m,共 38 388 个节点,35 360 个单元,本次模型模拟以围岩层状结构为主,各项力学指标以规范查表为主建立模型,物理力学参数见表 5-2。巷道开挖在模型中部,巷道为门拱形,模型的边界条件为四周和底部固定,初始条件为铅直应力 5 MPa(模型上覆岩层自重)作用在模型顶部,屈服准则取莫尔-库仑准则,建立模型如图 5-7 所示。

表 5-2 围岩物理力学参数

围岩等级	弹性模量/GPa	泊松比	容重/(kN/m³)	黏聚力/MPa	内摩擦角/(°)	抗拉强度/MPa
Ⅲ	18	0.27	23	1	45	8

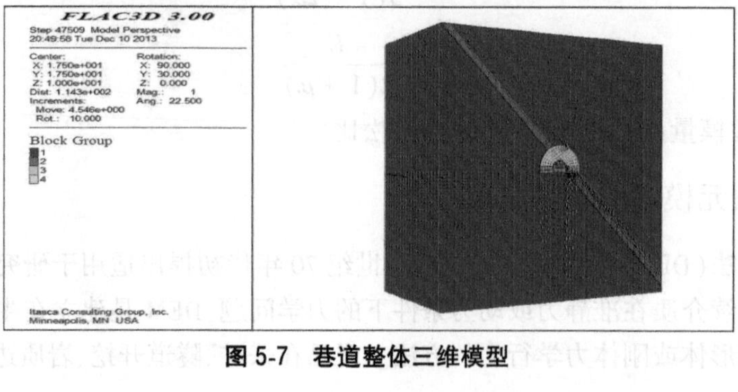

图 5-7 巷道整体三维模型

5.2.1.2　天然状态下巷道围岩稳定性分析

由于该巷道埋深约 200 m，故在铅直压力为 5 MPa 的情况下模拟掘进对该巷道围岩稳定性的影响，巷道掘进方向为 z 向，分 20 个开挖步，步距为 1 m，共开挖 20 m。从中抽取 2、6、11、16、20 步来分析，模拟结果如下。

1. 塑性区

各开挖阶段塑性区云图见图 5-8。

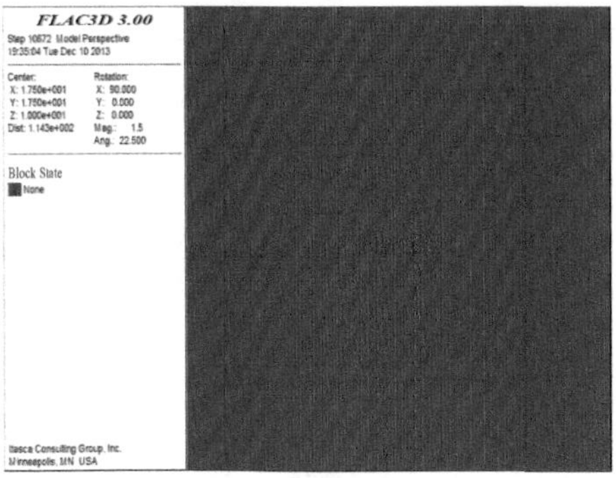

(a)n=2 m

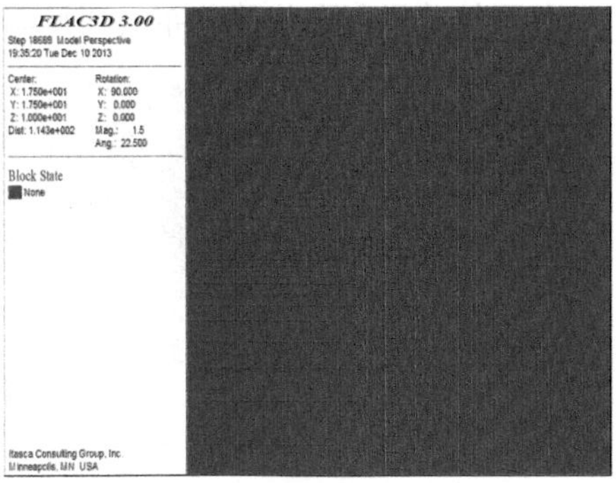

(b)n=6 m

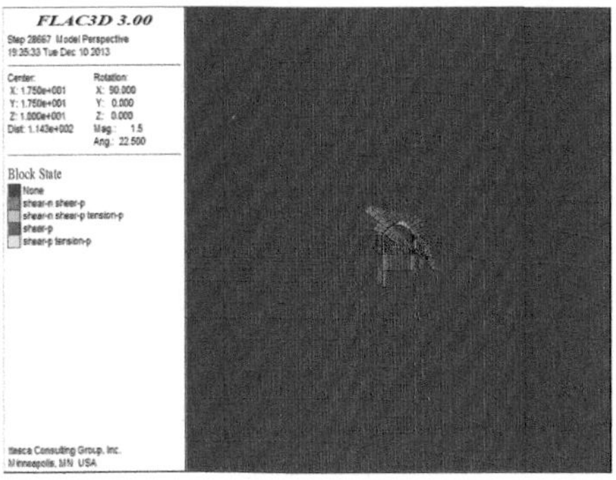

(c)n=11 m

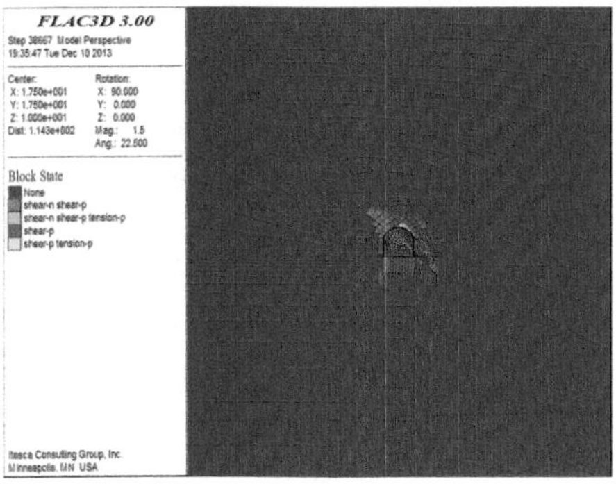

(d)n=16 m

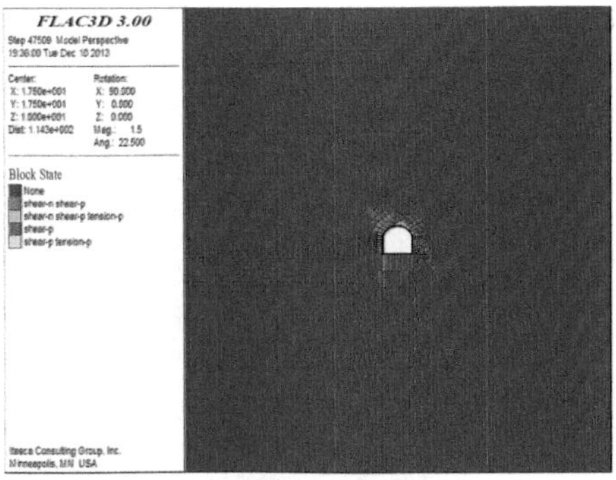

(e)n=20 m

图 5-8　各开挖阶段塑性区云图

通过上述数值模拟分析开挖过程对巷道塑性区影响情况可知，在开挖至 6 m 时，7 m 处的横截面尚未产生塑性区，在开挖至 11 m 时，7 m 处的横截面产生一定的塑性屈服，且在右侧洞肩力学性质较为薄弱处塑性区范围较大；在开挖至 16 m 时，塑性区范围没有明显增大；在开挖至 20 m 时塑性区范围基本稳定。

2. 位移

1）竖向位移

各开挖阶段竖向位移分布云图见图 5-9。

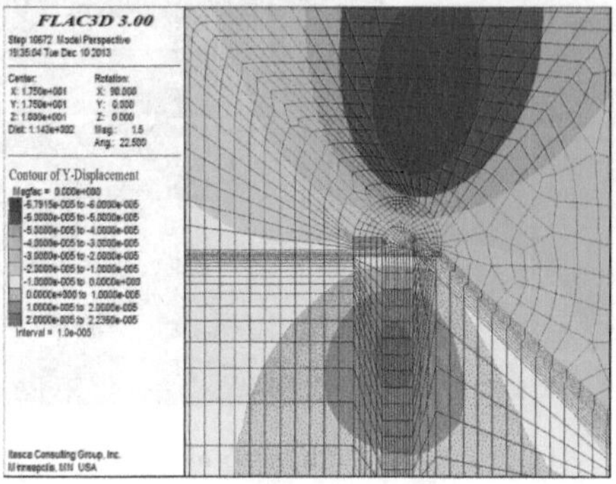

（a）$n=2$ m

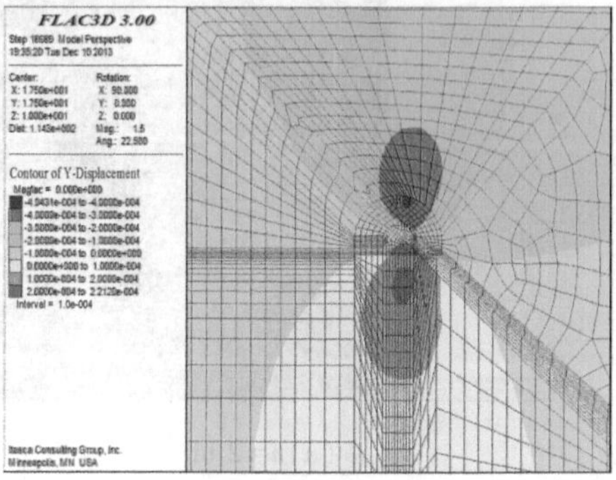

（b）$n=6$ m

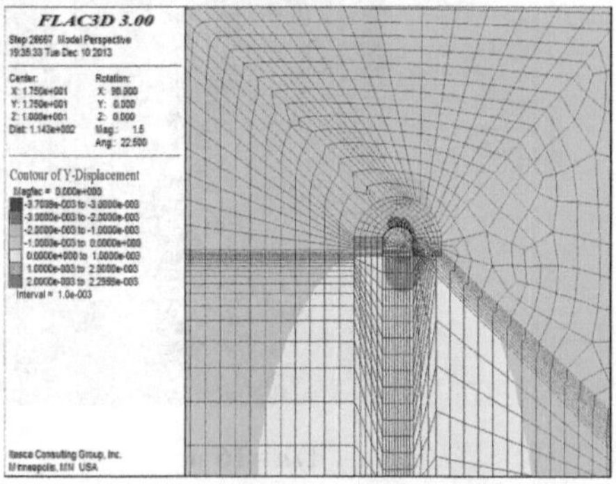

（c）$n=11$ m

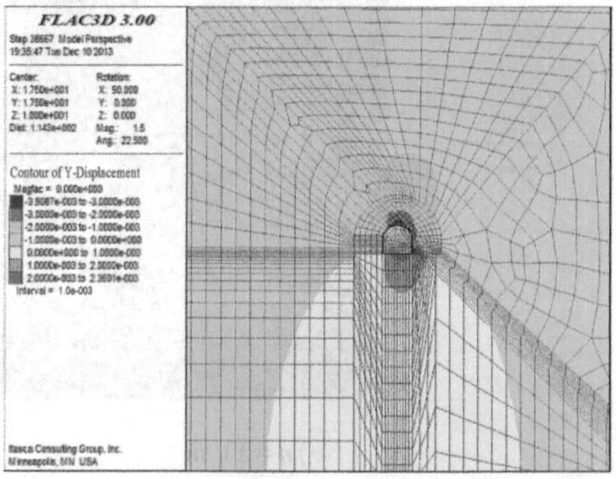

（d）$n=16$ m

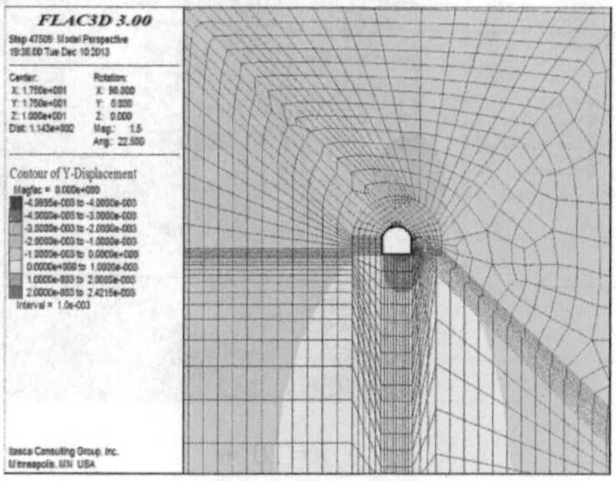

（e）$n=20$ m

图 5-9　各开挖阶段竖向位移分布云图

通过上述数值模拟分析开挖过程对巷道竖向位移影响情况可知，在开挖至 6 m 时，7 m 处横截面的洞顶和洞底产生较大的位移；在开挖至 11 m 时，其洞顶产生 3~3.7 mm 的位移，并主要集中在洞顶左侧软弱带，在洞底主要是向上鼓胀产生 2~2.3 mm 的位移；在开挖至 16 m 时产生的位移有所增大，在洞顶产生的位移为 3~4 mm，在洞底的位移变化不大，维持在 2 mm 左右；在开挖至 20 m 时，位移的大小已趋于稳定。

2) 水平位移

各开挖阶段水平位移分布云图见图 5-10。

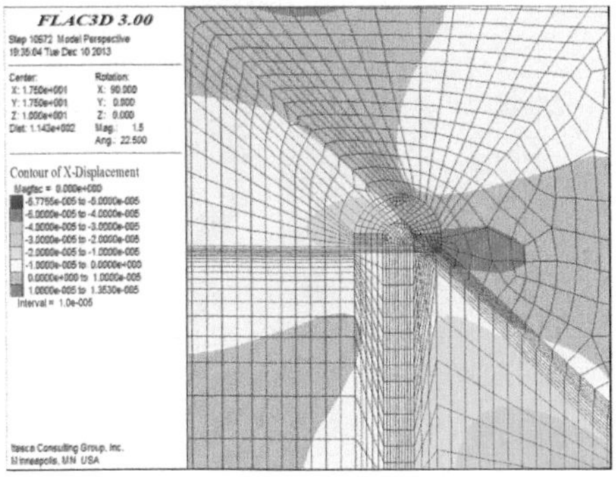

(a) $n=2$ m

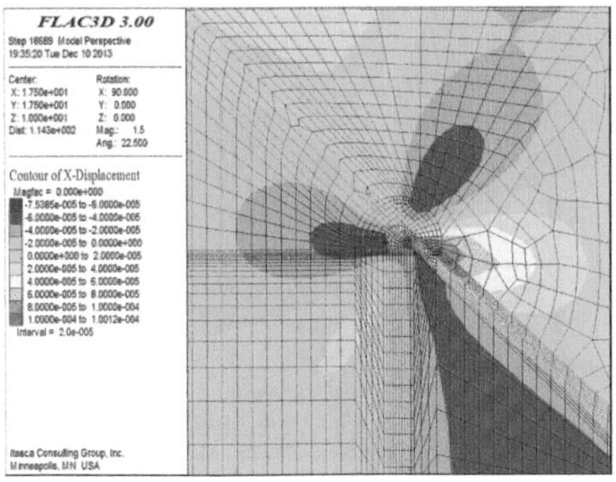

(b) $n=6$ m

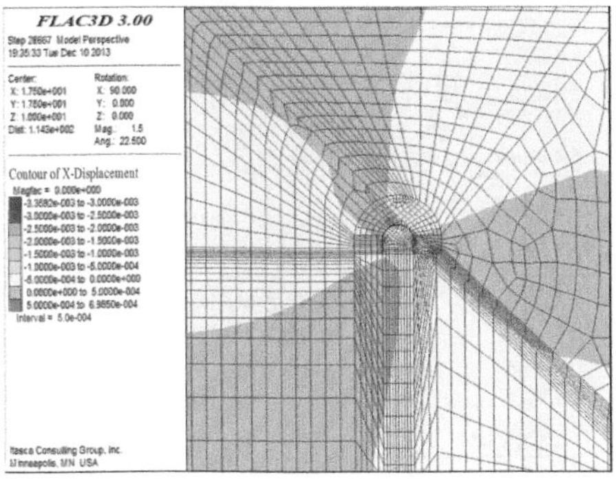

(c) $n=11$ m

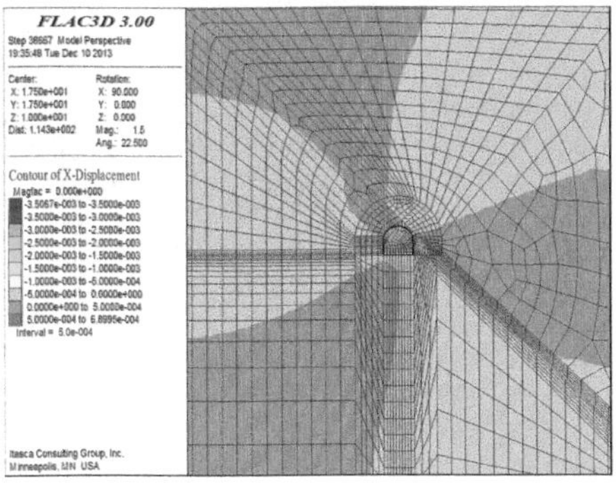

(d) $n=16$ m

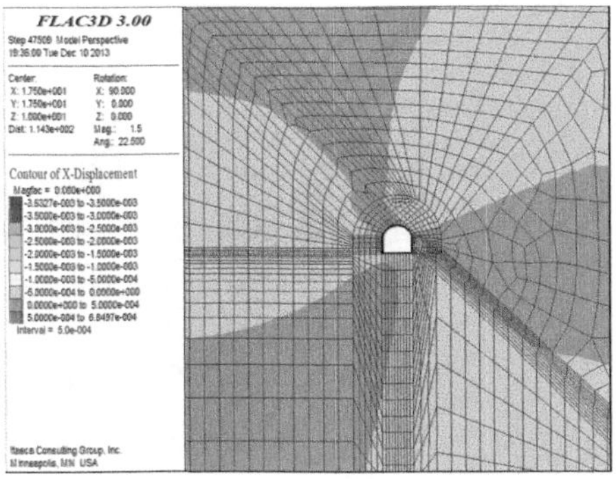

(e) $n=20$ m

图 5-10　各开挖阶段水平位移分布云图

通过上述数值模拟分析开挖过程对巷道水平位移影响情况可知，在开挖至6 m时，巷道横截面产生的水平位移主要表现为向洞内收敛；在开挖至11 m的时候，7 m处横截面的位移主要集中在洞顶左侧的软弱带上和右侧拱腰的软弱带上，分别为0.65 mm左右和1.5 mm左右。在开挖至20 m时，在洞周围产生3.5 mm左右的位移。

3. 应力

1) 竖向应力

各开挖阶段竖向应力分布云图见图5-11。

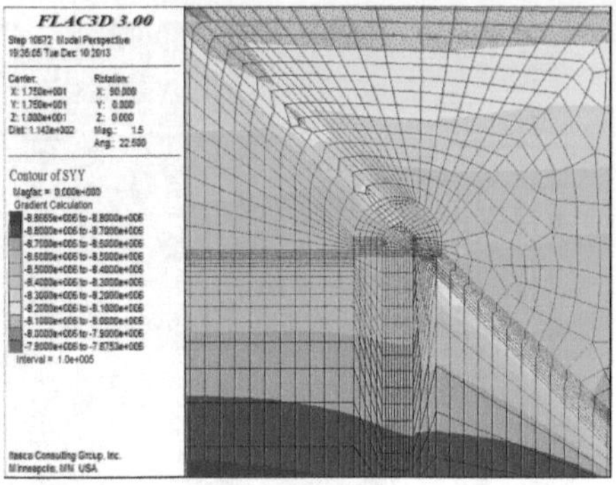

(a) $n=2$ m

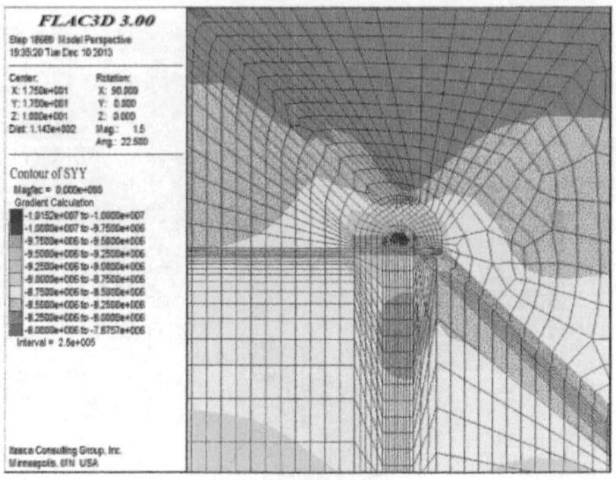

(b) $n=6$ m

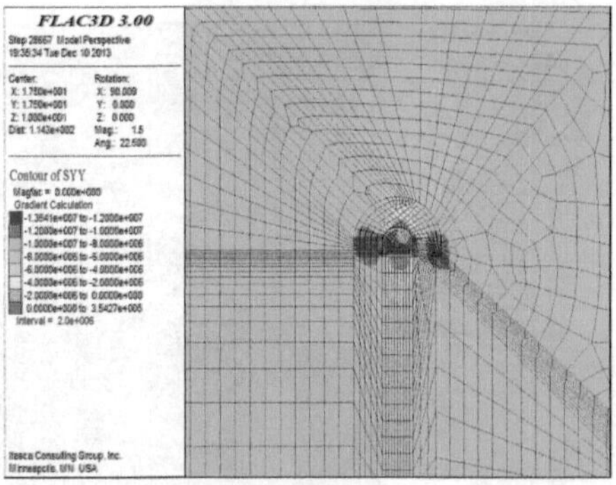

(c) $n=11$ m

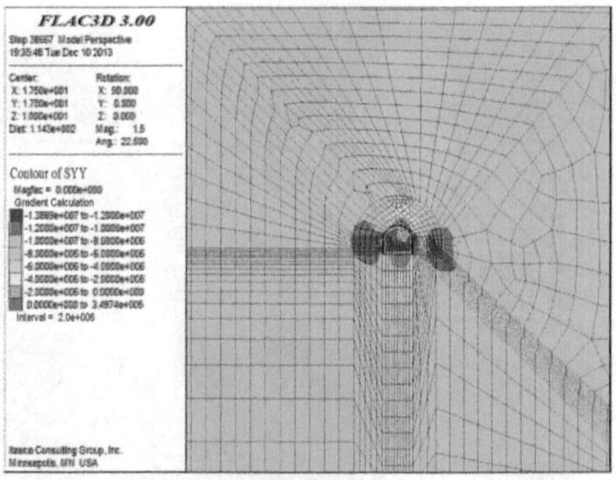

(d) $n=16$ m

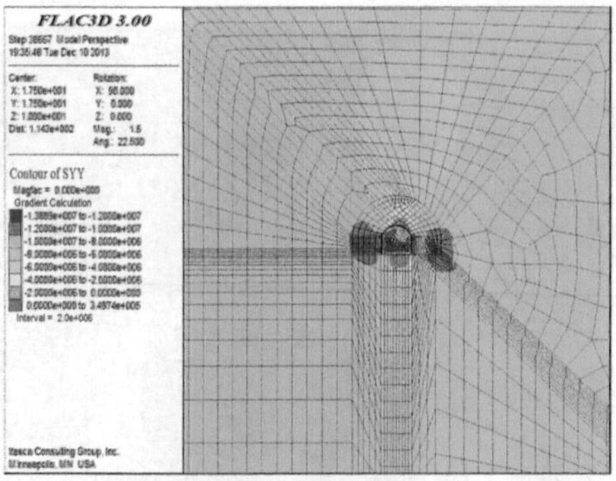

(e) $n=20$ m

图5-11 各开挖阶段竖向应力分布云图

通过上述数值模拟分析开挖过程对巷道竖向应力影响情况可知，在开挖至 2 m 时，竖向应力未发生较大的集中，在开挖至 6 m 时，在洞两腰产生一定的竖向向下应力集中约为 10 MPa；在开挖至 11 m 的时候，在洞顶由于岩体破坏，应力水平较低，约为 2 MPa，在洞的两腰集中应力为 12~13 MPa；在开挖至 20 m 时，在洞顶产生向下的竖向应力为 2 MPa 左右，在洞底产生 0.4 MPa 左右的向上的竖向应力，在两腰还有一定的竖直向下应力的应力集中。

2）剪切应力

各开挖阶段剪切应力分布云图见图 5-12。

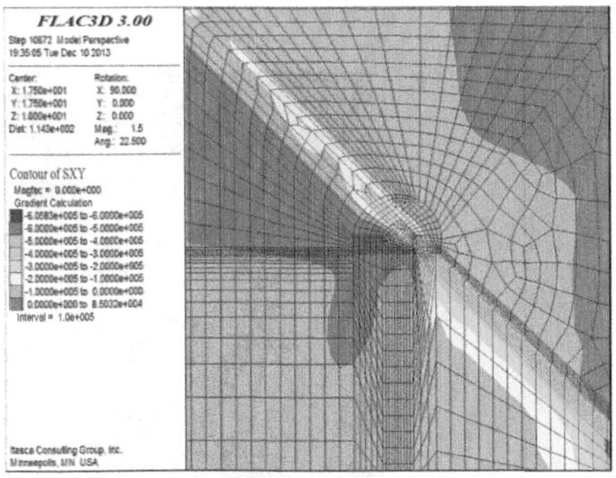

(a)n=2 m

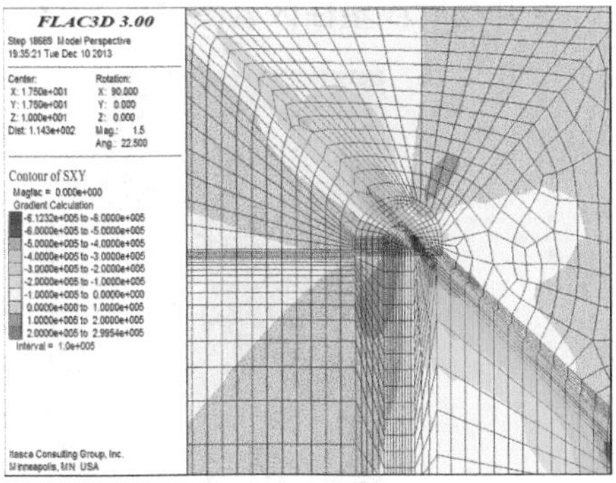

(b)n=6 m

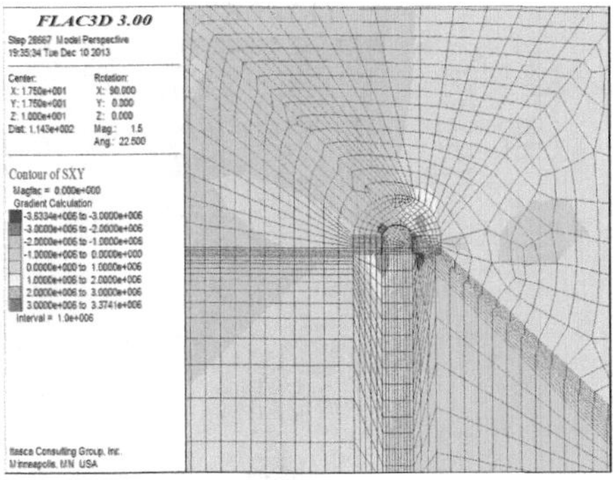

(c)n=11 m

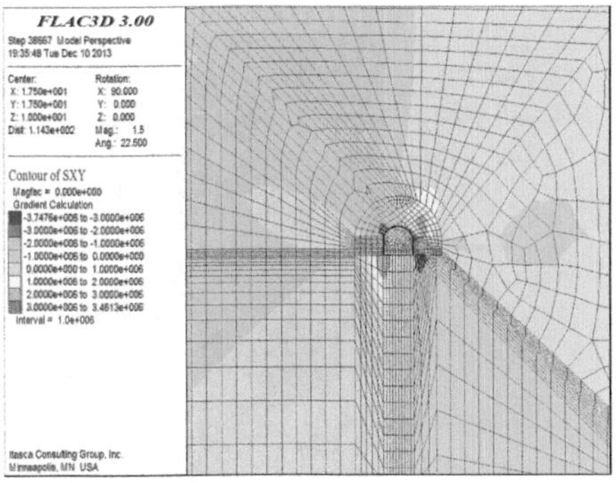

(d)n=16 m

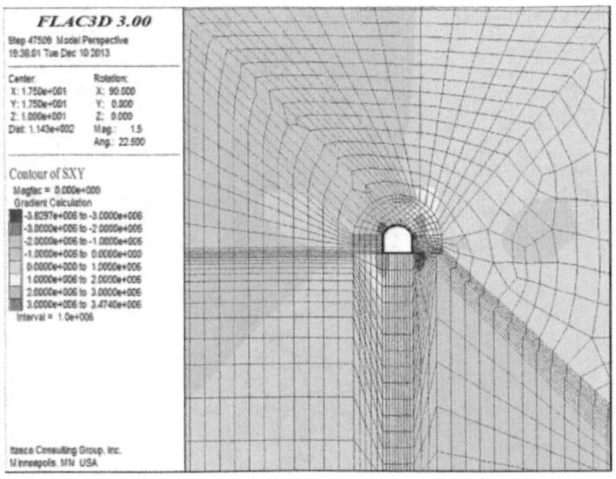

(e)n=20 m

图 5-12　各开挖阶段剪切应力分布云图

通过上述数值模拟分析开挖过程对巷道剪切应力影响情况可知，在开挖至 6 m 时，7 m 截面处围岩剪切应力在结构较为破碎的地方产生应力集中；在开挖至 11 m 时，由于 7 m 截面处已形成洞形，发生应力重分布，形成环向应力；在开挖至 16 m 时，剪切应力趋于稳定。

5.2.1.3　支护后巷道围岩稳定性分析

该典型破坏点为层状结构，属Ⅲ级围岩，根据 4.5 节巷道围岩支护措施建议，采用锚杆支护，选取锚杆长度 2.6 m，间距 1.5 m，梅花形布置。模拟采用对锚杆影响区域加固的方法，模拟得出支护后围岩塑性区、位移及应力情况如下。

1. 塑性区

各开挖阶段塑性区云图见图 5-13。

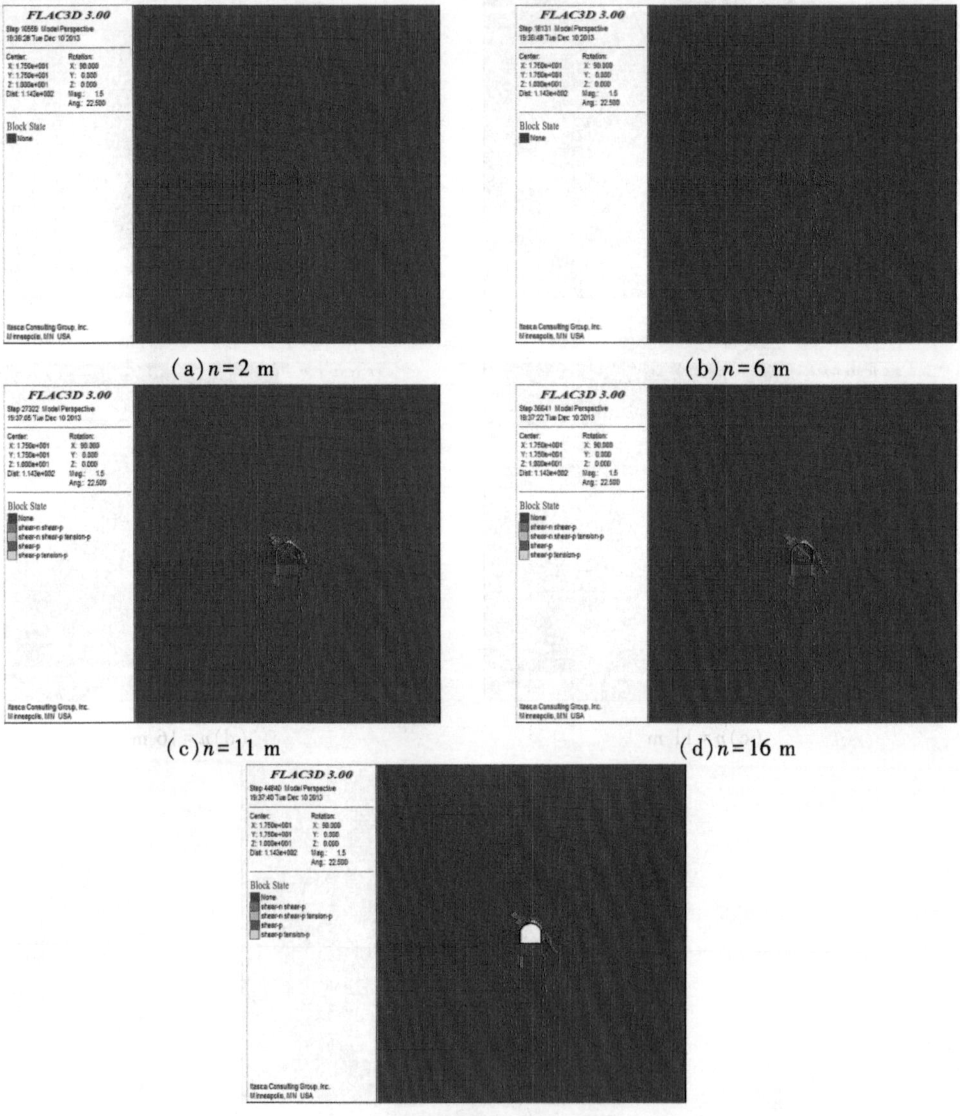

(a) n=2 m　(b) n=6 m

(c) n=11 m　(d) n=16 m

(e) n=20 m

图 5-13　各开挖阶段塑性区云图

通过上述数值模拟分析开挖过程对巷道支护后的塑性区影响情况可知，在开挖至 6 m 时，7 m 处横截面还未产生塑性区；在开挖至 11 m 时，7 m 处横截面产生一定的塑性区，在洞顶左侧有一软弱带，塑性区较大，洞底也有较大的塑性区，但明显小于支护之前的塑性区；在开挖至 16 m 时，塑性区范围未有明显增大；在开挖至 20 m 时塑性区范围已趋于稳定，支护效果明显。

2. 位移

1) 竖向位移

各开挖阶段竖向位移分布云图见图 5-14。

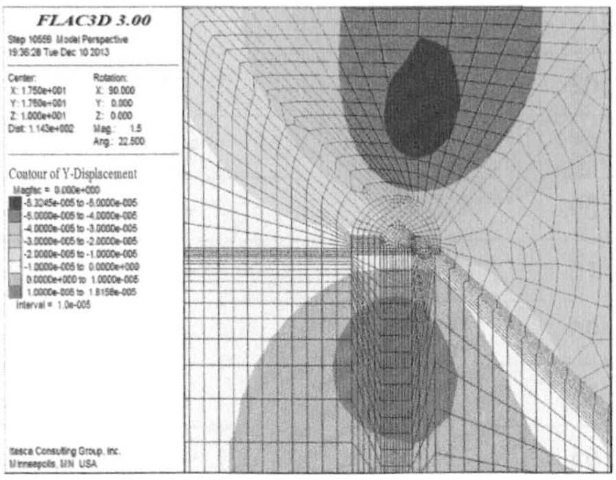

(a) $n=2$ m

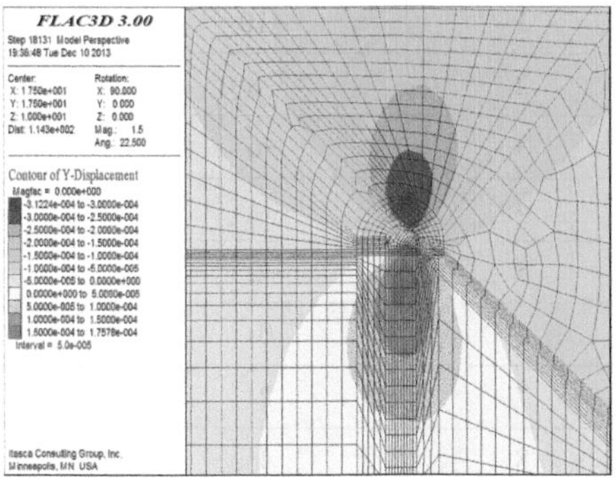

(b) $n=6$ m

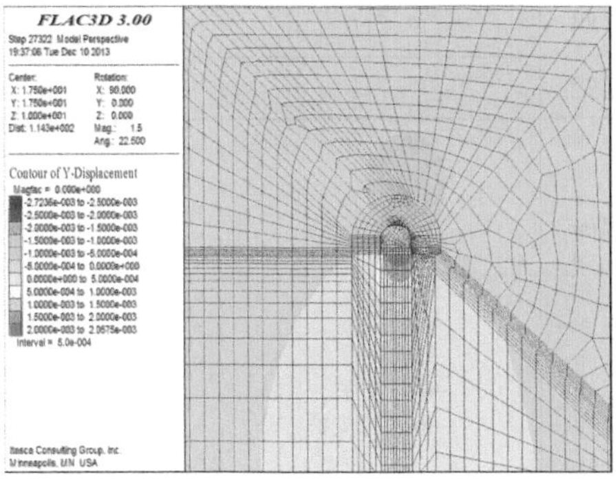

(c) $n=11$ m

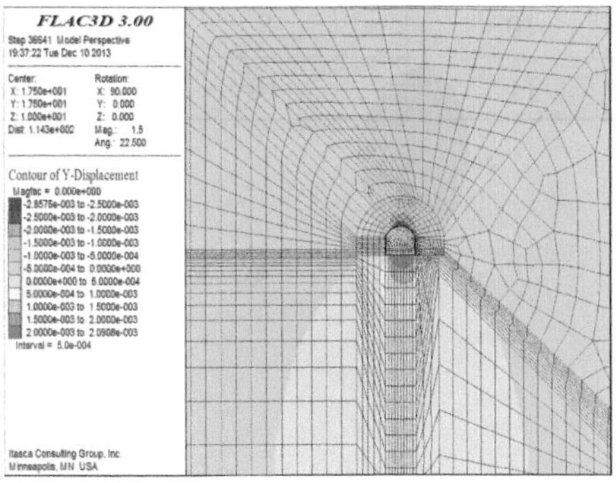

(d) $n=16$ m

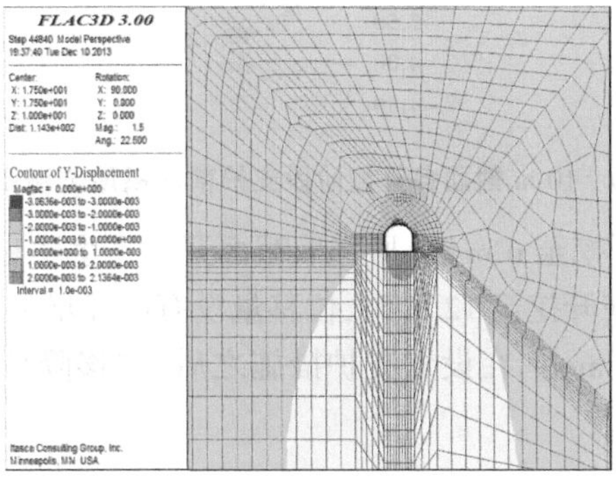

(e) $n=20$ m

图 5-14　各开挖阶段竖向位移分布云图

通过上述数值模拟分析开挖过程对巷道支护后的竖向位移影响情况可知，在开挖至 6 m 时，在洞顶和洞底产生较大的位移；在开挖至 11 m 时其洞顶产生 2.5～2.7 mm 的位移，并主要集中在洞顶左侧软弱带，在洞底主要是向上鼓胀产生 2 mm 左右的位移；在开挖至 16 m 时，在洞顶和洞底产生较小的位移增量；在开挖 20 m 时，位移的大小已趋于稳定，在洞顶位移主要在软弱带上，在洞底也有一定的位移，支护后，位移量明显减少。

各开挖阶段，该巷道 10 m 截面支护前后拱顶竖直位移变化规律见表 5-3 和图 5-15。

表 5-3　10 m 截面各开挖阶段支护前后拱顶位移量

编号	距离/m	未支护/mm	支护/mm
1	-10	0	0
2	-8	-0.02	-0.02
3	-6	-0.05	-0.04
4	-4	-0.09	-0.07
5	-2	-0.16	-0.14
6	0	-0.96	-0.80
7	2	-3.35	-2.41
8	4	-3.65	-2.61
9	6	-3.77	-2.69
10	8	-3.84	-2.74
11	10	-3.92	-2.79

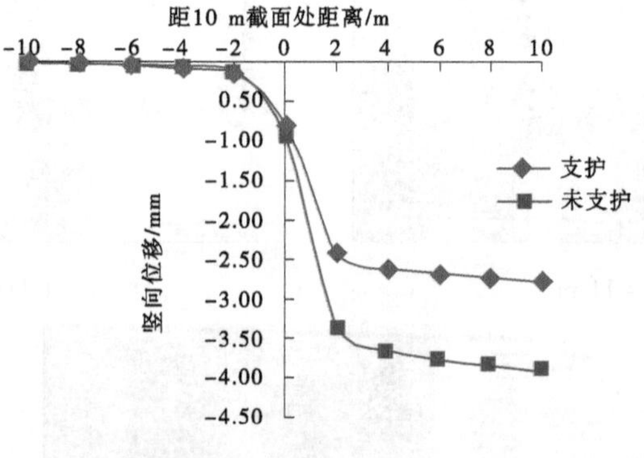

图 5-15　10 m 截面各开挖阶段支护前后拱顶位移变化规律

由图 5-15 可知，在开挖至 6 m 时，所选取截面开始产生明显位移，随着开挖的继续进行，位移变化速率较大，在开挖至 12 m 时，位移量没有明显增加，位移趋于稳定，在开挖至 20 m 时产生位移为 3.92 mm。在设置支护措施之后，位移降低至 2.79 mm，位移明显减少，支护效果明显。

2) 水平位移

各开挖阶段水平位移分布云图见图 5-16。

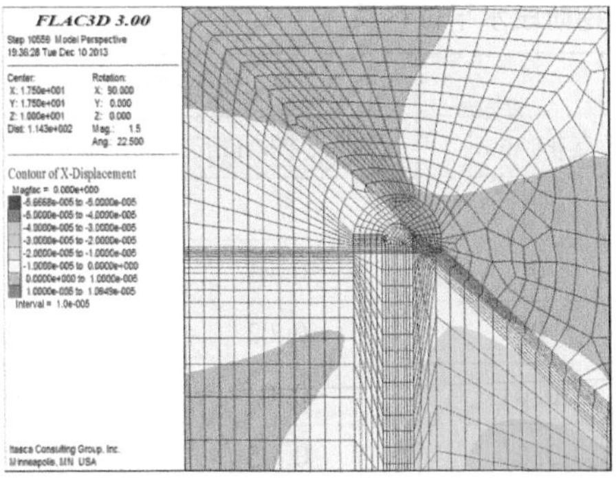

(a)$n=2$ m

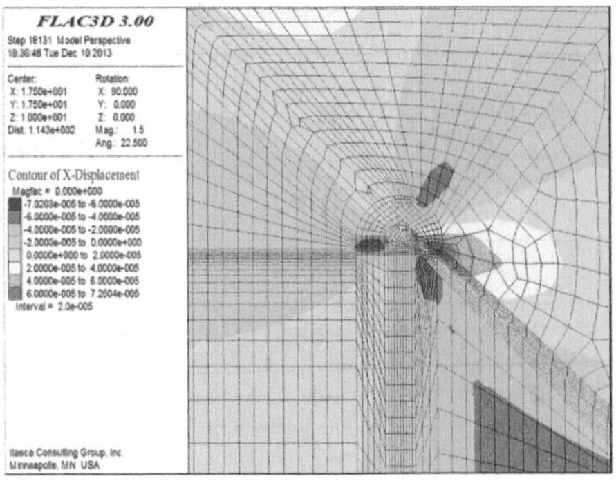

(b)$n=6$ m

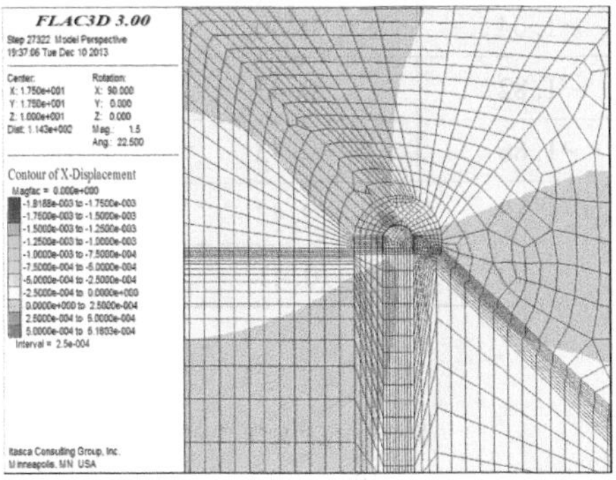

(c)$n=11$ m

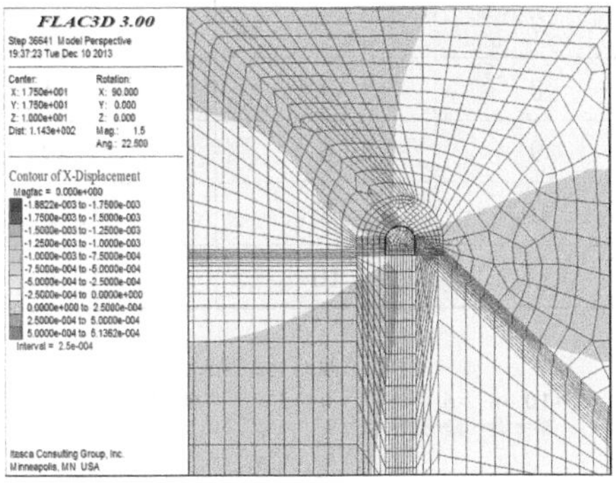

(d)$n=16$ m

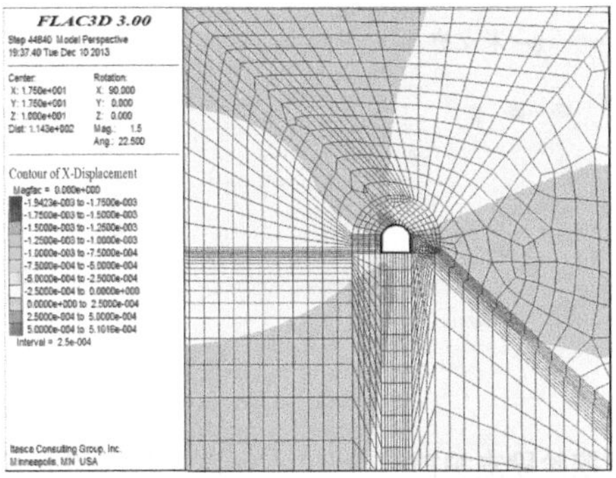

(e)$n=20$ m

图 5-16　各开挖阶段水平位移分布云图

通过上述数值模拟分析开挖过程对巷道支护后的水平位移影响情况可知，在开挖至 6 m 时，巷道横截面产生的水平位移主要表现为向洞内收敛；在开挖至 11 m 时，7 m 处横截面的位移主要集中在洞顶左侧的软弱带上和右侧拱腰的软弱带，分别为 0.5 mm 左右和 1.8 mm 左右。在开挖至 20 m 时，洞壁周围产生 1.7 mm 的位移，明显小于支护之前的位移，支护效果良好。

各开挖阶段，该巷道 10 m 截面支护前后洞腰水平位移变化规律见表 5-4 和图 5-17、图 5-18。

表 5-4　10 m 截面各开挖阶段水平位移量

编号	距离/m	右侧		左侧	
		未支护/mm	支护/mm	未支护/mm	支护/mm
1	-10	0	0	0	0
2	-8	0	0	-0.01	0
3	-6	-0.01	0	-0.02	-0.01
4	-4	-0.01	-0.01	-0.03	-0.02
5	-2	-0.01	-0.01	-0.05	-0.03
6	0	-0.25	-0.16	-0.03	-0.01
7	2	-3.00	-1.64	0.40	0.18
8	4	-3.31	-1.82	0.43	0.17
9	6	-3.39	-1.86	0.43	0.16
10	8	-3.43	-1.88	0.42	0.15
11	10	-3.46	-1.90	0.41	0.14

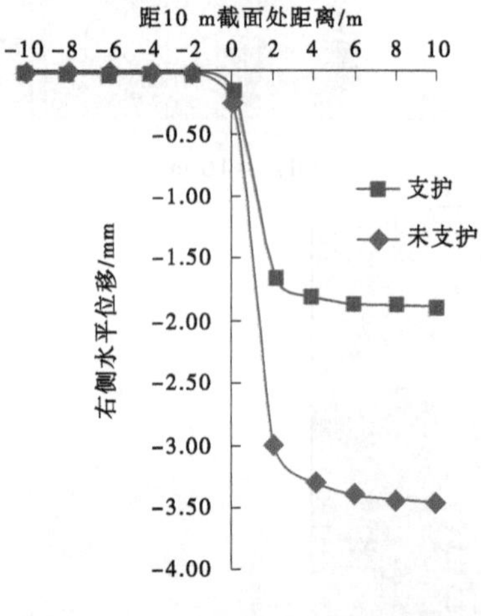

图 5-17　10 m 截面各开挖阶段支护前后右侧水平位移变化规律

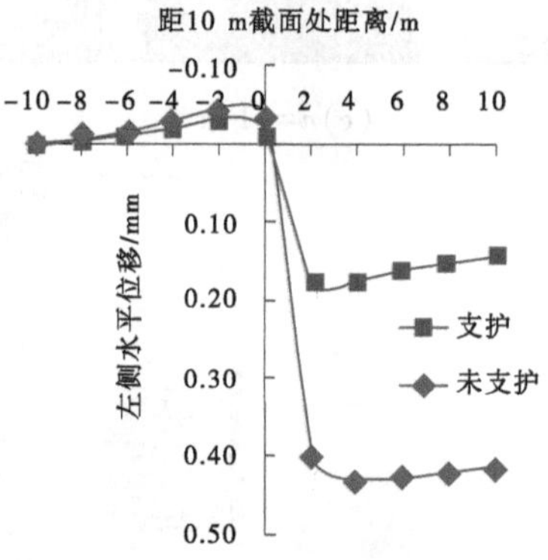

图 5-18　10 m 截面各开挖阶段支护前后左侧水平位移变化规律

由图 5-17、图 5-18 可知，由于洞壁周围岩体结构较好，在开挖至所选取横截面时，才开始产生明显位移，随着开挖的继续进行，位移变化速率较大，在开挖至 12 m 时，位移增量逐渐趋于零值，位移趋于稳定，在开挖至 20 m 时左侧所产生水平位移为 0.41 mm，右侧为 3.46 mm。在设置支护措施之后，位移分别变化为 0.14 mm、1.90 mm，位移明显减少，并快速收敛，支护效果明显。

3. 应力

1) 竖向应力

各开挖阶段竖向应力分布云图见图 5-19。

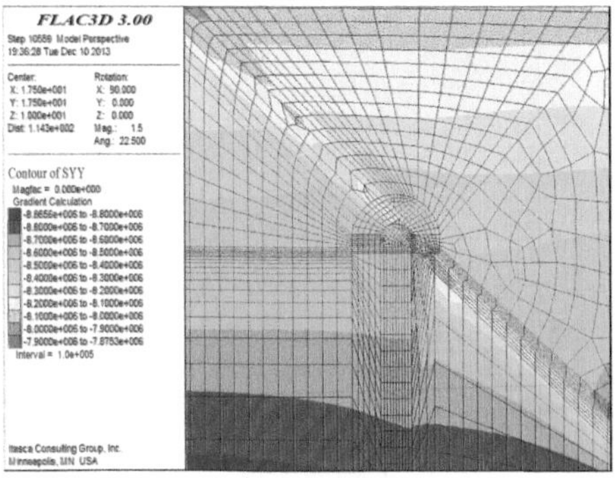

(a)$n=2$ m

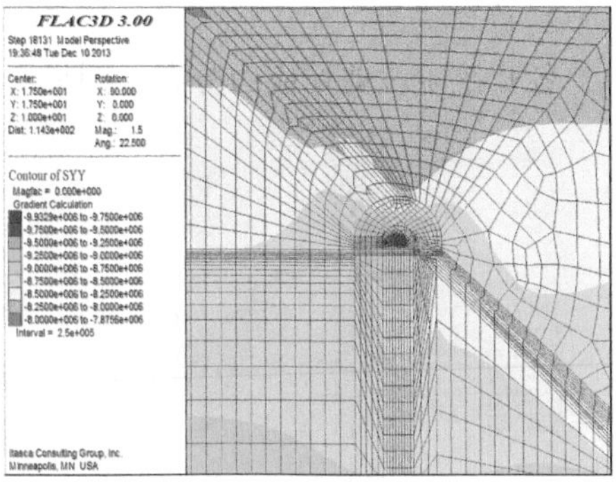

(b)$n=6$ m

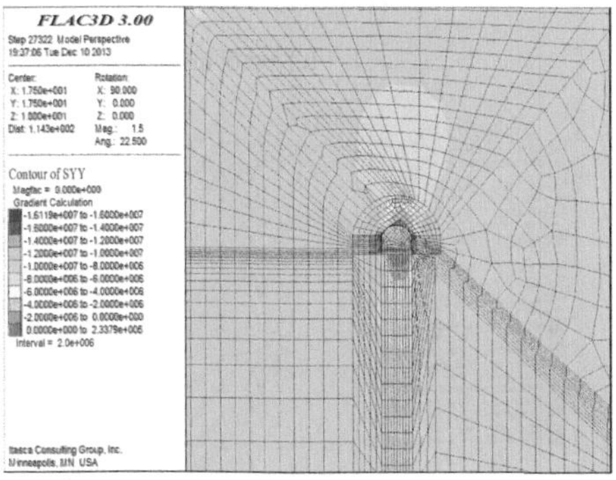

(c)$n=11$ m

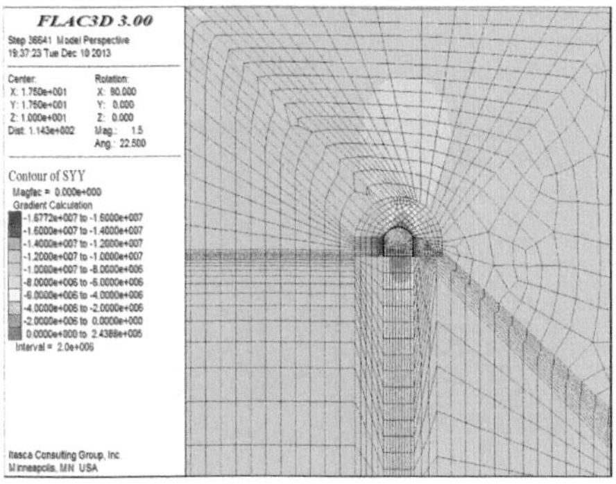

(d)$n=16$ m

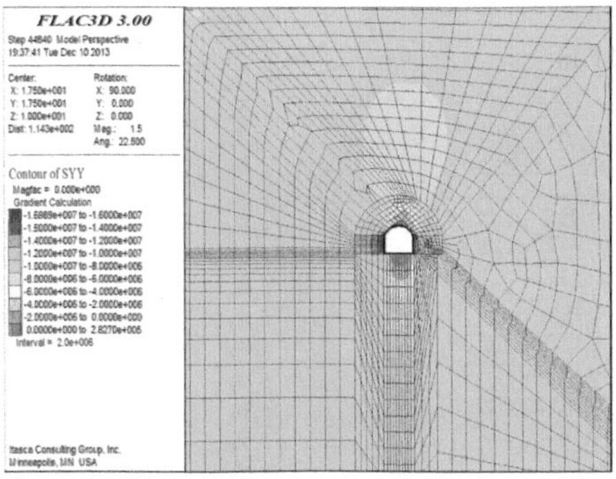

(e)$n=20$ m

图 5-19　各开挖阶段竖向应力分布云图

通过上述数值模拟分析开挖过程对巷道支护后的竖向应力影响情况可知，在开挖 2 m 之后，竖向应力未发生较大的集中；在开挖至 6 m 之后，在洞两腰产生一定的竖向向下应力集中，约为 9 MPa；在开挖至 11 m 的时候，在洞顶由于岩体破坏，应力水平较低，约为 2 MPa；在开挖至 20 m 时，在洞顶产生向下的竖向应力为 2 MPa 左右，在洞底产生 0.3 MPa 左右的向上的竖向应力，在两腰还有一定的竖直向下应力的应力集中。

2)剪切应力

各开挖阶段剪切应力分布云图见图 5-20。

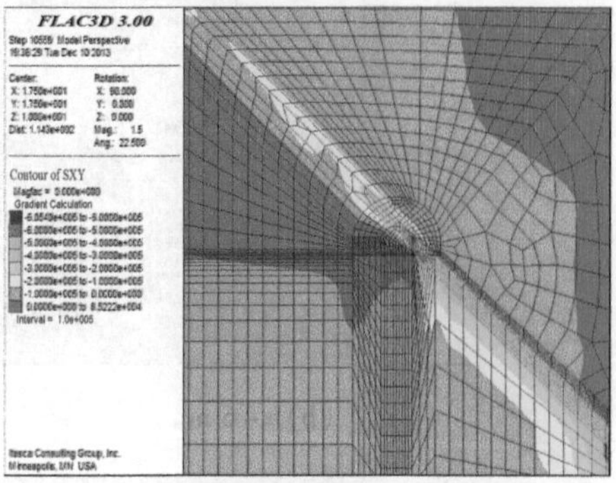

(a)n=2 m

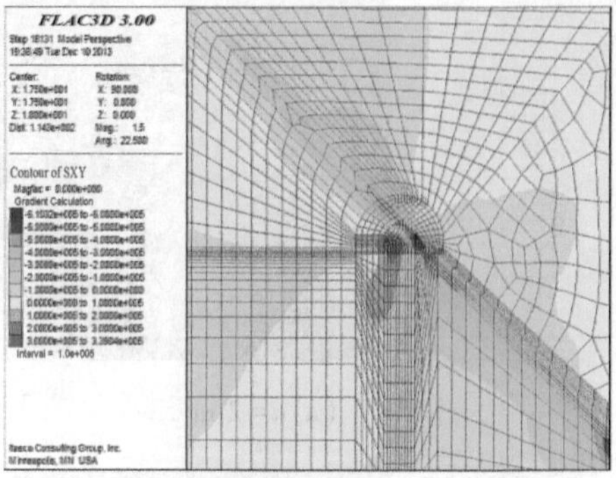

(b)n=6 m

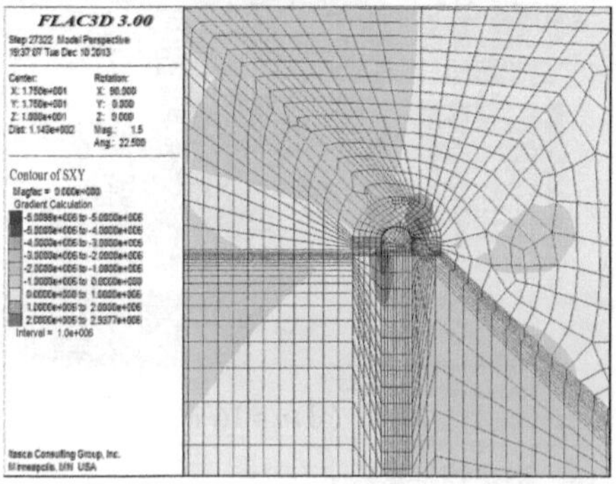

(c)n=11 m

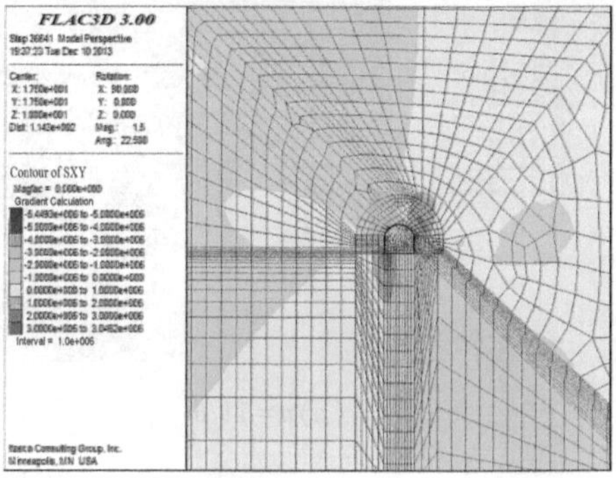

(d)n=16 m

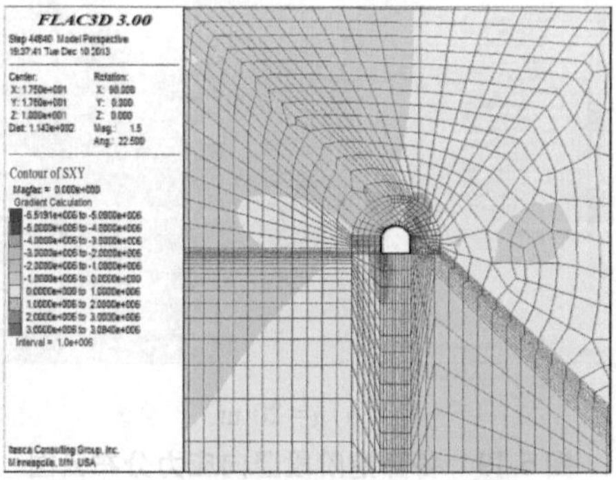

(e)n=20 m

图 5-20　各开挖阶段剪切应力分布云图

通过上述数值模拟分析开挖过程对巷道支护后的塑性区影响情况可知,在开挖 2 m、6 m 之后,剪应力主要在围岩的软弱带集中;在开挖至 11 m 之后主要在洞右上角和左下角集中正剪应力为 2~3 MPa,在其余的地方集中负剪应力为 2~3 MPa;在开挖 16 m、20 m 之后,其剪应力有所增大,但增大幅度不大;在最后开挖完 20 m 之后所产生的最大正剪应力为3 MPa左右,产生的最大负剪应力也为2~3 MPa。

5.2.2 UDEC数值模拟分析

5.2.2.1 模型的建立

1. 地质概化模型的建立

通过对该典型破坏点(见图5-21)的工程地质调查,得到失稳滑落岩体在未失稳前的结构特征,沿巷道主要破坏方向截取一条典型二维剖面作为数值计算分析模型,模型尺寸15 m×15 m,其中巷道高2.1 m、宽1.9 m,侧壁直墙高1.3 m,两组控制性结构面产状:J_1:72°∠44°,J_2:291°∠52°,且左侧拱肩填充两条软弱泥质夹层,比例尺为1:1。地质概化模型如图5-22所示。

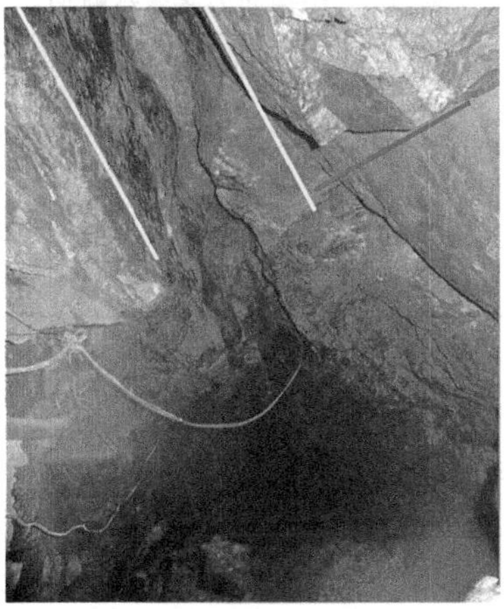

图5-21 巷道全貌

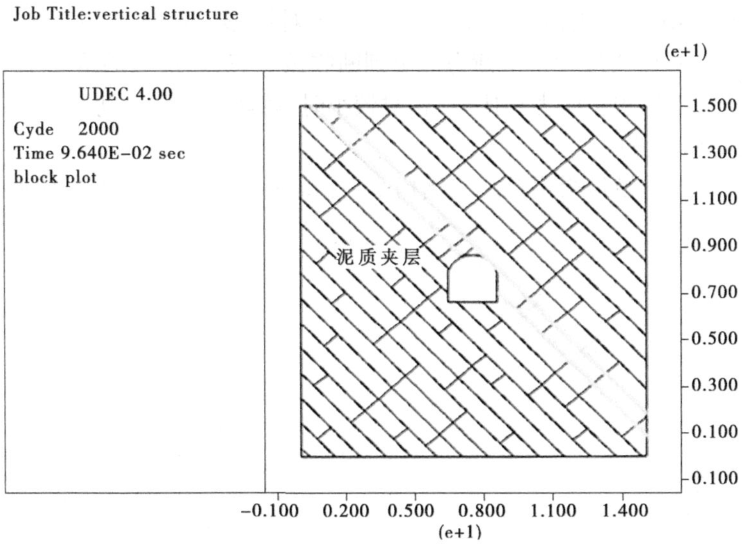

图5-22 巷道地质概化模型

2. 岩体物理力学参数的确定

按照上述思路，在 UDEC 中指定块体为莫尔-库仑模型，节理指定为库仑滑动模型。因泥质夹层物理力学性质差，所以根据勘察资料和试验成果并参考类似工程综合取值，将数值模型中泥质夹层区别于其他结构面赋予较低的物理力学参数。且 J_1 结构面为花岗岩的“层面”，故赋予其高于 J_2 结构面的物理力学参数。具体参数赋值情况见表 5-5、表 5-6。

表 5-5　岩石材料力学参数赋值

岩性	密度/(g/cm^3)	弹性模量/GPa	剪切模量/GPa	内聚力/MPa	内摩擦角/(°)	抗拉强度/MPa
花岗岩	2.61	12.17	5.3	0.89	44.65	5.03

表 5-6　结构面力学参数赋值

结构面类型	与 x 轴夹角/(°)	法向刚度/GPa	切向刚度/GPa	内聚力/kPa	内摩擦角/(°)	抗拉强度/MPa
泥质夹层	136	0.5	0.05	0	20	0
结构面 J_1	136	2.0	1.0	30	35	0
结构面 J_2	40	1.5	0.5	15	30	0

3. 边界条件设置

在完成所有块体材料及结构面参数赋值之后，开始对数值模型施加固定速度边界条件和荷载条件。边界条件采用[boundary]命令将模型两侧及底部固定，模型上部为自由边界。采用[set gravity]命令对模型岩体施加垂直方向的重力加速度 9.8 m/s^2，考虑到该巷道埋深约为 200 m，结合上覆岩层平均密度为 2.6 g/cm^3，估算得出上覆岩体产生的自重应力约为 5.2 MPa，采用[boundary stress]命令对模型上部施加该初始应力。并通过[history unbalance]监测最大不平衡力历史判断收敛状态，当最大的节点不平衡力趋近于零或者与初始所施加的总的力相比较，相对较小时，就认为模型达到了平衡状态。

5.2.2.2　失稳模式分析

通过 UDEC 数值模拟得出该层状结构Ⅰ失稳塌落破坏过程如图 5-23 所示。

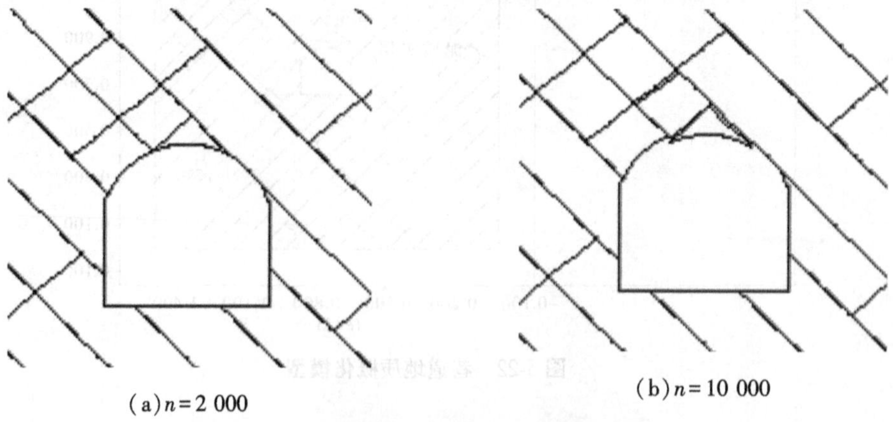

(a) n=2 000　　(b) n=10 000

图 5-23　层状结构Ⅰ塌落数值模拟全过程

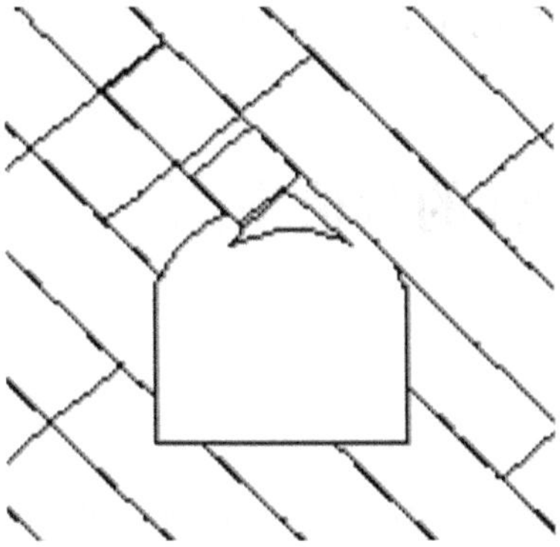

(c) $n=22\ 000$

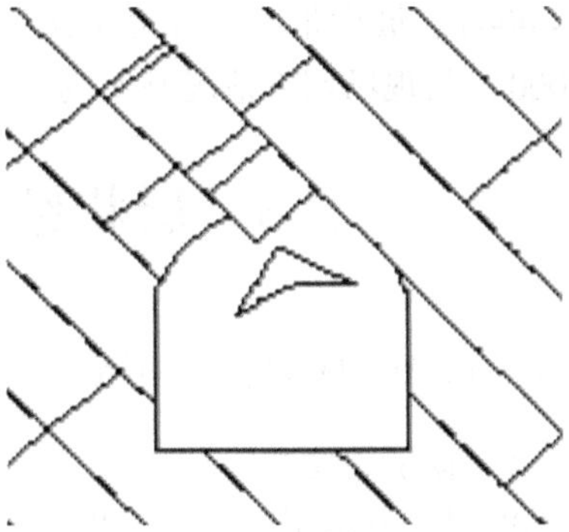

(d) $n=36\ 000$

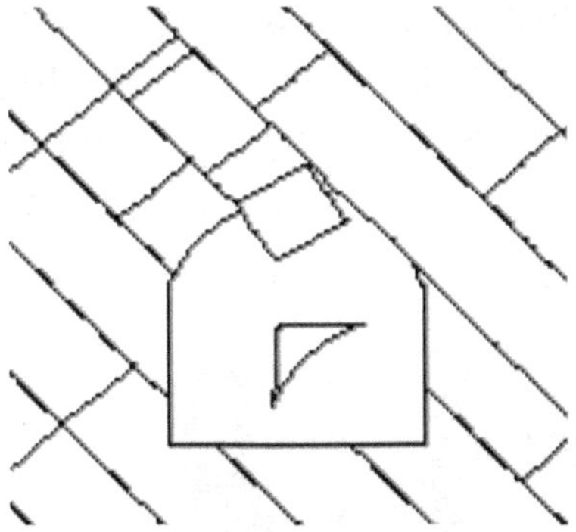

(e) $n=54\ 000$

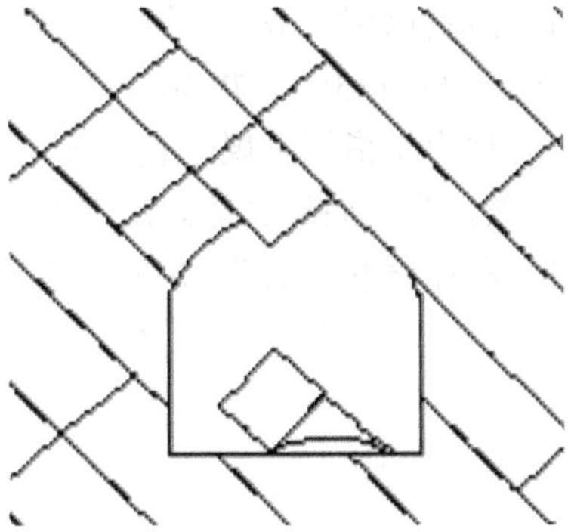

(f) $n=136\ 000$

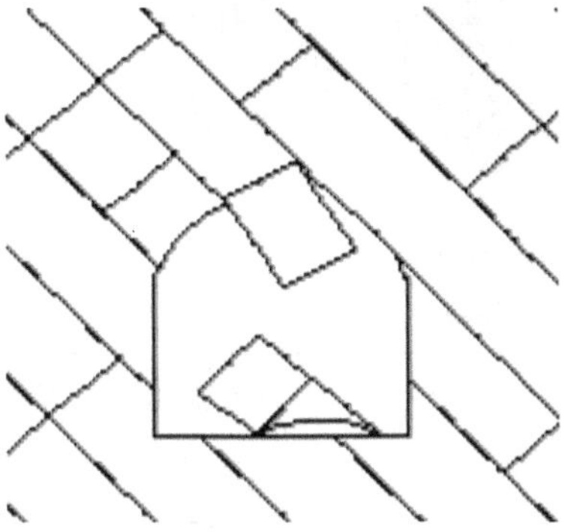

(g) $n=164\ 000$

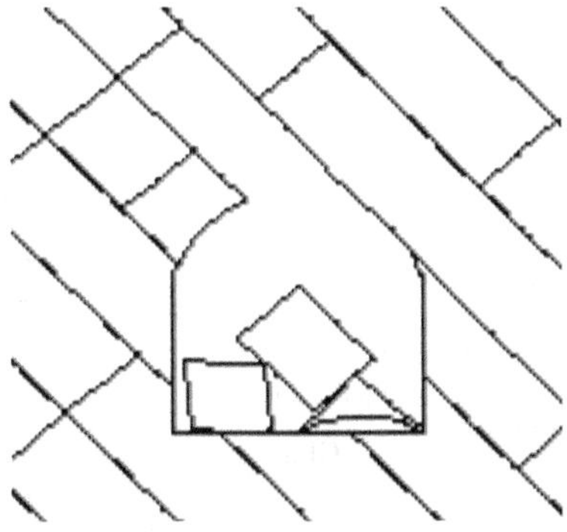

(h) $n=260\ 000$

续图 5-23

由图 5-23 可以看出，在模拟过程中由于巷道开挖，围岩的原有应力平衡状态受到破坏，引起应力的重新分布，其中上覆岩体的自重应力在洞顶产生较大的压应力集中，且矿洞位置泥质夹层处力学性质最为薄弱，洞顶岩体在结构面的切割下形成一具备较好的临空条件的楔形体，在重力和围岩应力的作用下，楔形体首先失稳脱离母体塌落（$n=10\ 000$）。随着楔形体的塌落，应力慢慢偏转，破坏区域逐渐增大，后面岩体因两侧泥质夹层所能提供的摩阻力不够支撑岩体稳定，也紧跟着发生失稳滑落（$n=22\ 000$、$n=36\ 000$、

n=54 000)。最后形成一个以泥质夹层为边界,长约 1.6 m、宽约 0.65 m 的凹槽(n=260 000),与现场调查情况基本吻合。

5.3 层状结构Ⅱ稳定性的数值模拟

5.3.1 FLAC3D 数值模拟分析

5.3.1.1 模型的建立

本次对变形机制和支护效果的研究取罗山金矿 260 中段 29 号典型破坏点的实际地质条件建立模型,模型运行到平衡以模拟初始状态,然后开掘巷道。拟对巷道位移及应力场进行分析,以期了解巷道围岩变形,塑性区发育情况,应力分布规律。模型建立长×宽×高=35 m×20 m×35 m,共 30 492 个节点,28 320 个单元,本次模型模拟以围岩为层状结构为主,各项力学指标以规范查表为主建立模型,巷道开挖在模型中部,巷道为门拱形,模型的边界条件为四周和底部固定,初始条件为铅直应力 10 MPa(模型上覆岩层自重)作用在模型顶部,屈服准则取莫尔-库仑准则。建立模型如图 5-24 所示,物理力学参数见表 5-7。

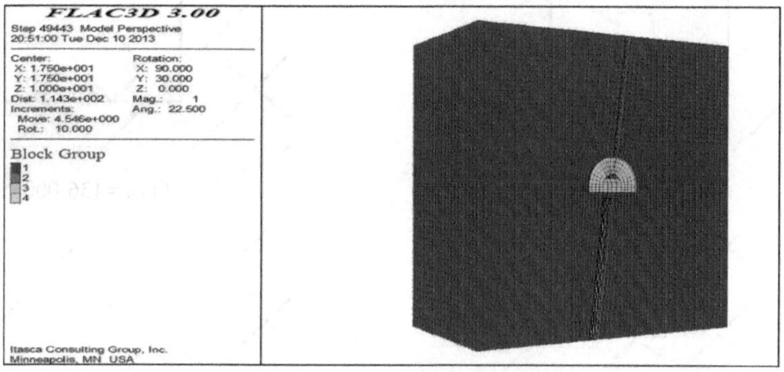

图 5-24 巷道整体三维模型

表 5-7 围岩物理力学参数

围岩等级	弹性模量/GPa	泊松比	容重/(kN/m^3)	内聚力/MPa	内摩擦角/(°)	抗拉强度/MPa
Ⅲ	18	0.27	23	1	45	8

5.3.1.2 天然状态下巷道围岩稳定性数值分析

由于该巷道埋深约 400 m,故在铅直压力为 10 MPa 的情况下模拟掘进对该巷道围岩稳定性的影响,巷道掘进方向为 z 向,分 20 个开挖步,步距为 1 m,共开挖 20 m。从中抽取 2、6、11、16、20 步来分析,模拟结果如下。

1. 塑性区

各开挖阶段塑性区云图见图 5-25。

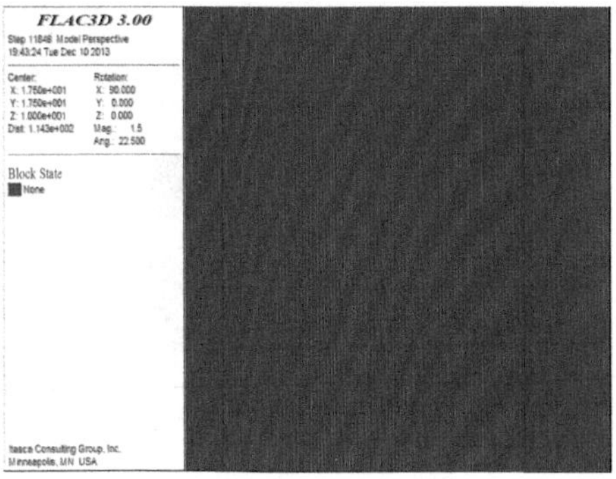

(a)$n=2$ m

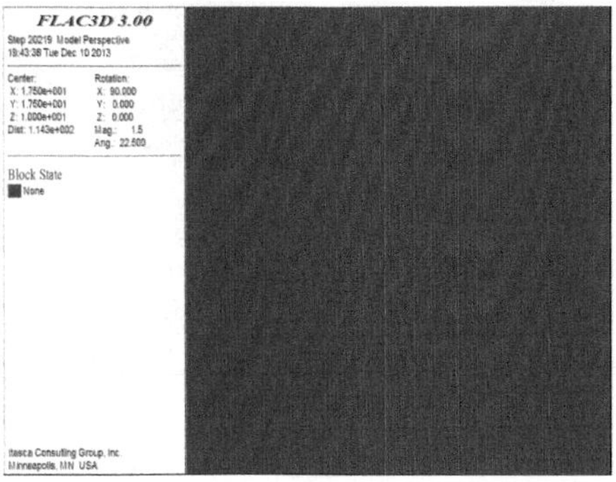

(b)$n=6$ m

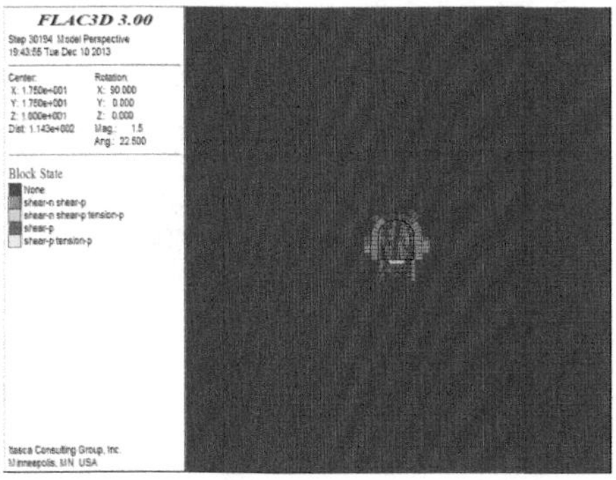

(c)$n=11$ m

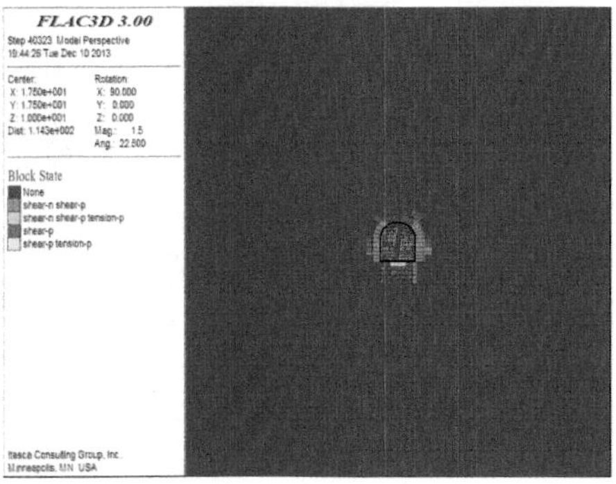

(d)$n=16$ m

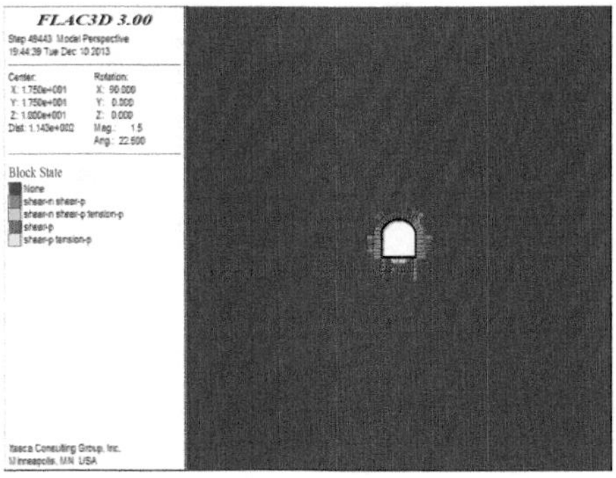

(e)$n=20$ m

图 5-25　各开挖阶段塑性区云图

通过上述数值模拟分析开挖过程对巷道塑性区影响情况可知:在开挖至 6 m 时,7 m 处横截面尚未产生塑性区;在开挖至 11 m 时,在洞壁周围产生了一定的塑性屈服,且在拱顶力学性质较为薄弱处塑性区范围较大;在开挖至 20 m 时,塑性区范围没有进一步扩大。

2. 位移

1) 竖向位移

各开挖阶段竖向位移分布云图见图 5-26。

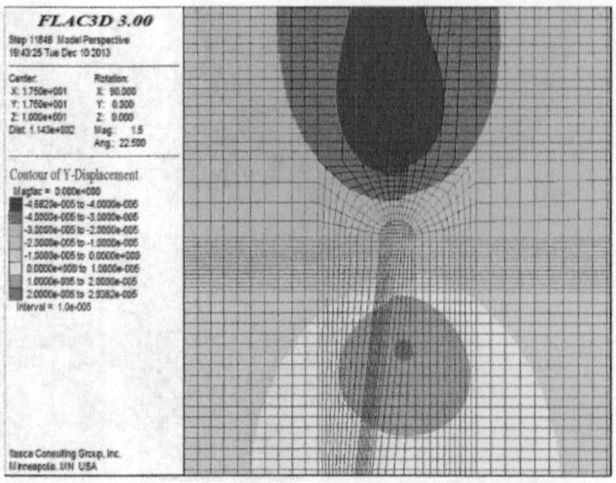

(a) n=2 m

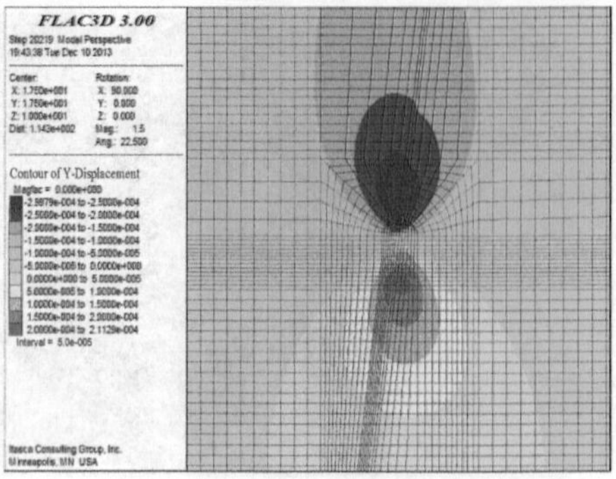

(b) n=6 m

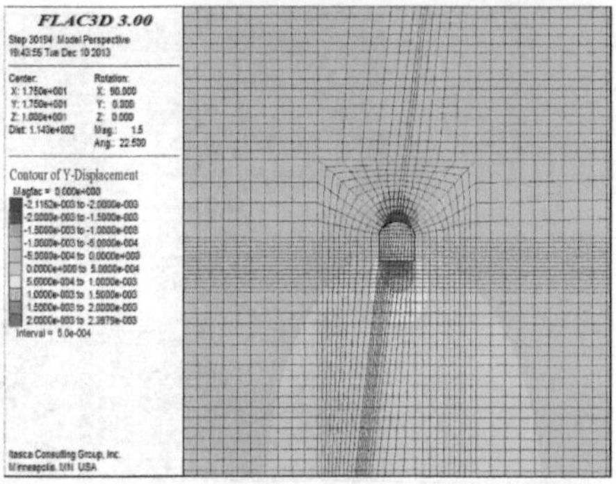

(c) n=11 m

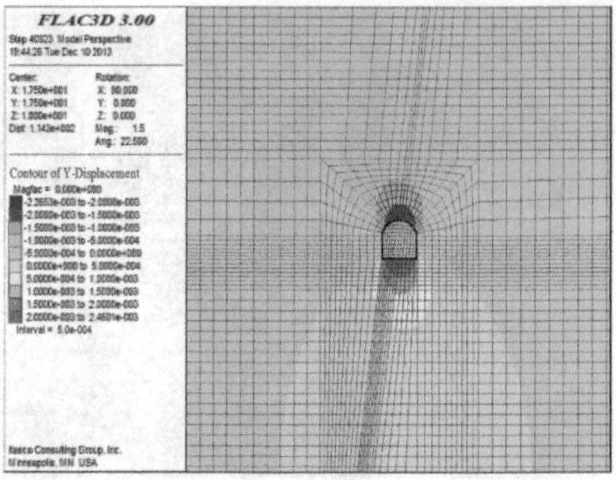

(d) n=16 m

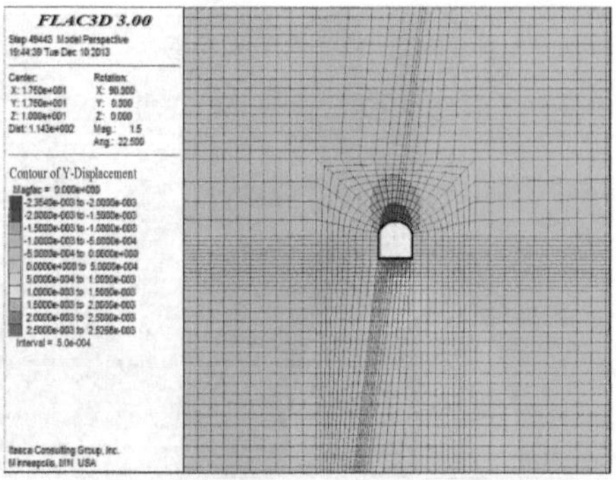

(e) n=20 m

图 5-26 各开挖阶段竖向位移分布云图

通过上述数值模拟分析开挖过程对巷道竖向位移影响情况可知，在开挖至 6 m 时，7 m 处的横截面在洞顶和洞底产生位移约为 0.2 mm；在开挖至 11 m 时，其洞顶及洞底产生位移有所增加，约为 2 mm；在开挖至 16 m 时，巷道变形已趋于稳定，最终位移量约为 2.4 mm。

2）水平位移

各开挖阶段水平位移分布云图见图 5-27。

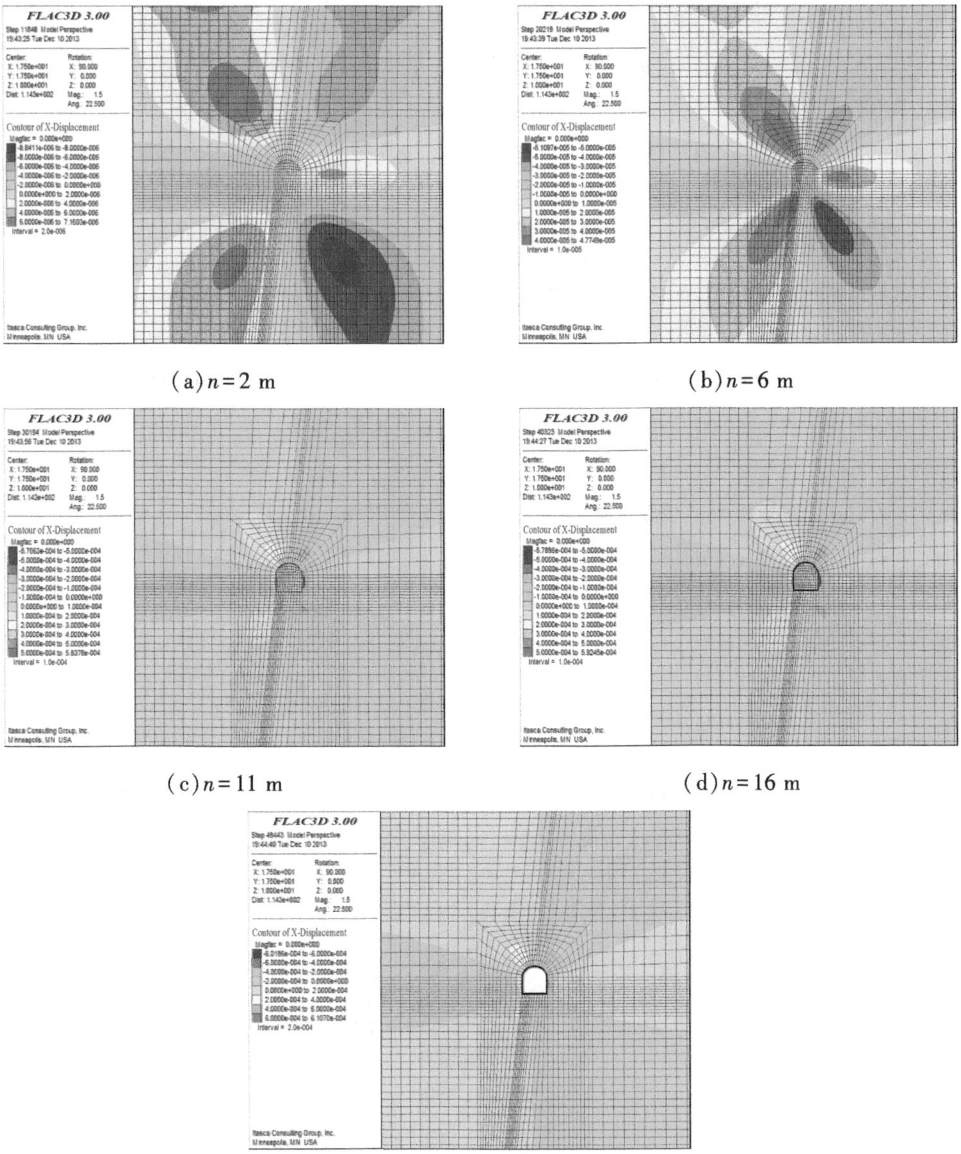

(a)$n=2$ m　(b)$n=6$ m

(c)$n=11$ m　(d)$n=16$ m

(e)$n=20$ m

图 5-27　各开挖阶段水平位移分布云图

通过上述数值模拟分析开挖过程对巷道水平位移影响情况可知,在开挖至 6 m 时,巷道横截面产生的水平位移主要表现为向洞内收敛;在开挖至 11 m 时,7 m 处横截面左右两壁分别产生约 0.5 mm 的水平位移,相对位移约为 1 mm;在开挖至 16 m 时巷道变形已趋于稳定,最终两壁位移量约为 0.5 mm,相对位移约 1.1 mm。

3. 应力

1) 竖向应力

各开挖阶段竖向应力分布云图见图 5-28。

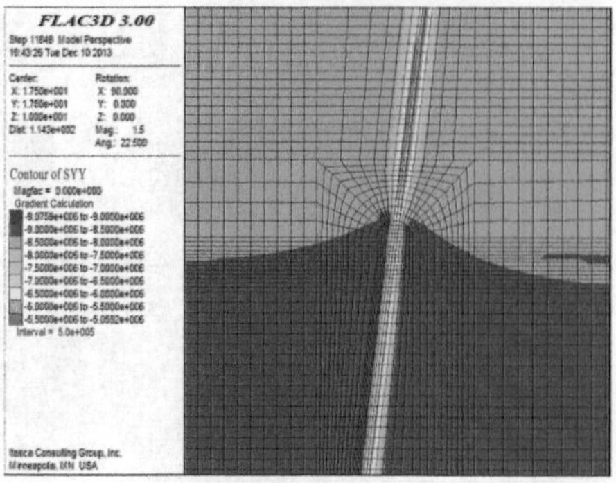

(a) $n=2$ m

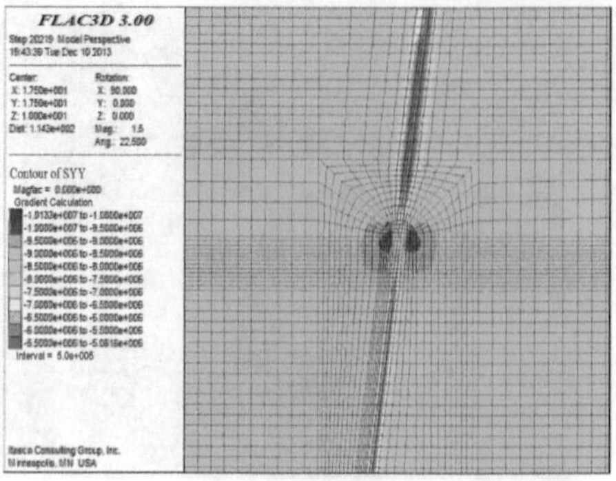

(b) $n=6$ m

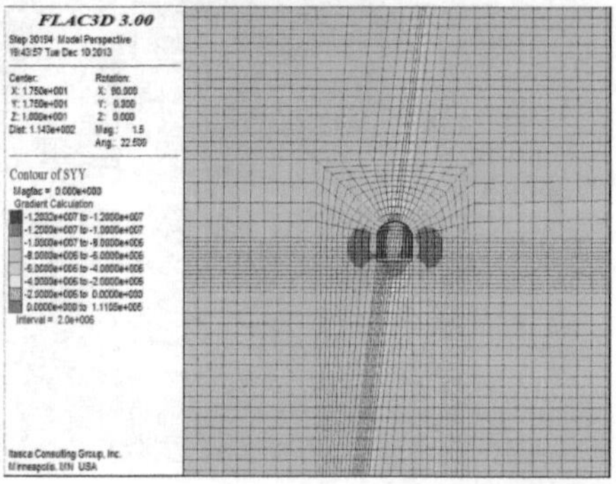

(c) $n=11$ m

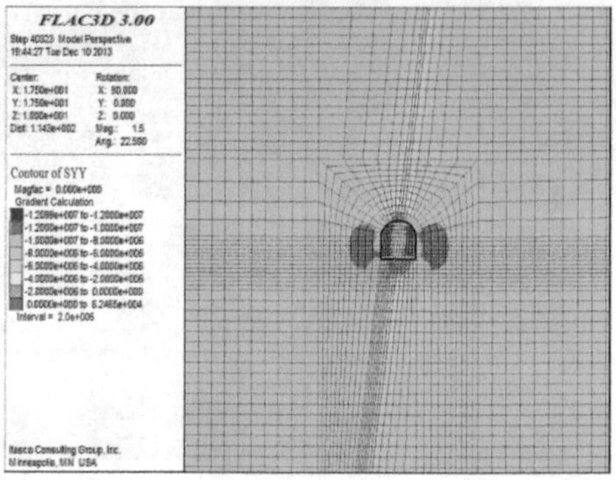

(d) $n=16$ m

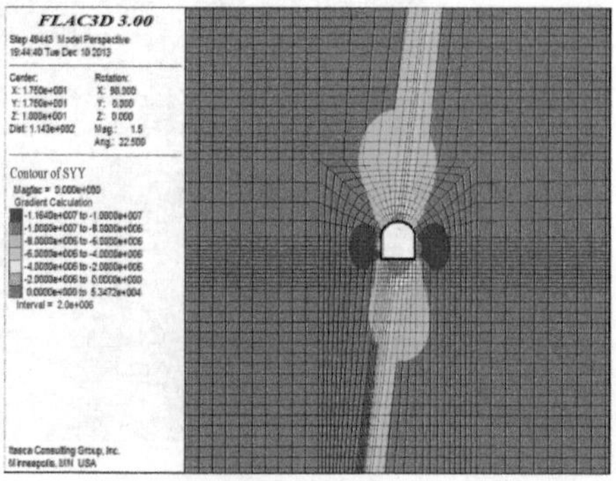

(e) $n=20$ m

图 5-28　各开挖阶段竖向应力分布云图

通过上述数值模拟分析开挖过程对巷道竖向压应力影响情况可知，在开挖至 6 m 时，在巷道两壁产生压应力集中，而在拱顶结构较为破碎的地方应力水平较低；在开挖至 11 m 时，由于在 7 m 截面处已形成洞形，竖向应力在洞顶部位有所集中；在开挖至 16 m 时，应力水平已趋于稳定。

2) 剪切应力

各开挖阶段剪切应力分布云图见图 5-29。

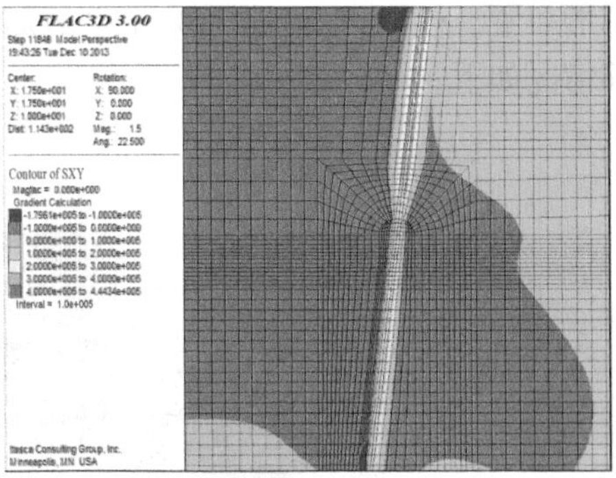

(a) n=2 m

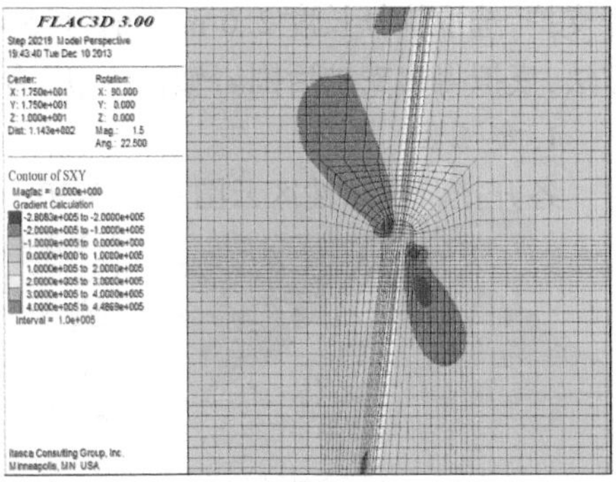

(b) n=6 m

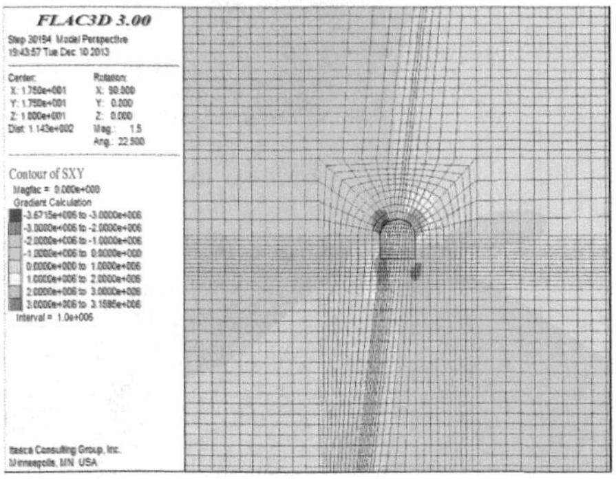

(c) n=11 m

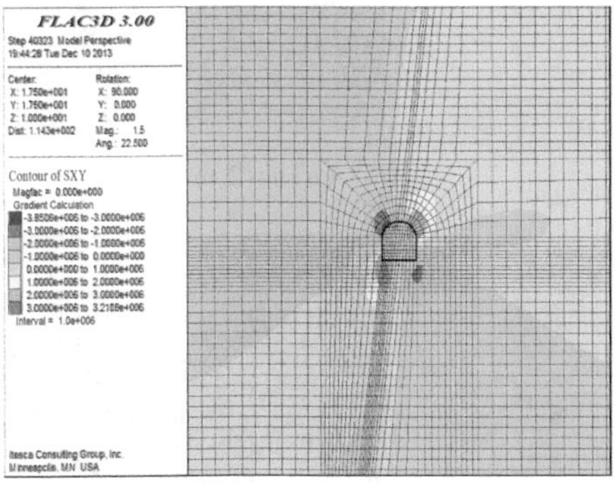

(d) n=16 m

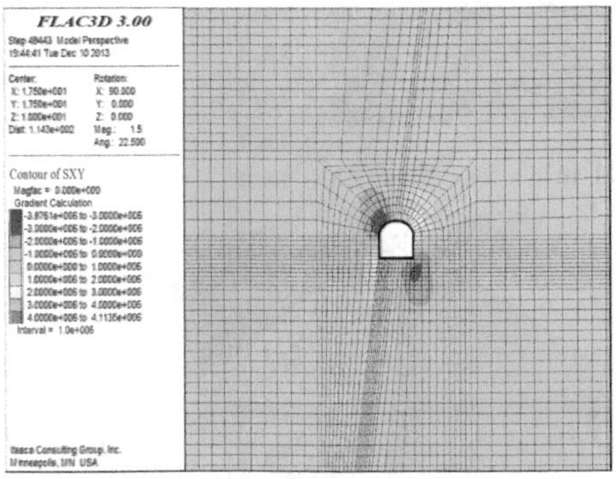

(e) n=20 m

图 5-29　各开挖阶段剪切应力分布云图

通过上述数值模拟分析开挖过程对该巷道剪应力影响情况可知，在开挖至 6 m 时，7 m 截面处围岩剪切应力在结构较为破碎的地方产生应力集中；在开挖至 11 m 时，由于 7 m 截面处已形成洞形，发生应力重分布，形成环向应力；在开挖至 16 m 时，剪切应力趋于稳定。

5.3.1.3　支护后巷道围岩稳定性数值分析

该典型破坏点为层状结构，属Ⅲ级围岩，根据 4.5 节巷道围岩支护措施建议，采用锚杆支护，选取锚杆长度2.6 m，间距1.5 m，梅花形布置。模拟采用对锚杆影响区域加固的方法，模拟得出支护后围岩塑性区、应力及位移情况如下。

1. 塑性区

各开挖阶段塑性区云图见图5-30。

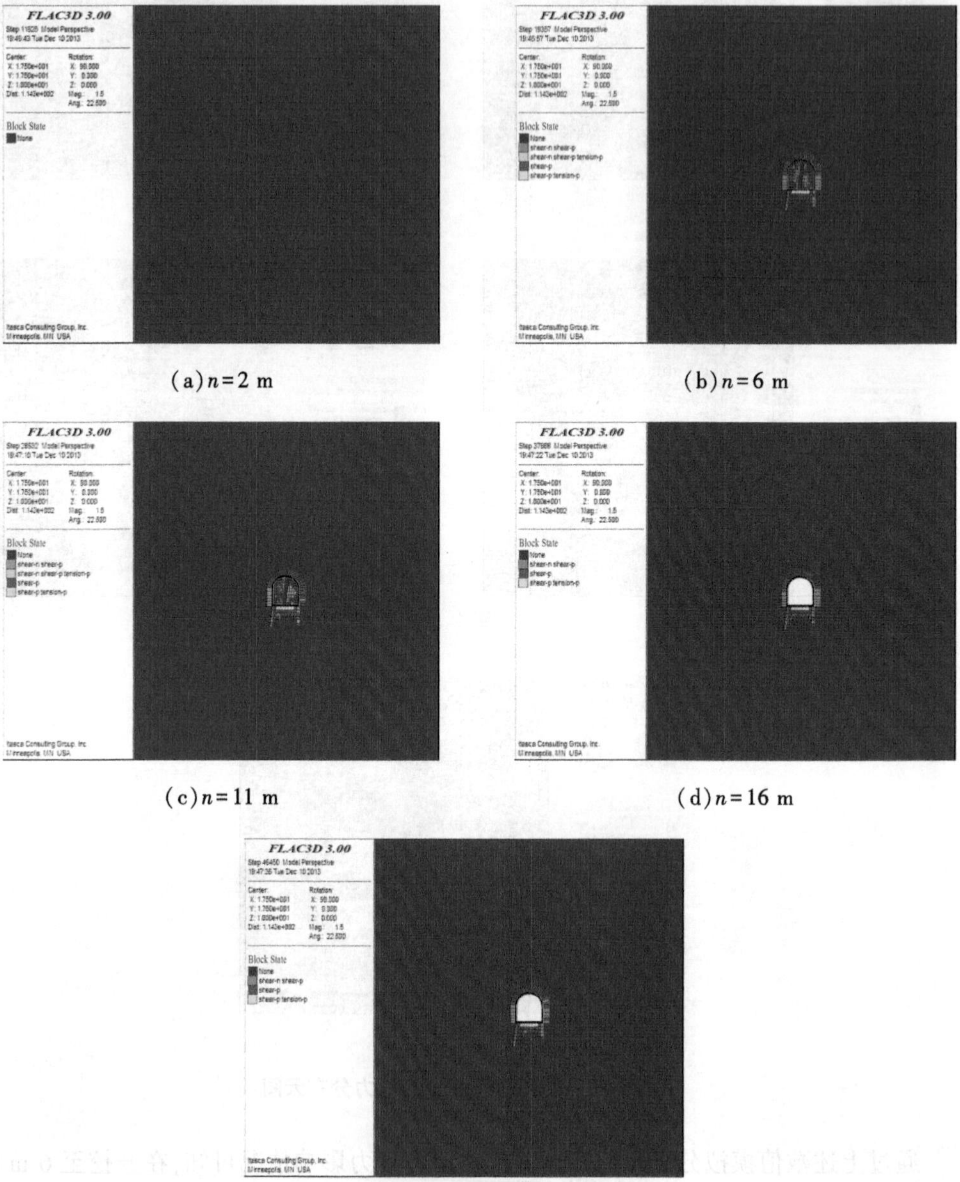

(a) $n=2$ m　(b) $n=6$ m

(c) $n=11$ m　(d) $n=16$ m

(e) $n=20$ m

图5-30　各开挖阶段塑性区云图

通过上述数值模拟分析开挖过程对巷道支护后的塑性区影响情况可知，在开挖至6 m时，7 m处横截面还未产生塑性区；在开挖11 m之后，在洞壁周围产生一定塑性区，相比支护前巷道塑性区范围明显减小，支护效果良好。

2. 位移

1) 竖向位移

各开挖阶段竖向位移分布云图见图 5-31。

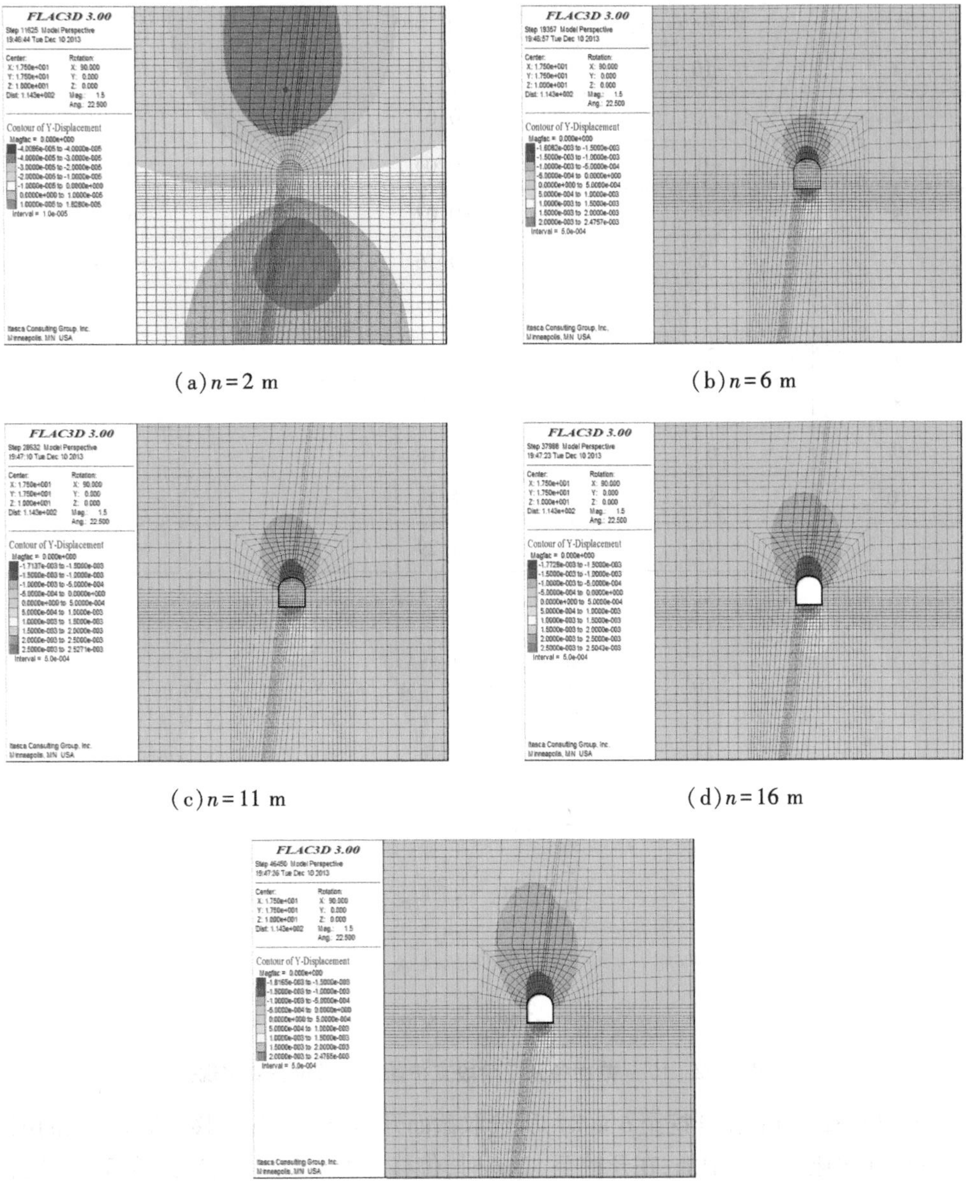

(a) $n=2$ m　(b) $n=6$ m

(c) $n=11$ m　(d) $n=16$ m

(e) $n=20$ m

图 5-31　各开挖阶段竖向位移分布云图

通过上述数值模拟分析开挖过程对巷道支护后的竖向位移影响情况可知，在开挖至 6 m 时，7 m 处横截面在洞顶和洞底产生位移约为 0.2 mm；在开挖至 11 m 时，其洞顶及洞底产生位移有所增加，约为 1.6 mm；在开挖至 16 m 时，巷道变形已趋于稳定，最终位移量约为 1.8 mm。

各开挖阶段，该巷道 10 m 截面支护前后拱顶竖直位移变化规律，见表 5-8、图 5-32。

表 5-8　10 m 截面各开挖阶段支护前后拱顶位移量

编号	距离/m	未支护/mm	支护/mm
1	-10	0	0
2	-8	-0.01	-0.01
3	-6	-0.04	-0.03
4	-4	-0.07	-0.06
5	-2	-0.16	-0.14
6	0	-0.77	-0.64
7	2	-1.90	-1.44
8	4	-2.10	-1.58
9	6	-2.18	-1.64
10	8	-2.23	-1.67
11	10	-2.29	-1.71

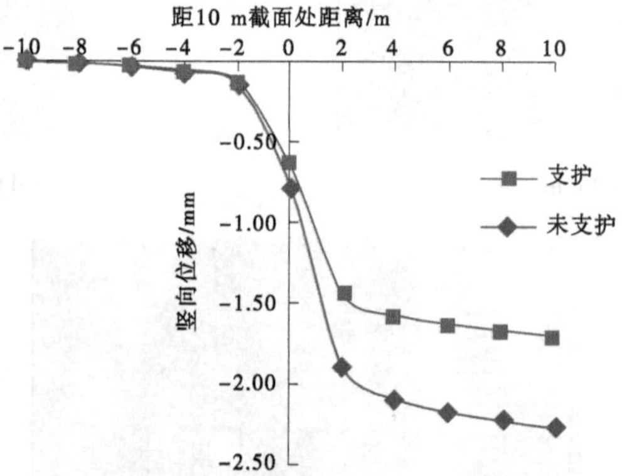

图 5-32　10 m 截面各开挖阶段支护前后拱顶位移变化规律

由图 5-32 可知，在开挖至 6 m 时，所选取截面开始产生明显位移，随着开挖的继续进行，位移变化速率有所增加；在开挖至 12 m 时，位移量没有明显增加，变形趋于稳定；在开挖至 20 m 时，截面位移量为 2.29 mm，设置支护措施之后，开挖至 20 m 时截面位移量降低至 1.71 mm，支护效果明显。

2) 水平位移

各开挖阶段水平位移分布云图见图 5-33。

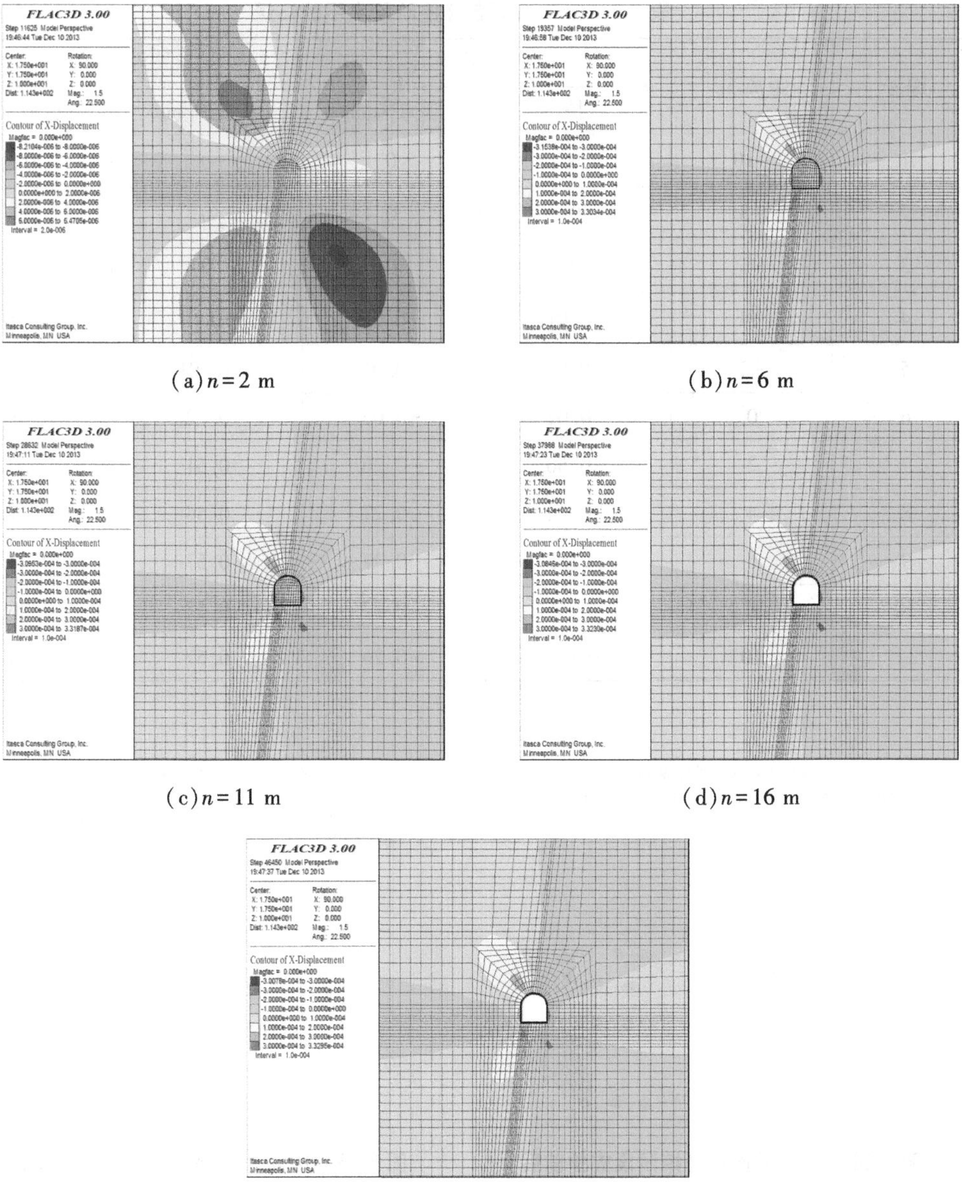

(a) $n=2$ m　(b) $n=6$ m　(c) $n=11$ m　(d) $n=16$ m　(e) $n=20$ m

图 5-33　各开挖阶段水平位移分布云图

通过上述数值模拟分析开挖过程对巷道支护后的水平位移影响情况可知，在开挖至 6 m 时，巷道横截面产生的水平位移主要表现为向洞内收敛；在开挖至 11 m 时，7 m 处横截面左右两壁分别产生约 0.3 mm 的水平位移，相对位移约为 0.6 mm；在开挖至 16 m 时，巷道变形已趋于稳定。

各开挖阶段，该巷道 10 m 截面处支护前后洞腰水平位移变化规律，见表 5-9 和图 5-34、图 5-35。

表 5-9　10 m 截面各开挖阶段水平位移量

编号	距离/m	右侧		左侧	
		未支护/mm	支护/mm	未支护/mm	支护/mm
1	-10	0	0	0	0
2	-8	0	0	0	0
3	-6	0	0	0	0
4	-4	-0.01	-0.01	-0.01	-0.01
5	-2	-0.01	-0.01	-0.01	0
6	0	-0.02	-0.02	0.02	0.03
7	2	-0.50	-0.26	0.51	0.26
8	4	-0.54	-0.27	0.56	0.27
9	6	-0.55	-0.27	0.57	0.27
10	8	-0.55	-0.27	0.57	0.26
11	10	-0.55	-0.26	0.57	0.26

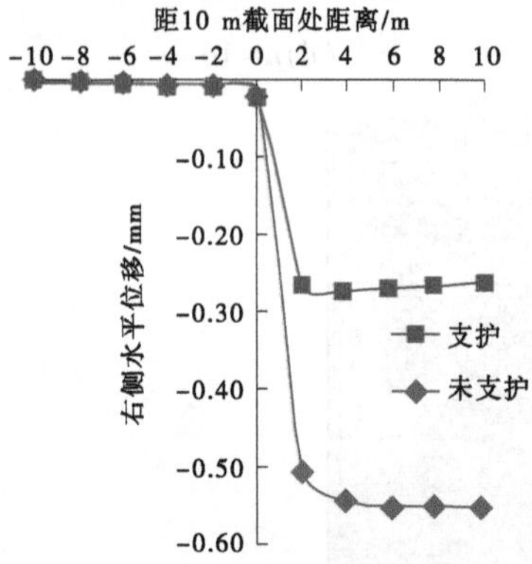

图 5-34　10 m 截面各开挖阶段支护前后右侧水平位移变化规律

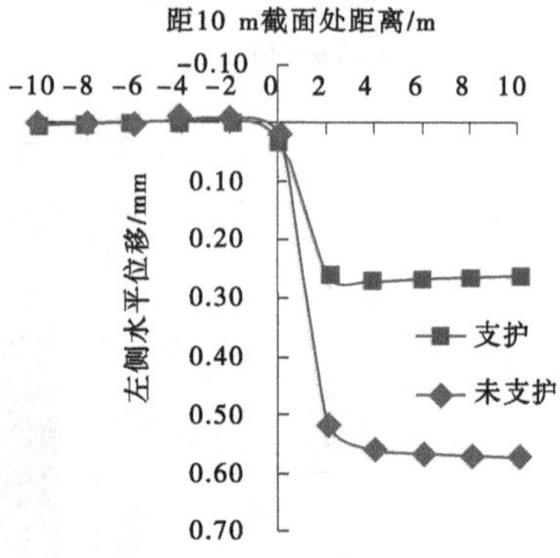

图 5-35　10 m 截面各开挖阶段支护前后左侧水平位移变化规律

由图 5-34、图 5-35 可知，在开挖至 7 m 时，所选取截面开始产生明显位移，随着开挖的继续进行，位移变化速率有所增加；在开挖至 12 m 时，位移量没有明显增加，变形趋于稳定；在开挖至 20 m 时，洞壁左侧产生的水平位移为 0.57，右侧为 0.55；在设置支护措施之后，开挖至 20 m 时，洞壁两侧产生的水平位移降低至 0.26 mm，支护效果明显。

3. 应力

1) 竖向应力

各开挖阶段竖向应力分布云图见图 5-36。

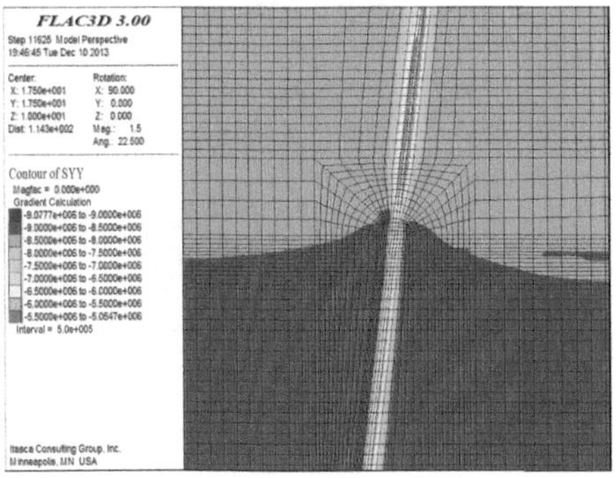

(a)$n=2$ m

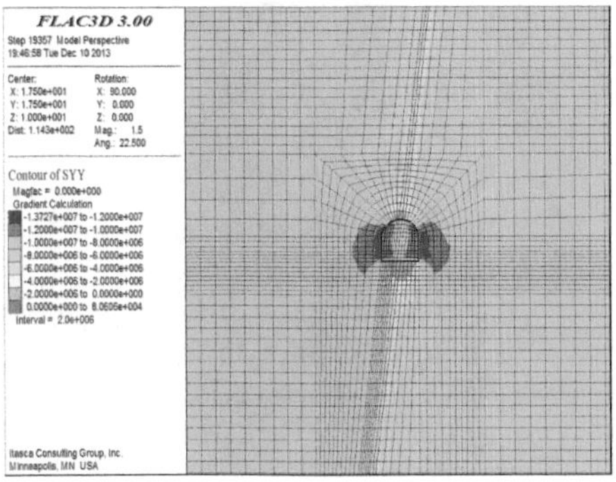

(b)$n=6$ m

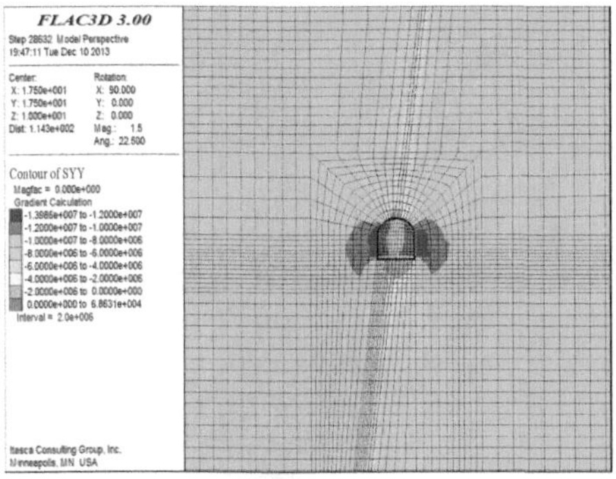

(c)$n=11$ m

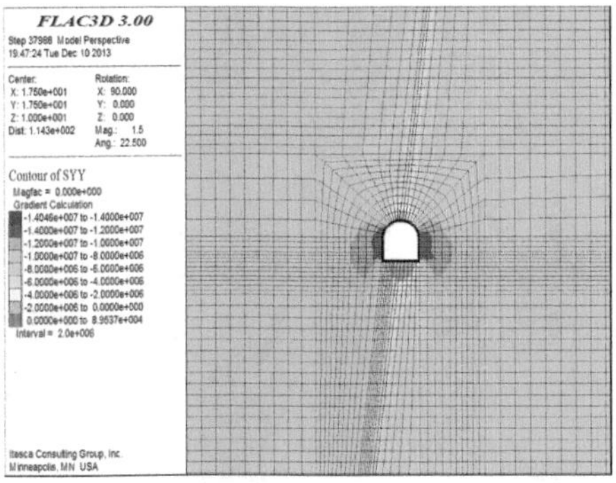

(d)$n=16$ m

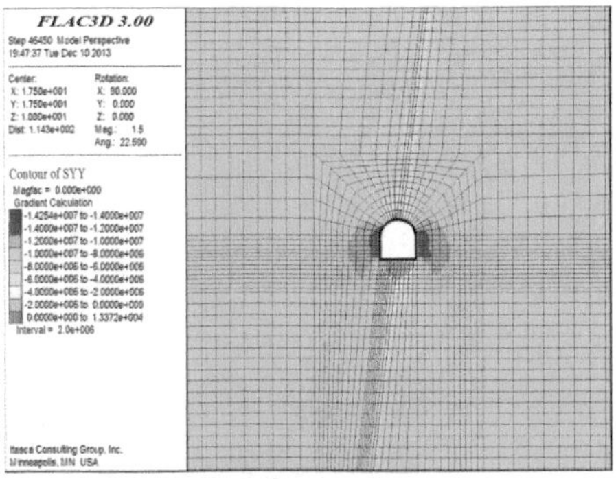

(e)$n=20$ m

图 5-36　各开挖阶段竖向应力分布云图

通过上述数值模拟分析开挖过程对巷道支护后的巷道竖向压应力影响情况可知，在开挖至 6 m 时，仍然在巷道两壁产生压应力集中，而在拱顶结构较为破碎的地方应力水平较低；在开挖至 11 m 时，由于 7 m 截面处已形成洞形，竖向应力在洞顶部位有所集中；在开挖至 16 m 时，应力水平已趋于稳定。

2) 剪切应力

各开挖阶段剪切应力分布云图见图 5-37。

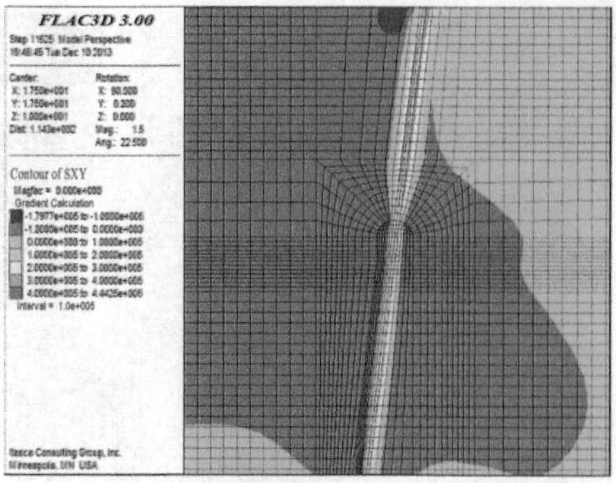

(a) $n=2$ m

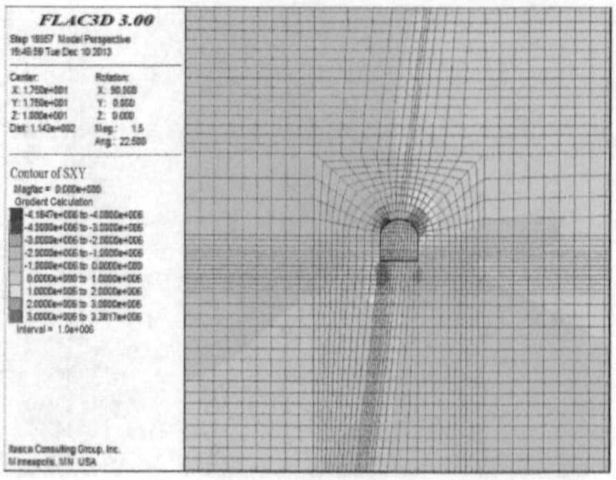

(b) $n=6$ m

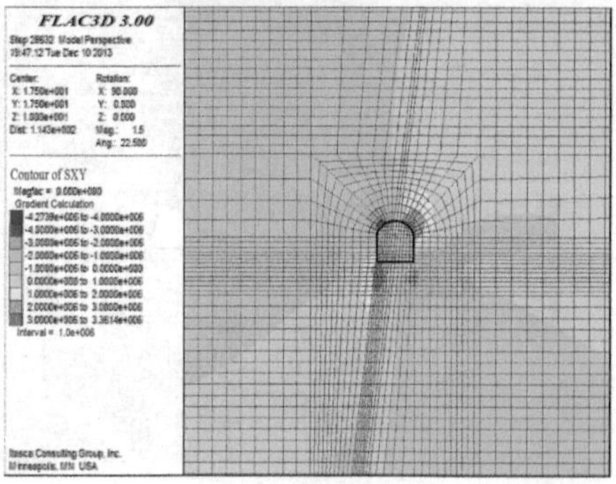

(c) $n=11$ m

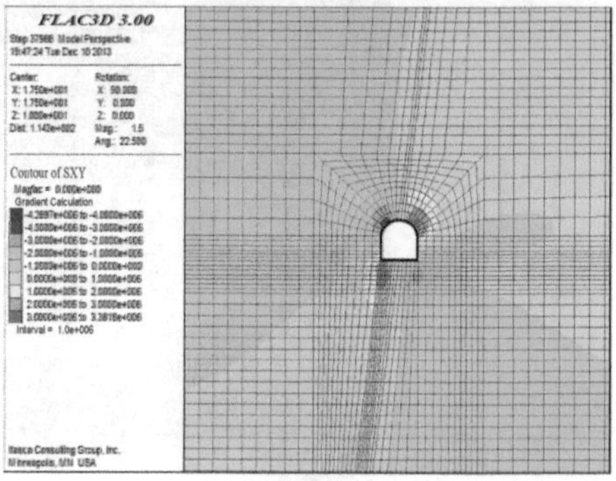

(d) $n=16$ m

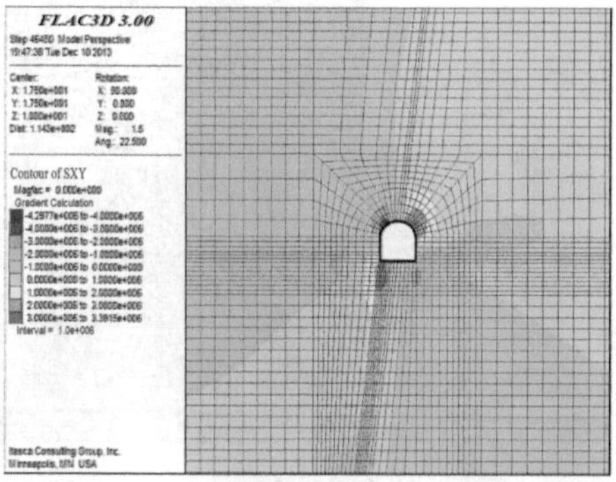

(e) $n=20$ m

图 5-37　各开挖阶段剪切应力分布云图

通过上述数值模拟分析开挖过程对支护后的巷道剪应力影响情况可知，在开挖至 6 m 时，7 m 截面处围岩剪切应力仍在结构较为破碎的地方产生应力集中；在开挖至 11 m 时，由于 7 m 截面处已形成洞形，发生应力重分布，形成环向应力；在开挖至 16 m 时，剪切应力趋于稳定。

5.3.2 UDEC 数值模拟分析

5.3.2.1 模型的建立

1. 地质概化模型的建立

通过对该典型破坏点(见图5-38)的工程地质调查,得到失稳塌落岩体在未失稳前的结构特征,沿巷道主要破坏方向截取一条典型二维剖面作为数值计算分析模型,模型尺寸15 m×15 m,巷道高2.7 m、宽2.5 m,侧壁直墙高1.6 m,两组控制性结构面产状:J_1:351∠84°,J_2:59°∠26°,比例尺为1:1,拱顶节理间距小于两侧岩体的节理间距。地质概化模型如图5-39所示。

图5-38 巷道全貌

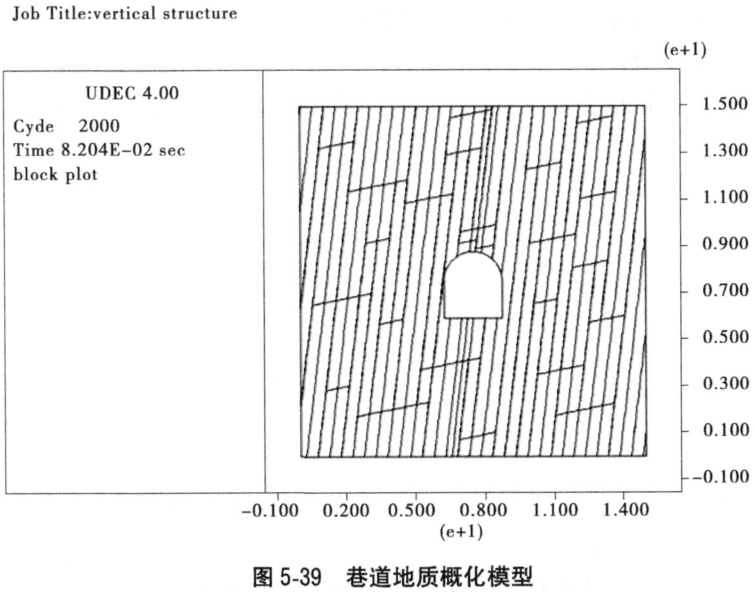

图5-39 巷道地质概化模型

2. 岩体物理力学参数的确定

按照上述思路,在UDEC中指定块体为莫尔-库仑模型,节理指定为库仑滑动模型。因J_1结构面为花岗岩的“层面”,故根据勘察资料、试验成果以及类比其他工程试验结果,

赋予其高于 J_2 结构面的物理力学参数。具体参数赋值情况见表 5-10、表 5-11。

表 5-10 岩石材料力学参数赋值

岩性	密度/(g/cm^3)	弹性模量/GPa	剪切模量/GPa	内聚力/MPa	内摩擦角/(°)	抗拉强度/MPa
花岗岩	2.61	12.17	5.3	0.89	44.65	5.03

表 5-11 结构面力学参数赋值

结构面类型	与 x 轴夹角/(°)	法向刚度/GPa	切向刚度/GPa	内聚力/kPa	内摩擦角/(°)	抗拉强度/MPa
结构面 J_1	83	3.0	2.0	30	35	0
结构面 J_2	11	2.0	1.0	20	30	0

3. 边界条件设置

在完成所有块体材料及结构面参数赋值之后，开始对数值模型施加固定速度边界条件和荷载条件。边界条件采用[boundary]命令将模型两侧及底部固定，模型上部为自由边界。采用[set gravity]命令对模型岩体施加垂直方向的重力加速度 9.8 m/s^2，考虑到该巷道埋深约为 500 m，结合上覆岩层平均密度为 2.6 g/cm^3，估算得出上覆岩体产生的自重应力约为 13 MPa，采用[boundary stress]命令对模型上部施加该初始应力。并通过[history unbalance]监测最大不平衡力历史判断收敛状态，当最大的节点不平衡力趋近于零或者与初始所施加的总的力相比较，相对较小时，就认为模型达到了平衡状态。

5.3.2.2 失稳模式分析

通过 UDEC 数值模拟得出该层状结构Ⅱ失稳塌落破坏过程如图 5-40 所示。

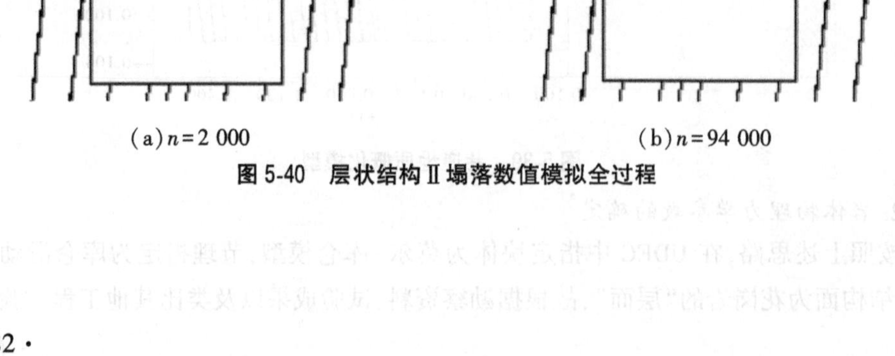

(a) n=2 000　　(b) n=94 000

图 5-40 层状结构Ⅱ塌落数值模拟全过程

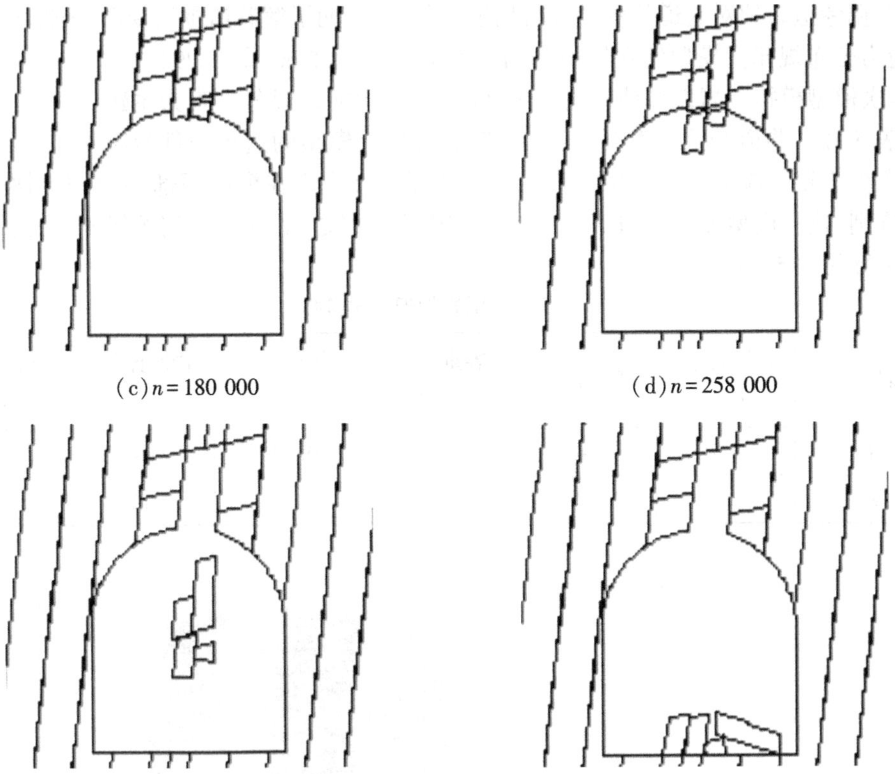

(c) n=180 000　(d) n=258 000

(e) n=318 000　(f) n=510 000

续图 5-40

由图 5-40 可以看出,在模拟过程中由于巷道开挖,围岩的原有应力平衡状态受到破坏,引起应力的重新分布,其中上覆岩体的自重应力在洞顶产生较大的压应力集中,且洞顶正上端岩体临空条件良好,洞顶正上端岩体首先沿着陡倾结构面发生了失稳塌落(n=94 000)。在洞顶正上端岩体塌落的过程中,洞顶正上方岩体对其右侧岩体作用力由静摩擦力变为了方向向下的滑动摩擦力,在滑动摩擦力的作用下首先失稳塌落的是一小块岩体(n=180 000)。随着破坏的进一步发展,右侧小块岩体的塌落为其上部岩体创造了临空条件,其上部岩体也发生了失稳塌落(n=318 000)。最后在矿洞上端结构面间距较小区域形成一长约 1 m、宽约 0.3 m 的塌落凹槽(n=520 000),此与现场调查情况基本吻合。

5.4 混合结构稳定性的数值模拟

5.4.1 FLAC3D 数值模拟分析

5.4.1.1 模型的建立

本次对变形机制和支护效果的研究取罗山金矿 330 中段 25 号典型破坏点的实际地质条件建立模型,该典型破坏点巷道左侧为混合花岗岩,较破碎,围岩等级为Ⅲ级;拱顶及右侧为碎裂石英,极破碎,围岩等级Ⅴ级,为混合结构。模型运行到平衡以模拟初始状态,然后开掘巷道。拟对巷道位移及应力场进行分析,以期了解巷道围岩变形,塑性区发育情况,应力分布规律。模型建立长×宽×高=35 m×20 m×35 m,共35 294个节点,32 902个单元,本次模型模拟围岩以散体结构为主,各项力学指标以规范查表为主建立模型,计算参数见表5-12。巷道开挖在模型中部,巷道为门拱形,模型的边界条件为四周和底部固定,初始条件为铅直应力8.6 MPa(模型上覆岩层自重)作用在模型顶部,屈服准则取莫尔-库仑准则,建立模型如图5-41所示。在确定围岩等级之后,根据围岩等级确定支护类型,支护参数见表5-13。

表5-12 围岩物理力学参数

围岩等级	弹性模量/GPa	泊松比	容重/(kN/m³)	内聚力/MPa	内摩擦角/(°)	抗拉强度/MPa
Ⅲ	1.7	0.4	19	0.19	24	4
Ⅴ	10	0.27	23	1	42	8

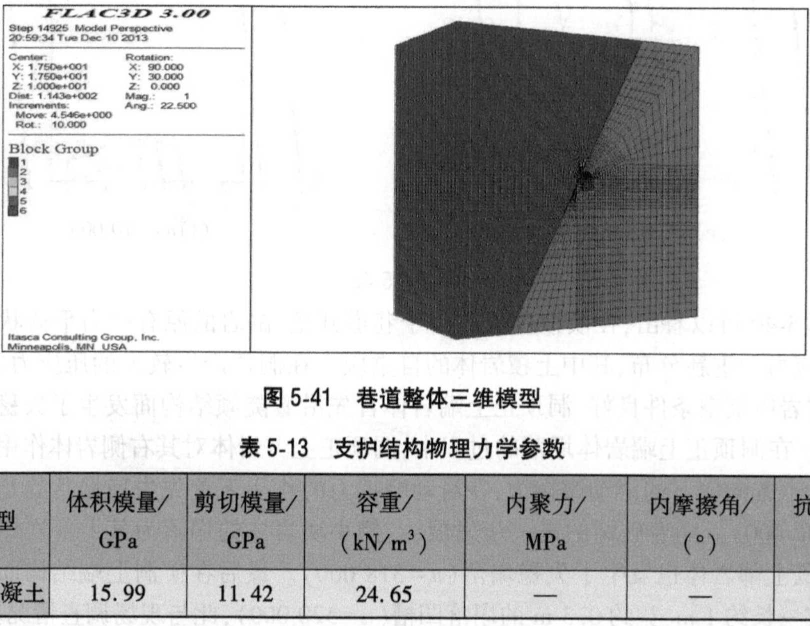

图5-41 巷道整体三维模型

表5-13 支护结构物理力学参数

支护类型	体积模量/GPa	剪切模量/GPa	容重/(kN/m³)	内聚力/MPa	内摩擦角/(°)	抗拉强度/MPa
钢拱架+混凝土	15.99	11.42	24.65	—	—	—

5.4.1.2 天然状态下巷道围岩稳定性数值分析

由于该巷道埋深约350 m,故在铅直压力为8.6 MPa的情况下模拟掘进对该巷道围岩稳定性的影响,巷道掘进方向为z向,分20个开挖步,步距为1 m,共开挖20 m。从中抽取2、6、11、16、20步来分析,取分析截面为纵向7 m处的横截面,模拟结果如下。

1. 塑性区

各开挖阶段塑性区云图见图5-42。

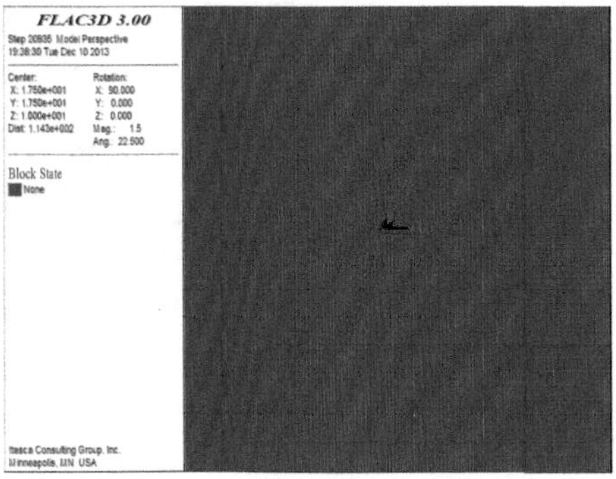

(a)n=2 m

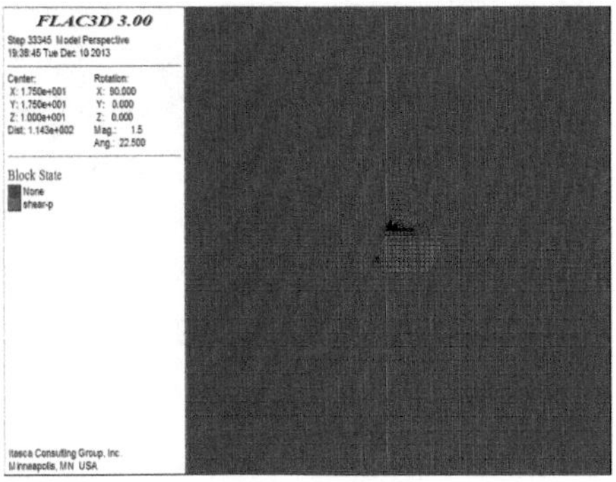

(b)n=6 m

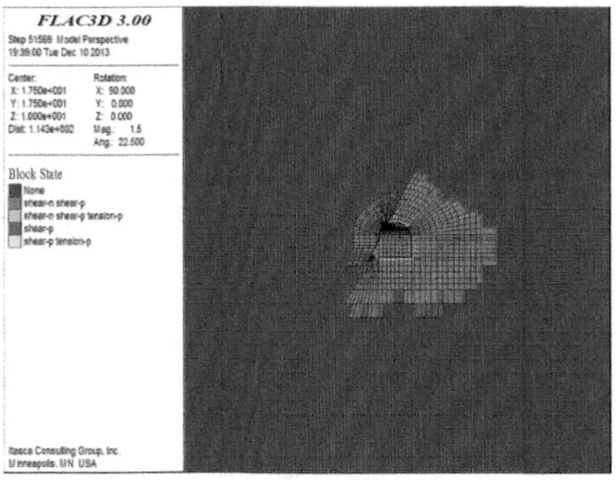

(c)n=11 m

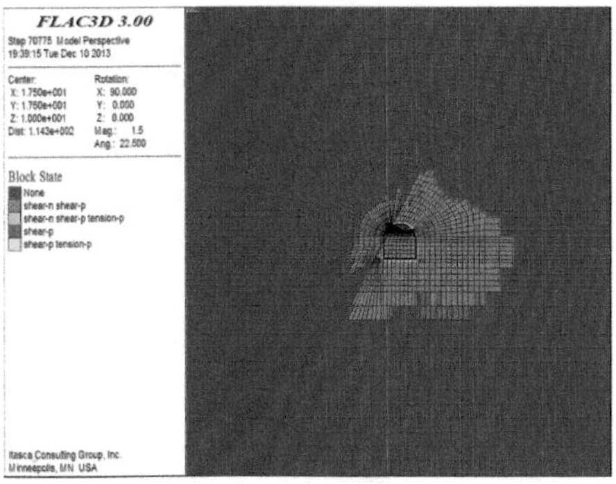

(d)n=16 m

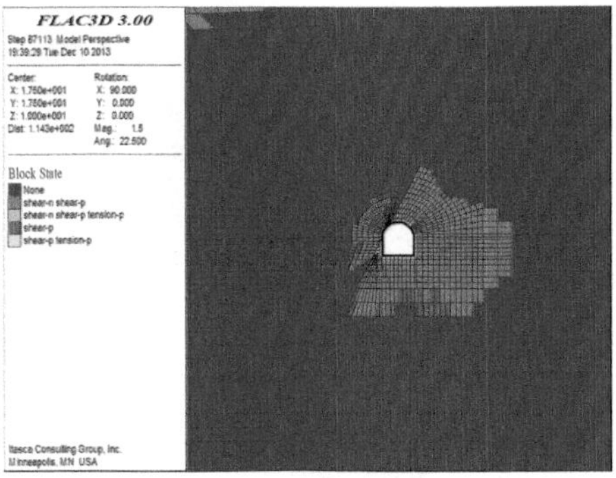

(e)n=20 m

图 5-42　各开挖阶段塑性区云图

通过上述数值模拟分析开挖过程对巷道塑性区影响情况可知，在开挖至 2 m 时，7 m 处的横截面尚未产生塑性区；在开挖至 6 m 时，在结构较差的拱顶及右侧岩体产生了一定的塑性屈服；在开挖至 11 m 时，在洞壁周围均产生了一定的塑性屈服，且结构相对较差的一侧产生的塑性区较大；在开挖至 20 m 时，其塑性区范围仍有扩大的趋势。

2. 位移

1) 竖向位移

各开挖阶段竖向位移分布云图见图 5-43。

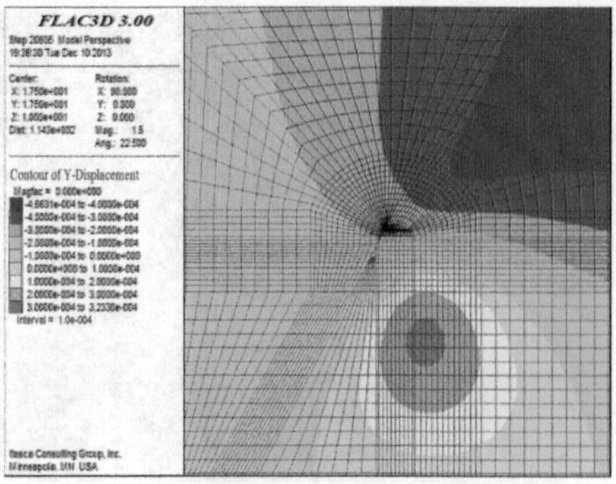

(a) $n=2$ m

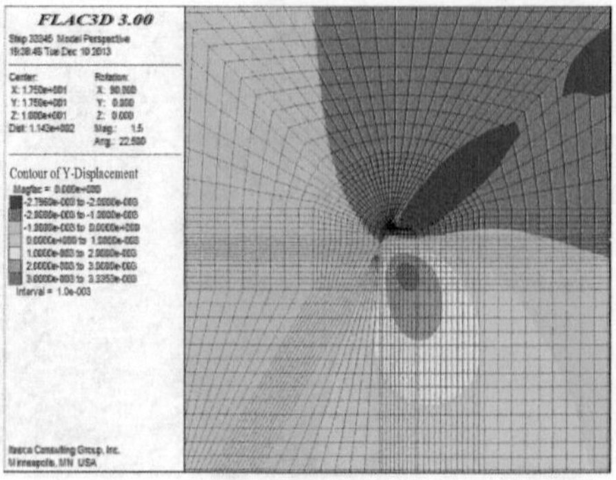

(b) $n=6$ m

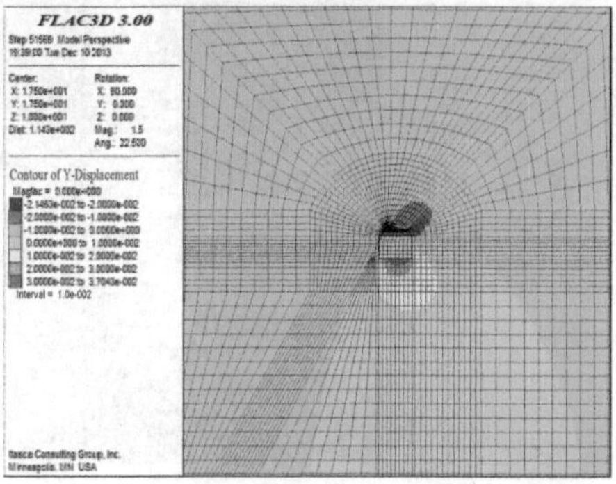

(c) $n=11$ m

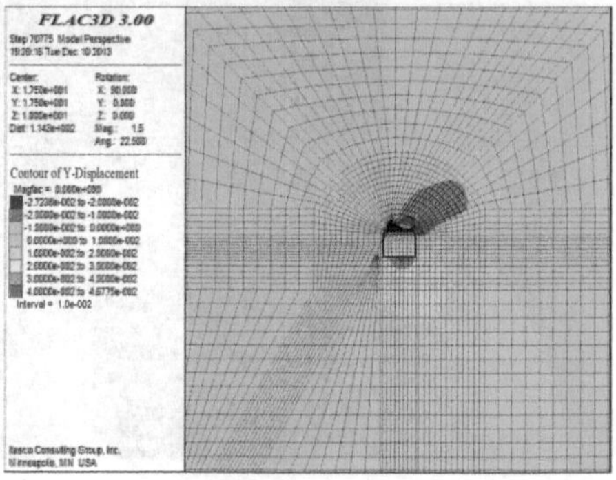

(d) $n=16$ m

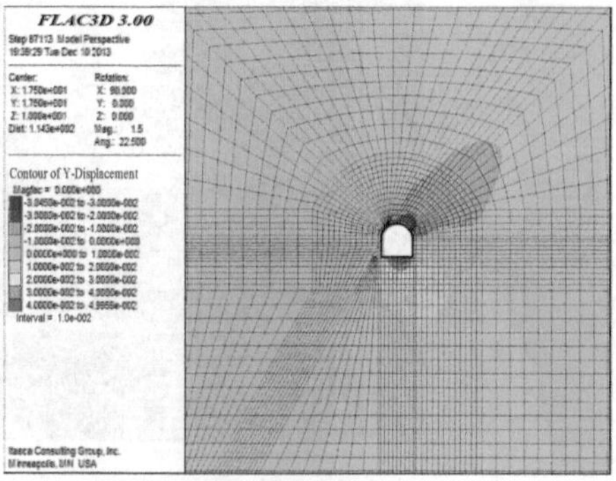

(e) $n=20$ m

图 5-43　各开挖阶段竖向位移分布云图

通过上述数值模拟分析开挖过程对巷道竖向位移影响情况可知，在开挖至 2 m 时，7 m 截面处在力学性质较为薄弱的部位产生了较大的竖向位移，在洞底主要出现洞底鼓胀；在开挖至 6 m 时，围岩的位移主要集中在洞顶右侧约为 2.6 mm，在洞底变形还是主要集中在岩层破碎的一侧约为 2 cm 位移；在开挖至 16 m 时，位移增加到 3～4 cm；在开挖至 20 m 时，变形仍有扩大的趋势。

2) 水平位移

各开挖阶段水平位移分布云图见图 5-44。

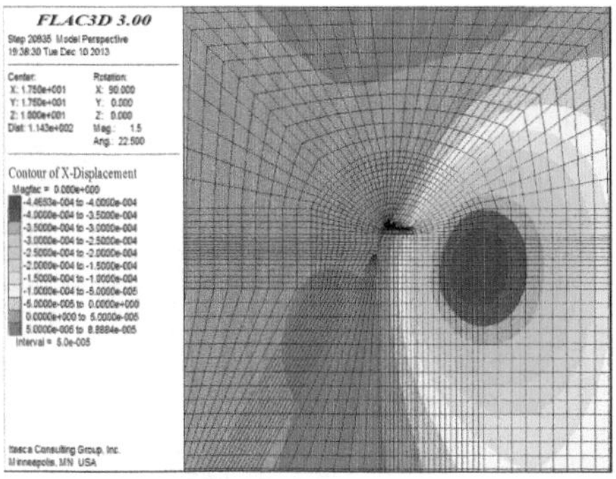

(a) n=2 m

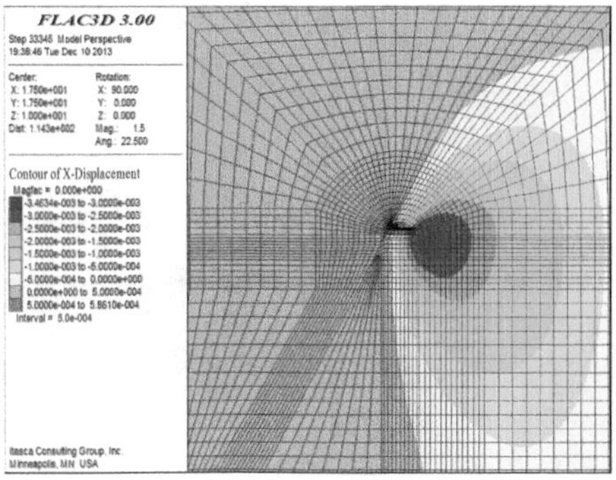

(b) n=6 m

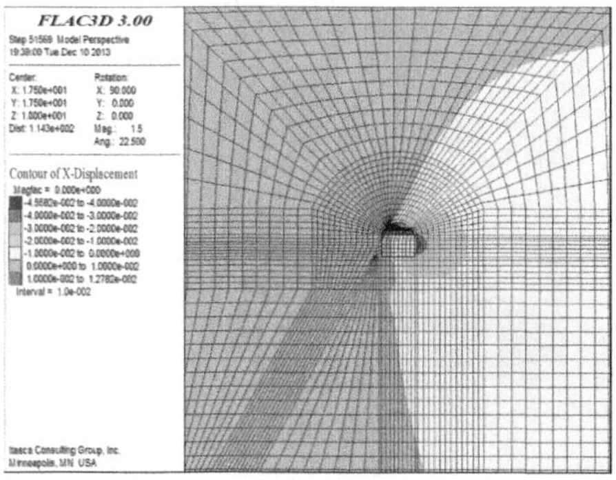

(c) n=11 m

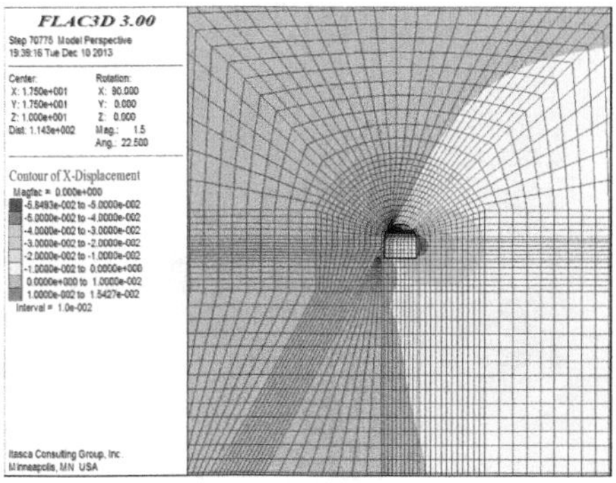

(d) n=16 m

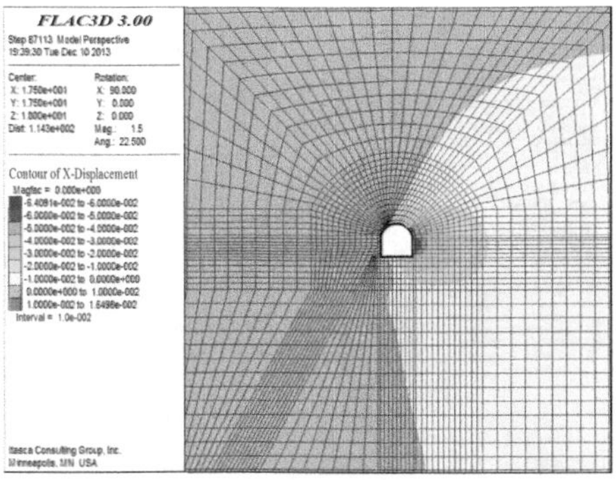

(e) n=20 m

图 5-44 各开挖阶段水平位移分布云图

通过上述数值模拟分析开挖过程对巷道横向位移影响情况可知,在开挖至 2 m 时,水平位移主要发生在岩层较差的一侧;在开挖至 6 m 时,巷道横截面产生的水平位移主要表现为向洞内收敛,产生 2.5~2.9 cm 的位移;在开挖至 20 m 之后,水平位移在 4~5 cm。

3. 应力

1) 竖向应力

各开挖阶段竖向应力分布云图见图 5-45。

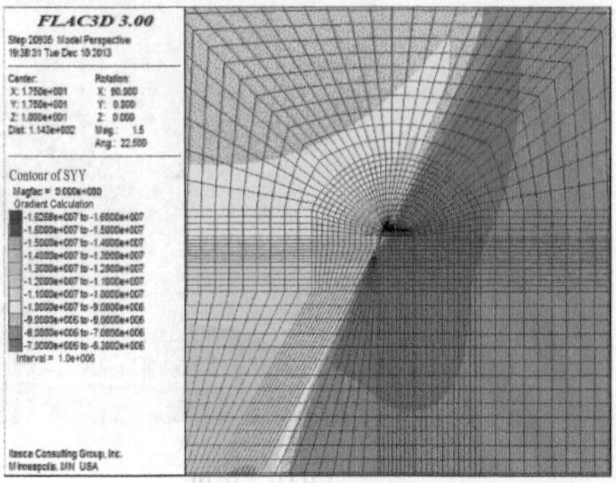

(a) $n=2$ m

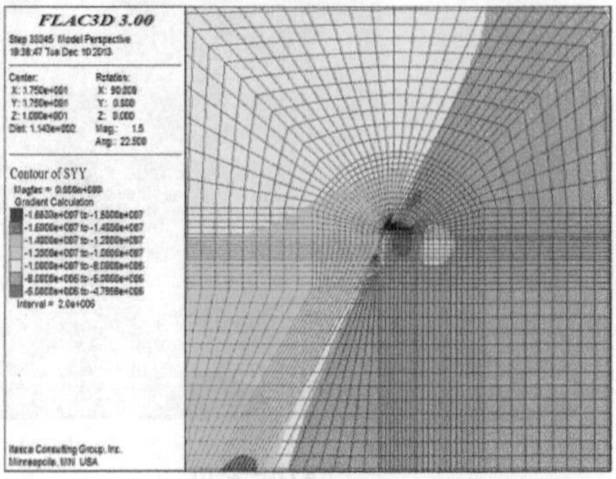

(b) $n=6$ m

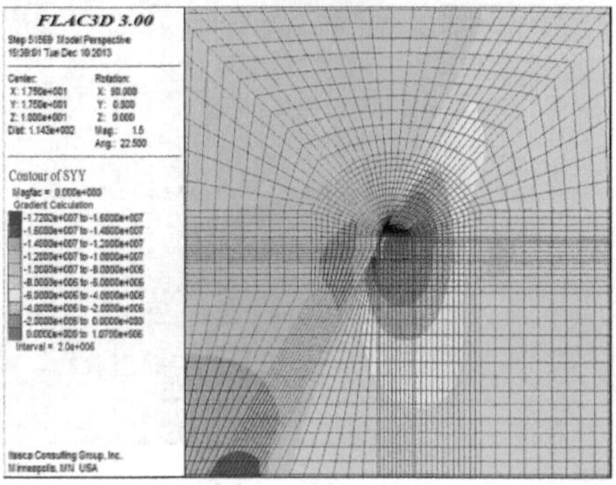

(c) $n=11$ m

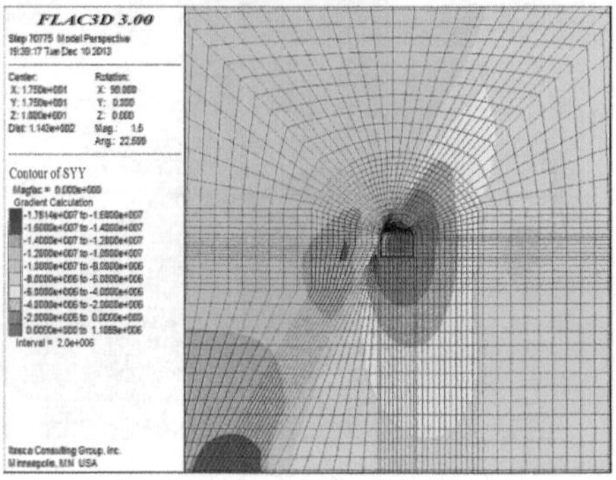

(d) $n=16$ m

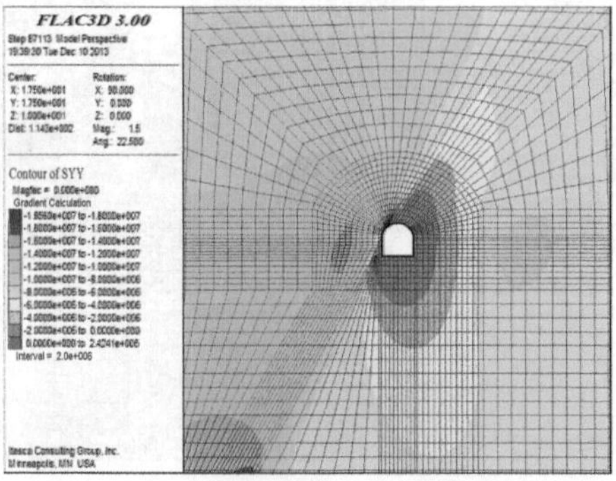

(e) $n=20$ m

图 5-45　各开挖阶段竖向应力分布云图

通过上述数值模拟分析开挖过程对巷道竖向压应力影响情况可知，在开挖至 2 m 时，左侧较破碎的岩层的压应力集中明显大于右侧较好的岩层；在开挖在 11 m 时，竖向应力在洞壁应力集中较差，其原因为围岩发生剪切变形，大部分已经破坏，不可能产生大的压应力集中，左侧较好的岩层的应力集中还是大于右侧的岩层；在开挖至 20 m 时，在右侧结构较差的一侧产生竖向应力为 0. 35 MPa,在左侧产生的应力集中为 17~20 MPa。

2)剪切应力

各开挖阶段剪切应力分布云图见图 5-46。

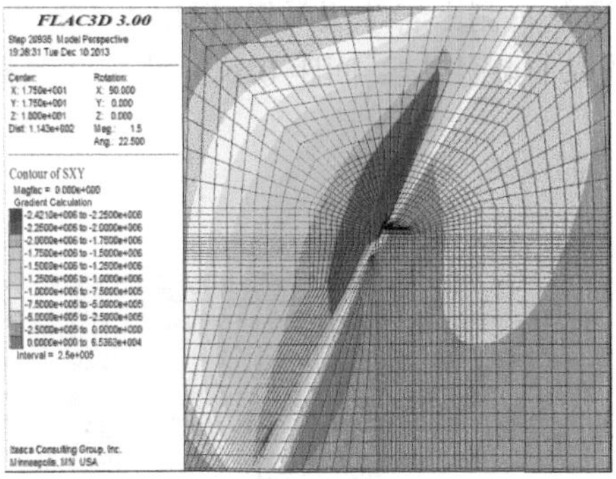

(a)n=2 m

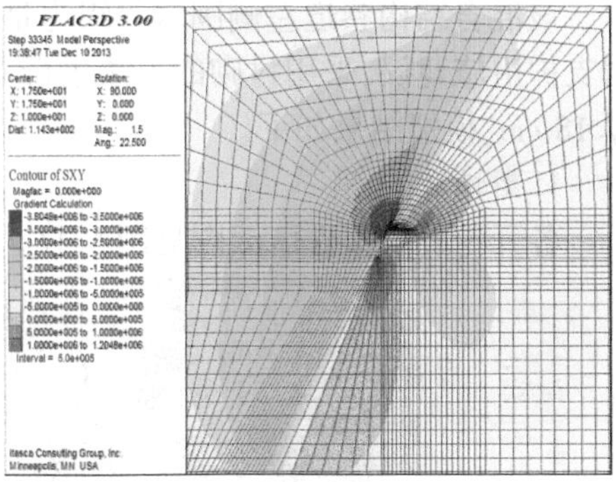

(b)n=6 m

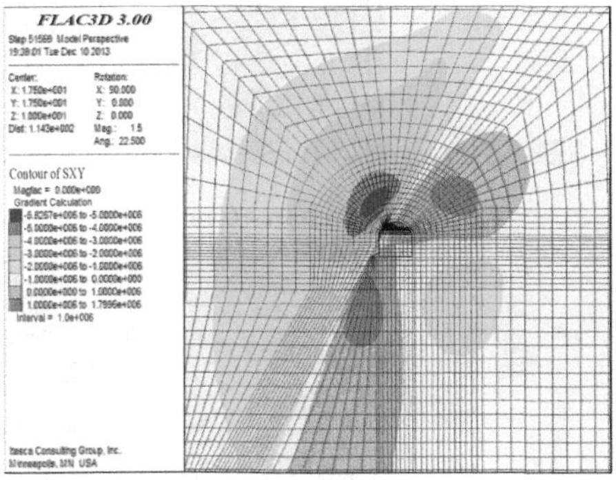

(c)n=11 m

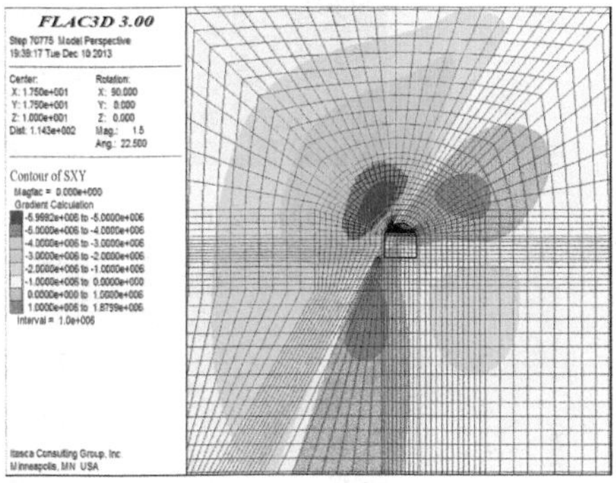

(d)n=16 m

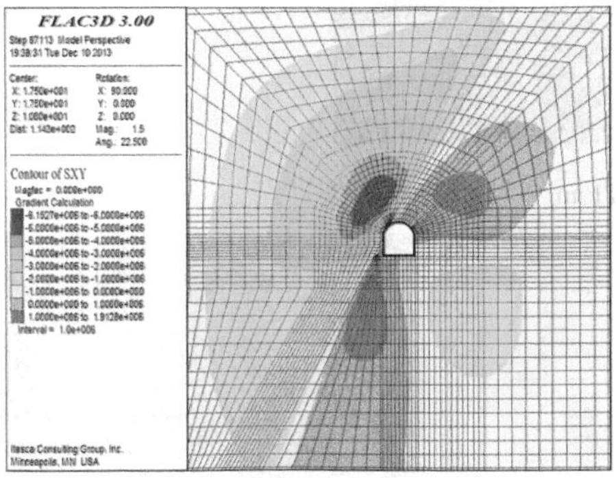

(e)n=20 m

图 5-46　各开挖阶段剪切应力分布云图

通过上述数值模拟分析开挖过程对巷道横截面剪切应力影响情况可知,在开挖至 2 m 时,在结构分界面上剪应力相对集中较大;在开挖至 11 m 时,其剪切应力逐渐向洞壁四角集中,形成环向切应力,在结构较好的一侧约为 5 MPa,在结构较差的一侧约为 1 MPa;在开挖至 20 m 时，应力集中的范围没有发生变化，在结构较差的一侧约为 1 MPa，在结构较好的一侧剪应力约为 5.8 MPa。

5.4.1.3 支护后巷道围岩稳定性数值分析

该混合结构巷道左侧围岩等级为Ⅲ级，拱顶及右侧围岩等级Ⅴ级，根据 4.5 节巷道围岩支护措施建议，采用衬砌的方法进行支护，选取 I14 钢拱架，间距 0.6 m 及 C20 混凝土，厚 18 cm，模拟结果如下。

1. 塑性区

各开挖阶段塑性区云图见图 5-47。

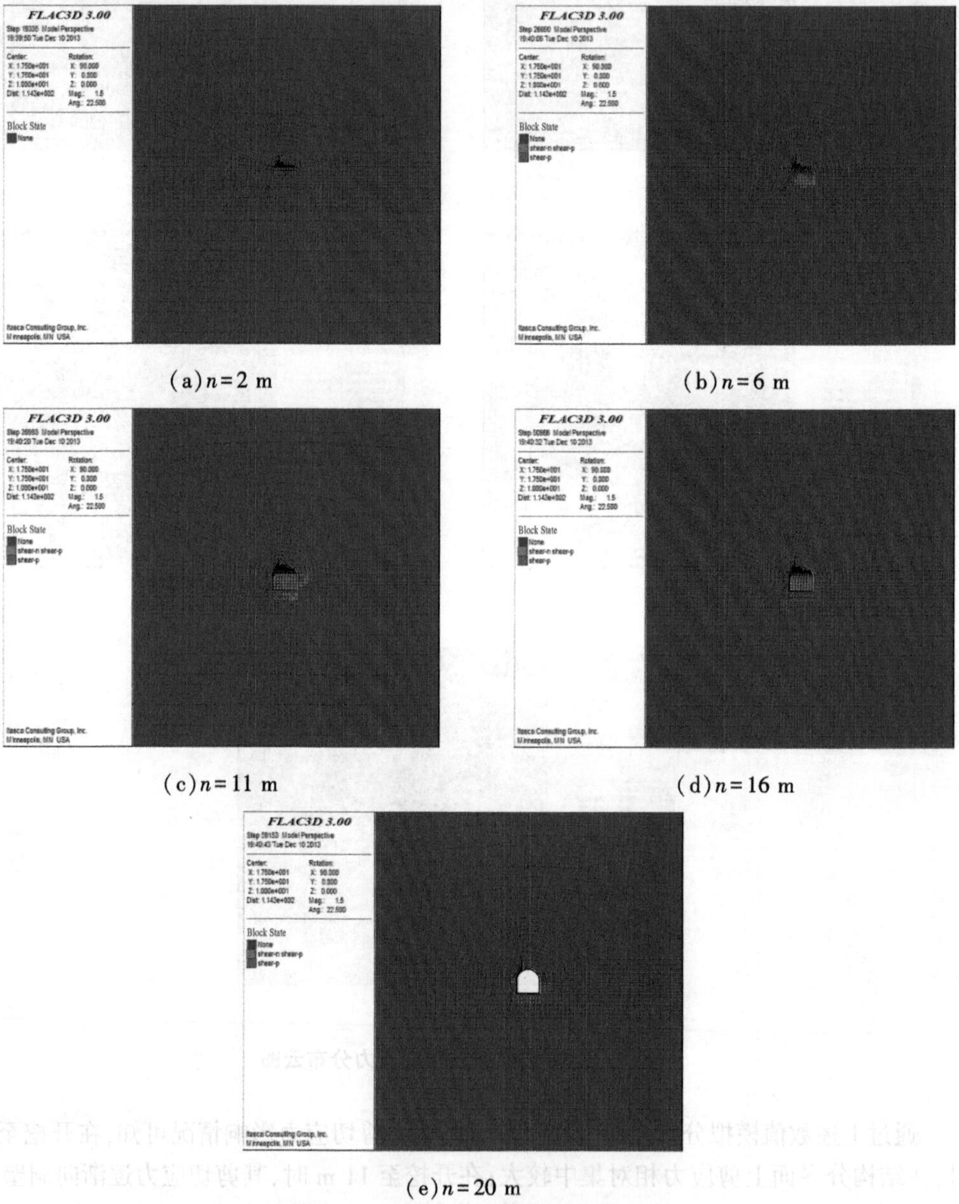

(a) n=2 m　(b) n=6 m

(c) n=11 m　(d) n=16 m

(e) n=20 m

图 5-47　各开挖阶段塑性区云图

通过上述数值模拟分析开挖过程对巷道支护后的塑性区影响情况可知，在支护之后，塑性区的范围明显减小，在开挖至 6 m 时，7 m 截面处掌子面出现明显塑性区，在开挖至 11 m 之后在洞壁周围产生一定塑性区；开挖至 16 m 时，其塑性区范围没有发生大的变化，已趋于稳定。

2. 位移

1）竖向位移

各开挖阶段竖向位移分布云图见图 5-48。

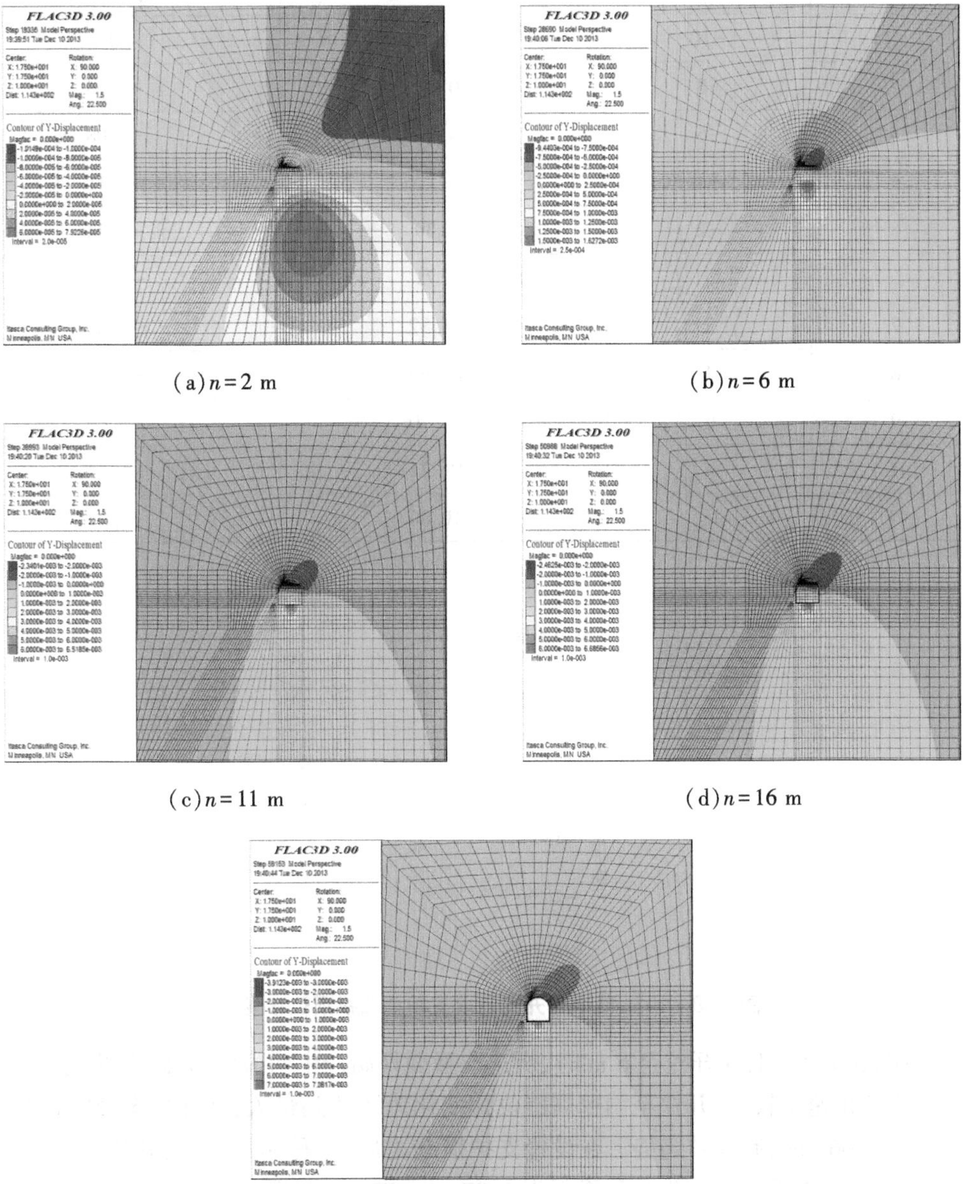

(a) $n=2$ m

(b) $n=6$ m

(c) $n=11$ m

(d) $n=16$ m

(e) $n=20$ m

图 5-48 各开挖阶段竖向位移分布云图

通过上述数值模拟分析开挖过程对巷道支护后的竖向位移影响情况可知,在开挖至6 m时,在洞顶右侧和洞底产生较大的位移;在开挖至11 m时,在洞顶右侧产生2~3 mm位移;在开挖至20 m时,位移主要集中在洞壁的左上和洞底,洞顶位移为3~3.2 mm,在支护之后,竖向位移明显减小。

各开挖阶段,该巷道10 m截面支护前后拱顶竖直位移变化规律,见表5-14和图5-49。

表5-14　10 m截面各开挖阶段支护前后拱顶位移量

编号	距离/m	未支护/mm	支护/mm
1	-10	0	0
2	-8	-0.17	-0.04
3	-6	-0.40	-0.08
4	-4	-0.70	-0.11
5	-2	-1.39	-0.24
6	0	-4.71	-1.35
7	2	-12.32	-1.80
8	4	-15.66	-1.85
9	6	-17.70	-1.89
10	8	-19.25	-1.94
11	10	-21.06	-1.97

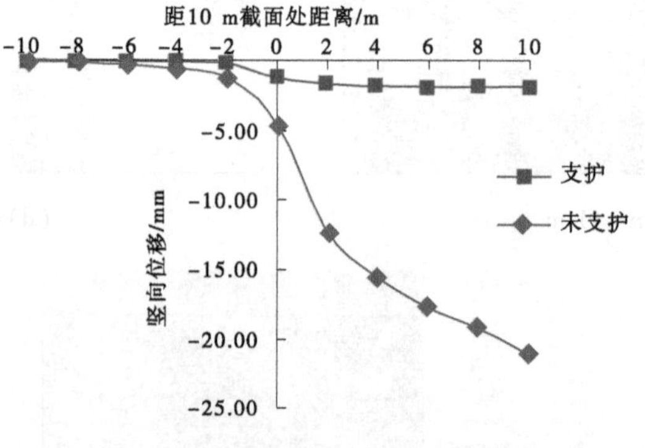

图5-49　10 m截面各开挖阶段支护前后拱顶位移变化规律

由图5-49可知,在开挖至6 m时,所选取截面开始产生明显位移,随着开挖的继续进行,位移变化速率较大,开挖至洞壁周围位移变化速率达到最大;在开挖至20 m时,产生位移为21.06 mm,有收敛趋势。在设置支护措施之后,位移明显减少,并快速收敛,开挖至20 m时,所选取截面产生位移降低为1.97 mm,支护效果明显。

2)水平位移

各开挖阶段水平位移分布云图见图5-50。

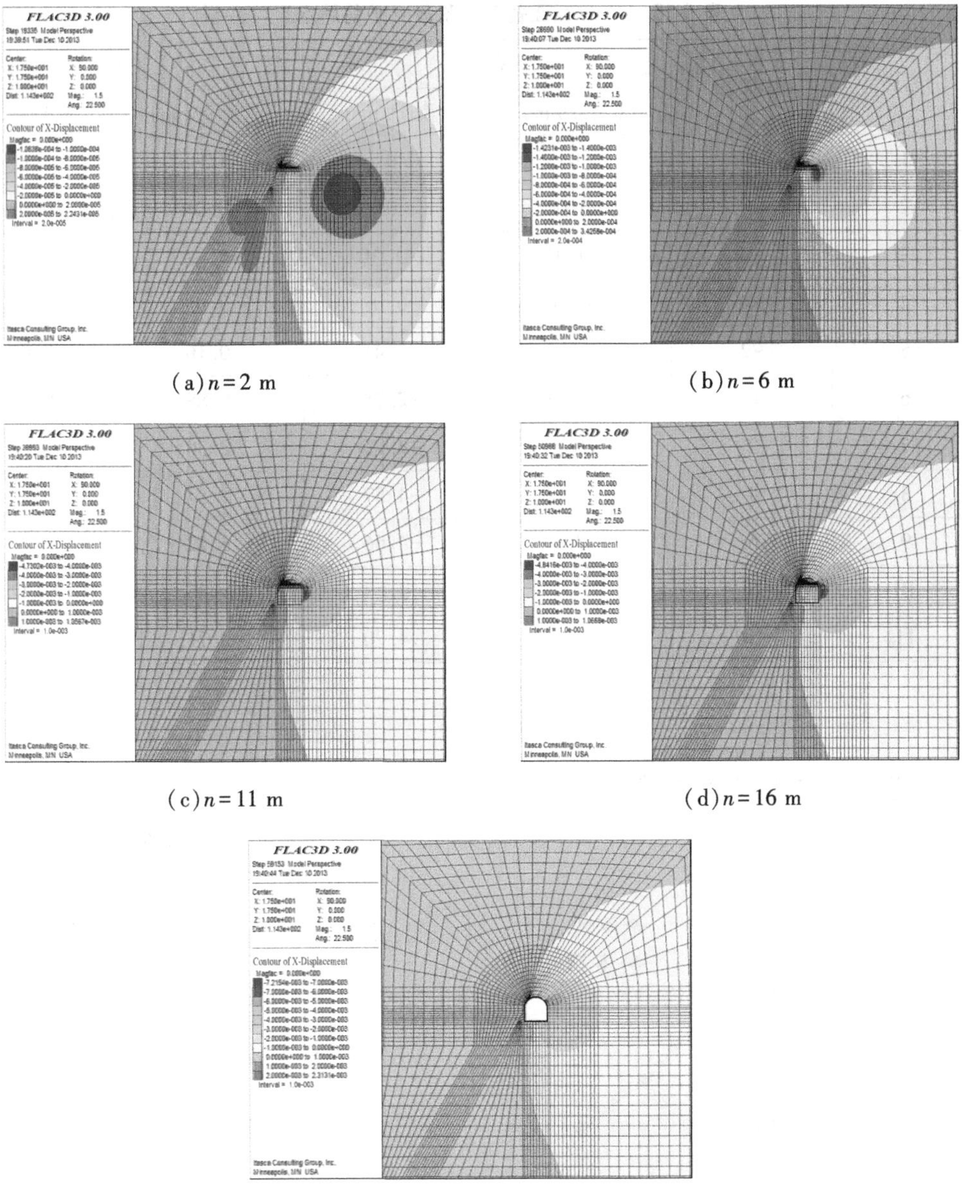

(a)$n=2$ m　(b)$n=6$ m

(c)$n=11$ m　(d)$n=16$ m

(e)$n=20$ m

图 5-50　各开挖阶段水平位移分布云图

通过上述数值模拟分析开挖过程对巷道支护后的横向位移影响情况可知，在开挖至6 m时，巷道横截面产生的水平位移主要表现为向洞内收敛，在右侧产生的水平位移明显大于左侧较好的岩层，每次新的开挖之后，7 m处的横截面产生的位移有增大的趋势；在开挖至20 m时，结构较好的一侧产生位移约为4.6 mm，在结构较差的一侧产生位移1~2 mm。

各开挖阶段，该巷道10 m截面支护前后洞腰水平位移变化规律，见表5-15和图5-51、图5-52。

表 5-15　10 m 截面各开挖阶段支护前后水平位移量

编号	距离/m	右侧		左侧	
		未支护/mm	支护/mm	未支护/mm	支护/mm
1	-10	0	0	0	0
2	-8	-0.01	0	0.01	0.01
3	-6	-0.04	-0.01	0.02	0.01
4	-4	-0.20	-0.07	0.05	0.03
5	-2	-1.15	-0.41	0.16	0.08
6	0	-8.94	-2.78	0.88	0.35
7	2	-28.87	-4.28	2.30	0.68
8	4	-38.09	-4.57	2.87	0.71
9	6	-43.46	-4.66	3.22	0.72
10	8	-47.17	-4.69	3.47	0.72
11	10	-50.89	-4.70	3.71	0.72

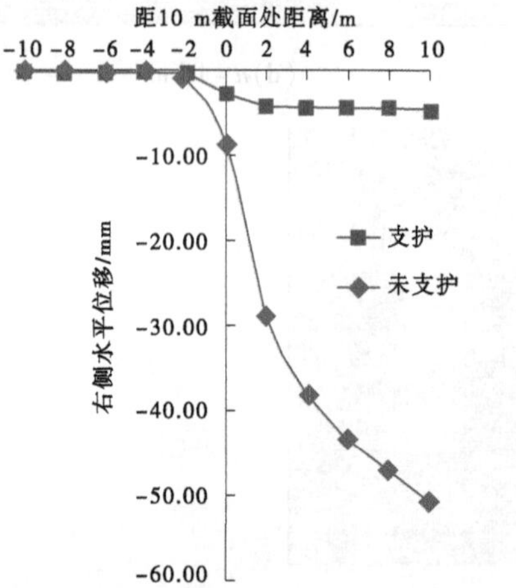

图 5-51　10 m 截面各开挖阶段支护前后右侧水平位移变化规律

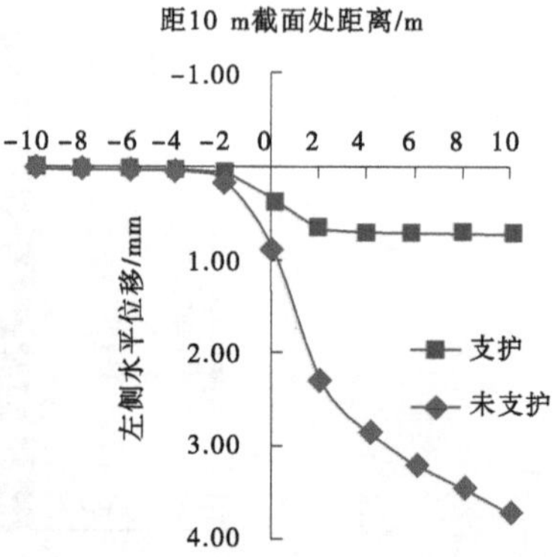

图 5-52　10 m 截面各开挖阶段支护前后左侧水平位移变化规律

由图 5-51、图 5-52 可知，在开挖至 6 m 时，所选取截面开始产生明显位移，随着开挖的继续进行，位移变化速率较大，在开挖至选取掌子面附近时，变化速率达到最大；在开挖至 20 m 时，左侧产生水平位移为 3.71 mm，右侧为 50.89 mm，并逐渐趋于稳定。在设置支护措施之后，位移明显减少，并快速收敛，开挖至 20 m 时，所选取截面左侧产生位移为 0.72 mm，右侧为 4.7 mm，支护效果明显。

3. 应力

1) 竖向应力

各开挖阶段竖向应力分布云图见图 5-53。

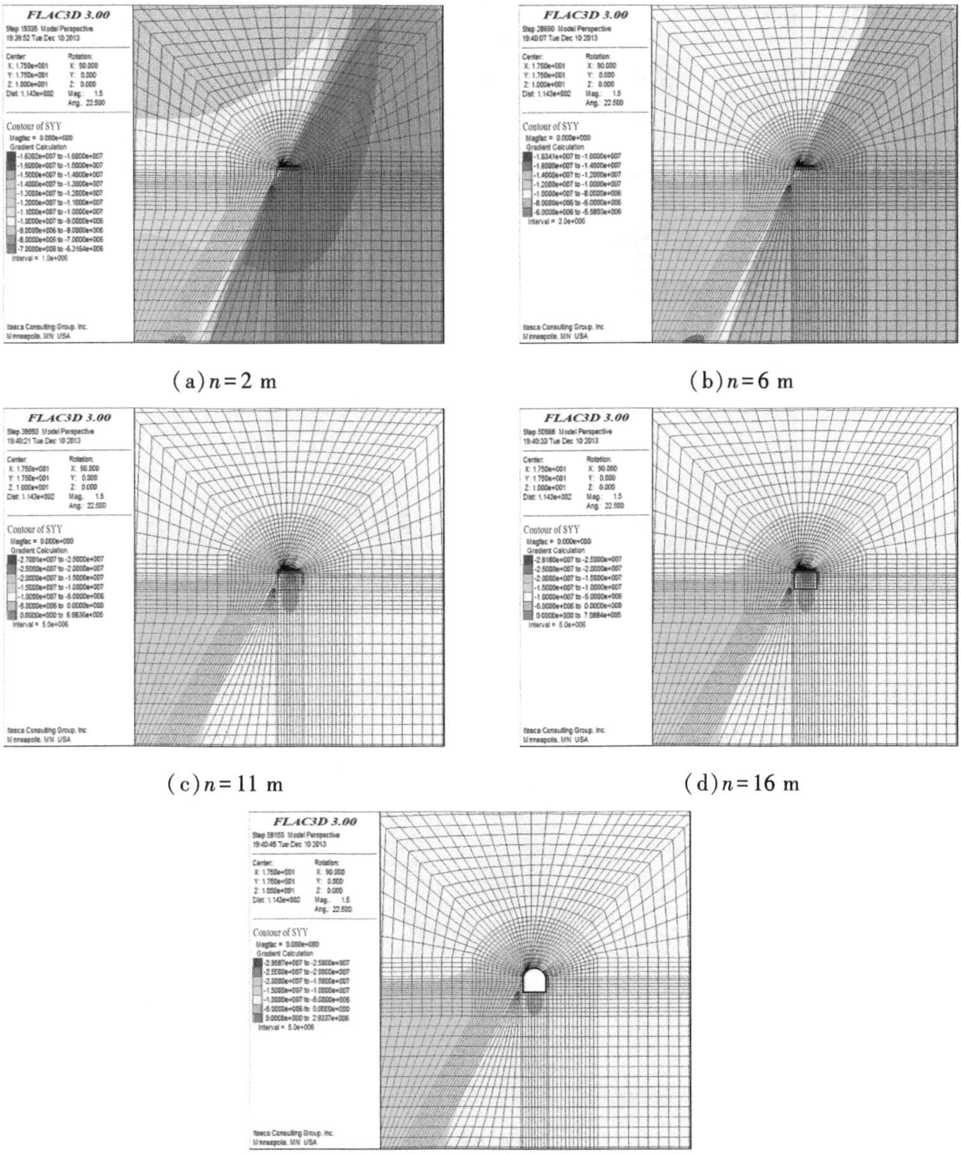

(a) $n=2$ m　(b) $n=6$ m　(c) $n=11$ m　(d) $n=16$ m　(e) $n=20$ m

图 5-53　各开挖阶段竖向应力分布云图

通过上述数值模拟分析开挖过程对巷道支护后的竖向压应力影响情况可知,在开挖至 6 m 时,竖向应力主要集中在左侧较好的岩层,右侧由于较为破碎,应力集中较差;在开挖至 20 m 时,竖向压应力还是主要集中在左侧较好的岩层,左侧为 25~30 MPa,右侧约为 10 MPa。

2)剪切应力

各开挖阶段剪切应力分布云图见图 5-54。

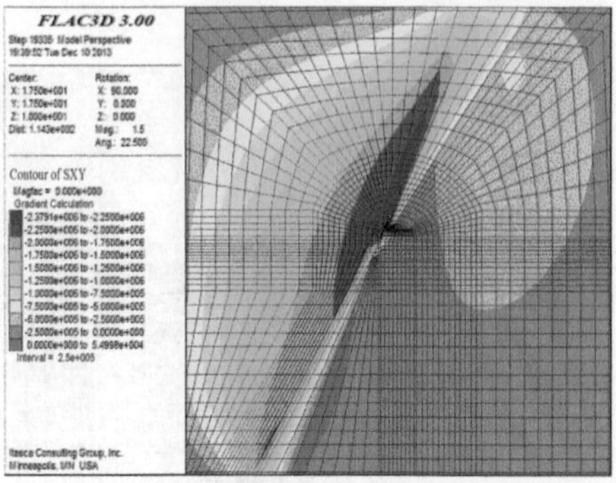

(a)n=2 m

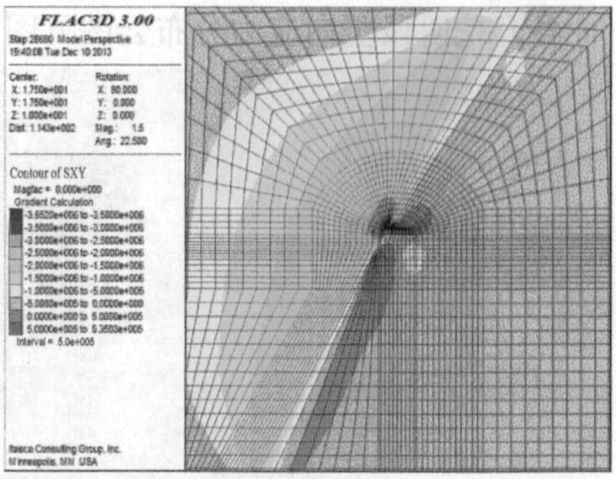

(b)n=6 m

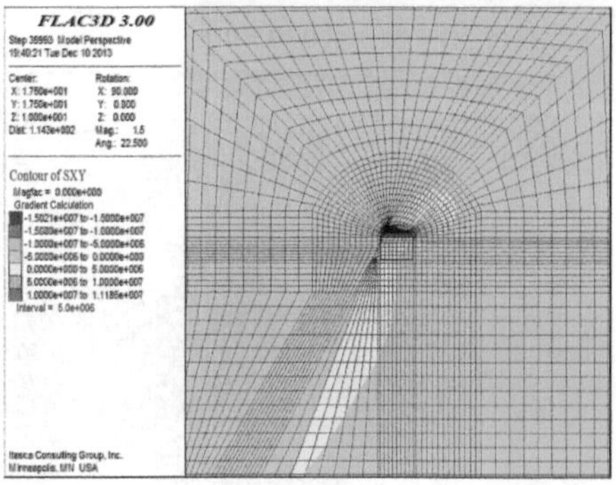

(c)n=11 m

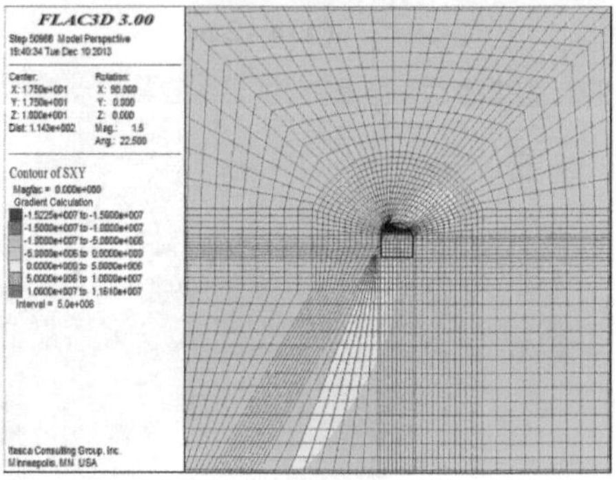

(d)n=16 m

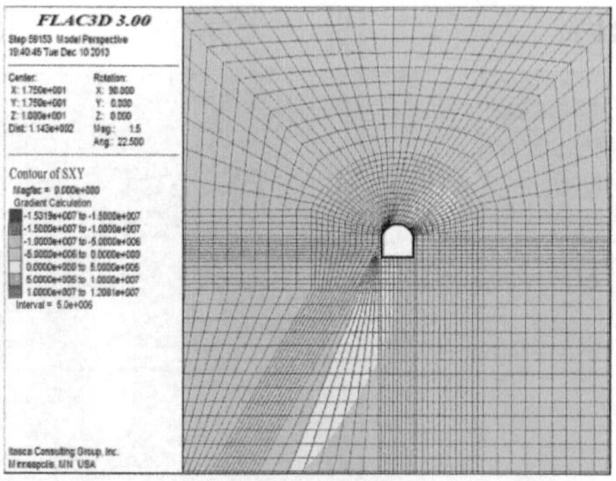

(e)n=20 m

图 5-54　各开挖阶段剪切应力分布云图

通过上述数值模拟分析开挖过程对巷道支护后的横截面剪切应力影响情况可知,在开挖至 2 m 时,在结构分界面上剪应力相对集中较大,在开挖至 11 m 时,由于衬砌,强度较大,易造成应力集中,在洞壁周围集中剪应力为 10~15 MPa,在开挖至 20 m 时,应力集中量没有大的变化,仍为 10~15 MPa。

5.4.2　UDEC 数值模拟分析

5.4.2.1　模型的建立

1. 地质概化模型的建立

通过对该典型破坏点(见图 5-55)的工程地质调查,沿巷道主要破坏方向截取一条典型二维剖面作为数值计算分析模型,模型尺寸为 15 m×15 m,其中巷道高 2.4 m,宽 2.3 m,侧壁直墙高 1.6 m,两组控制性结构面产状:J_1:335°∠63°、J_2:87°∠52°,且左侧拱肩出露散体石英与花岗岩的交界面,比例尺为 1∶1。地质概化模型如图 5-56 所示。

图 5-55　巷道全貌

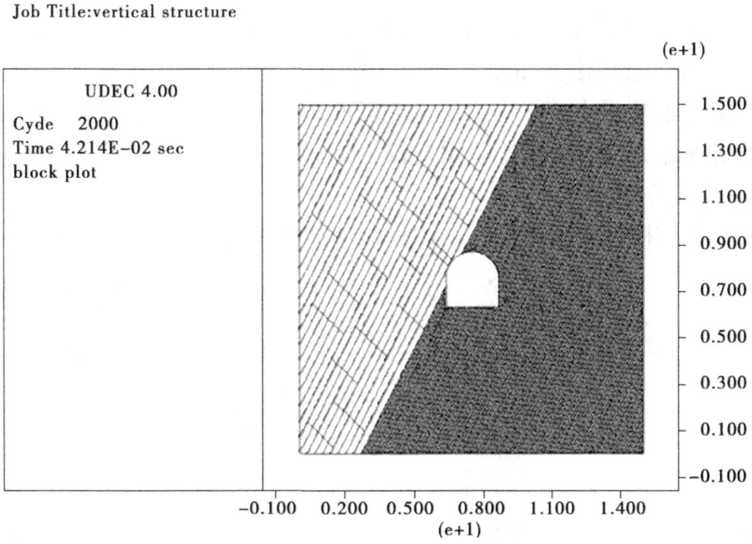

图 5-56　巷道地质概化模型

2. 岩体物理力学参数的确定

按照上述思路,在 UDEC 中指定块体为莫尔-库仑模型,节理指定为库仑滑动模型。因散体石英与花岗岩的交界面物理力学性质薄弱,所以根据勘察资料和试验成果并参考类似工程综合取值，将数值模型中散体石英与花岗岩的交界面区别于其他结构面赋予较低的物理力学参数。且 J_1 结构面为花岗岩的"层面"，故赋予其高于 J_2 结构面的物理力学参数。具体参数赋值情况见表 5-16、表 5-17。

表 5-16　岩石材料力学参数赋值

岩性	密度/(g/cm^3)	弹性模量/GPa	剪切模量/GPa	内聚力/MPa	内摩擦角/(°)	抗拉强度/MPa
花岗岩	2.61	12.17	5.3	0.89	44.65	5.03
石英	2.65	14	6.25	5	50	10

表 5-17　结构面力学参数赋值

岩性	结构面视倾角/(°)	法向刚度/GPa	切向刚度/GPa	内聚力/kPa	内摩擦角/(°)	抗拉强度/MPa
花岗岩	63	3.0	2.0	30	35	0
花岗岩	134	2.0	1.0	20	30	0
石英	63/134	1.8	0.8	10	25	0

3. 边界条件设置

在完成所有块体材料及结构面参数赋值之后，开始对数值模型施加固定速度边界条件和荷载条件。边界条件采用[boundary]命令将模型两侧及底部固定，模型上部为自由边界。采用[set gravity]命令对模型岩体施加垂直方向的重力加速度 9.8 m/s^2，考虑到该巷道埋深约为 400 m，结合上覆岩层平均密度为 2.6 g/cm^3，估算得出上覆岩体产生的自重应力约为 10.4 MPa，采用[boundary stress]命令对模型上部施加该初始应力。并通过[history unbalance]监测最大不平衡力历史判断收敛状态，当最大的节点不平衡力趋近于零或者与初始所施加的总的力相比较相对较小时，就认为模型达到了平衡状态。

5.4.2.2　失稳模式分析

通过 UDEC 数值模拟得出该混合结构失稳塌落破坏过程如图 5-57 所示。

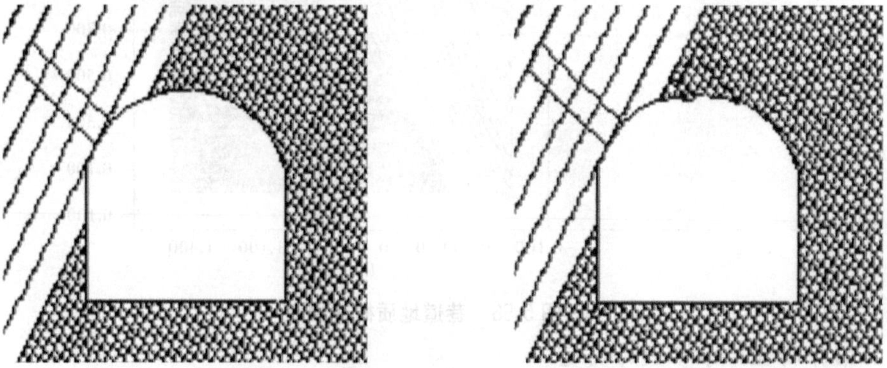

(a) n=2 000　　(b) n=12 000

图 5-57　混合结构塌落数值模拟全过程

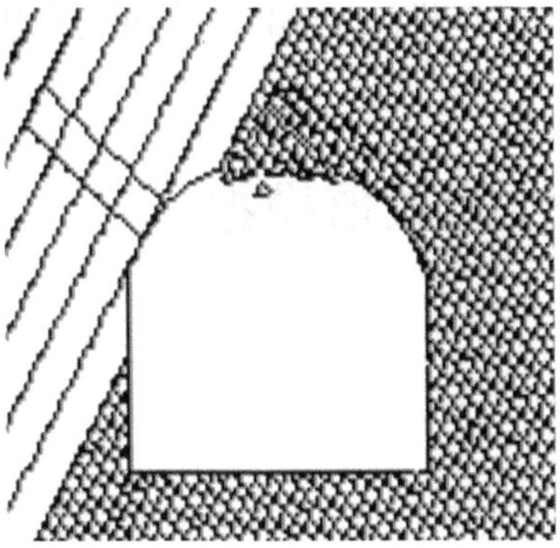

(c) $n=22\ 000$

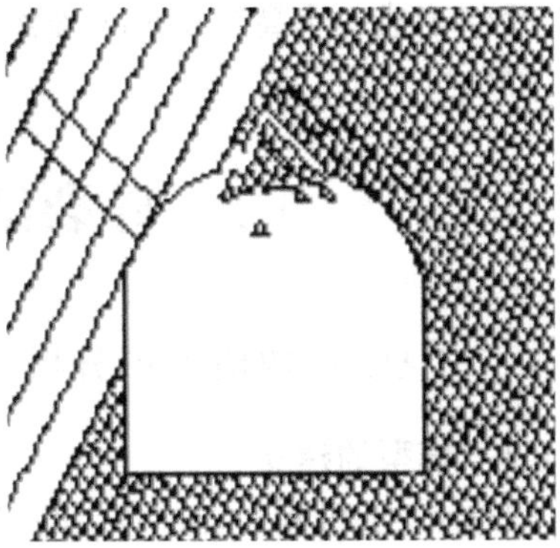

(d) $n=32\ 000$

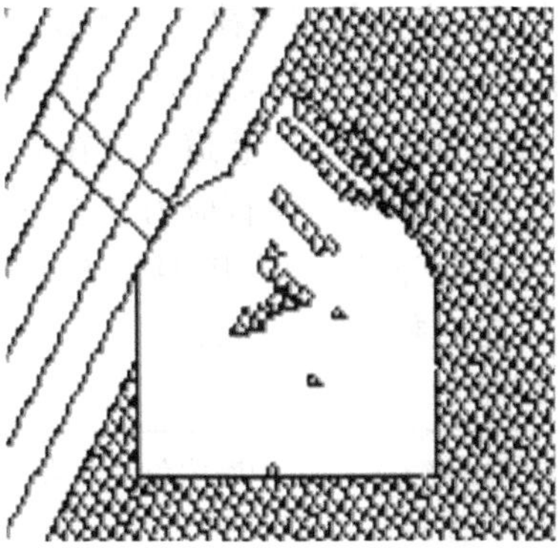

(e) $n=76\ 000$

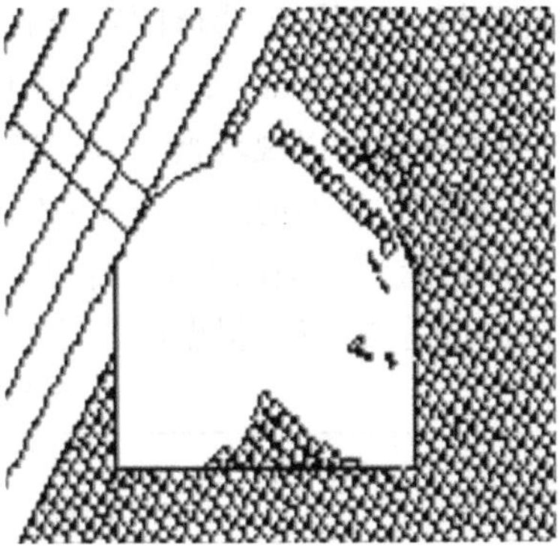

(f) $n=234\ 000$

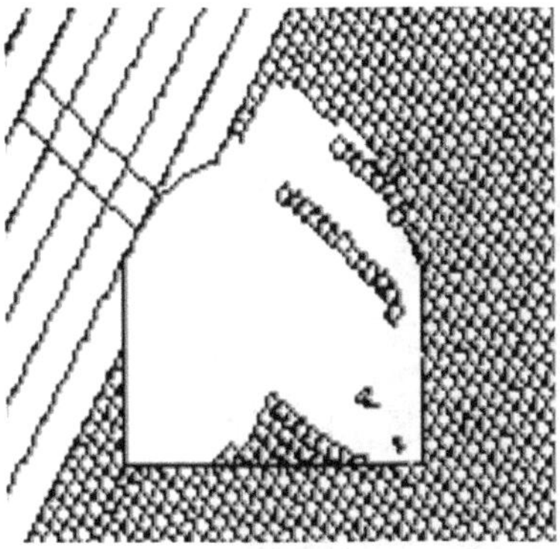

(g) $n=266\ 000$

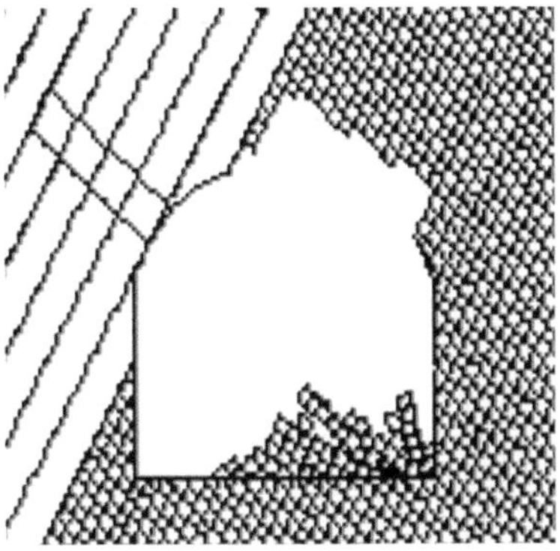

(h) $n=760\ 000$

续图 5-57

由图 5-57 可以看出，花岗岩层状-散体混合结构中的散体结构由于被很多纵横交错的节理裂隙切割，整体性完全破坏，其抗拉、抗剪、抗弯能力都极其微弱。在模拟过程中，由于巷道开挖，围岩的原有应力平衡状态受到破坏，引起应力的重新分布，其中上覆岩体的自重应力在洞顶产生较大的压应力集中，且散体石英与花岗岩的交界面处力学性质最为薄弱，又具备较好的临空条件，因此在此处首先发生失稳破坏（$n=12\ 000$、$n=22\ 000$）。随着破坏的进一步发展，洞顶岩体继续塌落，破坏区域逐渐增大，为一累进式破坏过程（$n=76\ 000$、$n=234\ 000$），但这种塌落是有限的，当塌落到一定程度后，岩体进入新的平衡状态,最终形成一个高约 0.6 m、宽约 1.1 m 的自然平衡拱($n=760\ 000$),此与现场调查情况基本吻合。

5.5 碎裂结构稳定性的数值模拟

5.5.1 FLAC3D 数值模拟分析

5.5.1.1 模型的建立

本次对变形机制和支护效果的研究取罗山金矿 330 中段 21 号典型破坏点的实际地质条件建立模型,模型运行到平衡以模拟初始状态,然后开掘巷道。拟对巷道位移及应力场进行分析,以期了解巷道围岩变形、塑性区发育情况、应力分布规律。模型建立长×宽×高=35 m×20 m×35 m,共 52 773 个节点,49 288 个单元,本模型模拟以围岩为散体结构为主,各项力学指标以规范查表为主建立模型,计算参数见表 5-18。巷道开挖在模型中部,巷道为门拱形,模型的边界条件为四周和底部固定,初始条件为铅直应力 8.6 MPa(模型上覆岩层自重)作用在模型顶部,屈服准则取莫尔-库仑准则,建立模型如图 5-58 所示。在确定围岩等级之后,根据围岩等级确定支护类型,支护参数见表 5-19。

表 5-18 围岩物理力学参数

围岩等级	弹性模量/GPa	泊松比	容重/(kN/m³)	内聚力/MPa	内摩擦角/(°)	抗拉强度/MPa
V	1.8	0.4	18	0.19	26	4

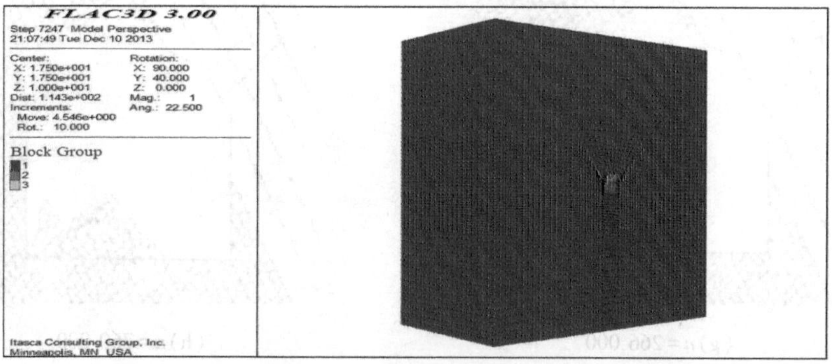

图 5-58 巷道整体三维模型

表 5-19 支护结构物理力学参数

支护类型	体积模量/GPa	剪切模量/GPa	容重/(kN/m³)	内聚力/MPa	内摩擦角/(°)	抗拉强度/MPa
钢拱架+混凝土	15.99	11.42	24.65	—	—	—

5.5.1.2　天然状态下巷道围岩稳定性数值分析

由于该巷道埋深约 300 m，故在铅直压力为 8.6 MPa 的情况下模拟掘进对该巷道围岩稳定性的影响，巷道掘进方向为 z 向，分 20 个开挖步，步距为 1 m，共开挖 20 m。从中抽取 2、6、11、16、20 步来分析，取分析截面为纵向 7 m 处的横截面，模拟结果如下。

1. 塑性区

各开挖阶段塑性区云图见图 5-59。

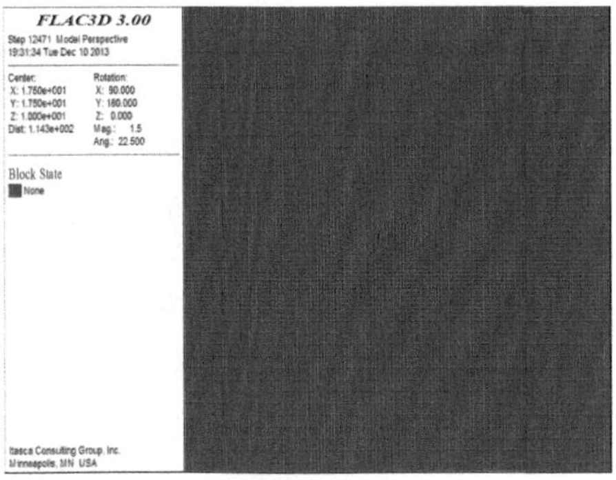

(a) $n=2$ m

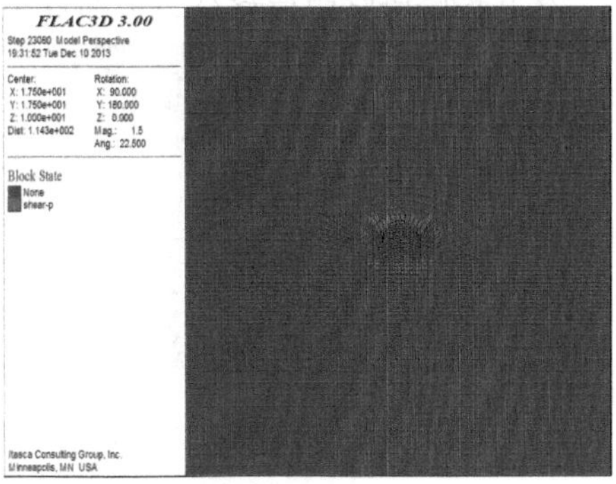

(b) $n=6$ m

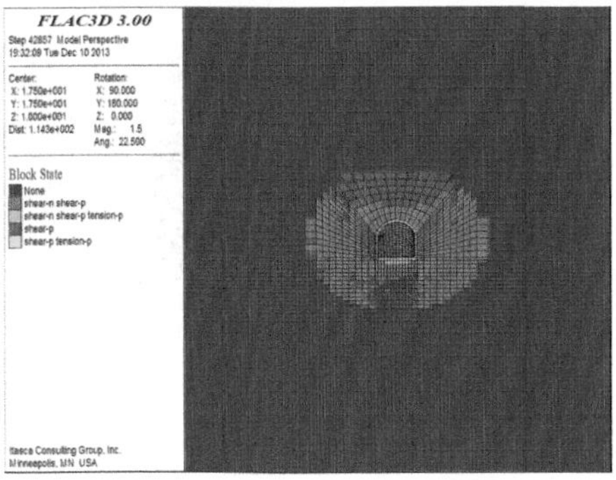

(c) $n=11$ m

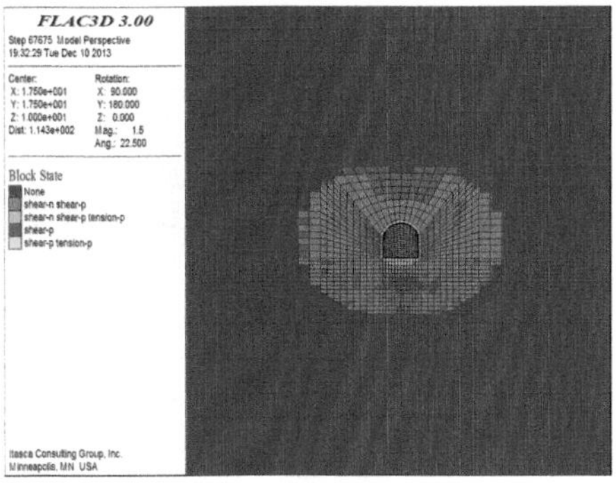

(d) $n=16$ m

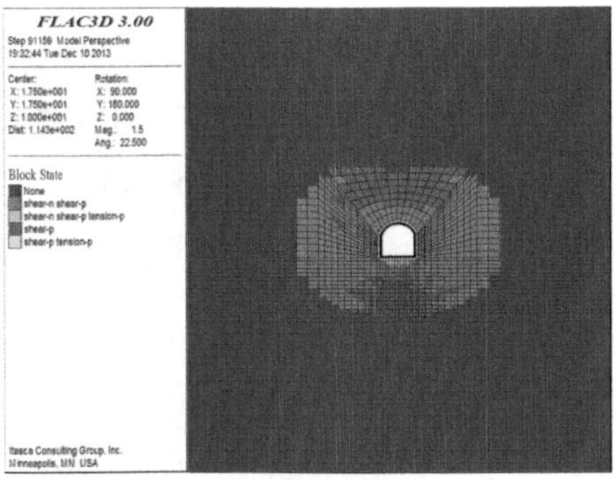

(e) $n=20$ m

图 5-59　各开挖阶段塑性区云图

通过上述数值模拟分析开挖过程对巷道塑性区影响情况可知，在开挖至 2 m 时，7 m 处尚未产生塑性区；在开挖至 6 m 时，在洞壁周围产生了一定的塑性屈服，且主要集中在拱顶部位；在开挖至 11 m 之后，围岩塑性区范围有所扩大；在开挖至 20 m 时，塑性区范围仍有扩大的趋势。

2. 位移

1）竖向位移

各开挖阶段竖向位移分布云图见图 5-60。

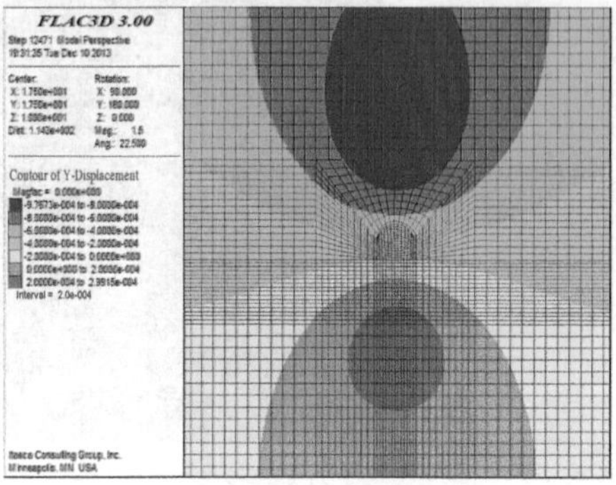

（a）$n=2$ m

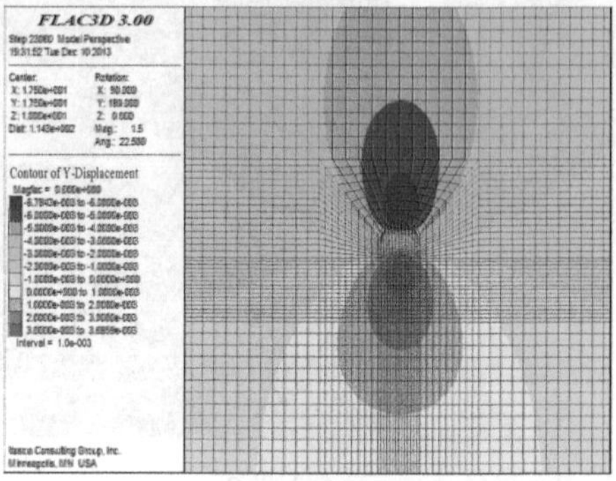

（b）$n=6$ m

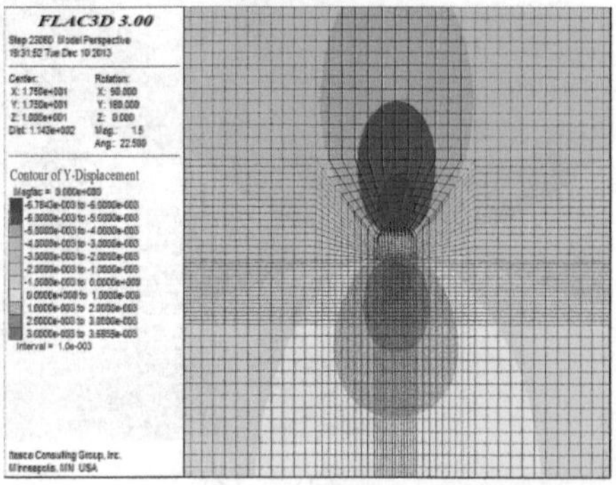

（c）$n=11$ m

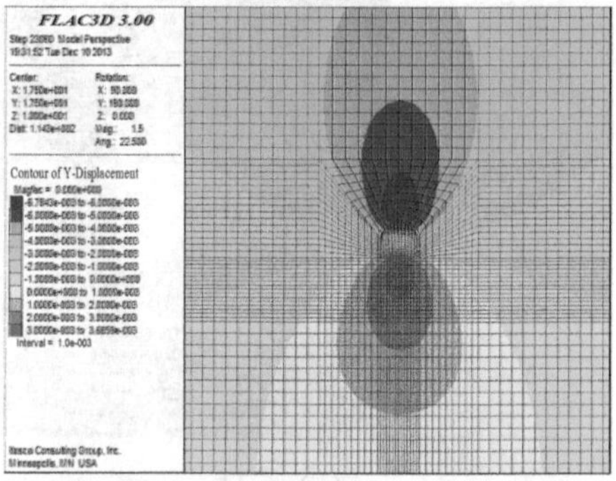

（d）$n=16$ m

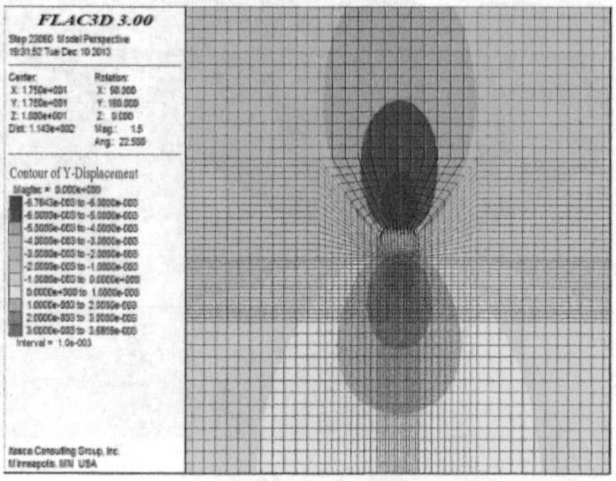

（e）$n=20$ m

图 5-60　各开挖阶段竖向位移分布云图

通过上述数值模拟分析开挖过程对巷道竖向位移影响情况可知，在开挖至 2 m 时，竖向位移基本没有发生变化；在开挖至 6 m 时，主要在洞顶和洞底产生较大的位移；在开挖至 11 m 时，其洞顶产生位移为 5～5.3 cm，在洞底主要是向上鼓胀产生 3～3.7 cm 的位移；在开挖至 16 m 时，产生的位移有所增大，在洞顶产生的位移为 6～7.4 cm，在洞底产生竖直向上 4～5.2 cm 的位移；在开挖完 20 m 时，变形仍有扩大的趋势，洞顶产生 8～9.1 cm 的位移，洞底产生 6～6.1 cm 的位移。

2）水平位移

各开挖阶段水平位移分布云图见图 5-61。

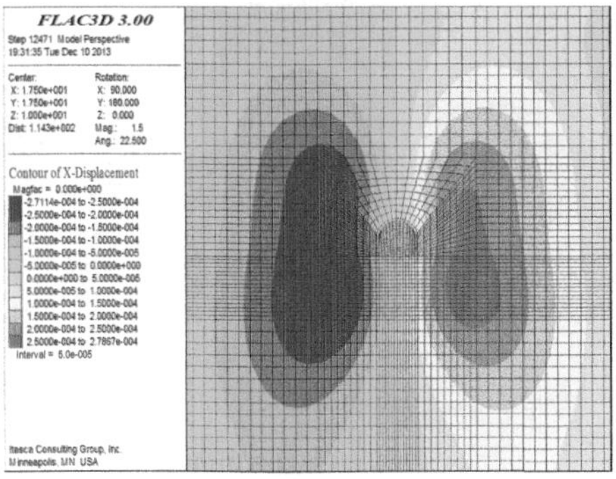

(a) $n=2$ m

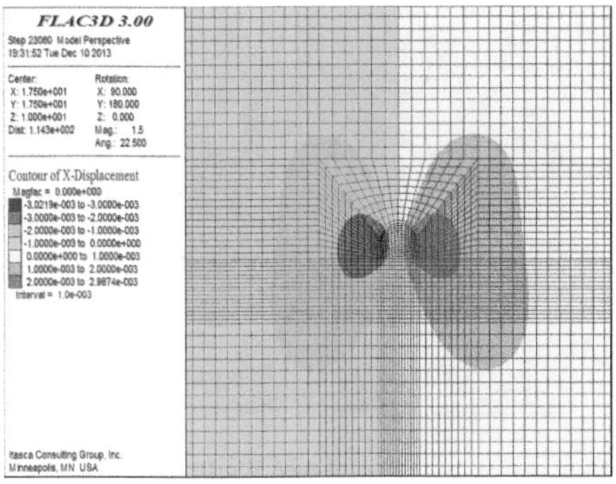

(b) $n=6$ m

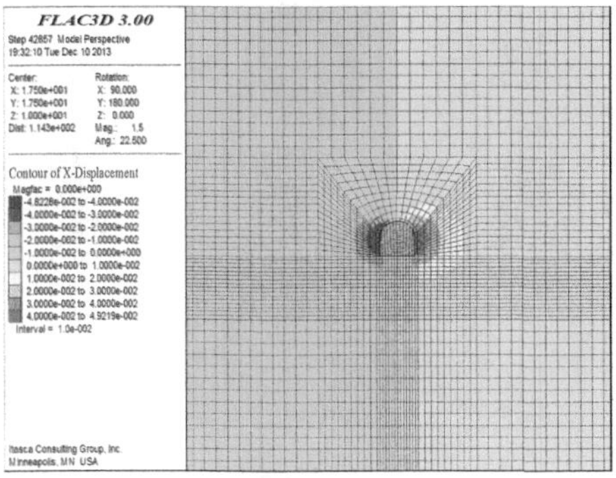

(c) $n=11$ m

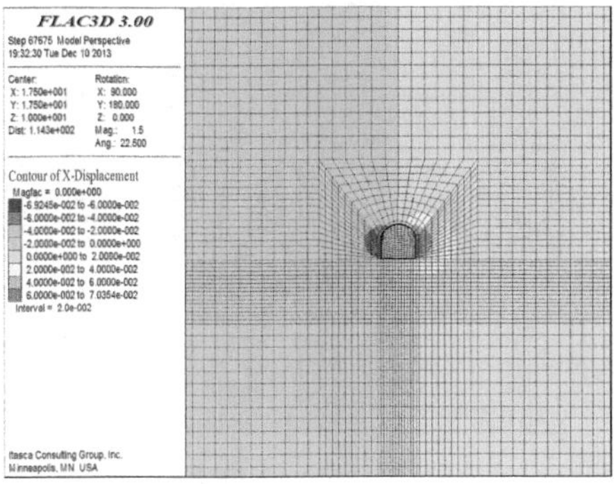

(d) $n=16$ m

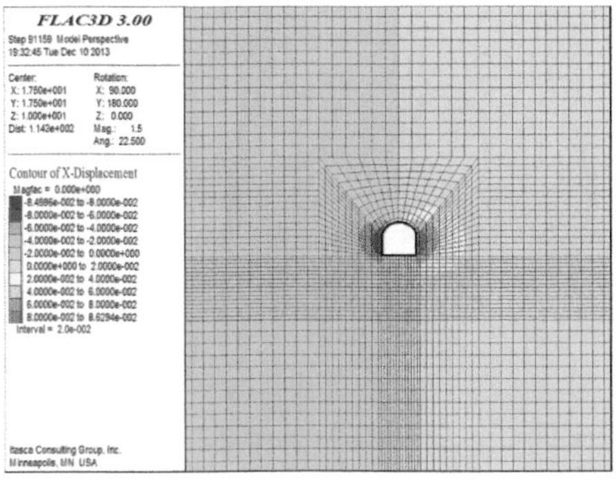

(e) $n=20$ m

图 5-61　各开挖阶段水平位移分布云图

通过上述数值模拟分析开挖过程对巷道横向位移影响情况可知，在开挖至 6 m 时，巷道横截面产生的水平位移主要表现为向洞内收敛；在开挖至 11 m 时，7 m 处的横截面在左右两侧分别产生 5~5.3 cm 向洞内收敛的位移，相对位移为 10 cm 左右；在开挖至 20 m 时，巷道两腰相对位移仍有扩大的趋势。

3. 应力

1）竖向应力

各开挖阶段竖向应力分布云图见图 5-62。

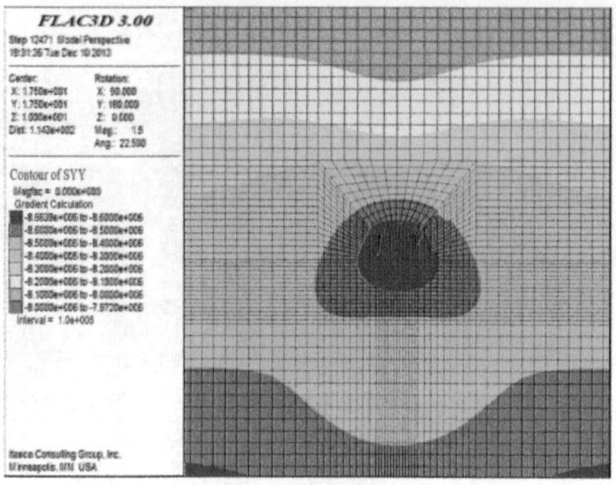

(a) $n=2$ m

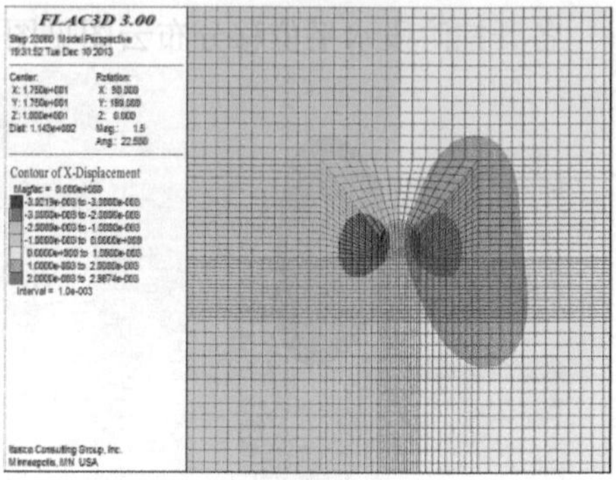

(b) $n=6$ m

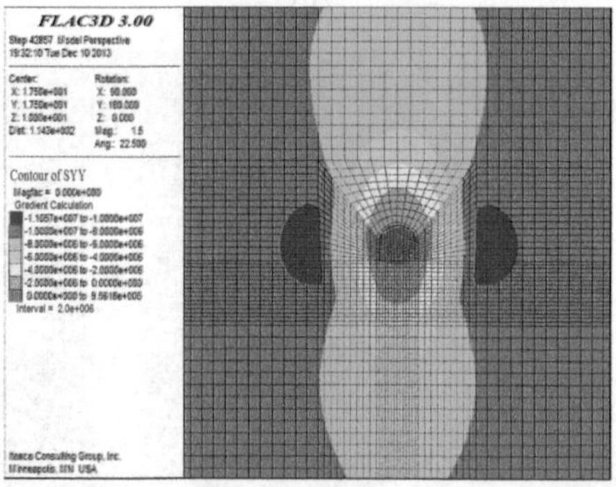

(c) $n=11$ m

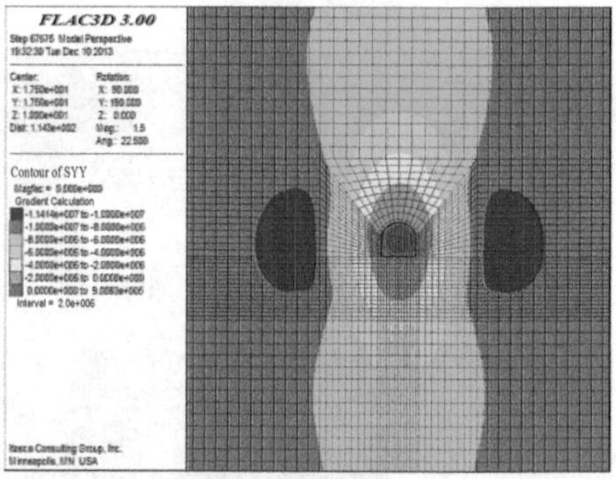

(d) $n=16$ m

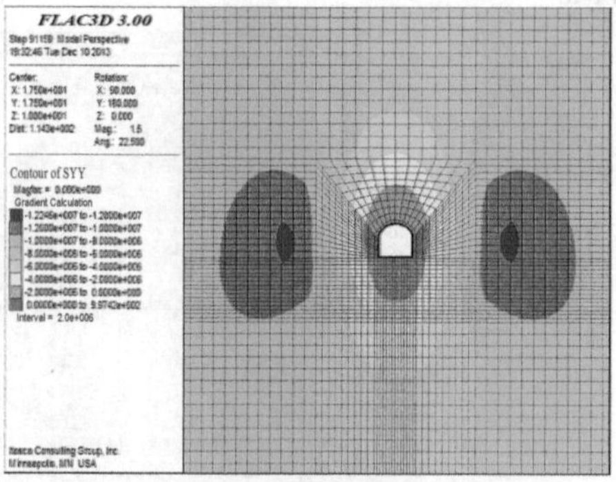

(e) $n=20$ m

图 5-62　各开挖阶段竖向应力分布云图

通过上述数值模拟分析开挖过程对巷道竖向压应力影响情况可知，在开挖至 2 m 时，竖向应力未发生明显的变化；在开挖至 6 m 时，洞壁两腰应力集中，约为 13 MPa；在开挖至 11 m 时，由于 7 m 处的截面已形成洞形，在洞顶和洞底的岩体有一定程度的破坏，应力集中水平较低；在开挖至 20 m 时，应变量已趋于稳定，在洞顶产生向下的压应力为 2 MPa，在洞底产生 2.7 MPa 左右的竖直向上的应力。

2) 剪切应力

各开挖阶段剪切应力分布云图见图 5-63。

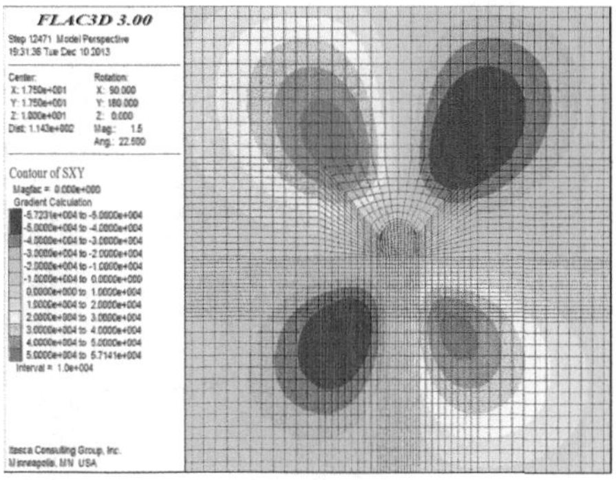

(a) $n=2$ m

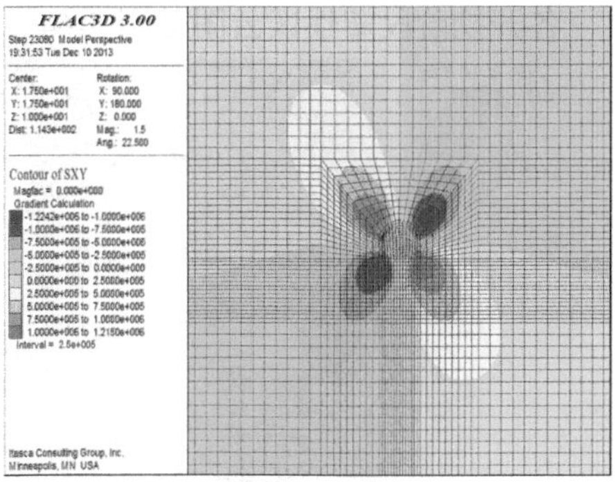

(b) $n=6$ m

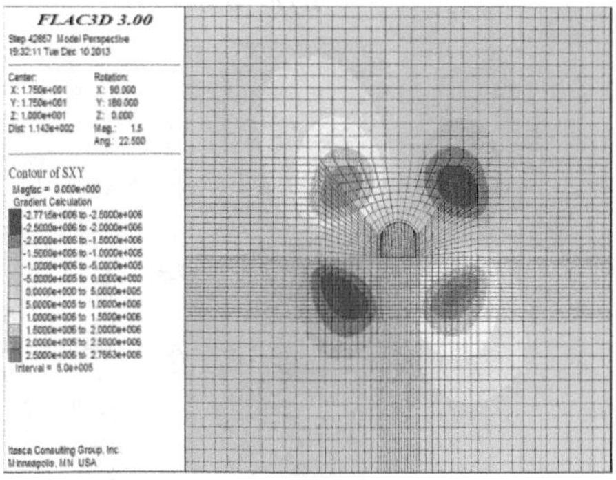

(c) $n=11$ m

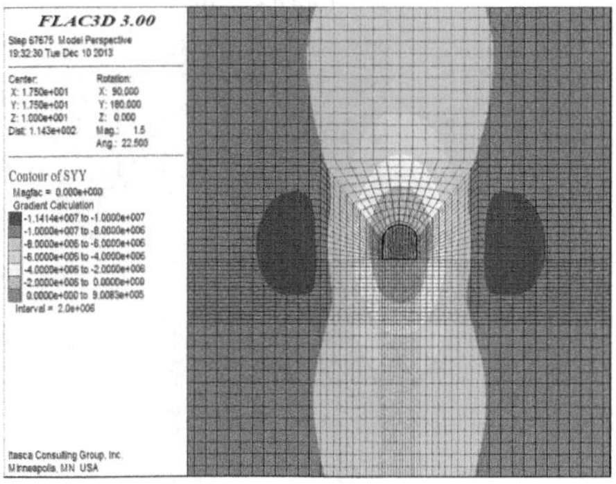

(d) $n=16$ m

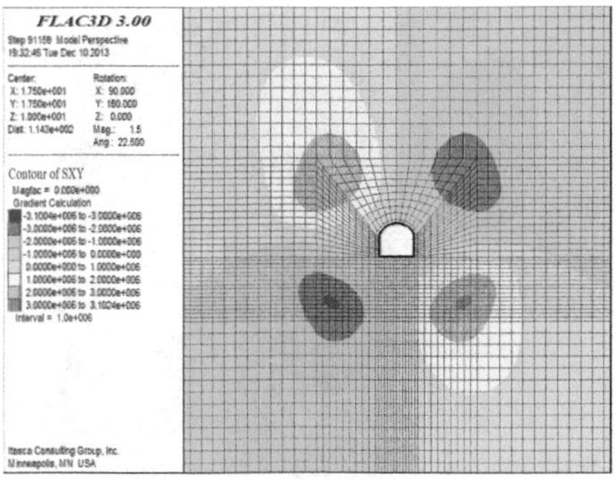

(e) $n=20$ m

图 5-63　各开挖阶段剪切应力分布云图

通过上述数值模拟分析开挖过程对巷道横截面剪切应力影响情况可知，剪应力在开挖至6 m时，洞壁四角剪切应力集中形成环向剪应力，在开挖至6 m时，洞壁环向应力为1.2~1.4 MPa；在开挖至20 m时，剪切应力有所增大，环向应力为2.5~2.7 MPa。

5.5.1.3 支护后巷道围岩稳定性数值分析

该混合结构巷道围岩等级属Ⅴ级，根据4.5节巷道围岩支护措施建议，采用衬砌的方法进行支护，选取I14钢拱架，间距0.6 m及C20混凝土，厚18 cm，模拟结果如下。

1. 塑性区

各开挖阶段塑性区云图见图5-64。

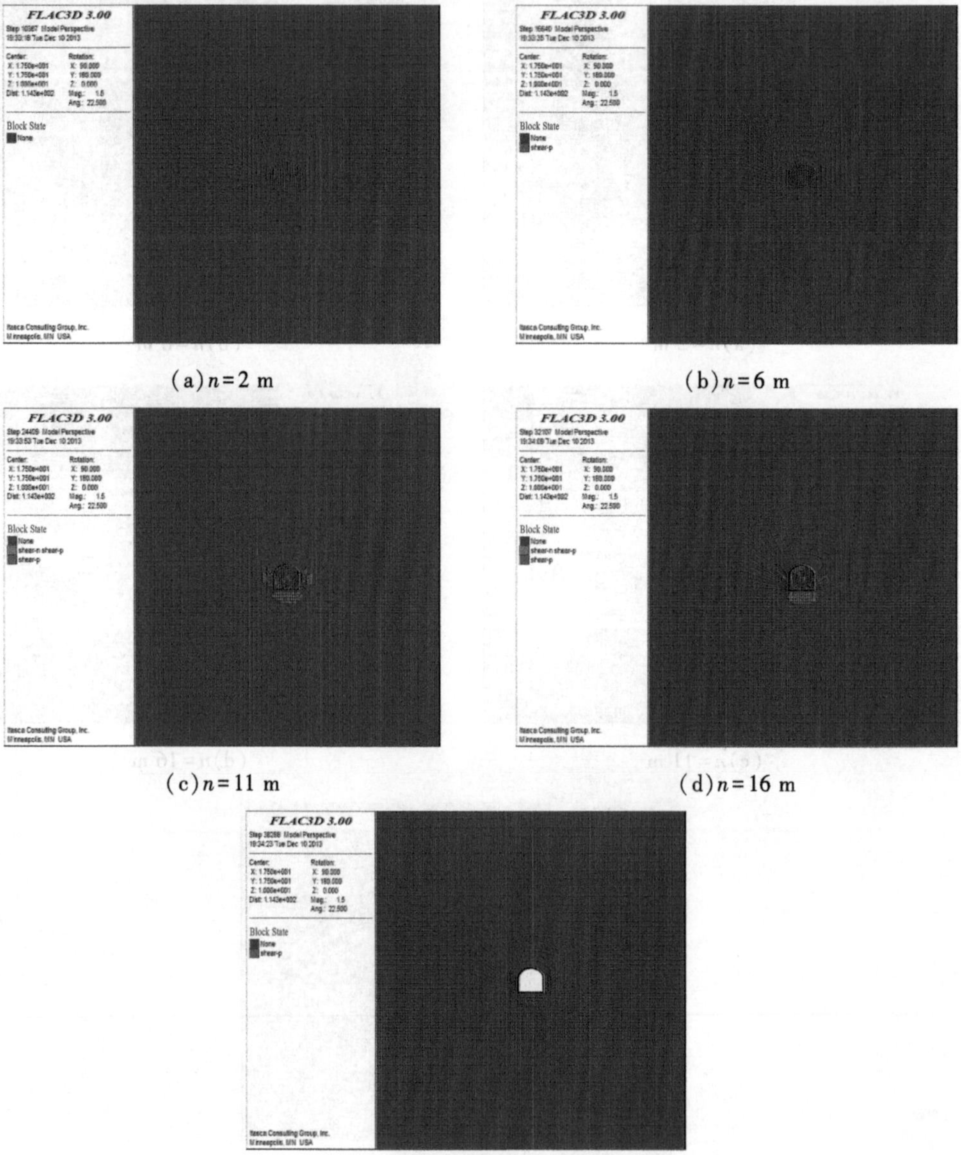

(a) n=2 m　(b) n=6 m　(c) n=11 m　(d) n=16 m　(e) n=20 m

图5-64　各开挖阶段塑性区云图

通过上述数值模拟分析开挖过程对巷道支护后的塑性区影响情况可知，在开挖至2 m时，7 m处的横截面还未出现明显的塑性区；在开挖至6 m时，7 m处的横截面掌子面出现塑性区，其塑性区范围较设置支护的情况明显减小；在开挖至11 m时，主要在边墙，洞底出现塑性区，顶部未出现明显的塑性区；在开挖至20 m时，洞壁塑性区范围没有明显的变化，较支护前塑性区明显减小，效果明显。

2. 位移

1) 竖向位移

各开挖阶段竖向位移分布云图见图5-65。

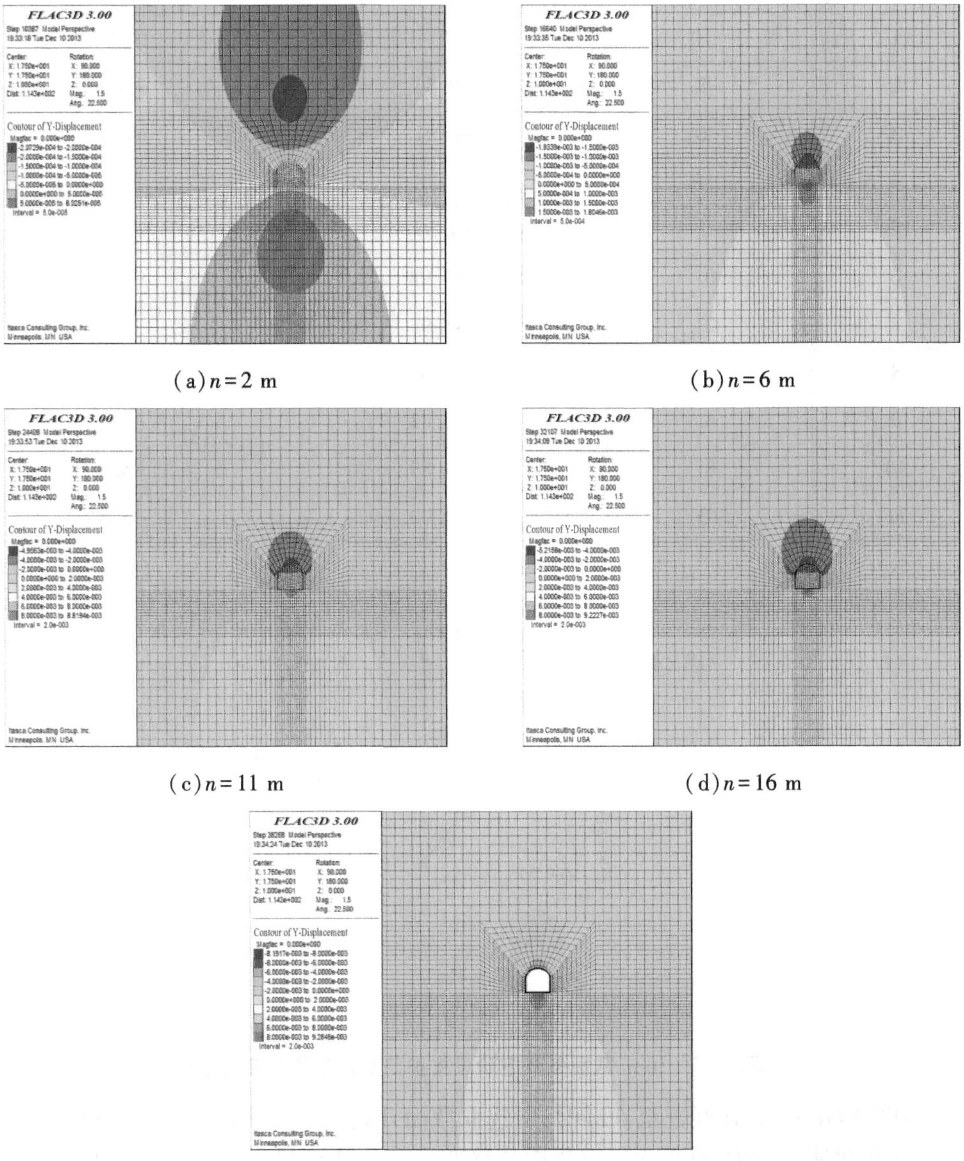

(a) $n=2$ m

(b) $n=6$ m

(c) $n=11$ m

(d) $n=16$ m

(e) $n=20$ m

图 5-65　各开挖阶段竖向位移分布云图

通过上述数值模拟分析开挖过程对巷道支护后的竖向位移影响情况可知，在开挖至6 m时，在洞顶和洞底产生较大的位移量；在开挖至11 m时，其洞顶产生位移为4~5 mm；在开挖至16 m时，产生的位移有所增大，在洞顶产生的位移为5 mm，在洞底产生6 mm的位移；在开挖至20 m时，洞顶和洞底分别产生8 mm的位移，位移的量已趋于稳定，较设置支护之前位移明显减小。

各开挖阶段，该巷道10 m截面支护前后拱顶竖直位移变化规律，见表5-20和图5-66。

表5-20　10 m截面各开挖阶段支护前后拱顶位移量

编号	距离/m	未支护/mm	支护/mm
1	-10	0	0
2	-8	-0.36	-0.07
3	-6	-0.91	-0.15
4	-4	-1.78	-0.26
5	-2	-4.39	-0.65
6	0	-14.98	-3.64
7	2	-41.97	-4.99
8	4	-56.39	-5.21
9	6	-66.83	-5.33
10	8	-76.89	-5.42
11	10	-90.70	-5.51

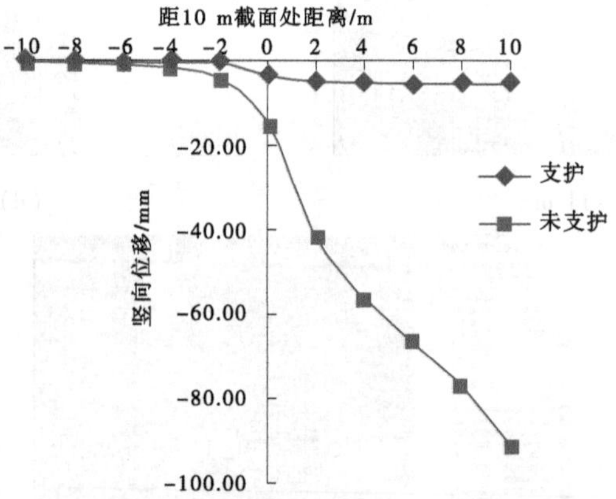

图5-66　10 m截面各开挖阶段支护前后拱顶位移变化规律

由图5-66可知，在开挖至6 m时，所选取截面开始产生明显位移，随着开挖的继续进行，位移变化速率较大，开挖至洞壁周围位移变化速率达到最大；在开挖至20 m时，产生位移为9.7 cm。在设置支护措施之后，位移明显减少，并快速收敛，开挖至20 m时所选取截面产生位移降低至5.51 mm，支护效果明显。

2）水平位移

各开挖阶段水平位移分布云图见图 5-67。

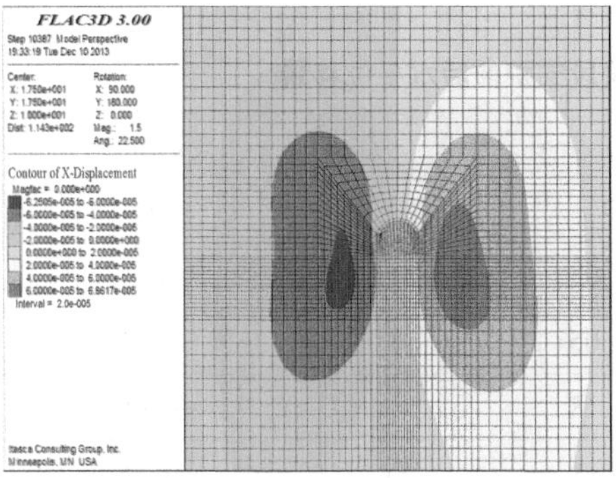

（a）n=2 m

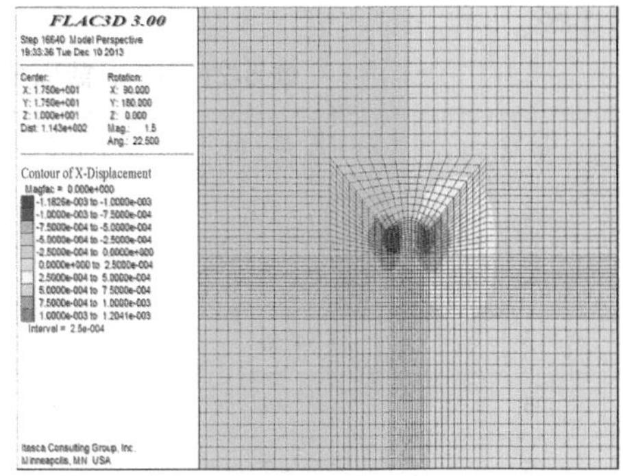

（b）n=6 m

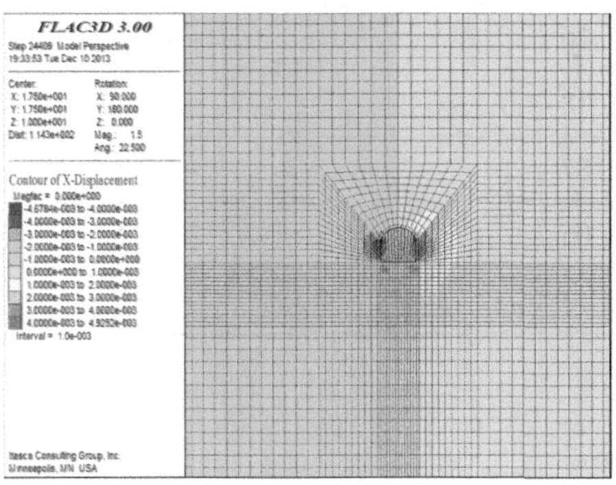

（c）n=11 m

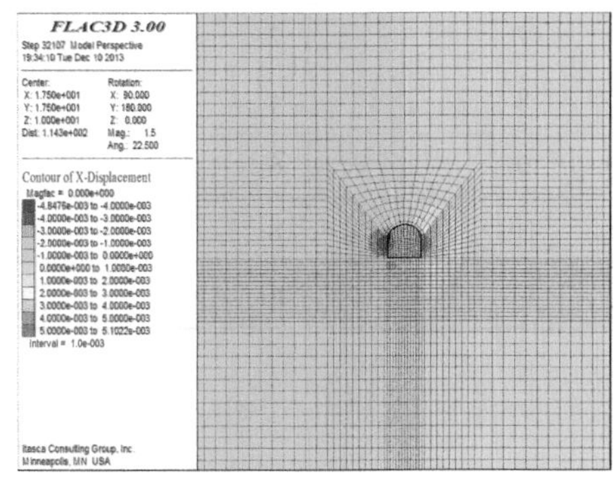

（d）n=16 m

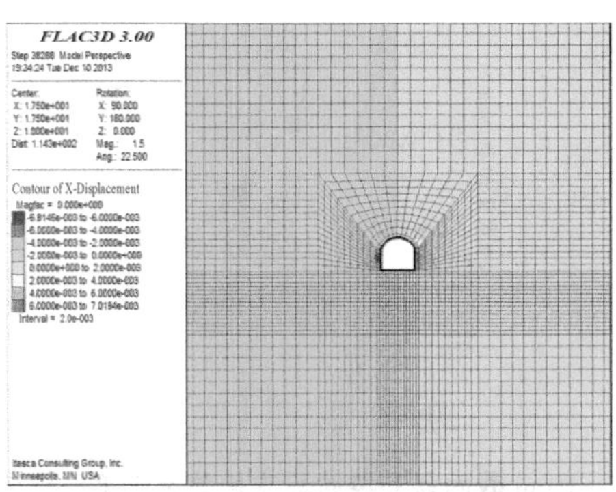

（e）n=20 m

图 5-67 各开挖阶段水平位移分布云图

通过上述数值模拟分析开挖过程对巷道支护后的横向位移影响情况可知，在开挖至 6 m 时，巷道横截面产生的水平位移主要表现为向洞内收敛；在开挖至 11 m 时，7 m 处的横截面在左右两侧分别产生 5 mm 左右的收敛位移，相对位移为 10 mm 左右；在开挖至 20 m 时，其相对大小增大为 2 cm 左右，较未支护情况下的 17 cm，位移明显减小，支护效果明显。

各开挖阶段，该巷道 10 m 截面支护前后洞腰水平位移变化规律，见表 5-21 和图 5-68。

表 5-21　10 m 截面各开挖阶段支护前后水平位移量

编号	距离/m	未支护/mm	支护/mm
1	-10	0	0
2	-8	-0.03	0
3	-6	-0.05	-0.02
4	-4	-0.18	-0.05
5	-2	-1.11	-0.25
6	0	-8.39	-2.46
7	2	-37.20	-4.32
8	4	-52.18	-4.84
9	6	-62.87	-5.09
10	8	-73.05	-5.22
11	10	-86.73	-5.32

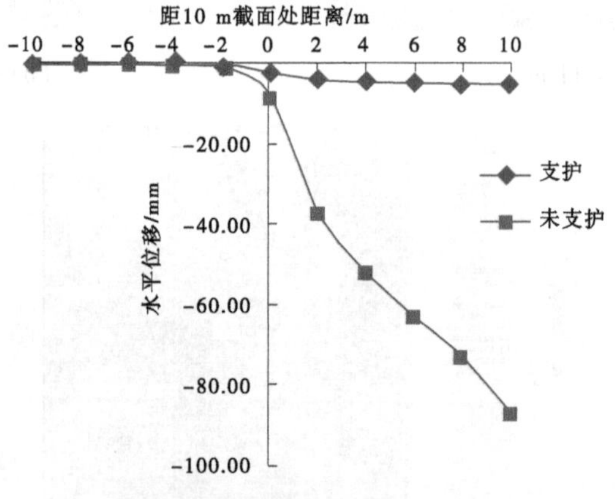

图 5-68　10 m 截面各开挖阶段支护前后水平位移变化规律

由图 5-68 可知，在开挖至 6 m 时，所选取截面开始产生明显位移，随着开挖的继续进行，位移变化速率较大，在开挖至选取掌子面附近时，位移变化速率达到最大；在开挖至 20 m 时，产生位移为 86.73 mm。在设置支护措施之后，位移明显减少，并快速收敛，开挖至 20 m 时，所选取截面产生位移降低为 5.32 mm，支护效果明显。

3. 应力

1) 竖向应力

各开挖阶段竖向应力分布云图见图 5-69。

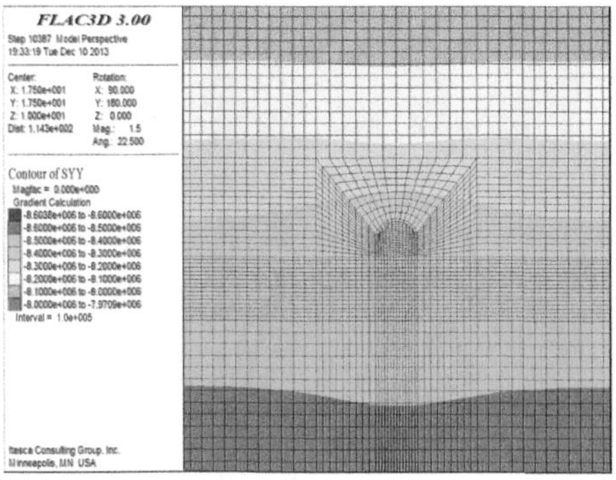

(a) $n=2$ m

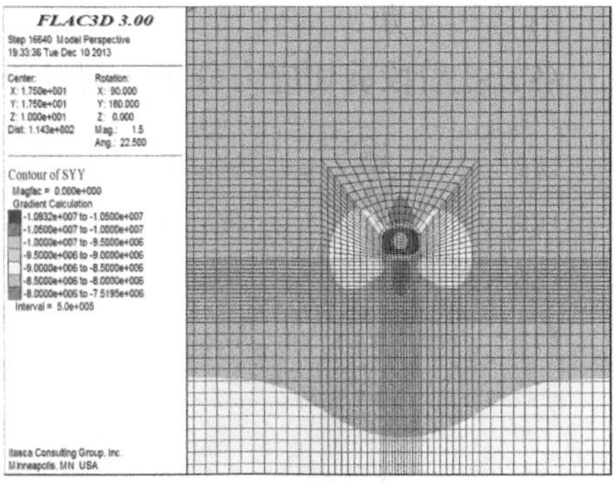

(b) $n=6$ m

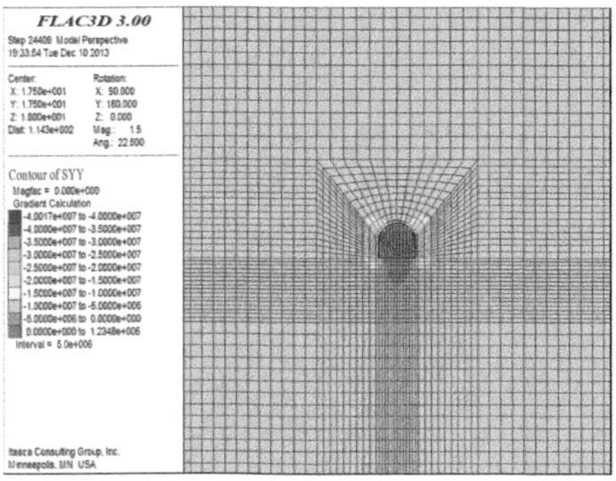

(c) $n=11$ m

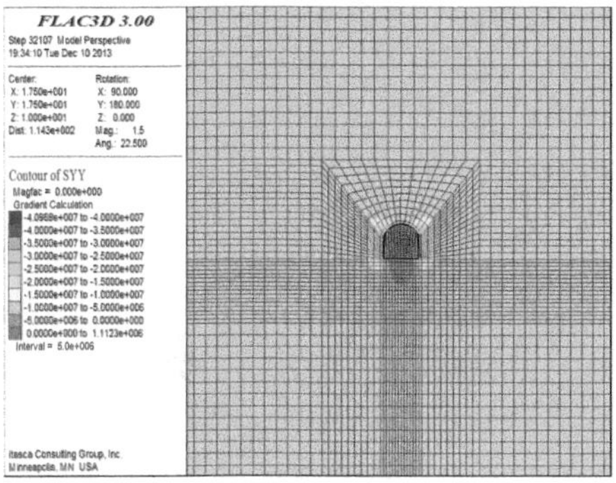

(d) $n=16$ m

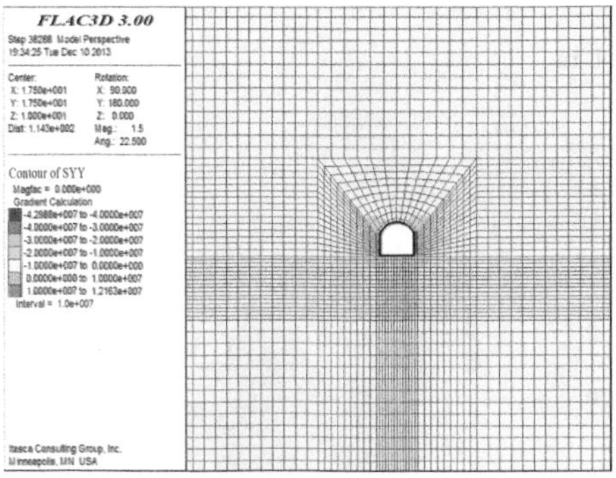

(e) $n=20$ m

图 5-69　各开挖阶段竖向应力分布云图

通过上述数值模拟分析开挖过程对巷道支护后的竖向压应力影响情况可知，在开挖至 2 m 时，竖向应力未发生明显的变化；在开挖至 6 m 时，洞壁两腰应力集中，约为 10 MPa；在开挖至 11 m 时，由于 7 m 处的截面已形成洞形，在洞顶和洞底的岩体有一定程度的破坏，应力集中水平较低；在开挖至 20 m 时，应变量已趋于稳定，由于衬砌强度较大，结构完整，导致应力集中，在洞顶产生向下的压应力为 50 MPa，在洞底产生 9 MPa 左右的竖直向的应力，高于未支护的情况。

2)剪切应力

各开挖阶段剪切应力分布云图见图 5-70。

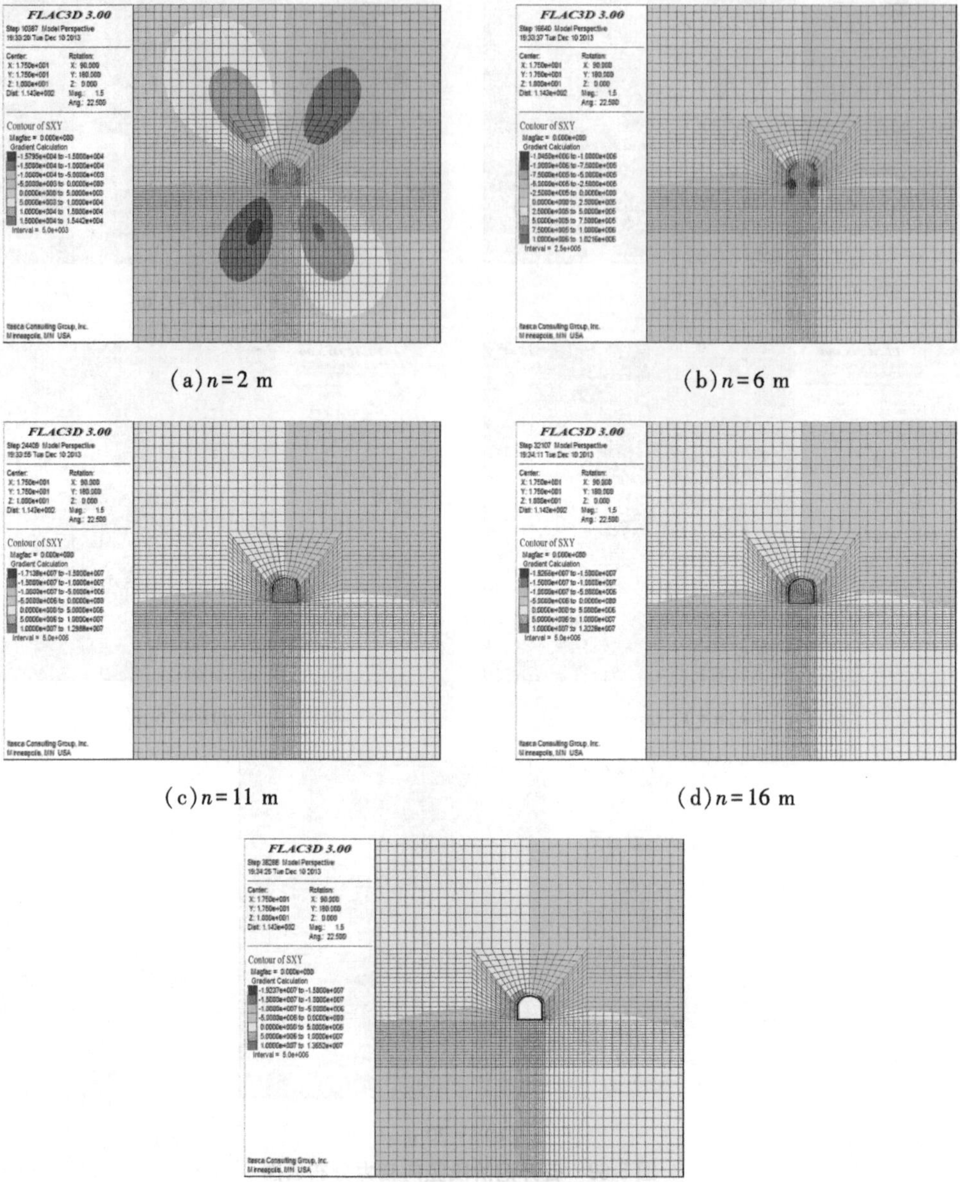

(a)n=2 m　(b)n=6 m

(c)n=11 m　(d)n=16 m

(e)n=20 m

图 5-70　各开挖阶段剪切应力分布云图

通过上述数值模拟分析开挖过程对巷道支护后的竖向压应力情况可知,剪切应力在开挖至 2 m 时,洞壁四角剪应力逐渐集中,形成环向应力;在开挖至 11 m 时,由于衬砌强度大,易造成应力集中现象,在洞壁周围形成环向应力,约为 25 MPa;在开挖至 20 m 时,剪切应力趋于稳定,为 2.5~2.7 MPa。

5.5.2　UDEC 数值模拟分析

5.5.2.1　模型的建立

1. 地质概化模型的建立

通过对该典型破坏点(见图 5-71)的工程地质调查,沿巷道主要破坏方向截取一条典型二维剖面作为数值计算分析模型,模型尺寸为 15 m×15 m,其中巷道高 2.2 m,宽 2.5 m,侧壁直墙高 1.67 m,两组控制性结构面产状:J_1:354°∠48°,J_2:67°∠56°,并假定此碎裂结构被 J_1 和 J_2 控制性结构面非常均匀地切割,整体性破坏严重,比例尺为 1∶1。地质概化模型如图 5-72 所示。

图 5-71　巷道全貌

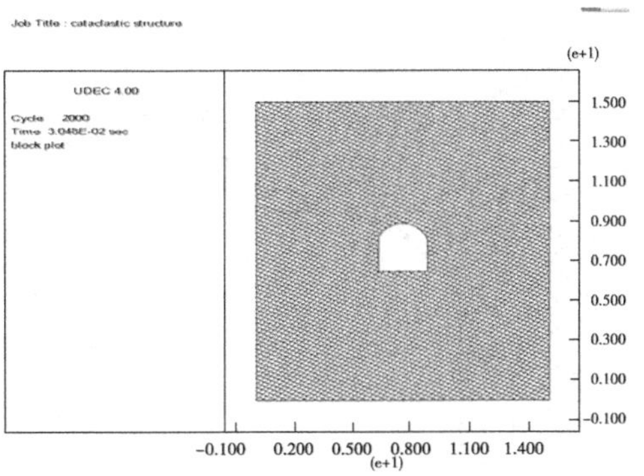

图 5-72　巷道地质概化模型

2. 岩体物理力学参数的确定

按照上述思路,在 UDEC 中指定块体为莫尔-库仑模型,节理指定为库仑滑动模型。根据勘察资料和试验成果并参考类似工程综合取值,分别对岩石材料和结构面赋予物理力学参数。具体参数赋值情况见表 5-22、表 5-23。

表 5-22　岩石材料力学参数赋值

岩性	密度/(g/cm^3)	弹性模量/GPa	剪切模量/GPa	内聚力/MPa	内摩擦角/(°)	抗拉强度/MPa
花岗岩	2.61	12.17	5.3	0.89	44.65	5.03

表 5-23　结构面力学参数赋值

结构面类型	与 x 轴夹角/(°)	法向刚度/GPa	切向刚度/GPa	内聚力/kPa	内摩擦角/(°)	抗拉强度/MPa
结构面 J_1	42	2.0	0.4	15	30	0
结构面 J_2	157	2.0	0.4	15	30	0

3. 边界条件设置

在完成所有块体材料及结构面参数赋值之后,开始对数值模型施加固定速度边界条件和荷载条件。边界条件采用[boundary]命令将模型两侧及底部固定,模型上部为自由边界。采用[set gravity]命令对模型岩体施加垂直方向的重力加速度 9.8 m/s^2,考虑到该巷道埋深约为 400 m,结合上覆岩层平均密度为 2.6 g/cm^3,估算得出上覆岩体产生的自重应力约为 10.4 MPa,采用[boundary stress]命令对模型上部施加该初始应力。并通过[history unbalance]监测最大不平衡力历史判断收敛状态,当最大的节点不平衡力趋近于零或者与初始所施加的总的力相比较相对较小时,就认为模型达到了平衡状态。

5.5.2.2 **失稳模式分析**

通过 UDEC 数值模拟得出该碎裂结构失稳塌落破坏过程如图 5-73 所示。

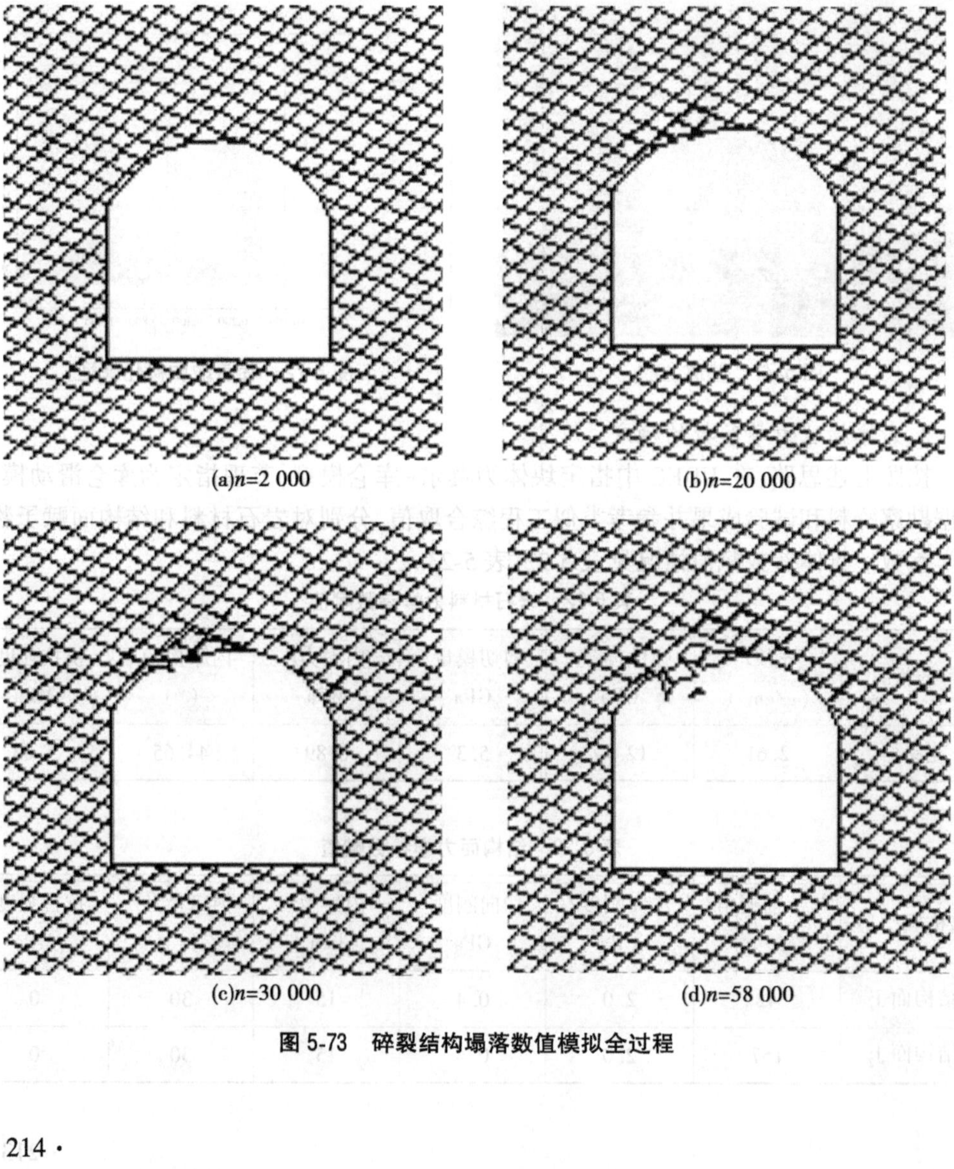

(a)n=2 000　(b)n=20 000　(c)n=30 000　(d)n=58 000

图 5-73　碎裂结构塌落数值模拟全过程

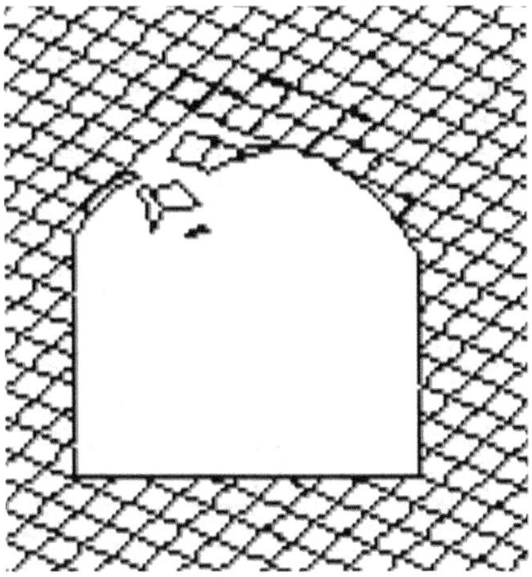

(e)n=70 000

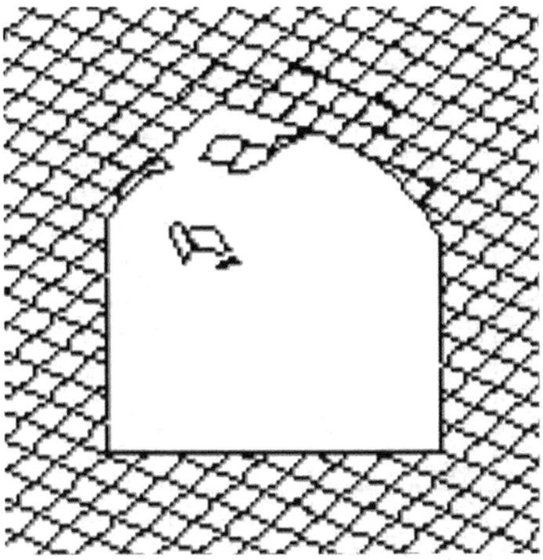

(f)n=88 000

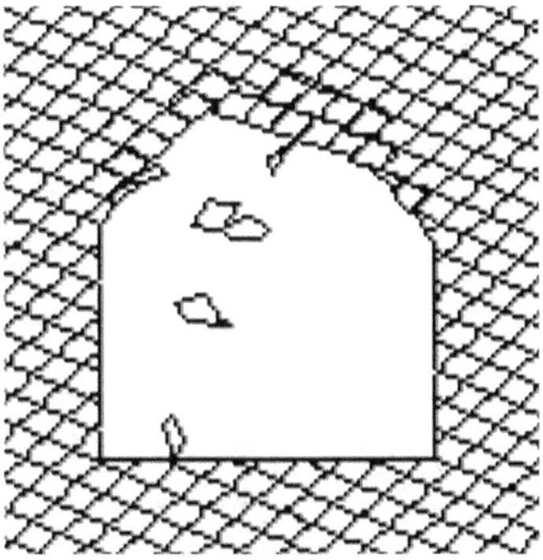

(g)n=130 000

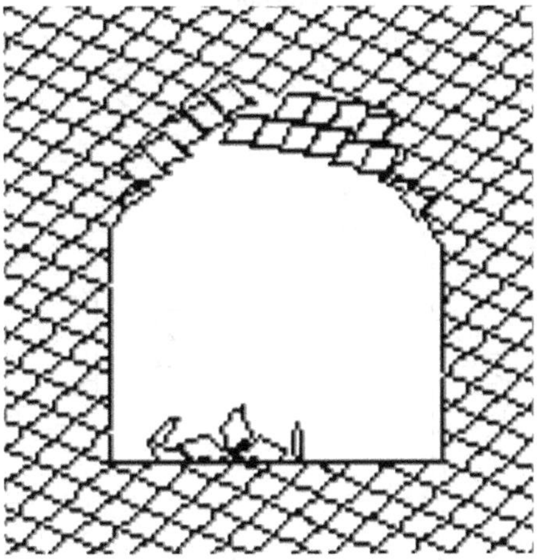

(h)n=380 000

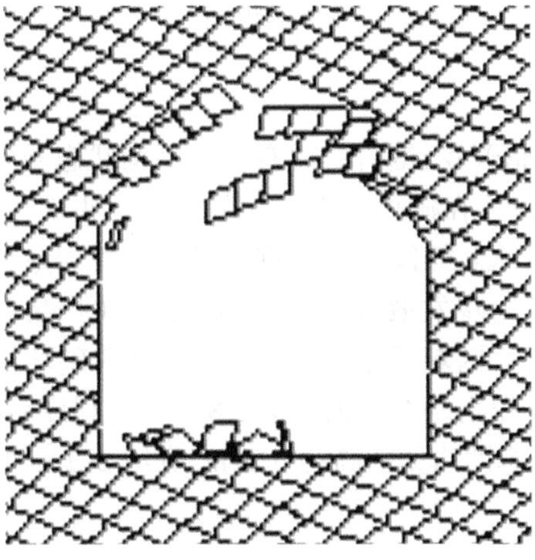

(i)n=564 000

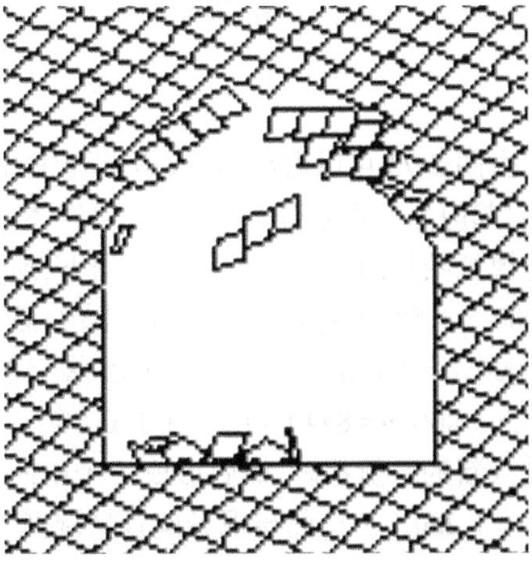

(j)n=580 000

续图 5-73

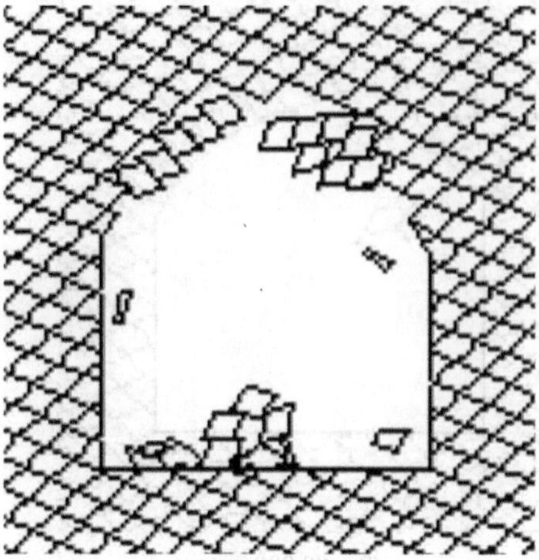

(k)n=686 000

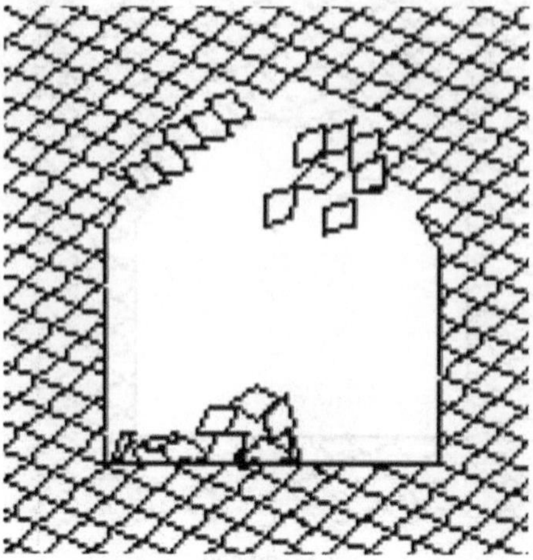

(l)n=844 000

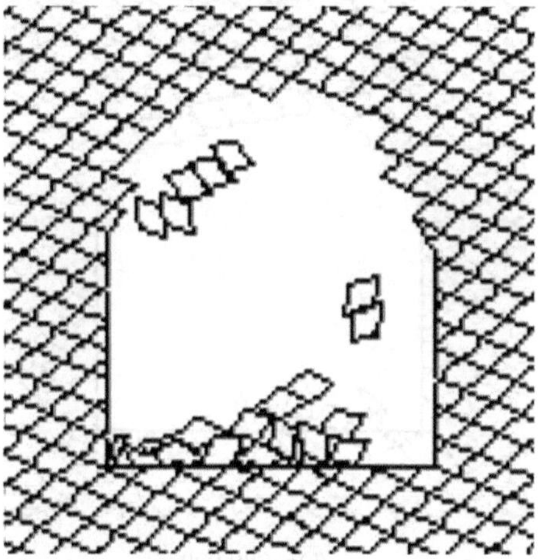

(m)n=1 110 000

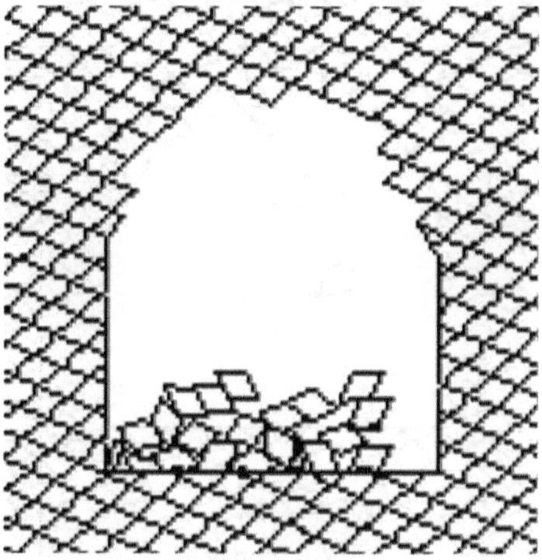

(n)n=1 280 000

续图 5-73

由图 5-73 可以看出，在模拟过程中，由于巷道开挖，围岩的原有应力平衡状态受到破坏，引起应力的重新分布，其中上覆岩体的自重应力在洞顶产生较大的压应力集中，且因为此模拟结构两结构面夹角斜右向下，所以在洞顶上部偏左岩体首先发生失稳塌落（n=30 000、n=58 000、n=70 000）。随着破坏的进一步发展，洞顶岩体产生弯曲拉裂（n=130 000、n=380 000），最后逐步塌落至洞底，破坏区域逐渐增大，为一累进式破坏过程（n=564 000、n=844 000、n=1 110 000），但这种塌落是有限的，当塌落到一定程度后，岩体进入新的平衡状态，最后形成一个中间有点凸起两边凹的高约 0.5 m、宽约 2.2 m 的凹槽（n=1 280 000），此与现场调查情况基本吻合。

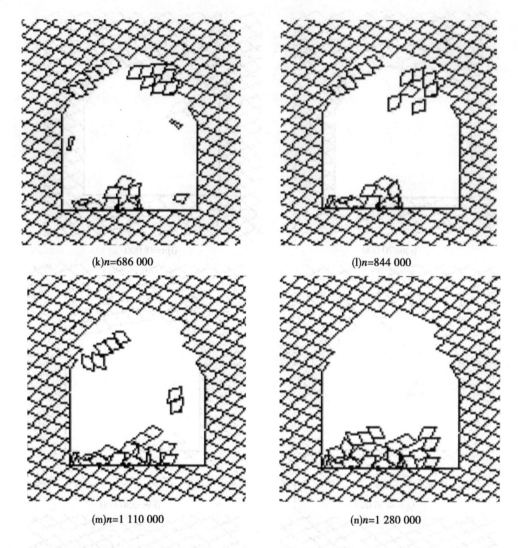

5.6　散体结构稳定性的数值模拟

5.6.1　FLAC3D 数值模拟分析

5.6.1.1　模型的建立

本次对变形机制和支护效果的研究取罗山金矿 365 中段 14 号典型破坏点的实际地质条件建立模型,模型运行到平衡以模拟初始状态,然后开掘巷道。拟对巷道位移及应力场进行分析,以期了解巷道围岩变形、塑性区发育情况、应力分布规律。模型建立长×宽×高=35 m×20 m×35 m,共 52 773 个节点,49 200 个单元,本模型模拟以围岩为散体结构为主,各项力学指标以规范查表为主建立模型,计算参数见表 5-24。巷道开挖在模型中部,巷道为门拱形,模型的边界条件为四周和底部固定,初始条件为铅直应力 8.6 MPa(模型上覆岩层自重)作用在模型顶部,屈服准则取莫尔-库仑准则。建立模型如图 5-74 所示。在确定围岩等级之后,根据围岩等级确定支护类型,支护参数见表 5-25。

表 5-24　围岩物理力学参数

围岩等级	弹性模量/GPa	泊松比	容重/(kN/m³)	内聚力/MPa	内摩擦角/(°)	抗拉强度/MPa
V	1.8	0.4	18	0.14	24	4

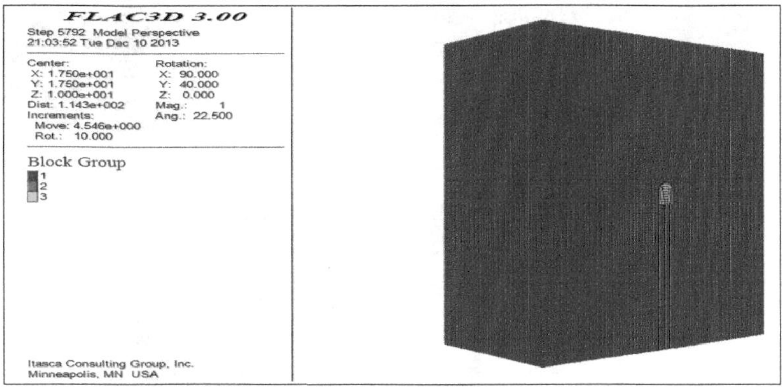

图 5-74　巷道整体三维模型

表 5-25　支护结构物理力学参数

支护类型	体积模量/GPa	剪切模量/GPa	容重(kN/m³)	内聚力/MPa	内摩擦角/(°)	抗拉强度MPa
钢拱架+混凝土	15.99	11.42	24.65	—	—	—

5.6.1.2　天然状态下巷道围岩稳定性数值分析

由于该巷道埋深约 350 m,故在铅直压力为 8.6 MPa 的情况下模拟掘进对该巷道围岩稳定性的影响,巷道掘进方向为 z 向,分 20 个开挖步,步距为 1 m,共开挖 20 m。从中抽取2、6、11、16、20步来分析，模拟结果如下。

1. 塑性区

各开挖阶段塑性区云图见图5-75。

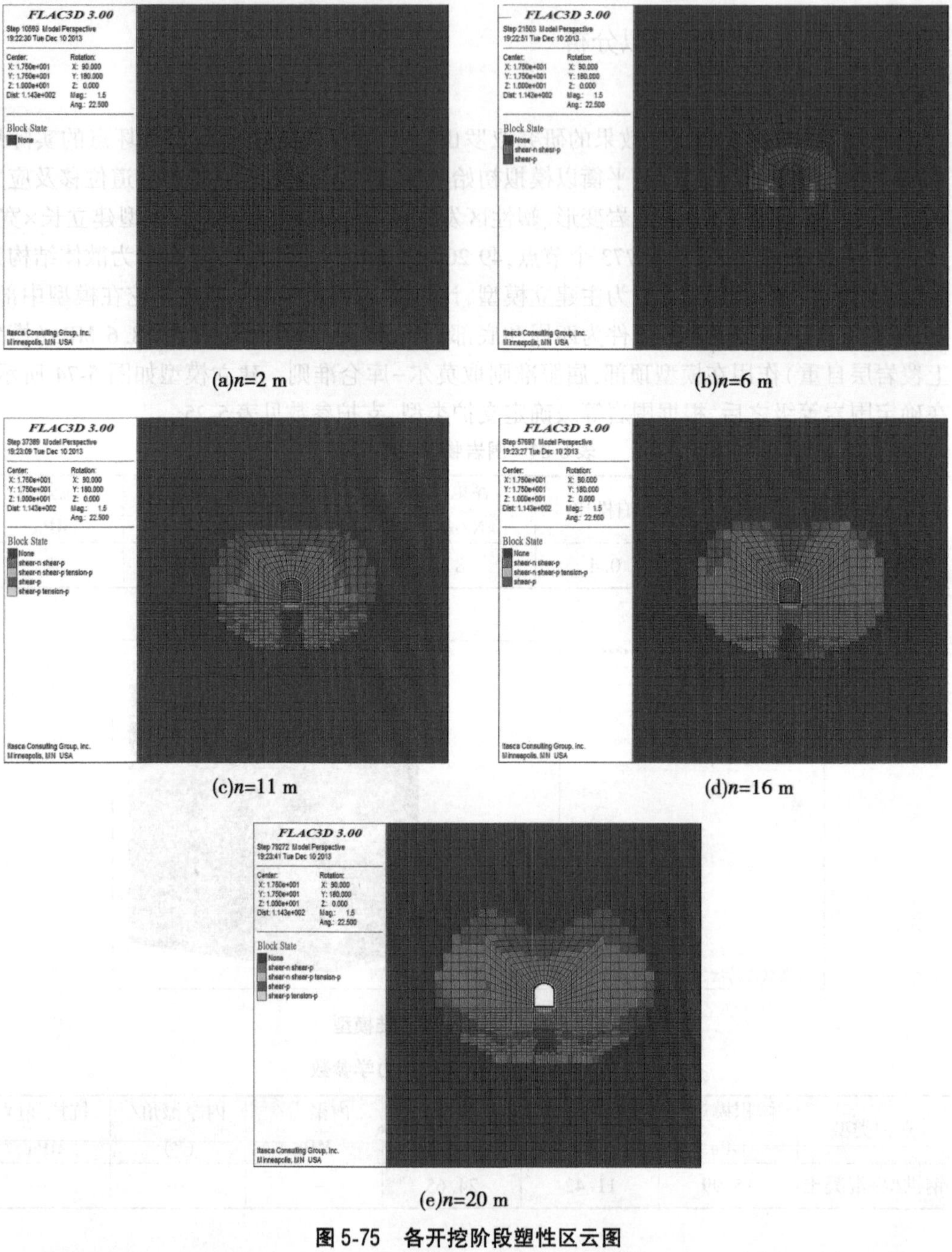

(a)n=2 m (b)n=6 m

(c)n=11 m (d)n=16 m

(e)n=20 m

图5-75 各开挖阶段塑性区云图

通过上述数值模拟分析开挖过程对巷道塑性区影响情况可知，在开挖至2 m时，7 m处的横截面还未产生塑性区；在开挖至6 m时，在洞壁周围产生了一定的塑性屈服，且主要集中在拱顶部位；在开挖至 11 m 时，围岩塑性区范围有所增加；在开挖至 20 m 时，塑性区仍有扩大的趋势。

2. 位移

1) 竖向位移

各开挖阶段竖向位移分布云图见图 5-76。

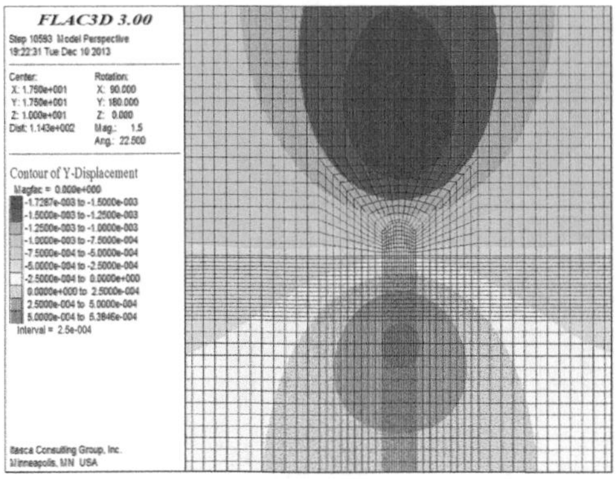

(a)n=2 m

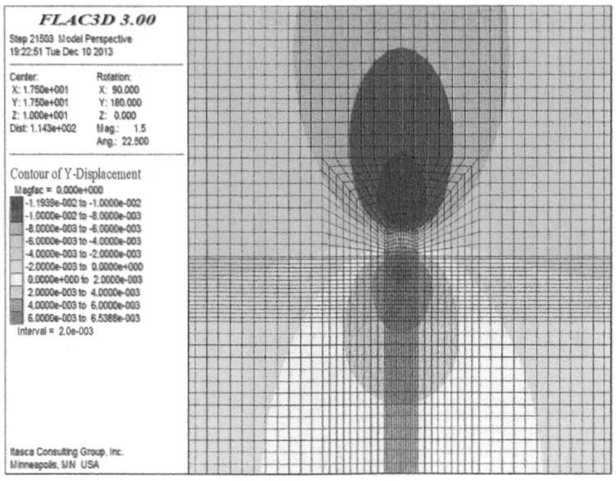

(b)n=6 m

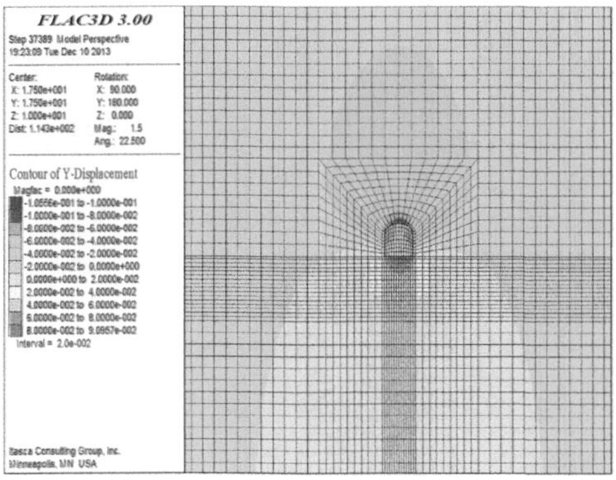

(c)n=11 m

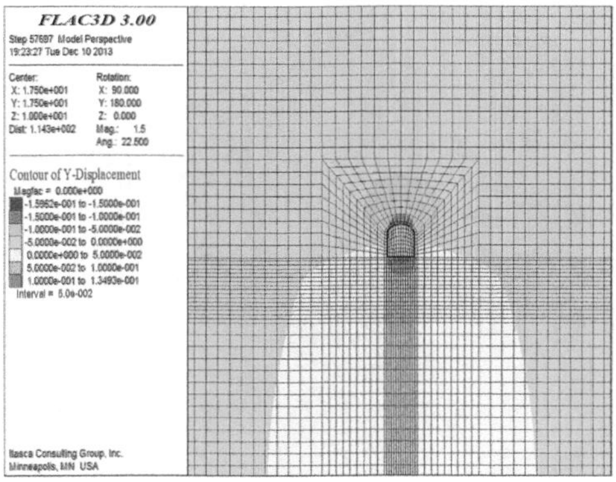

(d)n=16 m

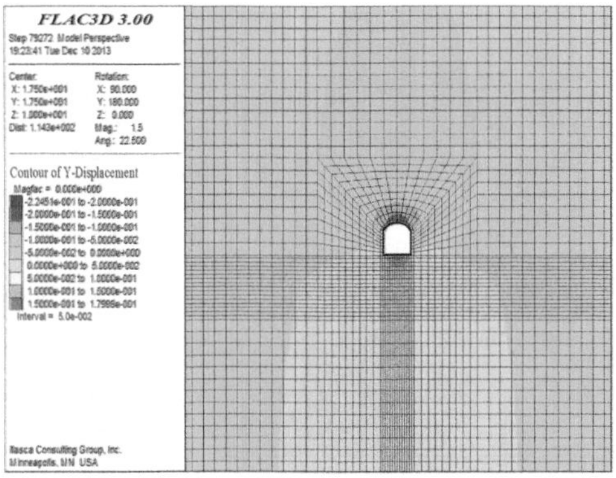

(e)n=20 m

图 5-76　各开挖阶段竖向位移分布云图

通过上述数值模拟分析开挖过程对巷道竖向位移影响情况可知，在开挖至 6 m 时，在洞顶和洞底产生较大的位移，分别为 1.1 cm 和 0.6 cm；在开挖至 11 m 时，其洞顶产生位移为 10~11 cm，在洞底主要是向上鼓胀产生 6 cm 的位移；在开挖至 16 m 时，产生的位移有所增大，在洞顶产生的向下的竖向位移为 15~16 cm，在洞底产生向上的竖向位移为 8~10 cm；在开挖至 20 m 时，变形仍有扩大的趋势。

2）水平位移

各开挖阶段水平位移分布云图见图 5-77。

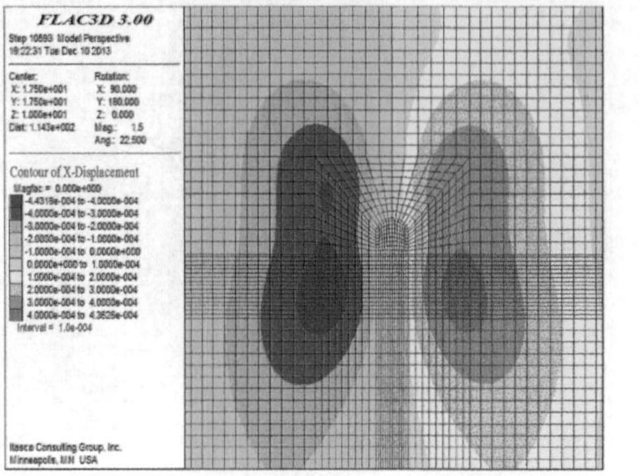

(a)n=2 m

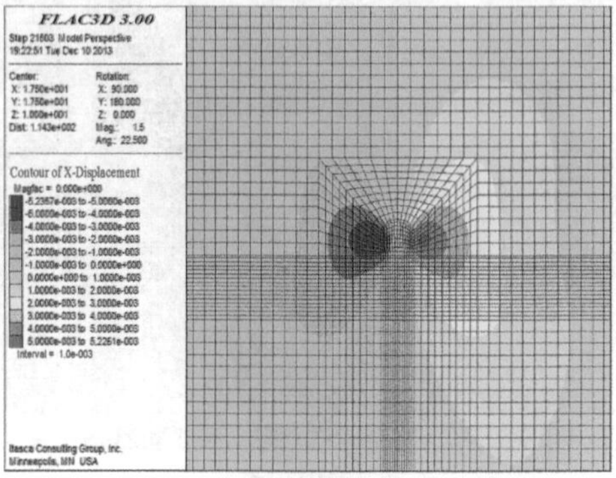

(b)n=6 m

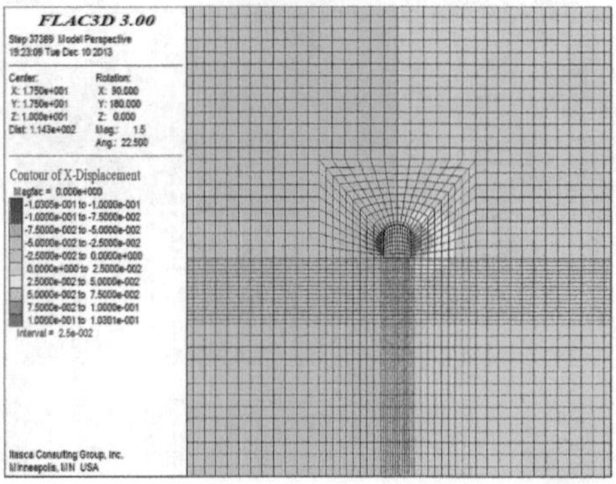

(c)n=11 m

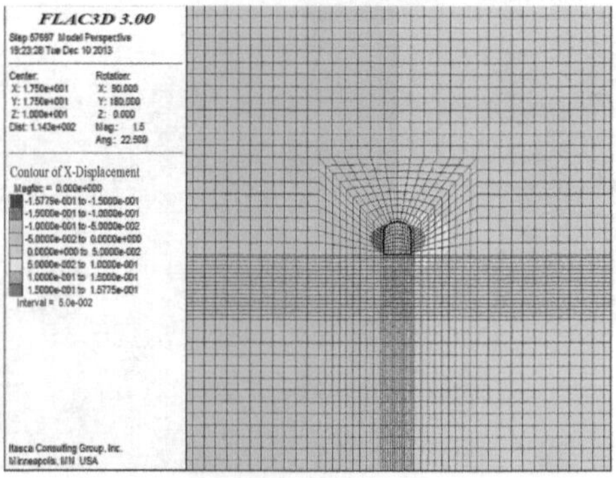

(d)n=16 m

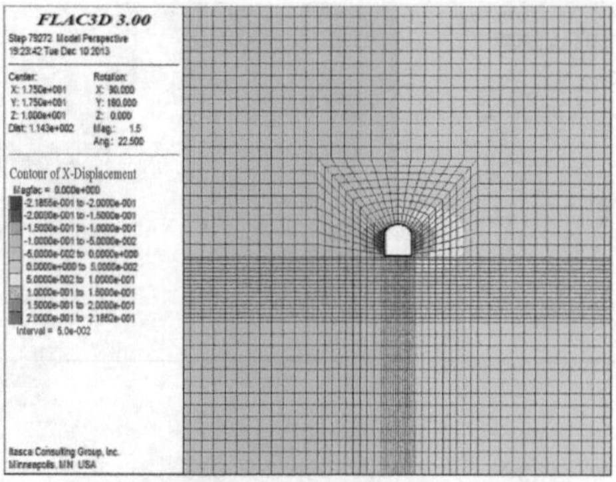

(e)n=20 m

图 5-77　各开挖阶段水平位移分布云图

通过上述数值模拟分析开挖过程对巷道横向位移影响情况可知，在开挖至 6 m 时，巷道横截面产生的水平位移主要表现为向洞内收敛；在开挖至 11 m 时，7 m 处的横截面在左右两侧分别产生 10 cm 左右向洞内收敛的位移，相对位移为 20 cm 左右；在开挖至 20 m 时，横向位移仍有扩大的趋势。

3. 应力

1) 竖向应力

各开挖阶段竖向应力分布云图见图 5-78。

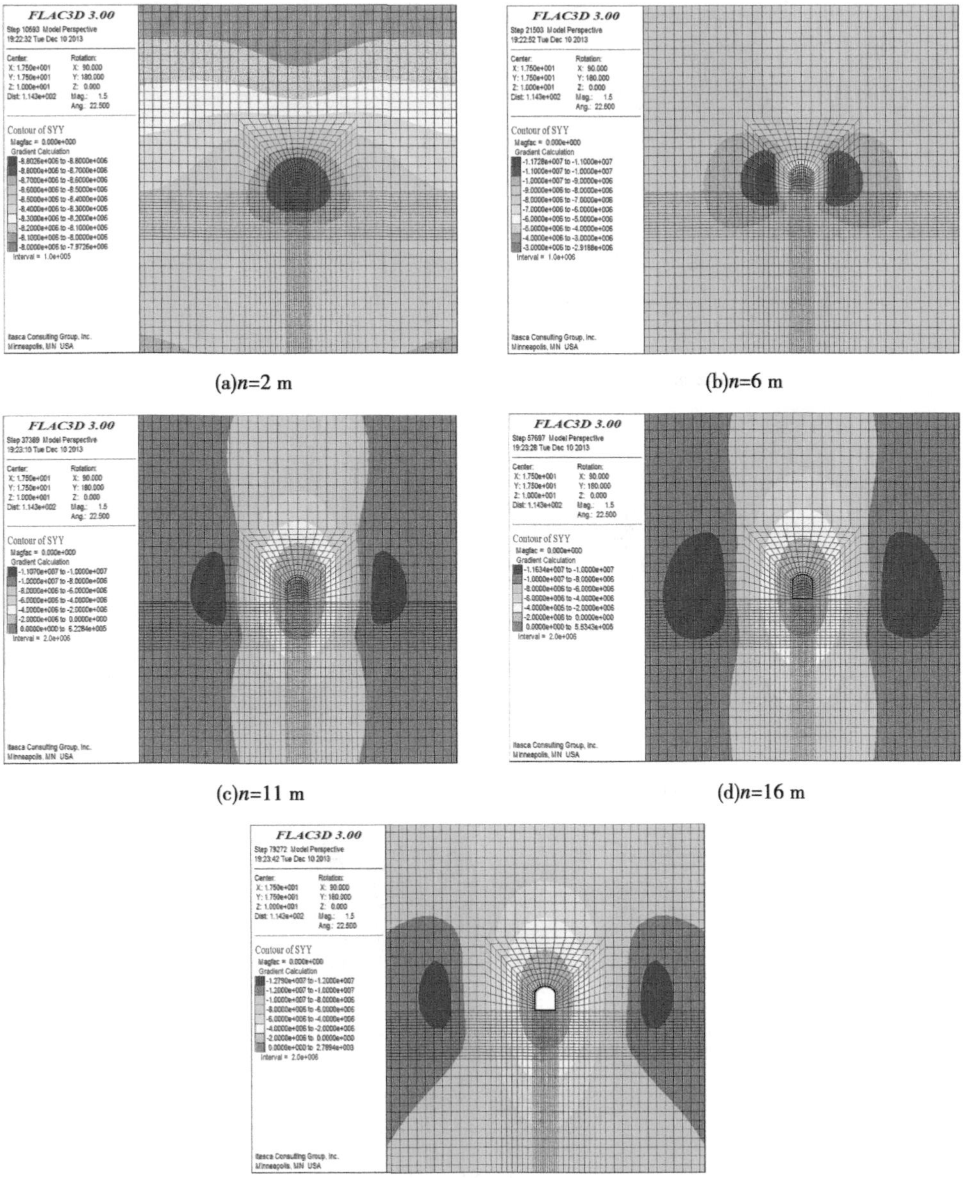

(a)n=2 m　(b)n=6 m　(c)n=11 m　(d)n=16 m　(e)n=20 m

图 5-78　各开挖阶段竖向应力分布云图

通过上述数值模拟分析开挖过程对巷道竖向压应力影响情况可知，在开挖至 2 m 时，竖向应力未发生明显的变化;在开挖至 6 m 时,洞壁两腰应力集中,约为 12 MPa;在开挖至 11 m 时,由于 7 m 处的截面已形成洞形,在洞顶和洞底的岩体有一定程度的破坏,应力集中水平较低;在开挖至 20 m 时,应变量已趋于稳定,在洞顶产生向下的压应力为 2 MPa,在洞底产生 2.7 MPa 左右的向上的竖向应力。

2)剪切应力

各开挖阶段剪切应力分布云图见图 5-79。

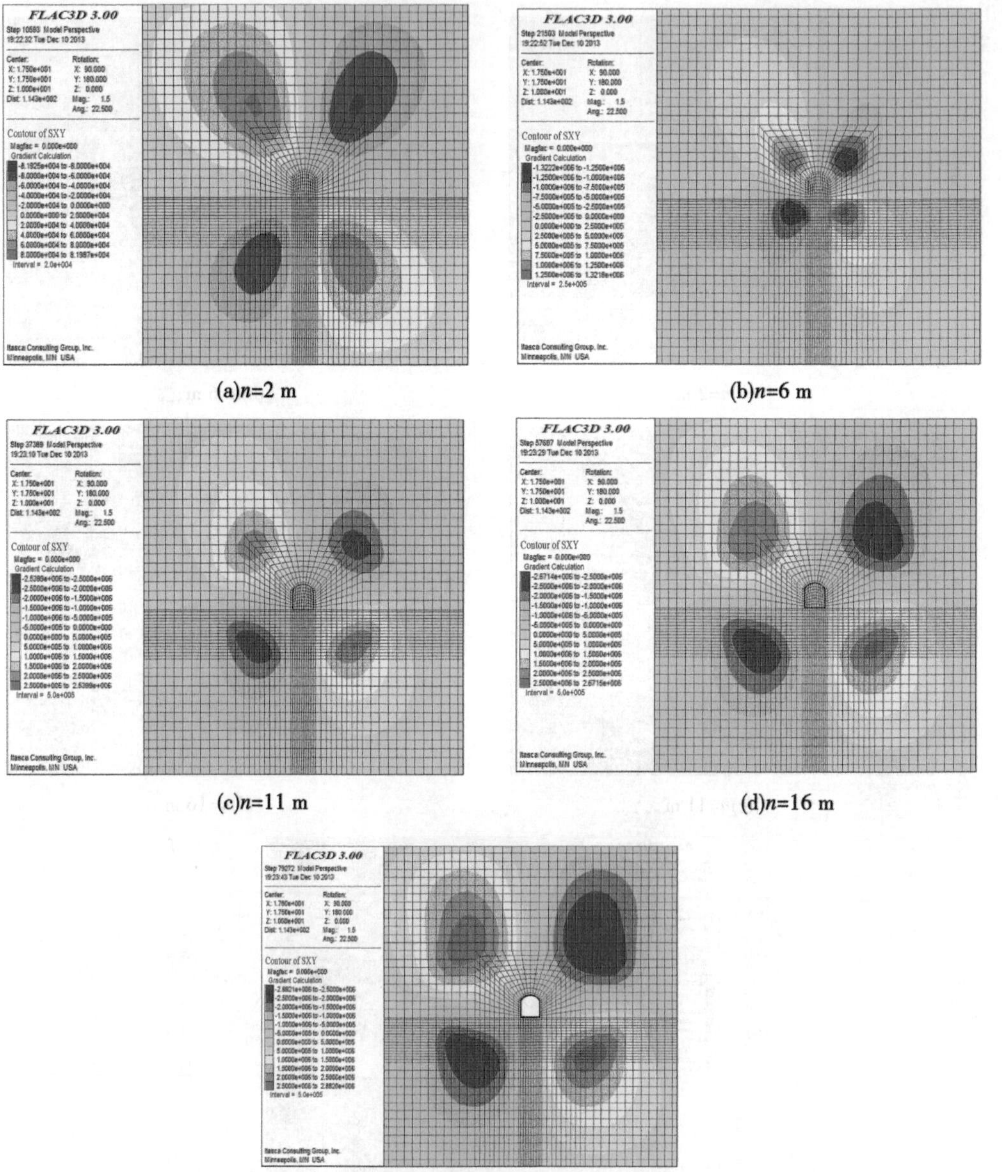

(a)n=2 m (b)n=6 m (c)n=11 m (d)n=16 m (e)n=20 m

图 5-79 各开挖阶段剪切应力分布云图

通过上述数值模拟分析开挖过程对巷道竖向压应力情况可知,剪应力在开挖至 2 m

时，洞壁四角剪应力逐渐集中，形成环向应力；在开挖至 11 m 时，环向剪应力值约为 2 MPa；在开挖至 20 m 时，剪切应力趋于稳定，为 2.5~2.7 MPa。

5.6.1.3　支护后巷道围岩稳定性数值分析

该混合结构巷道围岩等级属Ⅴ级，根据 4.5 节巷道围岩支护措施建议，采用衬砌的方法进行支护，选取 I14 钢拱架，间距 0.6 m 及 C20 混凝土，厚 18 cm，模拟结果如下。

1. 塑性区

各开挖阶段塑性区云图见图 5-80。

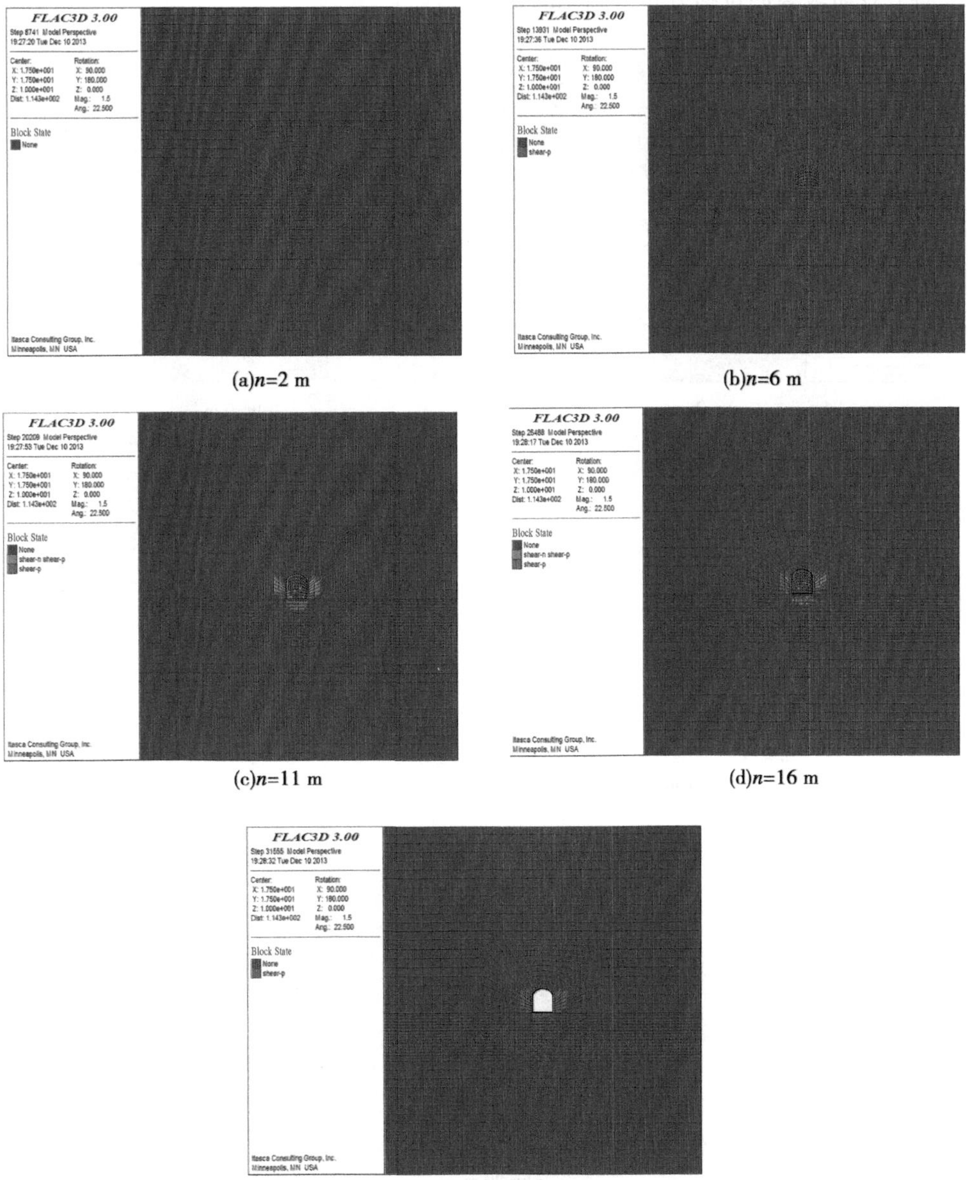

(a)n=2 m　(b)n=6 m

(c)n=11 m　(d)n=16 m

(e)n=20 m

图 5-80　各开挖阶段塑性区云图

通过上述数值模拟分析开挖过程对巷道支护后的塑性区影响情况可知，在开挖至2 m时，7 m处的横截面还未出现明显的塑性区；在开挖至6 m时，7 m处的横截面掌子面出现塑性区；在开挖至11 m时，主要在边墙，洞底出现塑性区，较设置支护之前其塑性区范围明显减小，顶部未出现明显的塑性区；在开挖至20 m时，塑性区范围基本稳定不变，主要集中在洞顶和两腰。

2. 位移

1）竖向位移

各开挖阶段竖向位移分布云图见图5-81。

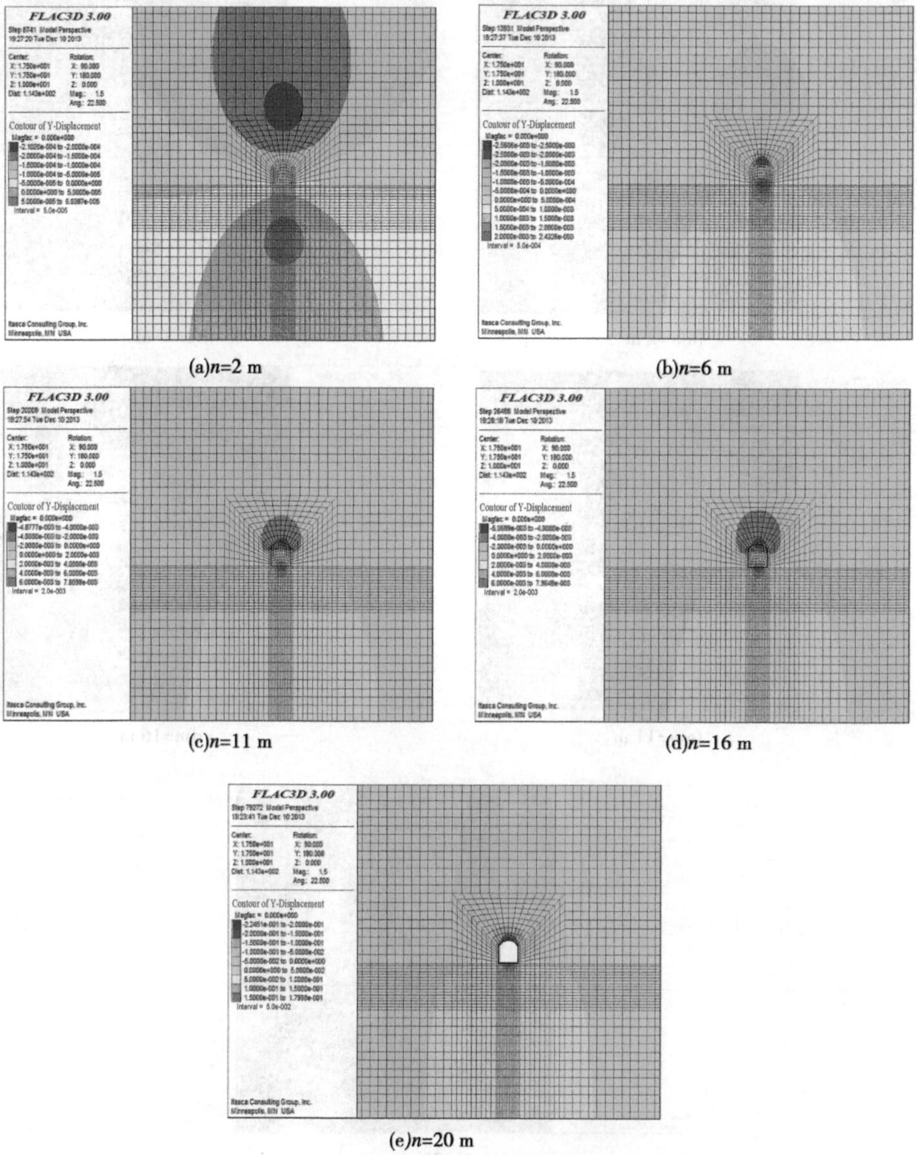

(a)n=2 m　(b)n=6 m

(c)n=11 m　(d)n=16 m

(e)n=20 m

图5-81　各开挖阶段竖向位移分布云图

通过上述数值模拟分析开挖过程对巷道支护后的巷道竖向位移影响情况可知，在开挖至 6 m 时，7 m 截面处的洞顶和洞底产生的位移量约为 2 mm；在开挖至 11 m 时，洞顶位移量有所增加，为 4~6 mm；在开挖 16 m 时，巷道变形已趋于稳定。

各开挖阶段，该巷道 10 m 截面支护前后拱顶竖直位移变化规律，见表 5-26 和图 5-82。

表 5-26　10 m 截面各开挖阶段支护前后拱顶位移量

编号	距离/m	未支护/mm	支护/mm
1	-10	0	0
2	-8	-0.56	-0.07
3	-6	-1.48	-0.14
4	-4	-2.99	-0.24
5	-2	-6.95	-0.71
6	0	-25.45	-3.90
7	2	-82.21	-4.70
8	4	-116.64	-4.80
9	6	-144.84	-4.87
10	8	-179.71	-4.94
11	10	-227.32	-5.01

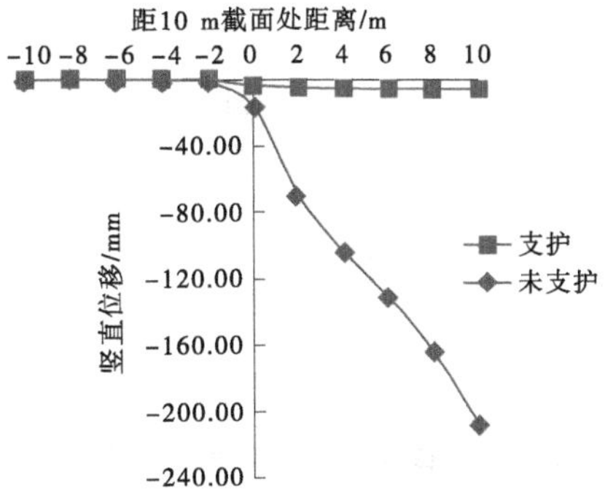

图 5-82　10 m 截面各开挖阶段支护前后拱顶位移变化规律

由图 5-82 可知：在开挖至 6 m 时，所选取截面开始产生明显位移，随着开挖的继续进行，位移变化速率较大；在开挖至 20 m 时，产生位移为 22.732 cm。在设置支护措施之后，位移明显减少，并快速收敛，开挖至 20 m 时所选取截面产生位移为 5.01 mm，支护效果明显。

2) 水平位移

各开挖阶段水平位移分布云图见图 5-83。

通过上述数值模拟分析开挖过程对巷道支护后的水平位移影响情况可知，在开挖至 6 m 时，巷道横截面产生的水平位移主要表现为向洞内收敛；在开挖至 11 m 时，7 m 处的

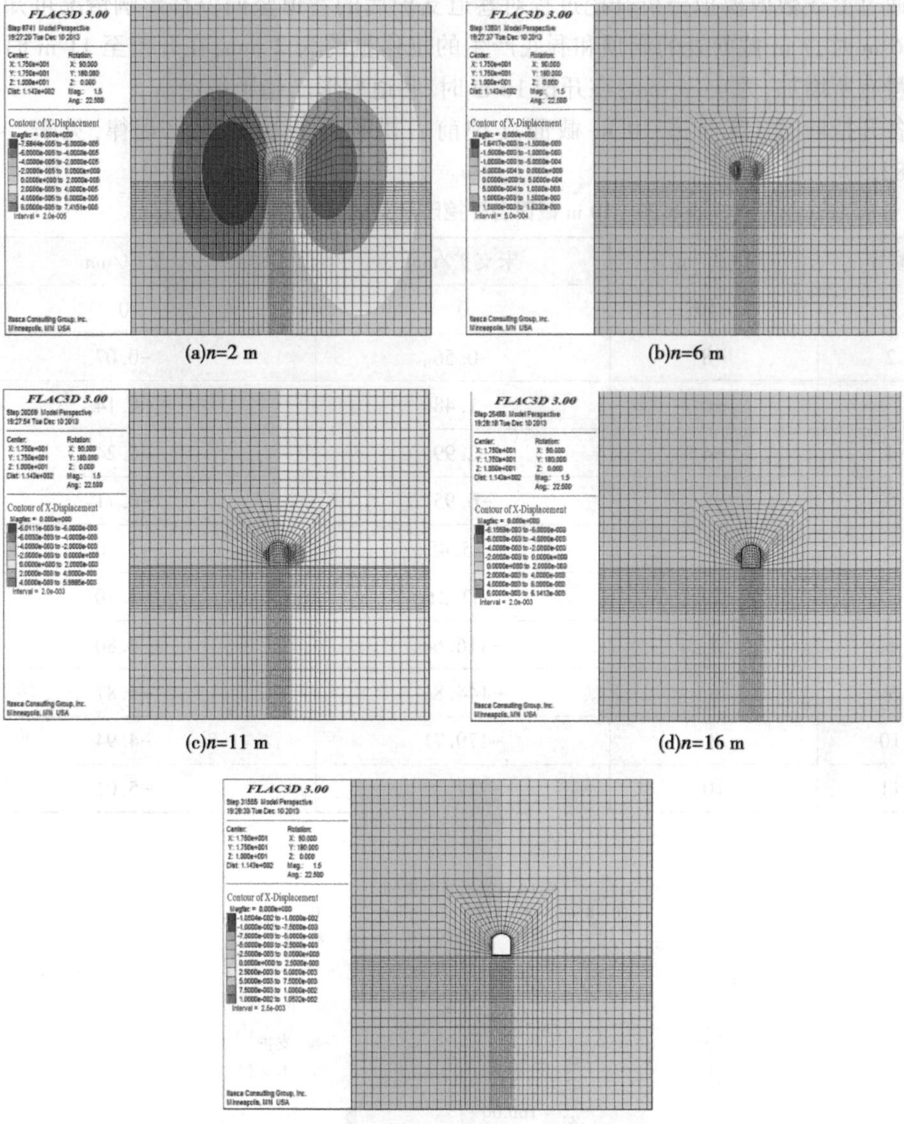

(a)n=2 m (b)n=6 m (c)n=11 m (d)n=16 m (e)n=20 m

图 5-83 各开挖阶段水平位移分布云图

横截面在左右两侧分别产生 6 mm 左右向洞内的位移，相对位移为 12 mm 左右；在开挖至 20 m 时，集中在洞壁两腰产生较大的位移，其相对位移大小增大为 2 cm 左右，衬砌效果良好。

各开挖阶段，该巷道 10 m 截面支护前后洞腰水平位移变化规律，见表 5-27 和图 5-84。

由图 5-84 可知：在开挖至 6 m 时，所选取截面开始产生明显位移，随着开挖的继续进行，位移变化速率较大；在开挖至 20 m 时，产生位移为 20. 88 cm。在设置支护措施之后，位移明显减少，并快速收敛，开挖至 20 m 时所选取截面产生位移为 6. 09 mm，支护效果明显。

表 5-27 10 m 截面各开挖阶段支护前后水平位移量

编号	距离/m	未支护/mm	支护/mm
1	-10	0	0
2	-8	-0.03	0
3	-6	-0.06	-0.01
4	-4	-0.26	-0.04
5	-2	-1.73	-0.30
6	0	-16.73	-3.46
7	2	-70.71	-5.25
8	4	-104.37	-5.73
9	6	-131.60	-5.95
10	8	-164.85	-6.04
11	10	-208.80	-6.09

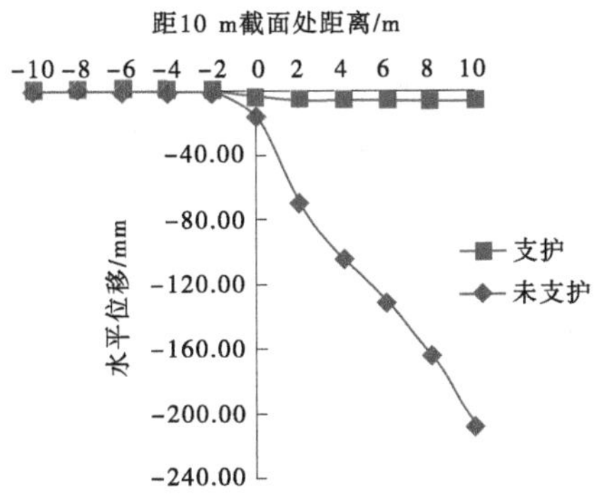

图 5-84 10 m 截面各开挖阶段支护前后水平位移变化规律

3. 应力

1) 竖向应力

各开挖阶段竖向应力分布云图见图 5-85。

通过上述数值模拟分析开挖过程对巷道支护后的竖向压应力影响情况可知，在开挖至 2 m 时，竖向应力未发生明显的变化；在开挖至 6 m 时，洞壁两腰应力集中，约为 10 MPa；在开挖至 11 m 时，由于 7 m 处的截面已形成洞形，在洞顶和洞底的岩体有一定程度的破坏，应力集中水平较低；在开挖至 20 m 时，由于衬砌较为完整，强度高，应力集中较大，为 30~40 MPa。

2) 剪切应力

各开挖阶段剪切应力分布云图见图 5-86。

通过上述数值模拟分析开挖过程对巷道支护后的竖向压应力情况可知，剪切应力在开挖至 2 m 时，洞壁四角剪应力逐渐集中，形成环向应力；在开挖至 11 m 时，由于衬砌强度大，易造成应力集中现象，在洞壁周围形成环向应力，约为 2 MPa；在开挖至 20 m 时，剪切应力趋于稳定，为 2.5~2.7 MPa。

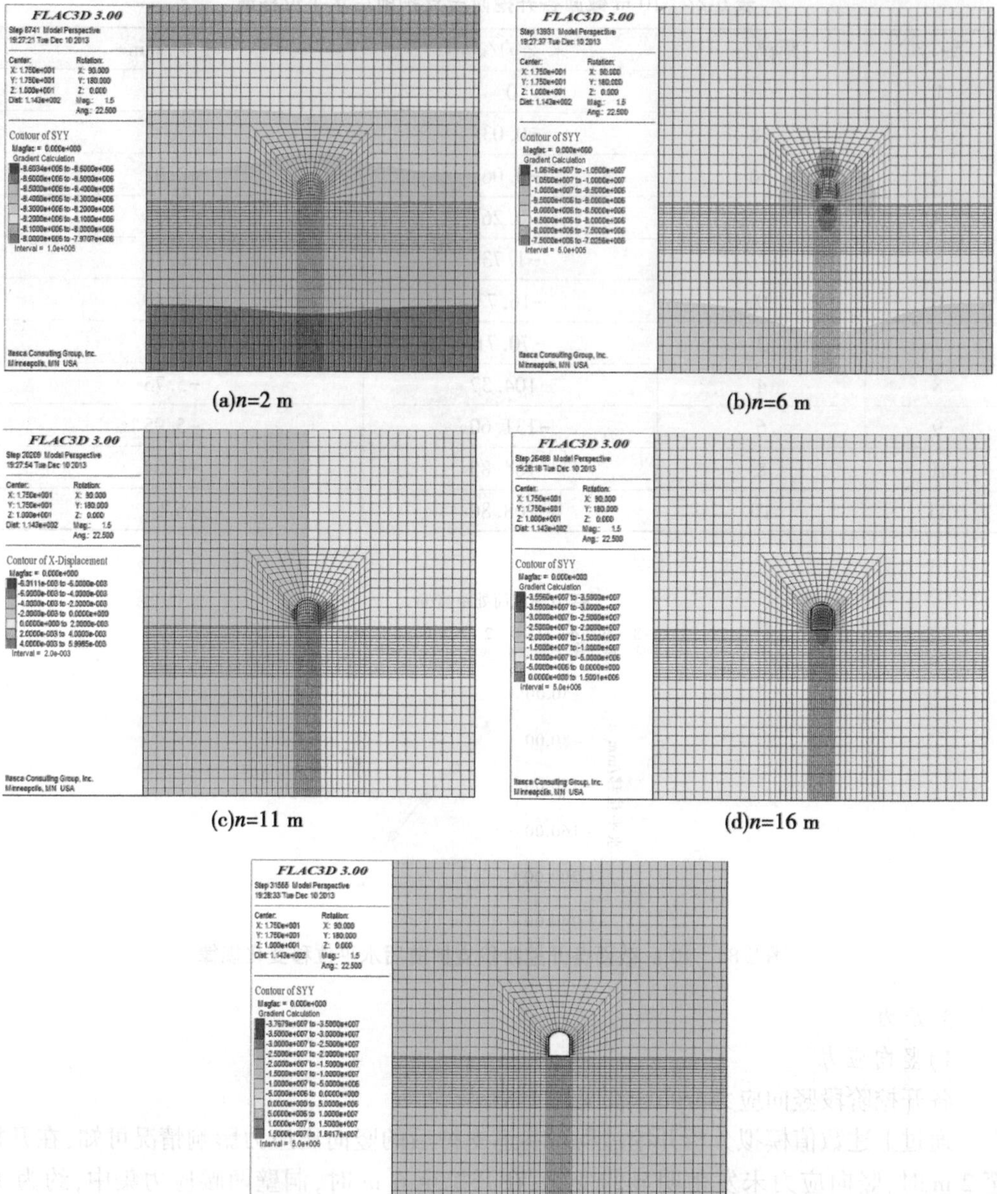

图 5-85　各开挖阶段竖向应力分布云图

5.6.2　UDEC 数值模拟分析

5.6.2.1　模型的建立

1. 地质概化模型的建立

通过对该典型破坏点(见图 5-87)的工程地质调查,沿巷道主要破坏方向截取一条典

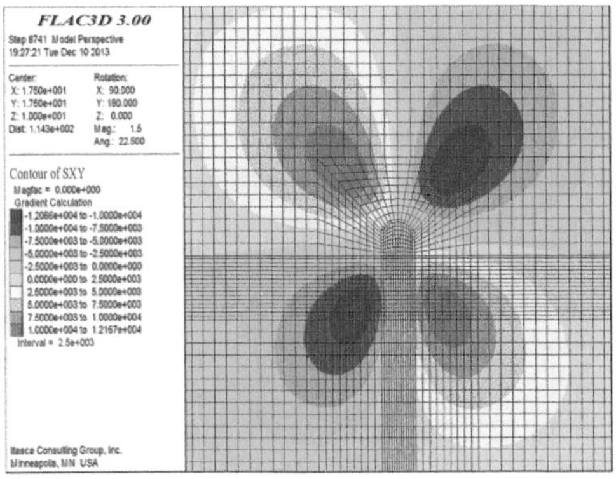

(a)n=2 m

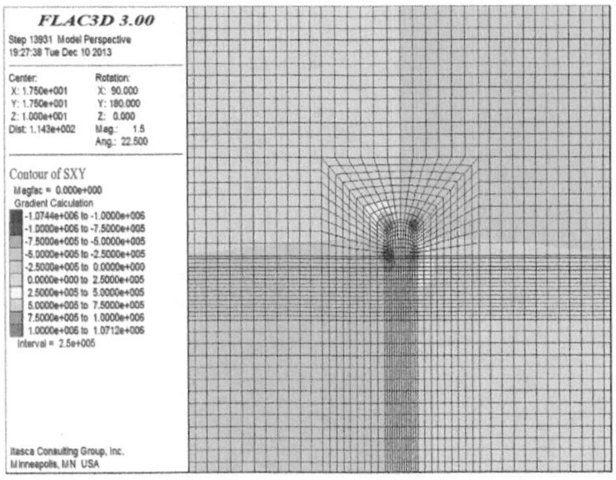

(b)n=6 m

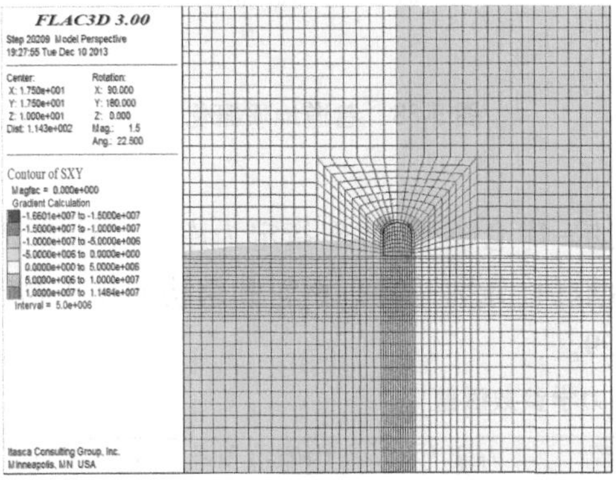

(c)n=11 m

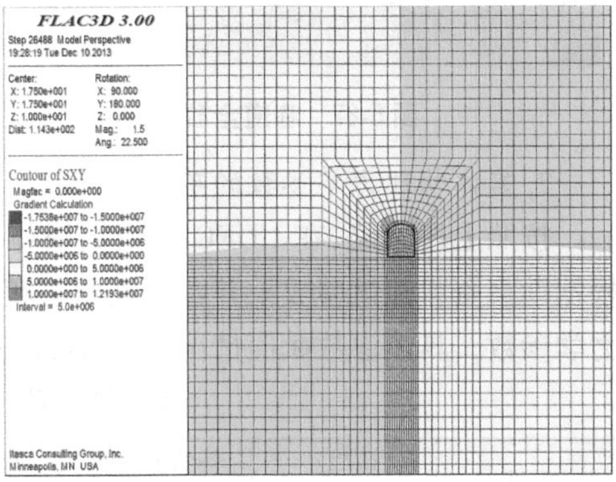

(d)n=16 m

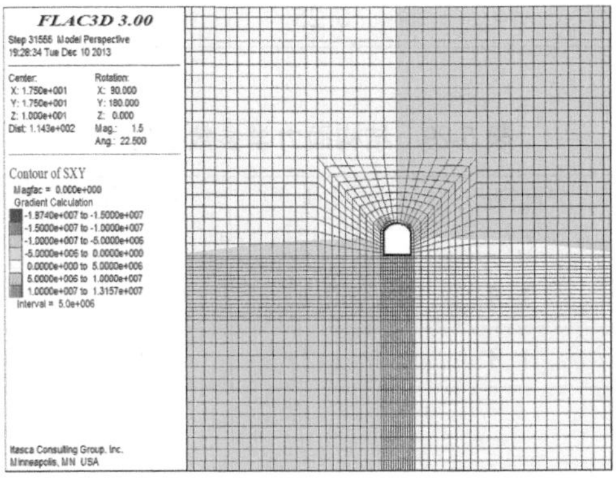

(e)n=20 m

图 5-86　各开挖阶段剪切应力分布云图

型二维剖面作为数值计算分析模型，模型尺寸为 15 m×15 m，其中巷道高 2.2 m，宽 2 m，侧壁直墙高 1.7 m，两组控制性结构面产状：J_1：200°∠70°，J_2：196°∠32°，并假定此散体石英被 J_1 和 J_2 控制性结构面非常均匀地切割，整体性完全破坏，比例尺为 1∶1。地质概化模型如图 5-88 所示。

图 5-87　巷道全貌

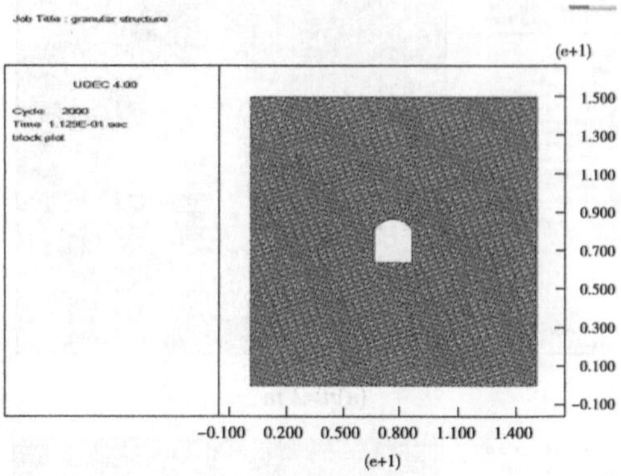

图 5-88　巷道地质概化模型

2. 岩体物理力学参数的确定

按照上述思路，在 UDEC 中指定块体为莫尔-库仑模型，节理指定为库仑滑动模型。根据勘察资料和试验成果并参考类似工程综合取值，分别对岩石材料和结构面赋予物理力学参数。具体参数赋值情况见表 5-28、表 5-29。

表 5-28　岩石材料力学参数赋值

岩性	密度/(g/cm^3)	弹性模量/GPa	剪切模量/GPa	内聚力/MPa	内摩擦角/(°)	抗拉强度/MPa
碎裂石英	2.65	14	6.25	5	50	10

表 5-29　结构面力学参数赋值

结构面类型	与 x 轴夹角/(°)	法向刚度/GPa	切向刚度/GPa	内聚力/kPa	内摩擦角/(°)	抗拉强度/MPa
结构面 J_1	35	1.8	1.2	20	35	0
结构面 J_2	6	1.8	1.2	20	35	0

3. 边界条件设置

在完成所有块体材料及结构面参数赋值之后，开始对数值模型施加固定速度边界条件和荷载条件。边界条件采用[boundary]命令将模型两侧及底部固定，模型上部为自由边界。采用[set gravity]命令对模型岩体施加垂直方向的重力加速度 $g=9.8\ m/s^2$，考虑到该巷道埋深约为 400 m，结合上覆岩层平均密度为 2.6 g/cm^3，估算得出上覆岩体产生的自重应力约为 10.4 MPa，采用[boundary stress]命令在模型上部施加该初始应力。并通过[history unbalance]监测最大不平衡力历史判断收敛状态，当最大的节点不平衡力趋近于零或者与初始所施加的总的力相比较相对较小时，就认为模型达到了平衡状态。

5.6.2.2　失稳模式分析

通过 UDEC 数值模拟得出该散体结构失稳塌落破坏过程如图 5-89 所示。

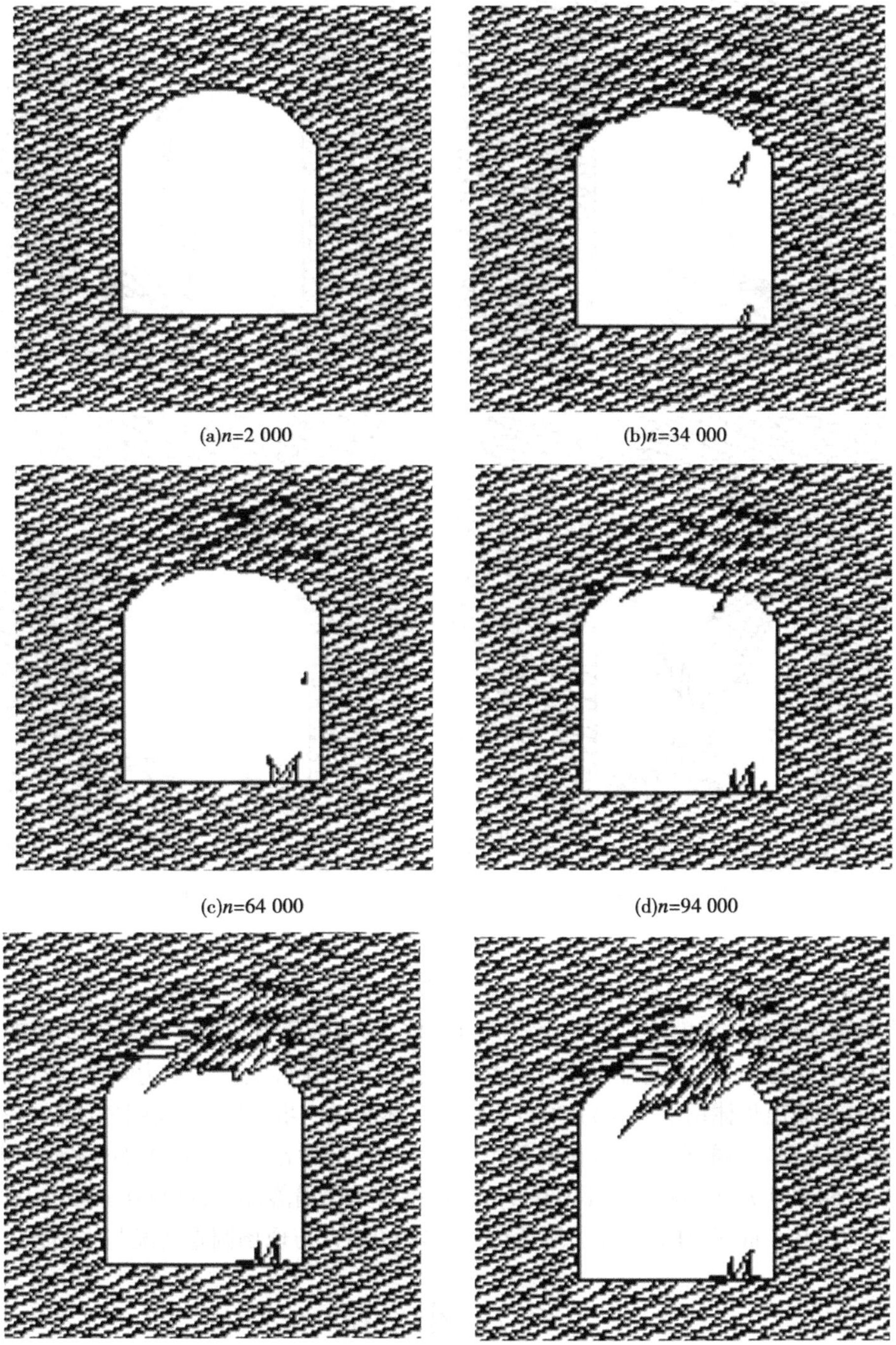

(a) n=2 000　(b) n=34 000

(c) n=64 000　(d) n=94 000

(e) n=140 000　(f) n=176 000

图 5-89　散体结构塌落数值模拟全过程

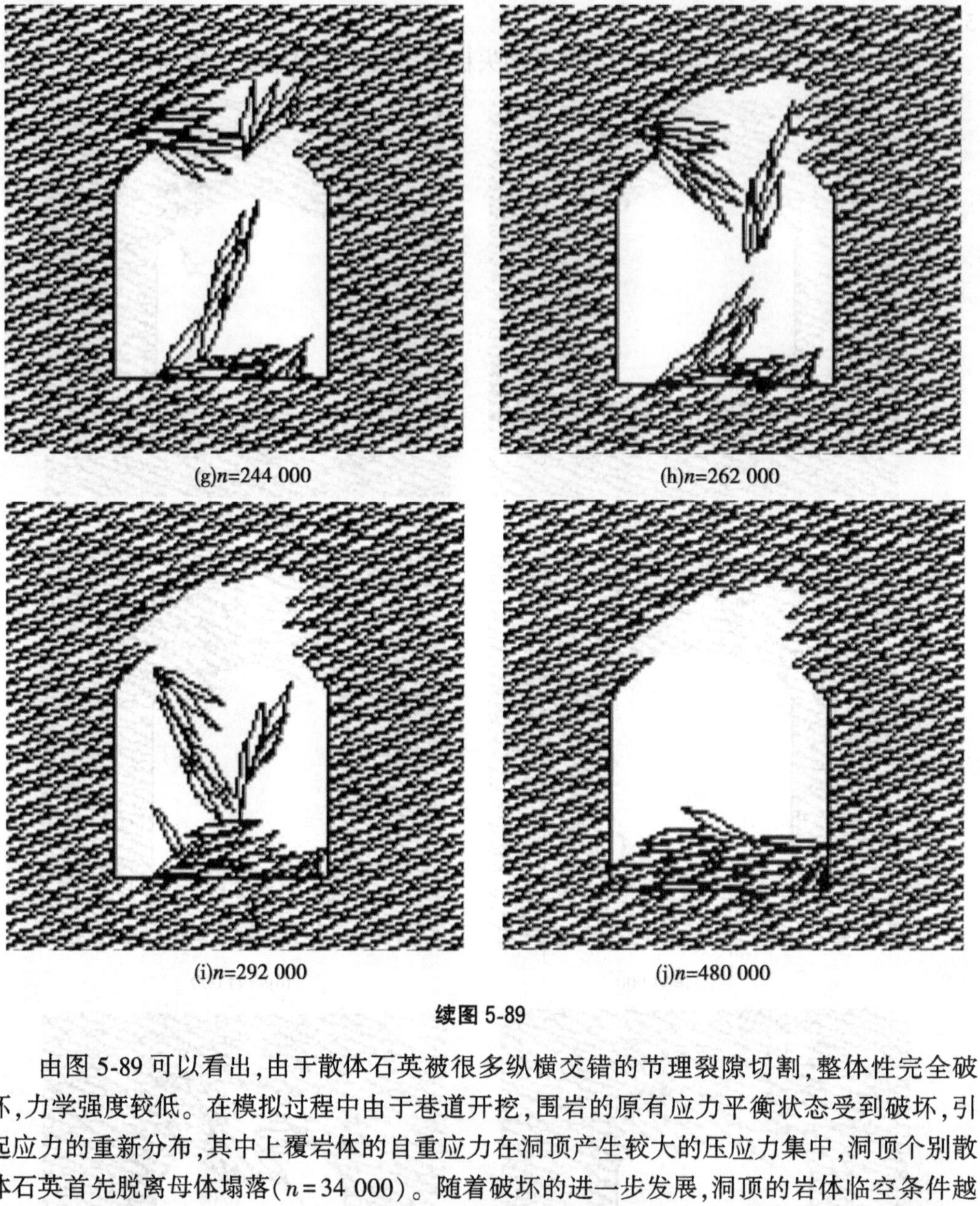

(g)n=244 000　(h)n=262 000　(i)n=292 000　(j)n=480 000

续图 5-89

由图 5-89 可以看出，由于散体石英被很多纵横交错的节理裂隙切割，整体性完全破坏，力学强度较低。在模拟过程中由于巷道开挖，围岩的原有应力平衡状态受到破坏，引起应力的重新分布，其中上覆岩体的自重应力在洞顶产生较大的压应力集中，洞顶个别散体石英首先脱离母体塌落（n=34 000）。随着破坏的进一步发展，洞顶的岩体临空条件越来越好，在上覆岩体的自重应力在洞顶产生较大的压应力作用下，洞顶岩体逐渐产生较大变形（n=64 000、n=94 000、n=140 000），最后整体失稳塌落（n=244 000、n=292 000），形成一个高约 0.8 m、宽约 1.5 m 的塌落拱（n=480 000），与现场调查情况基本吻合。

5.7　小　结

（1）通过 FLAC3D 数值模拟软件对 4 种典型结构巷道围岩进行支护前后的塑性区范围、位移及应力随开挖过程变化情况的对比分析，可得出如下结论：

①由于层状结构围岩属于Ⅲ级围岩,开挖时塑性区主要集中在力学性质较为薄弱的区域,且其产生位移量较大;随着开挖的继续进行,巷道塑性区范围逐渐扩大,位移变化速率逐渐增加,在开挖至 16 m 之后巷道变形已趋于稳定。设置支护之后塑性区范围相比支护之前明显减小,变形量也较未支护时有所降低,支护效果明显。

②在混合结构围岩中,由于巷道左侧围岩等级为Ⅲ级,拱顶及右侧围岩等级Ⅴ级,开挖之后,结构较差的拱顶及右侧岩体产生塑性区较大,竖向位移主要集中在右壁的洞肩及底部,同时在洞壁的两腰产生向洞内收敛的水平位移,且右侧的位移量明显大于左侧;随着开挖的继续进行,巷道位移变化速率逐渐增加,在开挖至 16 m 之后巷道变形已趋于稳定。模拟结果表明,巷道右侧岩体破坏相对严重,与实际情况相符。设置衬砌之后,塑性区范围明显减小,稳定性有所提高,支护效果明显。

③由于碎裂及散体结构围岩属Ⅴ级围岩,岩体结构较差,开挖之后所选截面即产生较大的塑性范围,竖向位移集中在洞顶,水平位移集中在洞壁的两腰,相对向洞内收敛;随着开挖的继续进行,巷道位移变化速率逐渐增加,在开挖至 16 m 之后巷道变形已趋于稳定。设置衬砌支护之后,塑性区范围明显减小,位移量大幅降低,巷道稳定性明显提高,支护效果良好。

(2)通过 UDEC 数值模拟软件实现了对巷道 4 种典型结构破坏模式的数值模拟分析,较为理想地再现了 4 种结构的破坏情况。从模拟情况中可总结出以下几点结论:

①由于巷道开挖,围岩的原有应力平衡状态受到破坏,引起应力的重新分布,而当围岩承受的新应力状态超出其强度范围时,围岩就会发生由表层改造到时效变形再到整体失稳破坏的累进式失稳破坏过程。而且这种变形破坏是有限的,当塌落破坏到一定程度后,围岩将进入新的平衡稳定状态。

②在模拟过程中,层状结构的破坏形式多受控于结构面组合及软弱夹层的影响,以沿优势结构面或软弱夹层发生滑落破坏。

③在模拟过程中,混合结构因岩性交界面处力学性质最为薄弱,变形破坏由交界面处发展延伸。

④在模拟过程中,碎裂和散体结构因被很多纵横交错的节理裂隙切割,整体性较差,力学强度较低,多以拱顶冒落的拱形破坏为主。

第6章 研究区地质灾害稳定性分析及危险性评价

6.1 研究区不良地质现象及采矿活动概况

6.1.1 矿区不良地质现象

通过现场勘察，本区不良地质现象主要有黄土及危岩崩塌、滑坡、地面塌陷、地裂缝和泥石流等。图6-1为罗山矿区地质崩塌滑坡灾害分布总图。

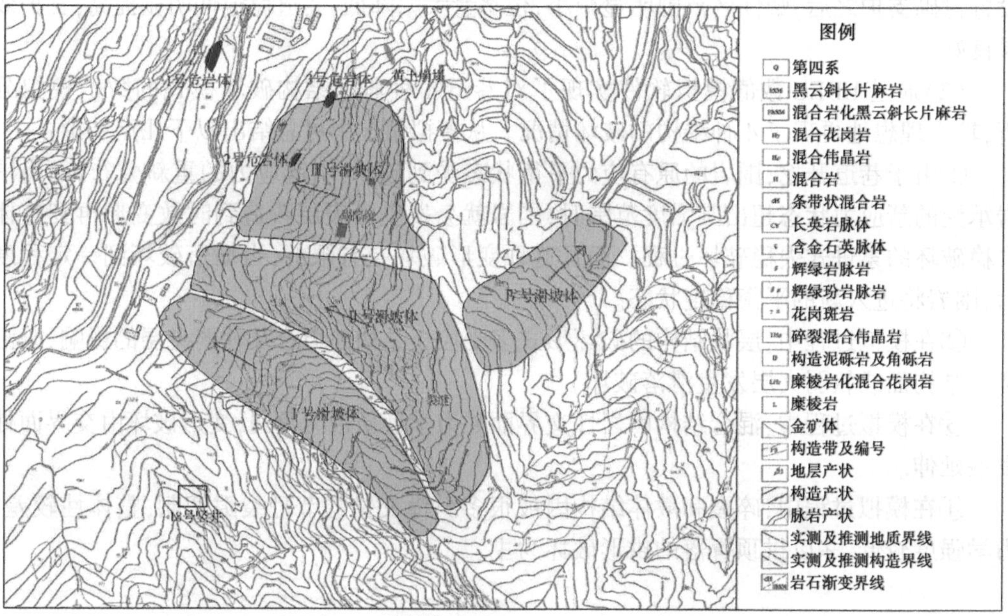

比例尺1：2 000

图6-1 罗山矿区地质崩塌滑坡灾害分布总图

6.1.1.1 崩塌

黄土分布在沟谷及山梁，主要为粉质黏土，垂直节理发育，冲沟形态呈U形，直立壁高达20 m，在卸荷应力作用下，崩塌现象严重。

危岩体崩塌主要分布在山梁陡立处及人类采矿活动造成的高陡边坡处，因地表岩石破碎，风化强烈，变质强度较深，碎裂岩较发育，经常有崩塌滚石现象发生。在勘察区内主要分布在Ⅰ、Ⅱ、Ⅲ号滑坡体内，其中在Ⅰ号滑坡体中部直立边坡高达25 m；Ⅱ号滑坡体小塘沟上部因岩石风化强烈，在2006年10月2日降雨后崩塌规模有所加大，崩塌物堆积在坡脚处；Ⅲ号滑坡体内坡度陡，人为采矿活动留下的高陡边坡，经常有滚石现象发生。

6.1.1.2　滑坡

滑坡主要分布在勘察区大湖沟东坡小塘沟两侧及劳改队采矿区内，面积约 0.18 km^2。

按地形地貌和坡体运动方式等初步划分为Ⅰ、Ⅱ、Ⅲ、Ⅳ号滑坡，其中已对Ⅳ号滑坡进行了削方减载，目前已处于稳定状态。Ⅰ号滑坡体位于小塘沟西梁，其体积约 112 万 m^3，规模为大型。1987 年 11 月 1 日发生的滑坡，在Ⅰ号滑坡体的前缘，滑体长 192 m，宽 80~120 m，滑坡体积 40 万 m^3，此级滑体后缘形成陡坎 30 m，舌部向前滑动 30 m，发生滑坡的因素主要为地形地质条件和人类采矿活动。Ⅱ号滑坡位于小塘沟东梁，滑坡边界沿山梁分水岭分布，其体积约 83 万 m^3，规模为中型。Ⅲ号滑坡位于Ⅱ号滑坡北部，其体积约 130 万 m^3，规模为大型。滑坡总分部图见图 6-2。

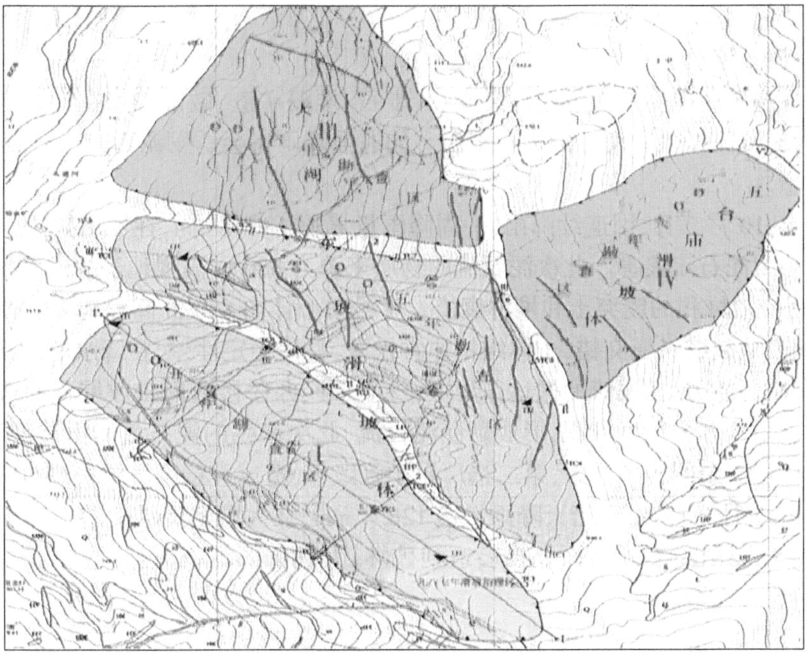

图 6-2　滑坡总分部图

6.1.1.3　地面塌陷

采矿在地下留下了大量的采空区，因岩石结构较差，经常有采空区塌陷现象发生。在勘察区内塌陷坑主要分布在坡体上。由于矿区采矿多年，采空区形态复杂，数量众多，地压活动剧烈，矿区没有较为完整的采空区资料，对塌陷区难以进行预报，影响了矿山深部工程的正常生产。同时采空区塌陷将进一步诱发滑坡。地面塌陷还将引起岩体失稳，发生崩塌现象。Ⅲ号滑坡中部 1#、2#塌陷坑分别见图 6-3、图 6-4。

6.1.1.4　地裂缝

因采空区塌陷导致坡体失稳，在地表形成了大量的地裂缝，主要分布在山梁及坡体上，其宽度不等，最宽达 3.5 m，最窄 0.1 m，可见深度 1~5 m，长度十到数百米。可见受裂岩性为黄土和基岩。

图 6-3 Ⅲ号滑坡中部 1#塌陷坑

图 6-4 Ⅲ号滑坡中部 2#塌陷坑

6.1.1.5 泥石流

由于采选矿所产生的大量固体废弃物、废石、堆浸矿渣，散乱堆积在大湖河边、山坡、沟谷处，为泥石流提供了良好的物质来源。如遇强降雨将会诱发泥石流灾害，也对矿区安全构成隐患。

2006 年 10 月 2 日，因连续降雨，一周降雨量累积 130.7 mm，在罗山矿Ⅰ号滑坡体内发生 1 起小型泥石流灾害。此次泥石流的物质来源为 880 m 高程地表的松散粉质黏土和 716 m 高程松散堆积的废弃土和堆淋废渣。Ⅰ号滑坡体内 880 m 高程地表主要是粉质黏土，由于地表地裂缝纵横交错，土体结构非常松散，整体稳定性差，在降水的冲刷下形成泥流，并具有搬运能力，在泥流的搬运作用下，将上采区办公楼后面松散堆积的选矿废渣向下搬运到上采区办公楼处堆积，形成黏性泥石流，此次产生的泥石流属山坡型泥石流，灾害造成住宿楼 5 余间房屋被毁，第二选厂尾矿管毁坏，造成直接经济损失约 50 余万元。

2013 年 7 月 9 日，由于当天降雨量达 126.8 mm，在大湖河流域上游发生 1 起泥石流灾害，造成 5 人死亡，多处路面及挡墙遭到破坏，大量物源堆积河道，造成巨大损失的同时，安全隐患大大增加。

6.1.2 采矿活动

矿区内采矿活动造成的切坡和坡体改造破坏了边坡的稳定性。另外，采空区的存在改变了岩体原始的应力平衡状态，引发了地表塌陷、地裂缝、危岩体、滑坡等灾害。1987 年 11 月 1 日发生的滑坡主要为人类采矿活动引发。2001 年以来，矿区发生过多起采空区塌陷、地裂缝等地质灾害，危害面积不断增大，矿区地质环境逐渐恶化，矿区内Ⅰ号滑坡体对滑坡前缘部位的选厂、设备、建筑、公路及人民财产安全构成了严重的威胁，也将影响到矿山经济效益和资源的充分利用。所以，人类活动是影响区内地质环境的主要因素。

6.1.3 现有防治措施所存在的问题

通过现场勘察，发现现有防治措施所存在的安全隐患如下：

(1)目前Ⅰ号滑坡体已经采取削坡处理，但方法并不合理，开挖前缘扰动了坡体，后期处理不慎易引起坡体大规模失稳，Ⅳ号滑坡体也进行了削坡处理，目前基本没有威胁；

Ⅱ号、Ⅲ号滑坡体未采取任何防治措施，仅设置多处监测点，虽然 2006~2010 年监测显示坡体变化较小，危险性小，但近两年坡体后缘裂缝增加，滑动趋势明显，如不采取措施或加强预警，潜在的危害较大，甚至可能堵塞大湖河，形成堰塞湖。

(2)矿区存在的 3 处危岩仅 WD1 采取了拦石墙处理，WD2、WD3 尚未采取措施，且 WD2、WD3 在坑口附近，如遇强降雨或地震等动力条件具有失稳塌落的可能，存在一定的安全隐患。

(3)大湖河泥石流沟上游有挡墙等措施，在 2013 年 7 月 9 日发生泥石流后基本失去作用。

6.2　滑坡灾害稳定性分析及危险性评价

6.2.1　滑坡体基本特征

勘察区位于罗山金矿矿区，在大湖峪口东侧。行政区划属灵宝阳平镇管辖。区内因多年的采矿活动，留下了大量的采空区，并引发了山体滑坡。大湖滑坡体位于灵宝市阳平镇桑园村大湖峪口柏树坡大塘沟以北、小塘沟以南的小山脊部分，属中型基岩滑坡。该山体于 1987 年 11 月 1 日发生过滑坡，滑坡体方量约 40 万 m^3。滑坡体主要沿山前 F5 主构造带泥质松软结构面滑动，舌部向前滑移约 30 余 m。滑坡造成 1 座厂房、运输斜坡道、1 幢两层楼房被毁，2 人死亡，致使企业停产 1 年之久，造成经济损失约 700 万元。2000 年以来，随着采矿规模的加大，现形成了Ⅰ、Ⅱ、Ⅲ、Ⅳ号 4 个滑坡体，在罗山金矿东坡出现了大量的拉张裂缝和剪切裂缝，裂缝宽 0.1~3 m，有的已形成拉张裂缝槽，最长达 150 m。2001 年后，又发生了 3 次以上小型滑坡，形成塌陷坑 14 个，体积 14 393 m^3，地裂缝 22 条，长 2 160 m。据地质勘察统计，矿区内仍有老采空区约 50 个，面积 60 000 m^2，总体积约 30 万 m^3，具体位置不清。2002 年 6 月 23 日，2#滑坡体发生小面积滑坡，滑坡体积约为 300 m^3，导致两个坑口被埋，造成直接经济损失 1.5 万元。2003 年 6 月，河南省地质环境监测总站的专家进行实地考察后以原滑坡体南北边界，将向北约 160 余 m，向南约 110 余 m 的范围定为滑坡影响区。罗山金矿区滑坡直接危害对象为罗山矿区二选厂、罗山矿区家属区、大湖村居民及住房、矿区运输公路、采矿坑道、大湖河桥等，威胁资产约 1 370 万元，居住人口 650 人，其中常住人口约 200 人。

滑坡体及潜在滑坡危险区，由 2000 年滑坡主要隐患区升级为 2001 年 10 月滑坡危险区，2002 年该滑坡体被河南省地质环境监测总站定为河南省地质灾害危险区。

历年来的治理成果如下：

(1)1988 年经马鞍山矿山设计院(现中钢马鞍山矿山研究院)设计，在滑坡体后缘减载约 12 万 m^3，以减小滑坡体后缘岩体压力。

(2)2005~2006 年由洛阳地质调查院申报，经河南省国土资源厅批复，由国家财政投资 300 万元、企业配套 84.6 万元对滑坡体进行应急治理(完成了地裂缝回填、夯实 2 391 m：9 056.91 m^3；回填塌陷坑 11 个：14 877.25 m^3；井探 108.4 m；电测剖面 3 230 m；危岩体排险 360 m^3；浆砌防护堤 25 m 和建立监测网络)。

(3)每年汛期前分公司对滑坡体进行应急治理(对新出现的地裂缝、塌陷坑进行回填夯实,疏通排洪沟,开挖排水通道)。

根据地形地貌、物质组成以及滑动方向等特征,将罗山矿区滑坡体分为Ⅰ、Ⅱ、Ⅲ、Ⅳ号滑坡,其中Ⅰ、Ⅱ、Ⅲ号为岩土混合滑坡,Ⅳ号为土质滑坡,各个滑坡特征如下。

6.2.1.1　Ⅰ号滑坡体基本特征

1. 滑坡边界、规模及形态特征

Ⅰ号滑坡体为一老滑坡,分布在小塘沟西侧的小山梁,呈长舌状,后缘窄前缘宽。Ⅰ号滑坡全景见图 6-5。北东侧边界(右边界)为小塘沟(见图 6-6),滑坡体工程地质剖面见图 6-7,该冲沟深度 3.52 m,宽度 7.2 m,走向 290°,沟内堆积碎石和树干,碎石最大粒径 80 cm×60 cm×30 cm,平均粒径 8~35 cm。基岩出露,节理十分发育,其中主要的节理产状:J_1:174°∠50°,J_2:270°∠75°,J_3:351°∠37°。基岩上覆盖层厚 40~60 cm,杂色,疏松~密实,覆盖层中的块石平均粒径在 3~5 cm。南西侧(左)边界为 F5 断层。南东侧边界为后缘(见图 6-8),后缘拉线槽见图 6-9。在滑坡体中部有醉汉树存在,侧缘有剪切张裂缝存在,其走向总体为 320°。资料显示探槽内部擦痕走向为 318°,总体滑动方向为 315°,该滑坡为凸起状斜坡地形,呈上陡下缓状,地表坡度 25°~35°,最大达 42°。滑坡体前缘最低高程约为 787 m,后缘高程约为 970 m,后缘滑面优势节理面产状为 352°∠40°。前缘鼓起地段已被后期矿山开挖改造整平(见图 6-10)。

图 6-5　Ⅰ号滑坡全景

该滑坡体长 280 m,宽 170 m,面积约为 4.76 hm^2。由矿区提供的钻孔资料显示,该滑坡体物质组成为岩土混合类物质。该滑坡存在两层滑带,第一层滑带以上的滑体面积 2.2 万 m^2,厚 4~17.3 m,体积约 17.3 万 m^3;第二层滑带以上的滑体厚 5~34 m,体积约 112.0 万 m^3,规模为大型,属深层滑坡。

Ⅰ号滑坡体 1987 年 11 月曾发生过滑坡,舌部向前滑动 30 m,滑体长 192 m,宽 80~120 m,滑坡体积约 40 万 m^3,在后缘处形成了 30 m 宽的滑坡平台,并形成了 25 m 高的陡

图 6-6　滑坡右边界冲沟

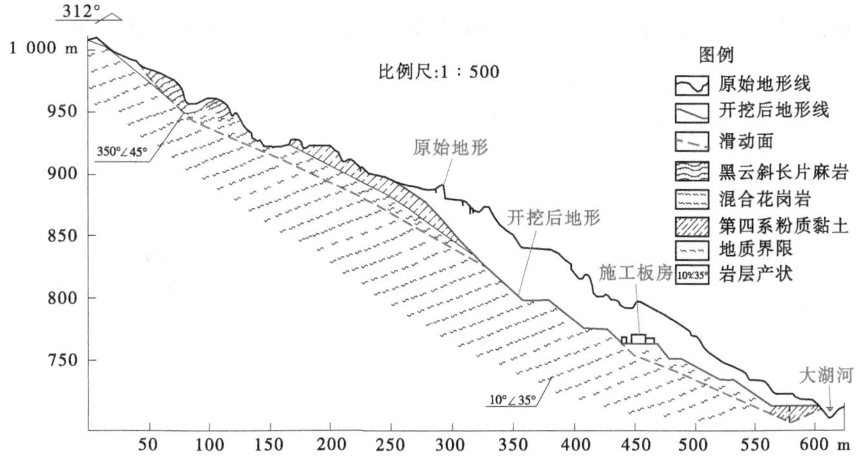

图 6-7　罗山矿区 Ⅰ 号滑坡体工程地质剖面示意图

图 6-8　Ⅰ号滑坡后缘

图 6-9　后缘拉线槽

坎。这次滑坡主要为人为采矿引发。在坡体中部偏南存在高 18 m 的陡坎,有小规模的土质崩塌现象。从 1987 年至今一共下沉了 17 m,去年平移了 4 m。滑坡后缘发育裂缝(见

图 6-10　已被削坡的滑坡前缘

图 6-11、图 6-12)，产生部位坐标：N:34°27.813′；E:110°37.360′；高 897 m，宽 13 cm，可见深度 30 cm，错距 5 cm，延伸可见长度 45 m，延伸方向 70°，目前裂缝处于发展状态。

图 6-11　后缘裂缝(一)

图 6-12　后缘裂缝(二)

2. 滑坡特征

该滑坡主要为岩石滑坡，滑体物质组成为岩土混合类。滑坡体前缘和中后部大部分出露第四系粉质黏土，中部为基岩，其岩性为碎裂混合花岗岩及高岭土化糜棱岩。第一层滑带以上为粉质黏土，第二层滑带以上为粉质黏土和基岩，基岩岩性主要为碎裂混合花岗岩、高岭土化糜棱岩、片麻岩及混合花岗岩。钻孔岩芯可以看出大部分岩石破碎不完整，多以碎裂岩为主。

滑坡体厚度空间分布特征为：第二层滑带以上，后缘薄前缘厚，中部厚度大于前缘和后缘，最大厚度为 34 m。第一层滑带以上，后缘薄前缘厚，钻孔揭露最大厚度为 17.3 m。在滑坡体地表分布 10 余条地裂缝，主要分布在滑坡体中后部，纵横交叉，宽 0.1~3.0 m。在滑坡中前部到后缘存在有塌陷坑，最大的 30 m×15 m，深 5~15 m，主要为采空区塌陷引发所致。后缘大部分裂缝已采取填充措施，防止降水入渗。后缘拉裂槽深 30 cm，宽 8~20 cm，可见延伸长度 45 m，走向 70°。

3. 滑带土特征

根据矿区提供资料显示，Ⅰ号滑坡体存在两个滑带：第一层滑带土主要为第四系粉质黏土与基岩接触带处的粉质黏土，该土层主要为黄褐色，潮湿，呈可塑性，局部粉粒含量高，遇水强度显著降低，在地表已经有部分地段发生了土质滑坡；下部第二层滑带主要为F5构造带内的软弱破碎带，其主要成分为构造泥砾岩、碎裂岩，强度较低，F5倾向东南，倾角30°左右，滑面为一层厚20~30 cm高岭土，埋深40 m左右，最深达到50多m，遇水其抗剪切强度快速下降，是形成滑动面的有利物质。根据钻孔资料及巷道内现场勘察结果，滑体有明显滑动痕迹，具有光滑镜面和清晰的擦痕。在降水入渗和地下采矿活动等外力作用下，使滑带得以贯通。

4. 滑床特征

滑床主要岩性为混合花岗岩和碎裂混合花岗岩。混合花岗岩，灰绿色，中粗粒结构，块状构造，主要矿物成分为石英、长石、云母等，裂缝不发育，局部有褐铁矿化现象，岩石强度较高，较为致密坚硬，是相对隔水层，为地表水入渗后在滑带内汇集创造了有利条件。碎裂混合花岗岩，灰绿色，碎裂结构，主要矿物成分为石英、长石、云母等，高岭土化较弱，钻孔资料显示岩芯多呈碎块状，块径5~10 cm。滑床面形状与滑带形状吻合。

6.2.1.2　Ⅱ号滑坡体基本特征

1. 滑坡边界、规模及形态特征

Ⅱ号滑坡分布于大湖沟东坡小塘沟脑北侧（见图6-13），总体呈不规则的三角形，其北侧边界与Ⅲ号滑坡相邻，走向为308°，两侧有细小羽状张裂缝，与主裂缝呈锐角相交；南部以紧邻Ⅰ号滑坡体的小塘沟为界；东部边界为滑坡后缘，位于罗山顶部，有两条大的裂缝通过，其宽度为0.5~3 m，形成了较大的裂缝槽，前缘为大湖河。Ⅱ号滑坡体工程地质剖面如图6-14所示。

图6-13　Ⅱ号滑坡全景

该滑坡体为凸起状斜坡地形，坡体呈上陡下缓状，地表植被不发育，顺梁分布有少量柏树。地表坡度25°~30°，最大可达到40°。滑坡体前缘黄土覆盖含块径5~30 cm的碎石土，前缘坐标：N：34°27.964′，E：110°37.267′，H：710 m；沟口宽22 m，走向300°，沟深6.9 m，沟两侧植被茂密，沟中植物较少。含少量3~40 cm块石。滑坡前缘边界见图6-15。后缘高程约为900 m。滑动方向为277°。滑坡面积约为3.74万m^2，滑体最大厚度为27 m，最小厚度为7 m，体积约为82.3万m^3，规模为中型，属中~深层滑坡。滑坡

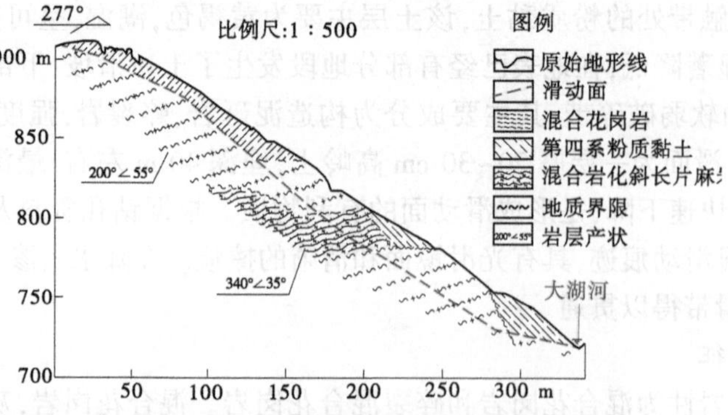

图 6-14　罗山矿区Ⅱ号滑坡体工程地质剖面示意图

已被开挖的后缘边界见图 6-16。滑坡后缘发育裂缝(见图 6-17、图 6-18),产生部位坐标:N:34°27.870′,E:110°37.430′,H:895 m;宽 23 cm,可见深度 45 cm,错距 3 cm,延伸可见长度 24 m,延伸方向 115°,目前裂缝处于发展状态。

图 6-15　Ⅱ号滑坡前缘边界

图 6-16　Ⅱ号滑坡已被开挖的后缘边界

图 6-17　Ⅱ号滑坡后缘拉裂缝(一)

图 6-18　Ⅱ号滑坡后缘拉裂缝(二)

2. 滑坡特征

该滑坡性质为岩石滑坡,滑体物质组成为岩土混合类,在滑坡体后缘及前缘处为第四系粉质黏土,黄褐色,硬塑,厚度为 15 m;后缘厚度为 5~8 m,前缘厚度约 2 m,中部大部分基岩出露,岩性为碎裂混合花岗岩,零星出露第四系黄土夹砾石,碎裂混合花岗岩因风化剧烈,钻孔资料显示岩芯呈砂砾状,强度低,渗透性好。

在中部小塘沟内有一塌陷坑,深约 18 m,直径约 10 m,为采空区塌陷所致;该钻孔西部山坡上有岩石崩塌现象,长约 30 m,宽约 20 m,因坡度较陡岩石松散(高岭土化严重)

强度低,在外力作用(降水、地下采矿)下所致。在中下部有小规模黄土崩塌现象。

3. 滑带土特征

滑带土物质组成主要为高岭土化碎裂混合花岗岩、高岭土化糜棱岩,灰黄色,碎裂结构,钻孔资料显示岩芯呈砂砾状,局部含泥质较高并有高岭土化现象,强度低,手触即碎,高岭土遇水光滑,呈软塑状,抗剪切强度低。

在滑坡体后缘处,滑带土为粉质黏土、黄褐色、潮湿、可塑,有白色钙质团块,含少量钙质结核,粉粒含量高,压缩性中等。在小塘沟沟脑处以土质滑坡为主,滑体厚 15 m,滑带厚 0.8 m。滑带在空间分布呈北低南高形态,垂向呈折线形。倾向 275°,倾角 32°~42°,厚度 0.5~4.6 m。

4. 滑床特征

滑床主要岩性为混合花岗岩、碎裂混合花岗岩。混合花岗岩,灰绿色,中粗粒结构,块状构造,主要矿物成分为石英、长石、云母等,裂隙不发育,局部有褐铁矿化现象,岩石强度较高,较为致密坚硬,是相对隔水层,为地表水入渗后在滑带内汇集创造了有利条件,其产状为:倾向北,倾角 40°。碎裂混合花岗岩,灰色,碎裂结构,主要矿物成分为石英、长石、云母等,钻孔资料显示岩芯呈碎块状,块径 5~10 cm,渗透性好。滑床面形状与滑带形状吻合。

6.2.1.3　Ⅲ号滑坡体基本特征

1. 滑坡边界、规模及形态特征

该滑坡体(见图 6-19)位于大湖东坡的北部,总体呈不规则三角形,南部以紧邻Ⅱ号滑坡体的山沟为边界,向北 235 m。后缘到山体顶部,前缘到大湖河。在滑坡体后缘有拉张裂缝存在,走向近南北向,宽 0.3~1.5 m,可见深度 1~3 m,可见受裂岩性为粉质黏土。南侧见有剪切张裂缝,北侧未见明显裂缝。滑坡体工程地质剖面如图 6-20 所示。

图 6-19　Ⅲ号滑坡全景

左边界沟走向 316°,沟宽 24 m,深 2.3 m。沟道堆积碎块石与黄土,堆积物上细下粗,可见垂直高度 48.4 m,顶与坡脚水平距离 62.1 m,有杂草生长,最大粒径 70 cm×40 cm×60 cm,周围黄土覆盖层较厚,未见基岩出露,前缘开挖高度 4 m,右边界植被茂密,基岩未

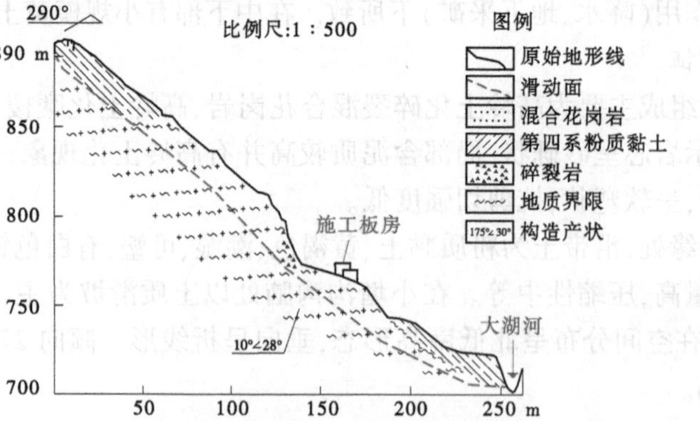

图 6-20　罗山矿区Ⅲ号滑坡体工程地质剖面示意图

出露,沟内植物覆盖较好,无块石堆积。滑坡体前缘高度约为 710 m,前缘宽 197 m,滑坡下部坡角为 44°。滑坡前缘边界见图 6-21,已被开挖的后缘边界见图 6-22。植被较丰富,局部有小型溜滑,以碎石土为主,粒径较小。后缘高程约为 900 m,地表坡度为 30°~40°,呈上陡下缓状,其滑动方向约为 290°。面积约为 5.4 万 m^2,滑体厚 15~25 m,最大厚度为 45 m,体积约为 129.6 万 m^3,规模为大型,属深层滑坡。滑坡后缘发育明显裂缝(见图 6-23),产生部位坐标:N:34°27.987′,E:110°37.436′,H:874 m;宽 130 cm,可见深度 240 cm,错距 25 cm,延伸可见长度 22 m,延伸方向 232°。产生部位坐标,N:34°27.983′,E:110°37.414′,H:881 m;宽 220 cm,可见深度 190 cm,错距 30 cm,延伸可见长度 300 m,延伸方向 345°,目前裂缝都处于发展状态。

图 6-21　Ⅲ号滑坡前缘边界

图 6-22　Ⅲ号滑坡已被开挖的后缘边界

2. 滑坡特征

该滑坡为岩石滑坡,地形为凸凹起伏状斜坡,地表植被不发育,顺梁有少量柏树,在滑坡体上见有马刀树(见图 6-24)存在。该滑坡体物质组成为岩土混合类斜坡。在滑坡体前缘及后缘处为第四系粉质黏土,厚度约 15 m;中部大面积基岩出露,岩性为碎裂混合花岗岩、混合花岗岩,零星出露较薄的第四系黄土夹砾石,厚约 0.5 m,碎裂混合花岗岩因风化剧烈,钻孔岩芯呈砂砾状,强度低,渗透性较好。

滑体在空间分布上表现为南部薄北部厚,滑坡中部有人工采矿切割形成的直立陡崖,垂直高度为 5~10 m,宽 10~30 m,因岩石破碎形成了危岩体,时常有岩石崩塌现象发生,形成了 5 处岩石崩塌点。在顺坡沟里有大量的采矿废渣堆积，块径 5~40 cm。

图 6-23　Ⅲ号滑坡后缘拉裂缝

图 6-24　马刀树与醉汉树

3. 滑带土特征

滑带土为高岭土化碎裂岩，灰黄色，钻孔资料显示岩芯呈土状、砂砾状，局部含泥质较高，强度低，手触即碎，高岭土遇水软化光滑，抗剪切强度低。滑带空间形态呈折线形，倾向为 290°，倾角 45°~50°，平均埋深 22 m。滑带厚度 0.8~1.2 m。

4. 滑床特征

滑床主要岩性为混合花岗岩，灰绿色，中粗粒结构，块状构造，主要矿物成分为石英、长石、云母等，有较弱的高岭土化现象，岩石强度较高，较为致密坚硬，是相对隔水层，为地表水入渗后在滑带内汇集创造了有利条件，滑床面形状与滑带形状吻合。其产状为：倾向北，倾角 45°。在坡体中前部，坡度陡，有人工采矿切割形成的直立陡崖，垂直高度为 5~10 m，宽 10~30 m，因岩石破碎形成了危岩体，时常有岩石崩塌现象发生，形成了 2 处岩石崩塌点。在顺坡沟内有大量的采矿废渣堆积，块径 5~40 cm；在底部，有一长 50 m、宽 15 m、高 18 m 的废弃堆淋渣堆。在滑坡中部有一塌陷坑，坐标：N：34°27.962′；E：110°37.349′；H：820 m。长 17.9 m，宽 15.1 m，深 8.8 m，强风化花岗岩，表面覆盖层厚度为 40~60 cm，出露的基岩受三组结构面控制，结构面产状为 J_1：354°∠40°；J_2：135°∠54°；J_3：248°∠30°。

6.2.1.4　Ⅳ号滑坡体基本特征

该滑坡南、北以山沟为边界。西侧边界为滑坡后缘，滑坡体现已采取削坡处理（见图 6-25），露天采场已清除大量坡体，基本失去原有滑坡体特征，右边界只剩大光壁基岩（见图 6-26），此光壁为（滑带下部）F5 断层下盘，光壁下侧无隆起，后壁无拉裂。光壁中部坐标：N：34°27.920′，E：110°37.619′，H：793 m；产状 344°∠45°，擦痕走向 15°（见图 6-27）。在滑坡中部，人为改造后产生拉裂缝（见图 6-28）。

6.2.2　滑坡体稳定性影响因素分析

根据勘察成果，将勘察区内滑坡划分为岩土组合滑坡和土质滑坡，影响稳定性的主要因素如下。

图 6-25　Ⅳ号滑坡体全景(已经被削坡)

图 6-26　右边界形成巨大光壁

图 6-27　大光壁擦痕

6.2.2.1　地形条件

滑坡区为陡坡地形,前缘低,坡体呈上陡下缓状,滑坡部位地形与滑带倾向呈锐角相交,且地形坡角大于滑带倾角,构成不稳定边坡。

6.2.2.2　地质条件

勘察区位于变质岩地区,构造发育,区内碎裂岩、高岭土化糜棱岩发育,因变质作用、构造作用及风化作用,岩石破碎,结构松散,地表水入渗条件较好。在滑带内,碎裂岩、高岭土化糜棱岩多呈土状、砂状,其强度低,为坡体变形提供了潜在滑移面。

图 6-28　滑坡中部裂缝

6.2.2.3 降水

坡体内岩石破碎,入渗条件较好,为降水入渗提供了便利通道。长时间降水或遇到暴雨时,可使坡体重度增大,在降水的反复作用下,地下软弱带抗剪强度降低,从而影响坡体稳定。因此,降水是诱发滑坡的重要因素之一。

6.2.2.4 人类工程活动

勘察区受采矿形成的采空区影响,在地表形成了大量的地裂缝及塌陷坑,增加了地表水下渗量,使滑坡体浸润时间长、浸润量增大,使原本强度不高的软弱破碎带软化,使其抗剪强度急速降低,加剧了滑坡体的失稳,另外,采矿活动多沿构造带进行,留下了大量的采空区,导致软弱带整体强度降低。1987 年 11 月 1 日发生的滑坡属于典型的由矿山采矿引起的滑坡。所以,人类采矿活动和降水是诱发滑坡的主要因素。

6.2.2.5 地震

根据《中国地震动参数区划图》(GB 18306—2015),勘察区地震烈度为Ⅶ度。当发生地震时,可能导致边坡严重失稳。

6.2.2.6 采空区塌陷与滑坡的关系

引发采空区塌陷的因素与矿岩的成分、结构、构造、节理状况、风化程度及工程地质条件有关,也与矿房尺寸有关,矿体开采前应力处于自然平衡状态,岩体内自重应力均匀分布。当采矿后,破坏了原岩体应力状态,应力重新分布,采场上部的应力转移到两侧的矿柱上,使矿柱上应力升高,采场上部应力降低。所以,在节理发育处、构造带处,更容易塌陷。

矿区位于变质岩地区,基岩中高岭土化、绿泥石化变质作用强烈,并且碎裂岩、构造发育,这些因素决定了其岩石强度较低。矿体多赋存于构造带内,构造带内的岩石破碎,力学结构差,采矿形成采空区后,致使原本抗剪强度较低的岩层整体抗剪强度明显下降,在坡体向下推力作用下,软弱地层剪应力密集,使软弱地层得以贯通,形成滑动带。

矿区经过多年的开采,采空区规模较大且密集,在采空区密集处和富矿处,矿柱较少,其地压活动强烈,随着顶板岩体的拉应力增大,产生一系列纵横交错的裂隙,原来强度就不高的顶板岩层被割裂成许多联结强度很低的大小不等的岩块,在拉应力不断增大且长时间作用下,采场顶板由于被割裂而垮落,同时引起了上覆岩层强烈的移动和变形,在地表形成与滑移方向近于垂直的拉张裂缝和塌陷坑,使得变形体与母岩脱离,进而产生滑坡。

采空区的塌陷加剧了坡体的变形,影响坡体的稳定性,导致滑坡成灾的可能性极大。

6.2.3 滑坡体稳定性分析与评价

6.2.3.1 滑坡的稳定性验算及推力计算

本次计算运用传递系数法进行潜在滑移面的稳定性及剩余下滑推力计算。根据潜在滑坡的变形破坏模式,推测滑面为弧形的传递系数法进行稳定性计算。Ⅰ号、Ⅱ号、Ⅲ号滑坡计算剖面如图 6-29、图 6-30、图 6-31 所示。传递系数法是刚体极限平衡法中的一种应用非常广泛的方法,适用于任意形状的滑裂面,其假定条间力的合力与上一条土条底面相平行。根据《岩土工程勘察规范》(GB 50021—2001)计算公式如下:

$$F_s = \frac{\sum_{i=1}^{n-1}(R_i \prod_{j=i}^{n-1}\psi_j) + R_n}{\sum_{i=1}^{n-1}(T_i \prod_{j=i}^{n-1}\psi_j) + T_n}$$

$$\psi_j = \cos(\theta_i - \theta_{i+1}) - \sin(\theta_i - \theta_{i+1})\tan\varphi_{i+1}$$

$$R_i = N_i \tan\varphi_i + c_i L_i$$

$$N_i = Q_i \cos\theta_i$$

$$T_i = Q_i \sin\theta_i$$

式中：F_s 为稳定系数；θ_i 为第 i 条块滑动面与水平面的夹角，(°)，与滑动方向相反时为负值；R_i 为作用于第 i 条块滑块的抗滑力，kN/m；N_i 为第 i 条块滑动面的法向分力，kN/m；T_i 为作用于第 i 条块滑动面上的滑动分力，kN/m，出现与滑动方向相反的滑动分力时，取负值；φ_i 为第 i 条块土的内摩擦角，(°)；c_i 为第 i 条块土的黏聚力，kPa；L_i 为第 i 条块滑动面长度，m；ψ_j 为第 i 条块的剩余下滑动力传递至第 i+1 条块时的传递系数(j=i)。

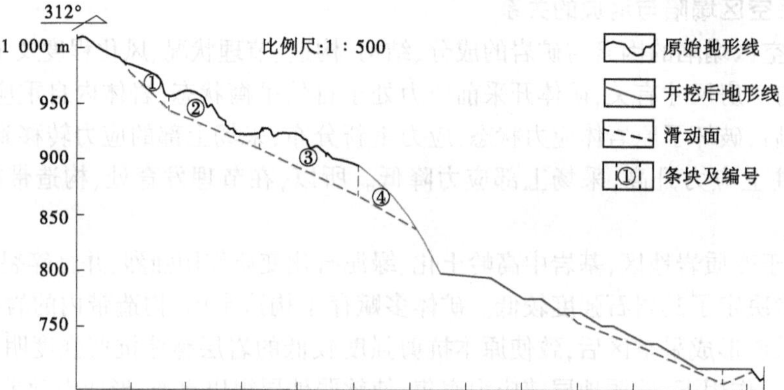

图 6-29　Ⅰ号滑坡计算剖面示意图

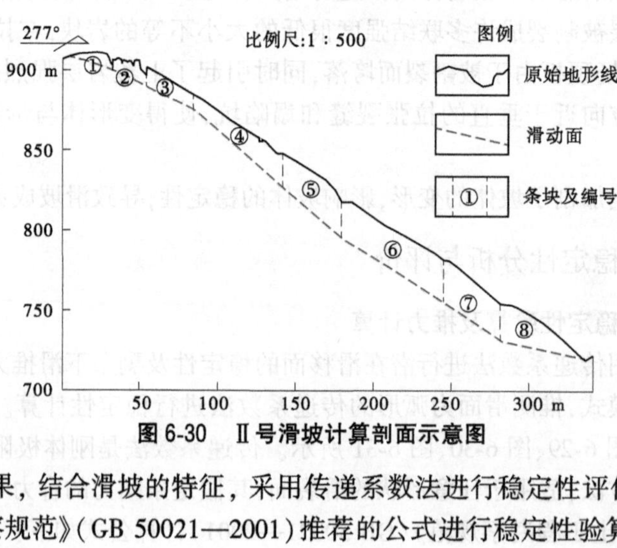

图 6-30　Ⅱ号滑坡计算剖面示意图

根据勘察结果，结合滑坡的特征，采用传递系数法进行稳定性评价，稳定性验算采用《岩土工程勘察规范》(GB 50021—2001)推荐的公式进行稳定性验算。抗滑稳定安全系数取值为 1.15。

滑坡的推力计算采用《建筑地基基础设计规范》(GB 50007—2011)推荐的滑坡推力计算公式。计算工况为:①天然状况(现状);②天然+暴雨;③天然+地震。

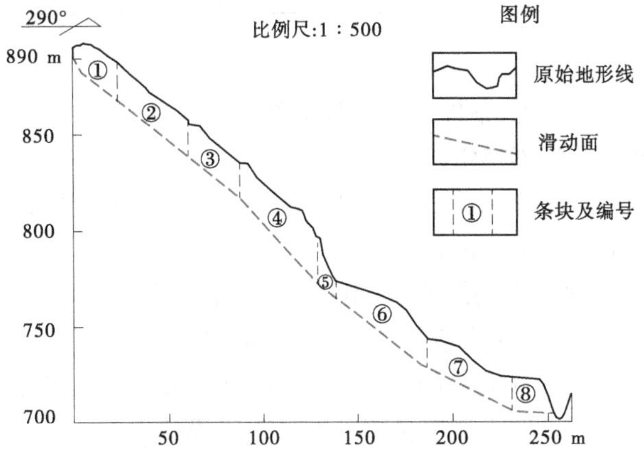

图 6-31　Ⅲ号滑坡计算剖面示意图

据中南大学《滑坡体稳定性及滑动趋势研究报告》得到物理力学性质参数取值,见表 6-1。

表 6-1　物理力学性质参数取值

滑坡	滑体重度/(kN/m^3)		滑带抗剪参数			
			天然		饱水	
	天然	饱水	c/kPa	φ/(°)	c/kPa	φ/(°)
Ⅰ号滑坡	26.8	28.0	23	28	16	25
Ⅱ号滑坡	22.6	24.5	24	32	19	30
Ⅲ号滑坡	26.2	26.9	20	36.5	17	32

6.2.3.2　滑坡的稳定性评价

根据滑坡稳定性验算结果(见表 6-2、表 6-3),得到如下结果:

表 6-2　滑坡稳定性计算成果

工况	天然	天然+暴雨	天然+地震
Ⅰ号滑坡	1.071	0.952	0.933
Ⅱ号滑坡	1.096	0.986	0.963
Ⅲ号滑坡	1.147	0.957	0.917

Ⅰ号滑坡在工况①(天然)条件下处于基本稳定的状态,在工况②(天然+暴雨)、工况③(天然+地震)条件下处于不稳定状态。

表 6-3 滑坡稳定状态划分

滑坡稳定系数 F_s	$F_s<1.00$	$1.00\leqslant F_s<1.05$	$1.05\leqslant F_s<1.15$	$F_s\geqslant1.15$
滑坡稳定状态	不稳定	欠稳定	基本稳定	稳定

注：F_s 为滑坡稳定系数。

Ⅱ号滑坡在工况①(天然)条件下处于基本稳定的状态,在工况②(天然+暴雨)、工况③(天然+地震)条件下处于不稳定状态。

Ⅲ号滑坡在工况①(天然)条件下处于基本稳定的状态,在工况②(天然+暴雨)、工况③(天然+地震)条件下处于不稳定状态。

据监测站提供的数据与现场勘察,该滑坡的 3 个滑坡体(第 4 个已被削坡)内存在较多地裂缝与塌陷坑,有些裂缝在应急治理过程中已对其进行回填,以致近几年滑体变化较小。但由于降雨和巷道内爆破震动的影响,仅 2012 年一年Ⅰ号滑坡平移了约 4 m。

综上所述，该处 3 个滑坡体在现状情况下处于临界状态，发育阶段属蠕滑阶段。其破坏模式为塌陷-推移式滑坡，为一典型的采矿引发的滑坡。在降水及采矿等外力的反复作用下，可使滑带得以贯通，进而形成滑坡灾害。

6.2.4 滑坡体防治方案及建议

6.2.4.1 防治目标原则

(1)以人为本,消除地质灾害隐患。

(2)根据不同地质灾害体的类型选取技术可行、经济合理和安全的治理工程方案。

(3)就地取材,因地制宜。

(4)主动防护与被动防护相结合,同时考虑保护良好的地质环境,尽可能减少对绿化环境的破坏。

6.2.4.2 防治工程方案建议

1. 应急方案建议

在治理工程正式实施之前,建议灵宝市阳平镇政府及主管部门对滑坡区域采取以下措施:

(1)严禁在坡体(尤其是前缘)及其周边区域进行各种不利于坡体稳定的取土、耕作、开挖等活动。

(2)对坡体实施长期的动态监测,在雨季和持续降雨时段,必须进一步加强监测,同时加强对前缘、陡坎、后壁、裂缝、地下水出露等情况的巡查,发现异常及时通知当地居民、行人紧急避险。

(3)严禁开展对坡体进行加载活动,如在坡上种植增大潜在滑体风荷载的高大树种,牵拉经幡等,限制在坡体上布设增加坡体荷载的构筑物。

2. 治理方案建议

针对滑坡的变形特点和坡体结构,建议采用坡+截排水沟+裂缝与塌陷坑回填的方案进行综合治理:

(1) 由于该滑坡主滑段较厚大,抗滑工程或者锚固工程投资会大大增加,且效果不佳,所以主要采取减重和反压措施,施工前要准确判定主滑段与抗滑段,在主滑段部位自上而下减重,抗滑段部位反压,增加抗滑力。

(2) 对滑坡体中部塌陷坑进行回填并分层压实,滑坡体后缘裂缝应及时回填,目前裂缝加宽迹象明显,在雨季降雨极易通过裂缝进入坡体,增加坡体自重,影响不稳定斜坡或危岩体的稳定性,因此对裂缝进行封填,采用黏土生石灰填缝。生石灰与黏土按 3∶7的比例均匀混合,填缝前清除裂缝内淤埋的松散土体,裂缝用黏土生石灰混合物填埋并夯实,夯实系数不小于 0.94。再配合坡体后缘截排水沟,用以拦截地表水浸入坡体,防止雨水渗入滑带,从而达到治理的目的。

6.3　崩塌灾害稳定性分析及危险性评价

6.3.1　罗山金矿矿区危岩体基本特征

危岩体崩塌发育于山体顶部基岩裸露区,受人工开挖、风化卸荷等多方面因素影响,该地段岩体较为破碎,呈现出碎裂结构,破碎岩体部分呈现出带状分布的特点,无法单独划分出危岩块体,因此为了使分析更加具体,更加具有针对性,在现场调查的基础上,根据位置、形成原因、变形破坏程度和稳定性现状等对危岩带划分出来 3 个危岩体,对其进行分析,见图 6-32。

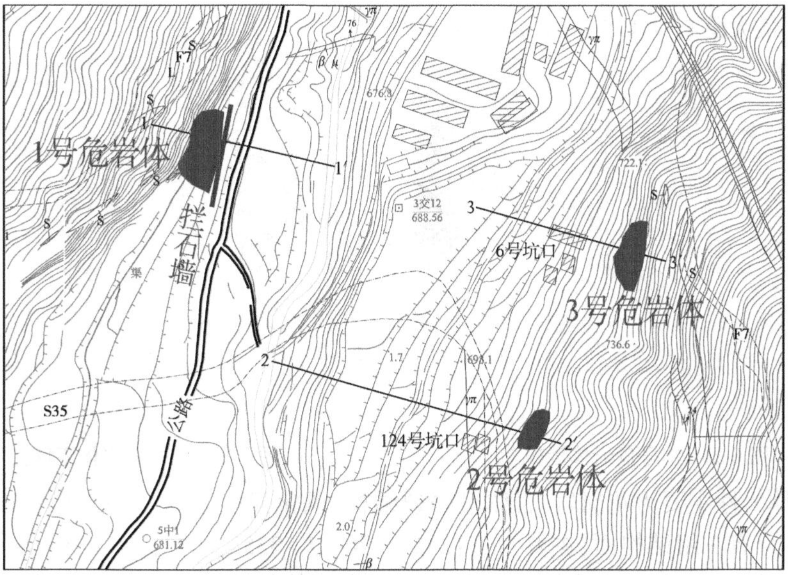

图 6-32　崩塌灾害分布图

6.3.1.1　1 号危岩体基本特征

1 号危岩体(见图 6-33)位于大湖河左岸大湖矿部修理厂北西向约 200 m 处的斜坡中上部,斜坡坡度约 42°,延伸方向 SW35°,倾向 125°。坡底高程约 678 m,坐标为

N:34°28′7.5″,E :110°37′13.68″。由于公路开挖的影响,造成斜坡出露的基岩发生破坏,局部发生了崩落滑崩。

图 6-33　1 号危岩体全景

该危岩体最高约 35 m,分布在高程 700~730 m,危岩体平均长度约为 50 m,平均高度约为 28 m,平均厚度约为 2 m,危岩体面积约为 1 400 m^2,危岩体方量约为 2 800 m^3。危岩体岩体裸露,两侧及上部植被较发育。危岩体近景见图 6-34。危岩体下方已修建有一座拦石墙(见图 6-35),长 61 m,厚 6.6 m,高 5.6 m,内侧深 2.9 m。拦石墙后方平台上有典型落石,最大落石为 1.5 m×1 m×1.3 m。

图 6-34　1 号危岩体近景

图 6-35　1 号危岩体下侧拦石墙

危岩体岩性主要为花岗岩,岩体呈碎裂结构,风化强度为弱~中等风化,节理裂隙较为发育,发育有 3 组结构面,主要为 J_1:235°∠26°,J_2:335°∠69°,J_3: 140°∠62°。节理裂隙整体贯通性良好,相互组合切割岩体,导致部分岩体较破碎,危岩体在重力等地质营力、爆破震动以及降水等外力触发的作用下,易沿着危岩体前缘临空面发生垮塌而向下崩落,使岩体形成滑移式或倾倒式崩塌破坏。失稳后,岩体将沿着坡面滚落,与坡面撞击跳跃而跳出拦石墙,可能危及行人及公路的安全,威胁性较大。危岩体特征、稳定性分析及处理对策见表 6-4。

表 6-4　1 号危岩体特征、稳定性分析及处理对策

位置		大湖河左岸，大湖矿部修理厂北西向 200 m 处斜坡中上部		编号	1	N	E	*H*
						34°28′7.5″	110°37′13.68″	678 m
危岩体（带）特征	几何特征	长×厚（平均）/（m×m）	50×2	边界条件		节理裂隙贯通，互相切割，岩体破碎，危岩体前缘形成临空面		
		高度（顶、底高差）（平均）/m	28					
		估算体积/m^3	2 800	稳定性分析		欠稳定		
		坡面角度/（°）	35~45	对建筑物的危害	失稳诱因	降雨、地震、风化卸荷		
	岩性	花岗岩			可能失稳方式	滑移式或倾倒式崩塌		
	产状	J_1:235°∠26°，J_2:335°∠69°，J_3:140°∠62°			可能运动轨迹	落石总体沿 125°方向滚动坠落，进入拦石墙内		
	成因分析	危岩体岩体完整性差，切割块体的结构面多张开，危岩体后缘未见贯通性张大拉裂缝，岩体向临空方向弯曲或溃屈的变形迹象不明显，该危岩体整体稳定性较好，在不利因素作用下不会出现整体失稳现象，但在卸荷的长期作用、地震或暴雨的作用下块体有进一步失稳破坏的可能，其破坏模式为向临空方向的倾倒			自然消能方式	与岩壁、拦石墙的碰撞方式停止		
					威胁对象	大湖矿部修理厂、公路		
					危害性分析	危害对象等级为三级		
处理对策		局部清危+及时清理拦石墙内落石						

6.3.1.2 2号、3号危岩体基本特征

该两处危岩体均分布于Ⅲ号滑坡体上(见图6-36),其中2号滑坡体位于Ⅲ号滑坡体中部,灾害点坐标为N: 34°28′1.62″,E :110°37′18.66″,主要威胁124坑口;3号滑坡体位于Ⅲ号滑坡体中部靠右侧,坐标为N :34°28′6.54″,E: 110°37′19.5″,主要威胁6号坑口。

图6-36 2号危岩体、3号危岩体全景

1.2号危岩体基本特征

2号危岩体斜坡坡度约为45°,延伸方向NE25°,倾向296°,坡底高程约为703 m,危岩体两侧植被茂密。由于矿山开挖的影响,造成斜坡出露的基岩发生破坏,局部已发生崩落滑塌。

根据现场调查,该危岩体最高约13 m,分布在高程703~730 m,危岩体平均长度约8.5 m,平均高度约12 m,平均厚度约为3 m,危岩体面积约25.5 m^2,危岩体方量约306 m^3。危岩体下方有碎石组成的堆积体,堆积体成分与基岩成分不同。危岩体近景见图6-37,其下侧124坑口见图6-38。

图6-37 2号危岩体近景

图6-38 2号危岩体下侧124坑口

该危岩体岩性主要为花岗岩,岩体呈碎裂结构,节理裂隙较发育,发育有 3 组节理,产状分别为:J_1(似层面):332°∠32°,J_2:231°∠89°,J_3:99°∠61°。节理张开 0.5~1 cm,局部张开明显。J_1 间距为 18~40 cm,J_2 间距为 20~50 cm,J_3 间距为 15~35 cm。岩石风化程度为强风化。节理裂隙相互切割,将岩体切割成碎块状,切割块径为 15~80 cm。破坏的岩体裂隙整体贯通性好,危岩体在爆破、降雨等外力作用下,易沿着底部临空方向发生滑移式或倾倒式崩塌破坏。雨水沿着节理裂隙面进入岩体内部,会加速岩体的风化,使崩塌更易发生。失稳后,岩体沿坡面滚动,可能碰撞分解,也可能在土层及草木的缓冲作用下自然消能,从而停留在坡面。危岩体特征、稳定性分析及处理对策见表 6-5。

2.3 号危岩体基本特征

3 号危岩体斜坡坡度约 55°,延伸方向 NE45°,倾向 315°,坡底高程约为 699 m,危岩体两侧植被茂密。由于矿山开挖的影响,造成斜坡出露的基岩发生破坏,局部发生了崩落滑崩。

根据现场的调查,该危岩体顶部距坡脚约 45 m,底部距坡脚约 22 m,危岩体最高约 23 m,分布在高程 699~749 m,危岩体平均长度为 12 m,平均高度为 20 m,平均厚度为 2 m,危岩体面积约为 240 m^2,危岩体方量约为 480 m^3。3 号危岩体近景见图 6-39。

危岩体岩性主要为花岗岩,岩体呈块状结构,节理裂隙发育,有 3 组结构面,产状分别为 J_1:295°∠50°,J_2:0°∠54°,J_3:330°∠45°。J_1 间距约为 25 cm,J_2 间距约为 28 cm,J_3 间距约为 18 cm。岩石风化程度为中风化。节理裂隙相互切割,将岩体切割成块状,切割块径为 9~35 cm。危岩体底部临空,易在降雨、场区风化卸荷等条件下,发生滑移式崩塌破坏。失稳后,岩体沿坡面滚动,可能碰撞分解也可能破壁阻滑撞。

该危岩体位于工地临时施工板房上方(见图 6-40),可能危及工人的安全,威胁性较大。危岩体特征,稳定性分析及处理对策见表 6-6。

6.3.2　矿区危岩体稳定性影响因素分析

危岩体(带)的形成是特殊地质环境条件长期作用的结果。它包括区域高地应力、活跃的构造变形及地震动力环境、谷坡动力过程、复杂场地结构及人类工程活动等诸多因素。本区危岩体形成的主要原因有:切割强烈的裂隙、坡体较软弱的岩层、大量的降雨倾入以及人类工程活动掏蚀坡脚。其中,矿区的开发活动是此危岩形成的重要因素。

6.3.2.1　地形地貌的影响

陡崖(陡坡)地貌是山区常见的地貌形态,高陡斜坡地形是危岩形成并造成崩塌、坠落的必要条件。在漫长的地质历史时期,河谷不断下蚀,河流两侧斜坡由于侵蚀作用产生侧向演变。陡崖或陡坡均是地表过程的阶段性地貌形迹,在长期的风化、卸荷作用下逐步形成了危岩体。

整个勘察区沿着大湖河流向,两侧山体较高。坡体整体坡度较陡,为 35°~60°。山顶部分既凸出又陡峻,且卸荷裂隙发育,这些都有助于本区危岩体的形成。

6.3.2.2　地质构造特征

灵宝罗山矿区位于华北地台南缘小秦岭断隆,隶属秦岭东西向复杂构造带的北亚带。其东部新华夏系太行山隆起带南端沿朱阳盆地两侧断裂与纬向构造带既复合又联合;西部祁吕贺山字型构造的东翼前弧又复会于上述构造带之上;南东受伏牛-大别系牵制。

表 6-5　2 号危岩体特征、稳定性分析及处理对策

位置		3 号滑坡体中部		编号	2	N	E	H
						34°28′1.62″	110°37′18.66″	703 m
危岩体（带）特征	几何特征	长×厚（平均）/（m×m）	8.5×3	边界条件		节理裂隙贯通，互相切割，岩体破碎		
		高度（顶、底高差）（平均）/m	12					
		估算体积/m^3	306	稳定性分析		由于岩体结构及临空条件的影响，滑动变形迹象明显，岩体沿结构面破碎成块状，稳定性差		
		坡面角度/（°）	40~50	对建筑物的危害	失稳诱因	降雨、巷道爆破、地震、风化卸荷		
	岩性	主要为花岗岩			可能失稳方式	滑移式或倾倒式崩塌		
	产状	J_1:332°∠32°，J_2:231°∠89°，J_3:99°∠61°			可能运动轨迹	危岩总体沿 296°方向，以滑移式滚落		
	成因分析	危岩体岩体完整性差，风化作用强烈，受卸荷及巷道爆破的影响，结构面多张开，岩体呈碎裂结构，块体稳定性较差，在暴雨或地震的作用下，有进一步失稳破坏的可能。该危岩体块体破坏主要受 3 组结构面控制，破坏模式主要为沿似层面的滑移			自然消能方式	与坡面、岩壁的碰撞以及地表植被的阻滑作用		
					威胁对象	工地临时施工板房及矿区工人		
					危害性分析	危害对象等级为三级		
处理对策		局部清危措施						

图 6-39　3 号危岩体近景

图 6-40　3 号危岩体下临时施工板房及坑口

在古老的基底褶皱之上，分布着多期次的断裂，形成了本区破裂形变（断层）和连续形变（褶皱）相叠加的构造格局。小秦岭复式背斜是控制本区地层、褶皱构造分布的基础。在小秦岭构造格局中，早期主要形成了区域性褶皱构造。随后，多期次活动相叠加，才形成现在的以东西向为主要控矿构造的构造格局。

勘察区山体边坡受断裂破碎带的影响，构造裂隙较发育。边坡岩体在漫长的地质历史时期中，经历了数次地质构造作用、沉积作用、风化作用及卸荷作用。岩体中存在着各种结构面，包括构造结构面、沉积结构面、卸荷结构面。坡体岩体在多组结构面的切割作用下形成许多独立的破碎块体，加之危岩体边坡临空条件较好，形成许多潜在的崩塌体。

6.3.2.3　地层岩性的影响

勘察区内出露地层主要为太古界太华群。岩性为超深变质基性、中酸性火山-沉积岩系和变质中酸性侵入岩。总厚度大于 40~55 m。在其南东侧，有新生代第三纪砾岩、砂页岩及泥灰岩沉积。

本区公路边坡、开挖山体岩性主要为花岗岩。根据《工程岩体分级标准》（GB/T 50218—2014）的表 3.2.1 岩石坚硬程度的定性划分，该类岩体为坚硬岩。根据《工程岩体分级标准》（GB/T 50218—2014）的表 4.1.1 岩体基本质量分级，该类岩体属Ⅲ类岩体，岩体基本质量指标（BQ）属于 450~351。该类岩体强度较高，层面软弱光滑，在水的作用下容易失稳。其失稳模式以倾倒式和滑移式为主。

6.3.2.4　降雨对危岩体的影响

大量的调查资料表明，崩塌落石与降雨有下列关系：①崩落有 80%以上发生在雨季，特别是在雨中或雨后不久；②连续降雨时间越长，暴雨强度越大，崩落次数越多；③长期大雨比连绵细雨时崩落次数多。

勘察区边坡岩体为花岗岩，层面光滑，降雨渗入坡体将对结构面产生润滑作用，降低危岩体稳定性。坡体卸荷裂隙发育，雨水下渗进入裂隙中，裂隙和其中的充填物在水的浸泡下，增大孔隙水压力和产生浮托力，使抗剪强度大大降低。影响危岩体稳定性的主控结构面强度的降低，将导致危岩体失稳崩落。

6.3.2.5　坡顶植被的影响

勘察区坡面植被基本生长于坡体上部及左右两侧，其根部深入危岩体顶部产生根劈

表 6-6 3 号危岩体特征、稳定性分析及处理对策

<table>
<tr><td colspan="2" rowspan="2">位置</td><td colspan="2" rowspan="2">3 号滑坡体右侧中部</td><td rowspan="2">编号</td><td rowspan="2">3</td><td>N</td><td>E</td><td>H</td></tr>
<tr><td>34°28′6.54″</td><td>110°37′19.5″</td><td>699 m</td></tr>
<tr><td rowspan="9">危岩体（带）特征</td><td rowspan="4">几何特征</td><td>长×厚（平均）/（m×m）</td><td>12×2</td><td colspan="2" rowspan="2">边界条件</td><td colspan="3" rowspan="2">节理裂隙贯通，互相切割，岩体较破碎，危岩体下侧形成临空面</td></tr>
<tr><td>高度（顶、底高差）（平均）/m</td><td>20</td></tr>
<tr><td>估算体积/m^3</td><td>480</td><td colspan="2">稳定性分析</td><td colspan="3">由于岩体结构及临空条件的影响，倾倒变形迹象明显，岩体沿结构面破碎成块状，稳定性差</td></tr>
<tr><td>坡面角度/（°）</td><td>50～60</td><td rowspan="6">对建筑物的危害</td><td>失稳诱因</td><td colspan="3">降雨、地震、风化卸荷</td></tr>
<tr><td>岩性</td><td colspan="2">主要为花岗岩</td><td>可能失稳方式</td><td colspan="3">滑移式崩塌</td></tr>
<tr><td>产状</td><td colspan="2">J_1:295°∠50°，J_2:0°∠54°，J_3:330°∠45°</td><td>可能运动轨迹</td><td colspan="3">危岩总体沿 315°方向滑移式崩落</td></tr>
<tr><td rowspan="3">成因分析</td><td colspan="2" rowspan="3">危岩体岩体完整性差，风化作用强烈，受卸荷及巷道爆破的影响，结构面多张开，岩体呈碎裂结构，块体稳定性较差，在暴雨或地震的作用下，有进一步失稳破坏的可能。该危岩在不利因素作用下不会出现整体失稳现象，但块体会发生破坏</td><td>自然消能方式</td><td colspan="3">与坡面、岩壁的碰撞以及地表植被的阻滑作用</td></tr>
<tr><td>威胁对象</td><td colspan="3">工地临时施工板房及矿区工人</td></tr>
<tr><td>危害性分析</td><td colspan="3">危害对象等级为三级</td></tr>
<tr><td colspan="2">处理对策</td><td colspan="7">主动防护网+被动防护网+局部清危措施</td></tr>
</table>

作用促进崩塌落石的生成。勘察区坡顶植被发育,对水流的控制能起到较强的作用,因此坡顶植被对勘察区公路边坡影响较小。

6.3.2.6　人类工程活动的影响

勘察区地质灾害主要分布于公路及施工便道的边坡上,由于修建公路和矿山开采等开挖山体,形成许多坡面陡直的危岩体。公路沿线 1 号危岩体边坡坡脚距离公路较近,危岩体坠落对公路及过往车辆威胁较大。

本区修筑公路及施工便道、矿山开采的人类工程活动是本次地质灾害的诱发因素。

6.3.3　罗山金矿矿区危岩体稳定性分析

6.3.3.1　1 号危岩体稳定性分析

根据 1 号危岩体的变形失稳模式示意(见图 6-41)和赤平投影(见图 6-42)分析可知,结构面 1 与结构面 3 的交点、结构面 2 与结构面 3 的交点均与坡面投影弧同侧,也就是两结构面的组合交线倾向坡外,形成两个不利的结构面组合。节理面之间的组合将坡体切割成许多较破碎的块体。结构面 1 与结构面 3 的组合交线倾角比自然边坡陡,比开挖边坡缓,并且开挖边坡面坡度较陡,使坡体形成潜在滑移体,在暴雨、地震等工况下有沿着主控结构面 2 发生倾倒破坏的可能。1 号危岩体稳定性分析见表 6-7。

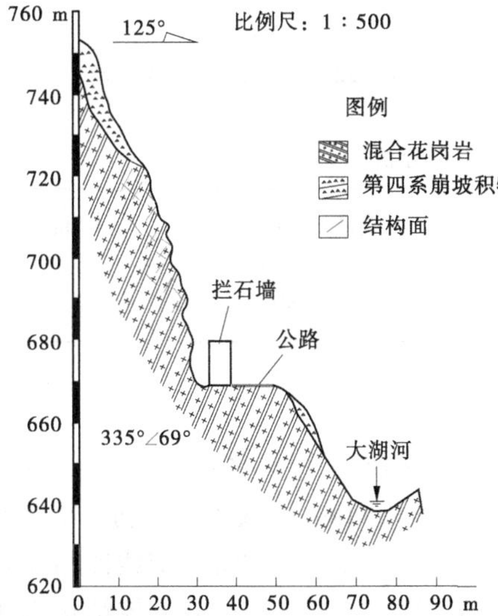

图 6-41　变形失稳模式示意图

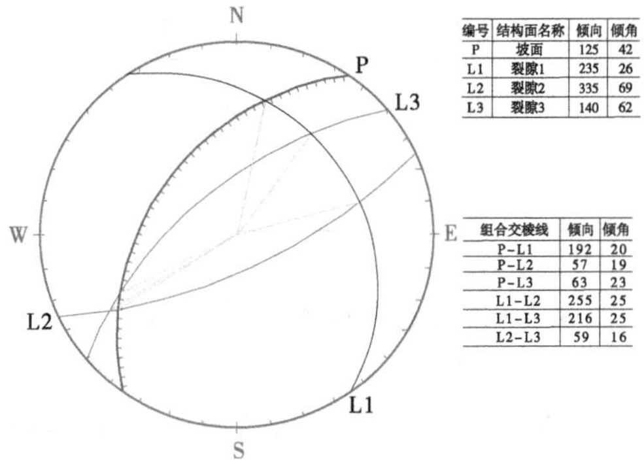

N
S
W
E
P
L1
L2
L3
编号 结构面名称 倾向 倾角
P 坡面 125 42
L1 裂隙1 235 26
L2 裂隙2 335 69
L3 裂隙3 140 62
组合交棱线 倾向 倾角
P-L1 192 20
P-L2 57 19
P-L3 63 23
L1-L2 255 25
L1-L3 216 25
L2-L3 59 16

图 6-42　危岩体赤平投影

表 6-7　1 号危岩体稳定性分析

结构面	坡面	结构面 J_1	结构面 J_2	结构面 J_3
产状	125°∠42°	235°∠26°	335°∠69°	140°∠62°

6.3.3.2　2 号危岩体稳定性分析

根据 2 号危岩体的变形失稳模式示意(见图 6-43)和赤平投影图(见图 6-44)分析可

知，结构面1与结构面3的交点、结构面1与结构面2的交点均与坡面投影弧同侧，形成两个不利的结构面组合。节理面之间组合将坡体切割成许多较破碎的块体。结构面1与结构面3的组合交线倾角比自然边坡陡，比开挖边坡缓，并且开挖边坡面坡度较陡，使坡体形成潜在滑移体，在暴雨、地震等工况下有沿着主控结构面1发生滑移破坏的可能。2号危岩体稳定性分析见表6-8。

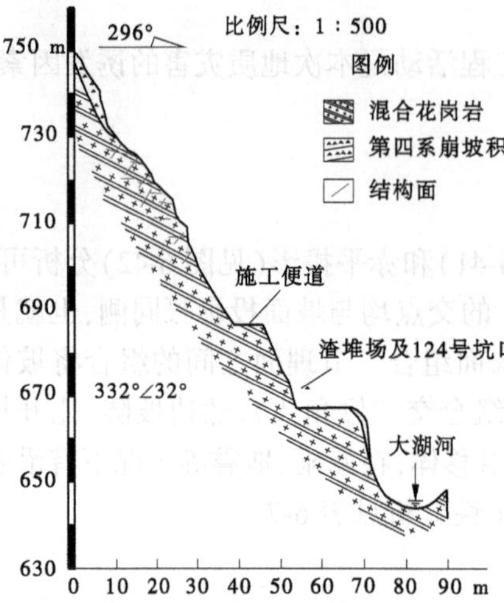

图6-43　变形失稳模式示意图

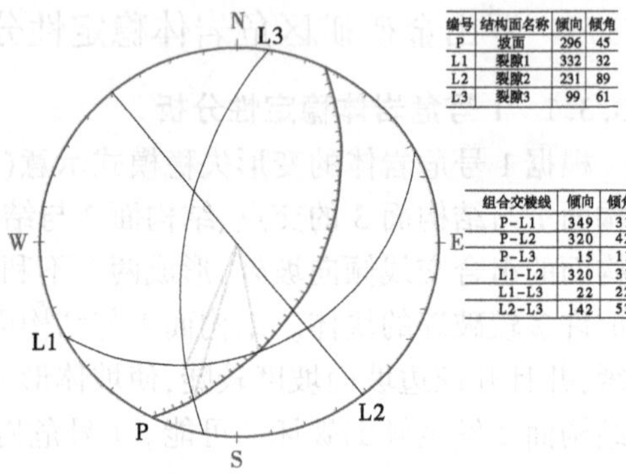

图6-44　危岩体赤平投影图

表6-8　2号危岩体稳定性分析

结构面	坡面	结构面 J_1	结构面 J_2	结构面 J_3
产状	296°∠45°	332°∠32°	231°∠89°	99°∠61°

6.3.3.3　3号危岩体稳定性分析

根据3号危岩体的变形失稳模式示意（见图6-45）和赤平投影图（见图6-46）分析可知，结构面1、结构面2和结构面3的交点均与坡面投影弧同侧，形成3个不利的结构面组合。节理面之间组合将坡体切割成许多较破碎的块体。3条节理的组合交线倾角比自然边坡和开挖边坡缓，使坡体形成潜在滑移体，在暴雨、地震等工况下有沿主控结构面3发生滑移破坏的可能。3号危岩体稳定性分析见表6-9。

6.3.4　危岩体危险性评价

勘察区危岩发育于大湖河流域罗山金矿矿区所在山体两侧，地形坡度较陡，危岩体崩塌大多发育于山体中部基岩裸露区，由于向临空方向卸荷、风化剥蚀等反复作用，有进一步破坏并发生崩塌的可能，将威胁矿区道路及工人的生命财产安全，因此有必要对危岩体采取治理措施。

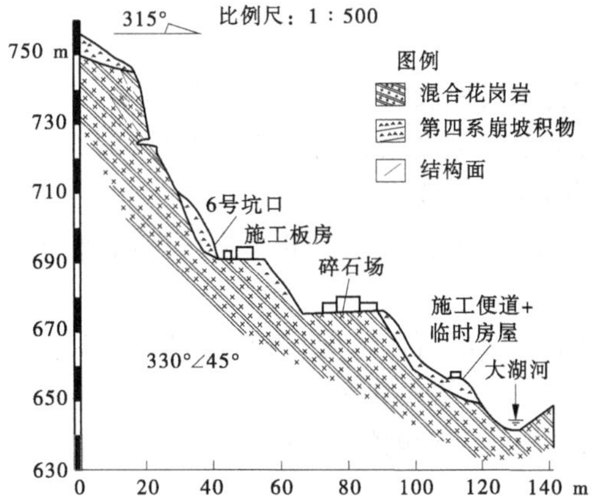

图 6-45　变形失稳模式示意图

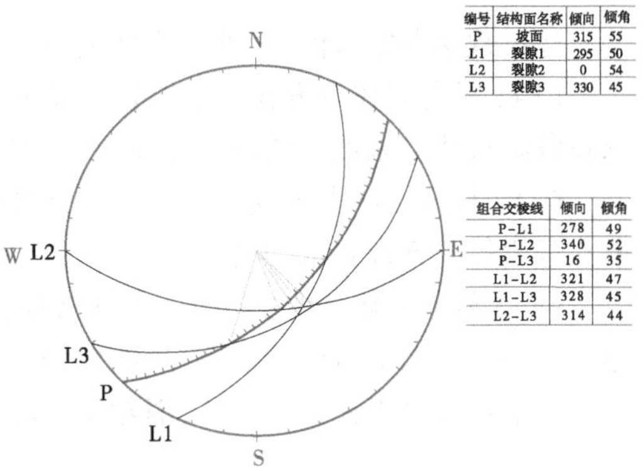

图 6-46　危岩体赤平投影图

表 6-9　3 号危岩体稳定性分析

结构面	坡面	结构面 J_1	结构面 J_2	结构面 J_3
产状	315°∠55°	295°∠50°	0°∠54°	330°∠45°

经过对勘察区的危岩体调查，评价边坡危岩体对公路造成的潜在威胁及危岩的威胁区域，结合危岩体地质特征、稳定状态，对此次调查的危岩体对公路造成的危险性进行分类，分类标准见表 6-10。通过对比分类可知，1 号、3 号危岩体属于Ⅱ类危岩体，危险性等级为较重；2 号危岩体属于Ⅲ类危岩体，危险性等级为一般。

表 6-10　危岩危害性评价标准

危岩体分类	坡体特征		危岩体特征		造成的威胁	危险性评价
	边坡坡度	岩体类型	规模/m^3	易碎情况	威胁对象	
Ⅰ类	陡坡（坡度>50°）	块体状结构	>20	整体性好，不易碎	崩落后会直接破坏公路	严重
Ⅱ类	中缓坡（50°≥坡度≥30°）	次块状结构	≤20 且≥10	整体性一般，较易破碎	崩落后受阻挡消能，不会造成直接破坏，但潜在威胁大	较重
Ⅲ类	缓坡（坡度<30°）	碎块或散体状	<10	整体性较差，易碎	崩落后不会造成直接破坏，且威胁性有限	一般

注：1. 危险性严重是指对威胁对象有直接的威胁，且造成的后果严重；危险性较重是指对威胁对象有直接的威胁，但是造成的破坏有限；危险性一般是指对威胁对象有间接的威胁，且造成的破坏程度有限。

2. 危险性评价是以造成的威胁为主，其余指标中只要有一个符合Ⅰ类危岩体特征，该危岩体就认为是Ⅰ类危岩，其余危岩类别评价如上。

6.3.5 危岩体治理方案建议

经过现场勘察,针对3处危岩体的发育特点,建议采取以下方案进行治理:

(1)1号危岩体下方在已采取拦石墙防护,为了加强对公路与行人的保护,危岩体局部较危险块体应采取清危措施并及时清理拦石墙内侧的散落块石。

(2)2号危岩体由于危害对象较少,仅作局部清危处理,如要防止下方便道堵塞,可采取在危岩体下方设置被动网。

(3)3号危岩体采取主动防护网+被动防护网+局部清危措施,进行主动防护的同时也在坡脚处拦挡危岩体的崩落,从而保护下方施工工人的人身安全。

以上措施可以稳固危岩体,消除安全隐患,从而达到治理的目的。

6.4 泥石流灾害易发程度分析及危害性评价

6.4.1 泥石流基本特征

根据大湖河泥石流沟地形地貌(见图6-47)所示,大湖河沟域形态为漏斗形,支沟发育,沟域形态受构造影响呈不对称分布,其左岸宽度较宽,支沟沟谷较长,沟域右岸支沟长度较短但右侧发育另一条主沟。沟域纵向长11.2 km,平均宽3.41 km,沟域面积61.46 km^2。沟域最高点位于女郎山风景区东北侧山脊,高程2 054 m,沟口高程585 m,相对高差1 469 m,大湖河主沟沟源位于大湖分厂22号采矿区,高程1 703 m,主沟相对高差1 118 m,主沟长12 km,沟谷平均纵坡降112‰。

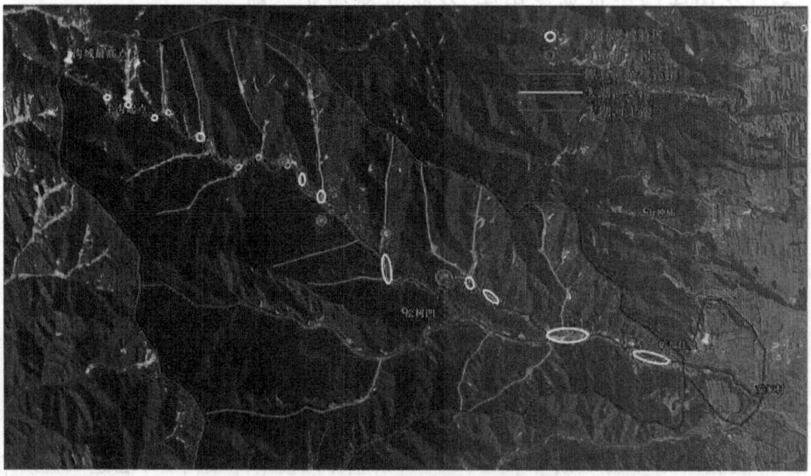

图6-47 大湖河泥石流沟地形地貌

6.4.1.1 形成区(清水区)地形地貌

泥石流的形成区(清水区)分布于大湖河上游沟域最高点至大湖分厂22号采矿区,该段沟道长度计1 km。

该区沟谷岸坡较陡峻，构造复杂，断层发育，沟道两侧坡体地形陡峻，沟谷纵坡降大，纵坡降约为 400‰，森林植被发育，松散堆积层覆盖物较薄，坡体中不良地质现象较少，分布零星，大多不会参与泥石流活动，所以坡体上部主要为泥石流的形成汇集水源和提供水动力条件。

泥石流的形成区（物源区）分布于 22 号分厂至大湖村，沟道长度计 8.39 km，坡体中下部及沟道内部，松散矿渣堆积地点较多，堆积体厚度相对较大，形成沟道物源，为泥石流的发育提供了大量松散固体物源。

该段沟床纵比降较缓，主沟纵坡约为 110‰，沟床堆积物非常丰富，大量矿渣随意堆放，为泥石流形成提供了大量沟道堆积物源。

6.4.1.2　流通堆积区地形地貌

流通堆积区位于大湖河下游，分布于大湖村至安家村。该区沟谷岸坡较形成区缓，构造复杂，断层发育，沟道两侧坡体地形陡峻，森林植被稀少，松散堆积层覆盖物较厚。该区长约 3.7 km，宽约 1.2 km。该段沟谷平均纵坡 50‰~70‰，纵坡较缓，有利于泥石流物质的淤积。大湖河泥石流主沟纵断面图见图 6-48。

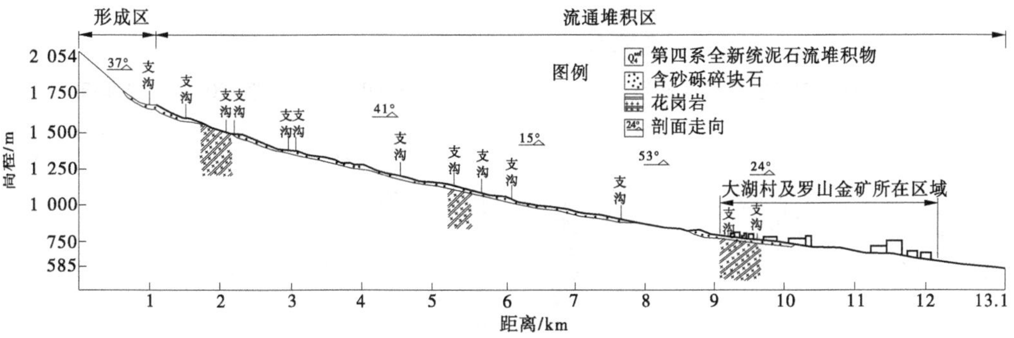

图 6-48　大湖河泥石流主沟纵断面图

6.4.2　泥石流形成条件分析

大湖河泥石流沟内山高坡度较陡，平均坡度在 25°左右，沟谷纵坡较大，主沟上游段及各支沟纵坡降多在 300‰左右，有利于降雨的汇集，不同地段坡度、植被情况、斜坡结构特征等的差异，为泥石流水源的汇流集中提供了基础。

同时，由于人类的工程活动，大型金矿的采集、私人矿洞的开采、施工便道的开挖，特别是大量矿渣的乱堆乱弃，为泥石流增加了大量的松散固体物源，且堆弃处沟谷纵坡较大，也为松散固体物质的搬运和参与泥石流活动提供了有力的地形条件。

大湖河泥石流沟根据泥石流形成条件和运动机制及泥石流松散固体物源的分布，可分为形成区、流通区和堆积区。流域呈狭长形，形成区多位于河流上游地沟谷、固体物质来源丰富的地方，沟谷中常年有水，水源丰富，流通区与堆积区不能明显分出，所以属于河谷型泥石流。按照泥石流物质组成，此泥石流为水石流，按流体性质分为稀性泥石流。

6.4.2.1 矿渣堆积物源条件

大湖河泥石流松散固体物源非常丰富，并且物源分布较分散。在物源区以下直到堆积扇的堆积区之间都有分布，沟道在大湖村分为两条主沟，经调查西侧沟有 13 条支沟，支沟内不良地质现象较少，本次共调查了沟道渣堆堆积物源点 10 处，且 10 处调查点矿渣堆积物源异常丰富，在沟内及两侧分布广泛，基本矿渣堆坡脚筑有挡墙，部分已经损坏，经过沟道内水流对坡脚长期冲刷，会使较稳定的矿渣堆转化为动态泥石流物源汇入主沟，10 处物源总储量为 22.218 3 万 m^3，见图 6-49～图 6-58。其中，可参与泥石流活动的物源储量为 4.44 万 m^3。

图 6-49 沟道左侧矿渣堆积

图 6-50 沟道转弯 180°处矿渣堆积

图 6-51 沟道顶端矿渣堆积

图 6-52 分水岭侧方支沟矿渣堆积

图 6-53 分水岭侧方支沟矿渣堆积

图 6-54 上游支沟矿渣堆积

图 6-55　小同沟矿渣堆积

图 6-56　小同沟下游沟道右侧矿渣堆积

图 6-57　维修厂沟道右侧矿渣堆积

图 6-58　大湖北桥矿渣堆积

6.4.2.2　沟道堆积物源条件

沟道堆积物源是该泥石流的主要物源。本次共调查沟道 12 km，由于主沟沟床纵坡较缓，通常情况下不会启动，难以参与泥石流活动。但如果遭遇大暴雨，在出现群发性支沟泥石流的情况下，沟床水动力条件将大大提高，可能将沟床刨蚀，裹挟大量沟床堆积物形成大规模的泥石流，造成巨大的危害。强降雨后，出现群发性支沟泥石流并启动主沟沟床堆积物参与泥石流活动的可能性是较大的，其可参与泥石流活动的物源量主要由沟底拉槽下切可能掏蚀的部分，以及拉槽下切后两侧岸坡可能失稳进而参与泥石流活动的物源两部分组成。预计这种条件下主沟沟床揭底冲刷深度可达 5 m，据此估算物源总量为 180 万 m^3，其中可参与泥石流活动的物源量为 60 万 m^3，见图 6-59～图 6-64。

图 6-59　空科郎沟道堆积物源特征

图 6-60　上游物源区沟道堆积物源特征

图 6-61 松树凹下侧主沟堆积物源特征

图 6-62 小同沟沟道堆积物源特征

图 6-63 滑坡前缘大湖河沟道堆积物源特征

图 6-64 大湖北桥桥下沟道堆积物源特征

综上所述，大湖河泥石流沟主要物源包括矿渣堆积物源和沟道堆积物源，矿渣堆积物源量为 22.218 3 万 m^3，沟道堆积物源量为 180 万 m^3。因此，物源总储量为 202.218 3 万 m^3，其中可参与泥石流活动的动储量为 64.44 万 m^3。

由此可见，主沟沟床内堆积的揭底冲刷物源为大湖河泥石流沟的主要物源，其次为沟道两侧的矿渣堆积物源。这两类物源有着密切的转化关系，在强降雨作用下，首先启动沟道上游及支沟内的矿渣堆积物源，形成群发性泥石流，汇入主沟后，可能启动主沟沟床内堆积的大量堆积物，形成大规模的泥石流灾害。因此，如何治理主沟上游和各支沟沟岸、沟源的矿渣堆积物源，避免其启动主沟沟床堆积的松散物源将是本次勘查和治理工程设计中应重点解决的问题。

6.4.3 泥石流易发程度分析及危害性评价

6.4.3.1 泥石流易发程度分析

大湖河流域各支沟泥石流主要在暴雨作用下，大量汇集于沟道，汇流过程中将坡面松散泥沙及坡面和沟道两侧的松散堆积矿渣挟带进入沟道，并顺沟而下，通过沟道揭底冲刷卷动沟道内的松散堆积物源，并将两侧沟岸松散固体物质带走（对矿渣堆进一步掏蚀），以滚雪球的方式向下游运动，从而暴发支沟泥石流灾害。所以，大湖河属于暴雨沟谷型泥石流。

在暴雨作用下，各支沟的汇流大部分进入主沟，主沟的水流量远大于支沟，而支沟泥石流的固体物质则部分停积于沟口平缓开阔地段，部分汇入主沟，因而支沟泥石流往往在汇入主沟后被大大稀释，其重度降低，而流量则从上游向下游逐步增大，冲刷能力增强，并将主沟两岸及沟底的松散固体物质带向下游，在泥石流形成过程中，沟域内地形陡峻，沟谷纵坡大为水源和泥沙的汇聚提供了有利的地形地貌条件，沟道内大量的沟道堆积矿渣为泥石流的发生提供了丰富的松散固体物源，而暴雨则是泥石流形成的主要引发因素。由于沟谷流域面积大，地形陡峻，易于汇水，水源丰富，因此大湖河泥石流类型主要为稀性泥石流。

根据泥石流沟域基本特征和参数，按照《泥石流灾害防治工程勘查规范》(DZ/T 0220—2006)附录 G“泥石流沟的数量化综合评判及易发程度等级标准”，大湖河泥石流易发程度综合评分为 92 分(见表 6-11)，综合判定泥石流易发程度属中等易发。

表 6-11　大湖河泥石流易发程度数量化评分

序号	影响因素	量级划分								易发程度评价	
		极易发(A)	得分	中等易发(B)	得分	轻度易发(C)	得分	不易发生(D)	得分	沟域情况	得分
1	崩坍、滑坡及水土流失(自然和人为活动)严重程度	崩坍、滑坡等重力侵蚀严重，多层滑坡和大型崩坍，表土疏松，冲沟十分发育	21	崩坍、滑坡发育，多层滑坡和中小型崩坍，有零星植被覆盖冲沟发育	16	有零星崩坍、滑坡和冲沟存在(√)	12	无崩坍、滑坡、冲沟或发育轻微	1	存在零星崩塌、滑坡等不良地质现象	12
2	泥砂沿程补给长度比	>60%	16	60%~30%	12	30%~10%(√)	8	<10%	1	28%	8
3	沟口泥石流堆积活动程度	主河河形弯曲或堵塞，主流受挤压偏移(√)	14	主河河形无较大变化，仅主流受迫偏移	11	主河河形无变化，主流在高水位时偏，低水位时不偏	7	主河无河形变化，主流不偏	1	大湖河堵塞严重，主流受挤压偏移	14
4	河沟纵坡	>12°(213‰)	12	12°~6°(213‰~105‰)(√)	9	6°~3°(105‰~52‰)	6	<3°(32‰)	1	168‰	9
5	区域构造影响程度	强抬升区，6 级以上地震区，断层破碎带(√)	9	抬升区，4~6 级地震区，有中小支断层	7	相对稳定区，4 级以下地震区，有小断层	5	沉降区，构造影响小或无影响	1	强抬升区，地震基本烈度Ⅶ度	9
6	流域植被覆盖率	<10%	9	10%~30%	7	30%~60%	5	>60%(√)	1	70%	1

续表 6-11

序号	影响因素	量级划分								易发程度评价	
		极易发（A）	得分	中等易发（B）	得分	轻度易发（C）	得分	不易发生（D）	得分	沟域情况	得分
7	河沟近期一次变幅	>2 m	8	2~1 m(√)	6	1~0.2 m	4	0.2 m	1	淤高约 1.5 m	6
8	岩性影响	软岩、黄土	6	软硬相间	5	风化强烈和节理发育的硬岩(√)	4	硬岩	1	以侵入岩为主随机节理发育	4
9	沿沟松散物储量/（10^4 m^3/km^2）	>10	6	10~5	5	5~1(√)	4	<1	1	1.05 万 m^3/km^2	4
10	沟岸山坡坡度	>32°（625‰）	6	32°~25°（625‰~466‰）	5	25°~15°（466‰~268‰）(√)	4	<15°（268‰）	1	多在 400‰ 左右	4
11	产沙区沟槽横断面	V 形、U 形谷、谷中谷(√)	5	宽 U 形谷	4	复式断面	3	平坦形	1	为谷中谷	5
12	产沙区松散物平均厚度	>10 m	5	10~5 m	4	5~1 m(√)	3	<1 m	1	一般为 3~5 m	3
13	流域面积	0.2~5 km^2(√)	5	5~10 km^2	4	0.2 km^2 以下、10~100 km^2	3	>100 km^2	1	61.46 km^2	5
14	流域相对高差	>500 m(√)	4	500~300 m	3	300~100 m	2	<100 m	1	1 469 m	4
15	河沟堵塞程度	严重(√)	4	中等	3	轻微	2	无	1	堵塞严重	4
合计											92

注：打“√”者为大湖河泥石流所属项。

按照《泥石流灾害防治工程勘查规范》(DZ/T 0220—2006)附录 H 填写泥石流调查表并按附录 G 进行易发程度评分(见表 6-11)，按表 G.2 查表确定大湖河泥石流沟主沟泥石流重度和泥沙修正系数，重度为 $\gamma_c = 1.634\ t/m^3$，$1+\varphi = 1.637$。

6.4.3.2 泥石流危害

据调查访问，此泥石流沟在 2013 年 7 月 9 日发生过一次泥石流，当日 15 时至次日 8

时，总降雨量为 126.8 mm，并且降雨主要集中于 19 时至次日凌晨，上游于 19 时开始有洪水迹象，当地村民介绍，大水直接从住户的院子冲过，水深约 1.5 m，其中夹杂着大量石块，本次泥石流造成大湖村上游 5 人死亡，沟道内的水石流已经冲出沟道，顺着道路流向下游。2006 年大湖浴金矿废弃楼房后方，1[#]滑坡左边界下侧，曾经发生泥石流，冲出量约 40 万 m^3，导致了沟口前方楼房废弃，无人员伤亡统计。

泥石流沟内及两侧堆弃有大量矿渣，并且上游有私人采矿区，矿渣清理不及时，加之 7 月 9 日泥石流增加大量沟道物源和一些渣堆下方挡墙已经不同程度损坏，侧蚀明显，因此泥石流暴发的危险性增大，一旦再次遇到暴雨等不利情况，其发生更大规模泥石流的可能性有所增大。泥石流所造成的危害见图 6-65～图 6-72。

图 6-65　被堵塞的沟道过水断面

图 6-66　被冲毁的挡墙及被破坏的路面

图 6-67　被泥石流掩埋的临时房屋

图 6-68　泥石流填满的挡墙

图 6-69　被泥石流掩盖的临时房屋

图 6-70　被泥石流掩盖的篮球场

图 6-71　冲毁的桥梁

图 6-72　被泥石流掩埋的道路

6.4.3.3　泥石流危险区范围

大湖河泥石流危险区范围主要是沿沟两岸以及沟道转弯处的区域。威胁对象为低于预测最高泥位线以下区域的矿洞、施工临时板房、矿区办公楼及住宿区、大湖村等。

6.4.3.4　泥石流危害现状评估

根据确定的泥石流危险区,大湖河泥石流沟可以直接对矿区及村庄的工程建筑物造成危害,可能致灾严重,来势迅猛,冲击破坏力大,可能造成重大灾害和严重危害,危险程度为严重。根据已发生的泥石流,死亡人数为 5 人,大湖河流域泥石流危害程度属中型,根据威胁人数及经济损失的预测,该泥石流潜在危险性为大型,因此进行勘察和治理显得必要而紧迫。

6.4.4　泥石流治理方案建议

通过踏勘表明,大湖河沟泥石流物源丰富,且以主沟沟床中堆积物源所占比例较大,但由于主沟下游沟床宽阔且纵坡较缓,这部分物源较难启动,其参与泥石流活动的前提条件是暴雨条件下发生群发性的支沟泥石流或形成溃决型泥石流,造成强大的水动力条件,其揭底冲刷启动沟床堆积物源,因而形成大规模的泥石流灾害。因此,大湖河沟泥石流治理工程的关键在于降低泥石流水动力条件,避免其启动沟床堆积的大量物源。

基于上述认识,大湖河泥石流沟治理措施主要以清理河道为主。河沟上段治理工程要通过在支沟泥石流与大湖河主沟汇合口下游适当位置布置拦挡工程,削峰减流,降低其水动力条件,避免沟内大量松散堆积物参与泥石流活动,而下段则主要采用排导措施,达到保护沟道周围村寨及矿部工作区和住宿区的目的。

据此,初步确定:①小同沟上游与分水岭下侧选点拟建拦石格栅,拦截大型石块;②对已堆弃渣堆进行清理,未能进行清理工作的则在坡脚建筑护脚墙,防止渣堆将大量松散固体物质排入沟道,堵塞河道;③对整个河道采取疏通措施,并进行河道清理,以减少暴雨作用下泥石流对河道的揭底冲刷;④增大桥梁及公路涵洞的过流面积,部分重要(居民区、矿区等)地段修筑排导槽;⑤为了减少矿山人为因素,应制定严格管理机制禁止向河道内堆放弃渣。以此为基础,才能达到防护目的。

6.5 小　结

(1)灾害体稳定性评价:本次勘察的罗山金矿位于河南省灵宝市阳平镇大湖村下侧大湖河右岸,场区出露地层单一,区域变质、混合岩化作用强烈,断裂构造发育,岩浆活动频繁,在滑坡区有部分基岩出露。因采矿所造成的地表破坏,形成的滑坡灾害体主要有4处:泥石流1处,危岩体3处。该区地势较陡,坡度为40°~60°。灾害体分布高程为600~1 700 m。根据本次勘察调查及计算结果表明:

①在自然条件下Ⅰ号、Ⅱ号、Ⅲ号滑坡体都处于欠稳定状态,在暴雨情况、地震条件下,Ⅰ号、Ⅱ号、Ⅲ号滑坡体都可能发生滑动破坏。所以该处3个滑坡体在现状情况下处于临界状态,发育阶段属蠕滑阶段。其破坏模式为塌陷-推移式滑坡,为一典型的采矿引发的滑坡。在降水及采矿等外力的反复作用下,可使滑带得以贯通,进而形成滑坡灾害。

②危岩体1号、2号、3号均形成了潜在滑移体,在暴雨或地震工况下都有发生破坏的可能。1号、3号危岩体属于Ⅱ类危岩体,危险性等级为较重,2号危岩体属于Ⅲ类危岩体,危险性等级为一般。

③大湖河泥石流沟经综合判定属于轻度易发型泥石流。

(2)灾害体治理措施及建议:

①该区域滑坡主要采取减重和反压措施,施工前要准确判定主滑段与抗滑段,在主滑段部位自上而下减重,抗滑段部位反压,以增加坡体抗滑力。对滑坡体中部塌陷坑进行回填并分层压实,滑坡体后缘裂缝进行封填,采用黏土生石灰填缝。生石灰与黏土按3:7的比例均匀混合,填缝前清除裂缝内淤埋的松散土体,裂缝用黏土生石灰混合物填埋并夯实,夯实系数不小于0.94。再配合坡体后缘截排水沟,用以拦截地表水浸入坡体,防止雨水渗入滑带,从而达到治理的目的。

②1号危岩体采取局部清危+及时清理拦石墙内落石措施。2号危岩体由于危害对象较少,仅作局部清危处理。3号危岩体采取主动防护网+被动防护网+局部清危措施。

③泥石流治理措施应以清理河道为主。小同沟上游与分水岭下侧选点拟建拦石格栅,对已堆弃渣堆进行清理,未能进行清理工作的则在坡脚建筑护脚墙。增大桥梁及公路涵洞的过流面积,部分重要地段(居民区、矿区等)修筑排导槽。为了减少矿山人为因素,应制定严格管理机制,禁止向河道内堆放弃渣。

第 7 章　结论及建议

7.1 结　论

通过对罗山金矿巷道典型破坏点的现场工程地质调查，结合声波探测、变形监测以及大量的岩石室内外试验，并通过对 4 种围岩结构类型（支护前后）稳定性及破坏模式的数值模拟分析，可得出如下结论：

（1）通过对罗山矿区巷道围岩典型破坏点工程地质条件的详细调查，分析可以得出如下结论：

①罗山矿区巷道围岩主要分为层状结构、混合结构、碎裂结构及散体结构 4 种结构类型，其中层状结构围岩等级为Ⅲ级，稳定性较好，混合结构、碎裂结构及散体结构围岩等级均为Ⅴ级，稳定性差。

②罗山矿区巷道主要分为结构面控制型和塌落拱型两种破坏方式。其中，结构面控制型破坏主要是指围岩岩体在结构面及软弱夹层的控制下发生滑移塌落的破坏形式，主要发生在层状结构岩体中。塌落拱型破坏主要发生于围岩条件差，岩体破碎~极破碎的松散围岩中，在应力作用下呈拱型破坏，主要发生在碎裂及散体结构岩体中。

③罗山矿区主要发育 3 组优势结构面，产状分别为 359°∠73°、63°∠27°、335°∠40°。其中，第一组结构面最为发育，并且分析得出罗山矿区巷道最优轴线走向约为 20°。

④根据罗山矿区巷道的主要功能和服务年限，分为了永久支护（主巷道）和临时支护（穿脉巷道及回采巷道）两种支护类型。永久支护类型中，对于层状结构岩体采用锚杆支护，对于混合结构、碎裂结构以及散体结构岩体采用钢拱架+混凝土联合支护；临时支护类型中，对于层状结构采用人工清危的方法去除危险块体，而对于混合结构、碎裂结构以及散体结构岩体采用门型工字钢+圆木横梁支撑较为经济有效。

⑤基于 RMR 围岩分级法拟定出一套适合于施工人员现场判别围岩级别的快速评价方法，该方法与《工程岩体分级标准》（GB/T 50218—2014）均采用定性与定量相结合的方法确定综合特征值以确定围岩级别，且考虑了多种因素的影响，对判断巷道围岩的稳定性较为合理可靠。

（2）通过对所选取巷道的声波测试结果表明：

①330 中段 CD07、CD08 巷道同属Ⅴ级围岩，开挖洞室附近岩体波速值较低，岩体完整性为破碎，岩体工程性质稍差，再往深处波速值有所升高，且具有明显的应力松动区，松动圈范围在 1.1~1.3 m。

②330 中段 CD0 巷道碎裂石英声波波速较低，开挖洞室附近岩体完整性为极破碎，岩体工程性质很差，且无明显松动圈，可认为是完全应力松弛带，随着深度的增加，声速有上升的趋势。

③260 中段掌子面处巷道开挖洞室附近岩体完整性为较破碎，岩体工程性质坚固，再往深处波速值有所升高，但由于该巷道埋深较大，故虽然该巷道围岩等级为Ⅲ级，其松动圈范围仍在 1.3 m 左右。

(3)通过对所选取的 4 个监测断面为期 30 d 的监控量测数据结果表明：

①由于该矿区地应力水平不高，故巷道围岩位移变化经过一段时间逐渐趋于稳定；

②巷道拱顶下沉和位移收敛累计量曲线均呈“抛物线”型，整体符合正常规律，在监测的初期拱顶下沉和位移收敛变化速率较大，但在 6～8 d 后，拱顶的下沉和位移收敛的累计值曲线开始收敛，变化趋于稳定。

(4)通过 FLAC3D 数值模拟软件对 4 种典型结构巷道围岩进行支护前后的塑性区范围、位移及应力随开挖过程变化情况的对比分析，可得出如下结论：

①由于层状结构围岩属于Ⅲ级围岩，开挖时塑性区主要集中在力学性质较为薄弱的区域。且其产生位移量较大；随着开挖的继续进行，巷道塑性区范围逐渐扩大，位移变化速率逐渐增加，在开挖至 16 m 之后巷道变形已趋于稳定。设置支护之后塑性区范围相比支护之前明显减小，变形量也较未支护时有所降低，支护效果明显。

②在混合结构围岩中，由于巷道左侧围岩等级为Ⅲ级，拱顶及右侧围岩等级为Ⅴ级，开挖之后，结构较差的拱顶及右侧岩体产生塑性区较大，竖向位移主要集中在右壁的洞肩及底部，同时在洞壁的两腰产生向洞内收敛的水平位移，且右侧的位移量明显大于左侧；随着开挖的继续进行，巷道位移变化速率逐渐增加，在开挖至 16 m 之后巷道变形已趋于稳定。模拟结果表明，巷道右侧岩体破坏相对严重，与实际情况相符。设置衬砌之后，塑性区范围明显减小，稳定性有所提高，支护效果明显。

③由于碎裂及散体结构围岩属Ⅴ级围岩，岩体结构较差，开挖之后所选截面即产生较大的塑性范围，竖向位移集中在洞顶，水平位移集中在洞壁的两腰，相对向洞内收敛；随着开挖的继续进行，巷道位移变化速率逐渐增加，在开挖至 16 m 之后巷道变形已趋于稳定。设置衬砌支护之后，塑性区范围明显减小，位移量大幅降低，巷道稳定性明显提高，支护效果良好。

(5)通过 UDEC 数值模拟软件实现了对巷道 4 种典型结构破坏模式的数值模拟分析，较为理想地再现了 4 种结构的破坏情况。从模拟情况中可总结出以下几点结论：

①由于巷道开挖，围岩的原有应力平衡状态受到破坏，引起应力的重新分布，而当围岩承受的新应力状态超出其强度范围时，围岩就会发生由表层改造到时效变形再到整体失稳破坏的累进式失稳破坏过程。而且这种变形破坏是有限的，当塌落破坏到一定程度后，围岩将进入新的平衡稳定状态。

②在模拟过程中，层状结构的破坏形式多受控于结构面组合及软弱夹层的影响，以沿优势结构面或软弱夹层发生滑落破坏。

③在模拟过程中，混合结构因岩性交界面处力学性质最为薄弱，变形破坏由交界面处发展延伸。

④在模拟过程中，碎裂和散体结构因被很多纵横交错的节理裂隙切割，整体性较差，力学强度较低，多以拱顶冒落的拱形破坏为主。

(6)通过对地表地质灾害(滑坡、崩塌、泥石流等)进行现场勘察,对其稳定性及危险性进行分析、评价,可得出如下结论:

①灾害体稳定性评价:本次勘察的罗山金矿位于河南省灵宝市阳平镇大湖村下侧大湖河右岸,场区出露地层单一,区域变质、混合岩化作用强烈,断裂构造发育,岩浆活动频繁,在滑坡区有部分基岩出露。因采矿所造成的地表破坏,形成的滑坡灾害体主要有4处,泥石流1处,危岩体3处。该区地势较陡,坡度为40°~60°。灾害体分布高程为600~1 700 m。根据本次勘察调查及计算结果表明:

a. 在自然条件下Ⅰ号、Ⅱ号、Ⅲ号滑坡体都处于欠稳定状态,在暴雨情况、地震条件下,Ⅰ号、Ⅱ号、Ⅲ号滑坡体都可能发生滑动破坏。所以该处3个滑坡体在现状情况下处于临界状态,发育阶段属蠕滑阶段。其破坏模式为塌陷-推移式滑坡,为一典型的采矿引发的滑坡。在降水及采矿等外力的反复作用下,可使滑带得以贯通,进而形成滑坡灾害。

b. 危岩体1号、2号、3号均形成了潜在滑移体,在暴雨或地震工况下都有发生破坏的可能。1号、3号危岩体属于Ⅱ类危岩体,危险性等级为较重,2号危岩体属于Ⅲ类危岩体,危险性等级为一般。

c. 大湖河泥石流沟经综合判定属于轻度易发型泥石流。

②治理方案建议:

a. 该区域滑坡主要采取减重和反压措施,施工前要准确判定主滑段与抗滑段,在主滑段部位自上而下减重,抗滑段部位反压,以增加坡体抗滑力。对滑坡体中部塌陷坑进行回填并分层压实,滑坡体后缘裂缝进行封填,采用黏土生石灰填缝。生石灰与黏土按3:7的比例均匀混合,填缝前清除裂缝内淤埋的松散土体,裂缝用黏土生石灰混合物填埋并夯实,夯实系数不小于0.94。再配合坡体后缘截排水沟,用以拦截地表水浸入坡体,防止雨水渗入滑带,从而达到治理的目的。

b. 1号危岩体采取局部清危+及时清理拦石墙内落石措施。2号危岩体由于危害对象较少,仅作局部清危处理。3号危岩体采取主动防护网+被动防护网+局部清危措施。

c. 泥石流治理措施应以清理河道为主。小同沟上游与分水岭下侧选点拟建拦石格栅,对已堆弃渣堆进行清理,未能进行清理工作的则在坡脚建筑护脚墙。增大桥梁及公路涵洞的过流面积,部分重要(居民区、矿区等)地段修筑排导槽。为了减少矿山人为因素,应制定严格管理机制,禁止向河道内堆放弃渣。

7.2 建 议

(1)建议将研究成果应用到下一步主要开拓的330中段、260中段和-100中段围岩稳定性评价及其治理工程中。相信该研究成果对提高罗山金矿的开发利用水平和资源利用效率,促进矿产资源的合理开发和保护具有重要的指导意义。

(2)建议根据罗山矿区地质灾害(滑坡、崩塌和泥石流)的防治措施及建议应用到实际治理工程当中,保障作业人员的生命及财产安全。

参考文献

[1] 张卓元,王士天,王兰生,等. 工程地质分析原理[M]. 北京:地质出版社,1994.

[2]《工程地质手册》编委会. 工程地质手册[M]. 4 版. 北京:中国建筑工业出版社,2007.

[3] 彭文斌. FLAC 3D 实用教程[M]. 北京:机械工业出版社,2008.

[4] 陈育民,徐鼎平. FLAC/FLAC 3D 基础与工程实例[M]. 北京:中国水利水电出版社,2009.

[5] 中华人民共和国住房和城乡建设部,中华人民共和国国家质量监督检验检疫总局.《建筑抗震设计规范(附条文明)》:GB 5011—2010[S]. 北京:中国建筑工业出版社,2010.

[6] Miao M M, Yang Z R. Stability analysis of surrounding rocks of diversion tunnel[Z]. Proceedings of the 4th International Symposium on Mine Safety (2012). 2012:5-8.

[7] 田秋菊,王现国,吴东民,等. 小秦岭矿区泥石流灾害特征及其防治[J]. 中国水土保持,2005(8):20-21.

[8] 王现国,翟小洁,张平辉,等. 小秦岭矿区地质灾害发育特征与易发性分区[J]. 地下水,2010,32(4):162-164. DOI:10. 3969/j. issn. 1004-1184. 2010. 04. 070.

[9] 王现国,葛雁,吴东民. 河南省小秦岭矿区地质灾害研究[M]. 北京:中国地质大学出版社,2010.

[10] 王西平,谢辉. 河南灵宝小秦岭金矿区矿山地质环境问题治理对策[J]. 资源导刊 · 地球科技版,2014(5):39-41.

[11] 宋云力,甄习春,赵承勇. 河南省矿山地质环境质量评价[J]. 信阳师范学院学报(自然科学版),2008(1):93-96.

[12] 李冰. 陕南秦岭山区矿山环境损害评价[D]. 西安:西安科技大学,2017.

[13] 徐友宁,袁汉春,何芳,等. 矿山环境地质问题综合评价指标体系[J]. 地质通报,2003(10):829-832.

[14] 邢永强,郑钊,宋锋,等. 矿山地质环境多级模糊识别模型评价方法研究——以小秦岭矿区为例[J]. 信阳师范学院学报(自然科学版),2008(2):240-242.

[15] 周鑫,郑向前. 小秦岭金矿区主要地质灾害及防治对策[J]. 城市建设理论研究(电子版),2012:(23):23-26.

[16] 徐恒力,周建伟,甘义群,等. 环境地质学[M]. 武汉:中国地质大学出版社,2009.

[17] 郭新华. 河南省小秦岭金矿区矿山地质环境及采矿诱发地质灾害研究[M]. 郑州:河南科学技术出版社,2010.

[18] 吕灯,崔相飞,王帅. 采矿工程中的地质环境问题及其控制[J]. 工程管理, 2021, 2(2):5-6.

[19] 王现国,吴东民,陈峰,等. 三门峡市地质灾害发育特征及防治对策[J]. 中国地质灾害与防治学报,2003(3):32-37.

[20] 杜哲,王乙诚,洪金亮. 矿区工程地质水文地质问题探究[J]. 工程管理,2015,3(12):38.

[21] 秦二涛. 深埋岩层岩体地下硐室稳定性及支护技术研究[D]. 长沙:中南大学,2012.

[22] 谷拴成,王兴明,周琪. 深部软岩巷道底臌流变变形分析[J]. 矿业研究与开发,2019,39(12):94-99.

[23] 曹俊,关士良,王志修,等. 甲玛铜多金属矿破碎软岩巷道分级支护体系研究[J]. 中国矿业,2019,28(S1)200-204,208.

[24] 杨智翔,黄润秋,裴向军,等. 施工过程中反倾层状岩土互层高边坡破坏机理及数值模拟反演分析

[J]. 土木工程与管理学报,2017,34(6):165-168,179.

[25] 刘欢,王立娟,裴尼松,等. 三维激光扫描技术在米仓山特长隧道施工中的可行性应用研究[J]. 测绘通报,2017(9):83-87,115.

[26] 张海洋. 云驾岭矿深部回采巷道围岩稳定性评价及支护技术研究[D]. 北京:中国矿业大学,2017.

[27] 付友,郑利本,郭英,等. 基于 FLAC3D 的采区煤仓开挖对围岩稳定性影响规律研究[J]. 煤炭技术,2021,40(5):46-48.

[28] 李天龙. 基于 UDEC 模拟的弱胶结软岩巷道变形失稳规律研究[J]. 煤,2021,30(12):9-12,16.

[29] 祁建东,叶昀,蒋仲安. 基于 RMR 法和 BQ 法的巷道围岩稳定性分级技术[J]. 现代矿业,2013,29(8):23-25,29.

[30] 蒋权. 基于改进 RMR 法及三维可视技术的岩体质量分级分区[J]. 矿业工程研究,2013,28(2):56-61.

[31] Huang S, Liu J Z, Liu W G. Tunnel surrounding rock stability prediction using improved KNN algorithm [J]. Journal of Vibroengineering, 2020, 22(7):1674-1691.

[32] Wu X G, Yang Z Q, Gao Q, et al. The classification and quality evaluation of rock-mass based on limited geological information[J]. Advanced in Civil and Industrial Engineering Ⅳ. 2014(7):870-874.

[33] Zhou J, Yang X A. Deformation behavior analysis of tunnels opened in various rock mass grades conditions in China[J]. Geomechanics and Engineering, 2021, 26(2): 191-204.

[34] Zhao D S, Wang Y P. Research on deformation law of surrounding rock during excavation of tunnel[J]. Proceedings of the 2015 International Conference on Electromechanical Control Technology and Transportation. 2015:106-110.

[35] Wang H P, Li Y, Li S C, et al. An elasto-plastic damage constitutive model for jointed rock mass with an application[J]. Geomechanics and Engineering, 2016, 11(1):77-94.

[36] Zhao Q F, Zhang N, Peng R, et al. Discrete element simulation of roadway stability in an efflorescent oxidation zone[J]. Advances in Civil Engineering, 2018(6):1-15.

[37] Gao F Q, Stead D, Kang H P. Numerical simulation of squeezing failure in a coal mine roadway due to mining-induced stresses[J]. Rock Mechanics and Rock Engineering, 2015, 48(4): 1635-1645.

[38] 刘丰收,崔志芳,王学朝,等. 实用岩石工程技术[M]. 郑州:黄河水利出版社,2002.

[39] 唐小微,佐藤忠信,栾茂田,等. 三维无网格数值方法及其在地震液化分析中的应用[C]//第七届全国土动力学学术会议论文集. 北京:清华大学出版社,2006:487-492.

[40] 荚颖,唐小微,栾茂田. 砂土液化变形的有限元-无网格耦合方法[J]. 岩土力学,2010,31(8):2643-2648.

[41] 王思敬,杨志法,刘竹华. 地下工程岩体稳定分析[M]. 北京:科学出版社,1984.

[42] 张镜剑,傅冰骏. 隧道掘进机在我国应用的进展[J]. 岩石力学与工程学报,2007(2):226-238.

[43] 茅承觉. 我国全断面岩石掘进机(TBM)发展的回顾与思考[J]. 建设机械技术与管理,2008,21(5):81-84.

[44] 何小松. 浅析 TBM 施工技术的优势[J]. 地质装备,2010,11(4):35-37.

[45] 齐三红,杨继华,郭卫新,等. 修正 RMR 法在地下洞室围岩分类中的应用研究[J]. 地下空间与工程学报,2013,9(S2):1922-1925.

[46] 杨继华,杨风威,苗栋,等. TBM 施工隧洞常见地质灾害及其预测与防治措施[J]. 资源环境与工程,2014,28(4):418-422.

[47] 尚彦军,史永跃. 曾庆利,等. 昆明上公山隧道复杂地质条件下 TBM 卡机及护盾变形问题分析和对策[J]. 岩石力学与工程学报,2005(21):3858-3863.

[48] 杨晓迎,翟建华,谷世发,等.TBM 在深埋超长隧洞断层破碎带卡机后脱困施工技术[J].水利水电技术,2010,41(9):68-71.

[49] 尚彦军,杨志法,曾庆利,等.TBM 施工遇险工程地质问题分析和失误的反思[J].岩石力学与工程学报,2007,26(12):2404-2411.

[50] Wali S. 邓应祥.台湾坪林隧道施工近况[J].隧道及地下工程,1999(2):5-15.

[51] Geol R K,Jethwa J L,Pathankar A G. Indian experience with Q and RMR system[J]. Tunneling and Underground Space Technology,1990,10(1):97-109.

[52] Egger P. Design and construction aspect of deep tunnels (with particular emphasis on strain softening rocks)[J]. Tunneling and Underground Space Technology,2000,15(4):403-408.

[53] 杨继华,郭卫新,娄国川,等.基于 UNWEDGE 程序的地下洞室块体稳定性分析[J].资源环境与工程,2013.27(4):379-381.

[54] 陈孝湘,夏才初,缪圆冰.基于关键块体理论的隧道分部施工时空效应[J].长安大学学报(自然科学版),2011(3):57-62.

[55] 曾宪营,冯宇,黄生文,等.Unwedge 程序在隧道围岩块体稳定性及敏感性分析中的应用[J].中外公路,2012(4):189-192.

[56] 刘义虎,张志龙,付励,等.Unwedge 程序在雪峰山隧道围岩块体稳定性分析中的应用[J].中南公路工程,2006(2):31-33.